普通高等教育"十三五"创新型教材

工业机器人基础

主　编　李卫国
副主编　王利利　任福华
参　编　贾翠玲　李林喜　左　巍

北京理工大学出版社
BEIJING INSTITUTE OF TECHNOLOGY PRESS

版权专有　侵权必究

图书在版编目（CIP）数据

工业机器人基础 / 李卫国主编. —北京：北京理工大学出版社，2018.12（2023.8 重印）

ISBN 978－7－5682－6485－3

Ⅰ. ①工… Ⅱ. ①李… Ⅲ. ①工业机器人－基本知识 Ⅳ. ①TP242.2

中国版本图书馆 CIP 数据核字（2018）第 264229 号

出版发行 /	北京理工大学出版社有限责任公司
社　　址 /	北京市海淀区中关村南大街 5 号
邮　　编 /	100081
电　　话 /	（010）68914775（总编室）
	（010）82562903（教材售后服务热线）
	（010）68944723（其他图书服务热线）
网　　址 /	http：//www.bitpress.com.cn
经　　销 /	全国各地新华书店
印　　刷 /	廊坊市印艺阁数字科技有限公司
开　　本 /	787 毫米 × 1092 毫米　1/16
印　　张 /	21.25
字　　数 /	473 千字
版　　次 /	2018 年 12 月第 1 版　2023 年 8 月第 4 次印刷
定　　价 /	72.00 元

责任编辑 / 张鑫星
文案编辑 / 张鑫星
责任校对 / 周瑞红
责任印制 / 李志强

图书出现印装质量问题，请拨打售后服务热线，本社负责调换

前　　言

　　创新是一个民族进步的灵魂，是一个国家兴旺发达的不竭动力。在深化教育改革、全面推进素质教育的过程中，突出学生创新素质的培养，积极探索获取人才的途径和方法，具有重要的现实意义。

　　大学生创新能力的培养是高校人才培养的核心。在新形势下，面对生产力和科学技术前所未有的大发展，以及日趋激烈的国际竞争，高校的人才培养规格也有了新的要求。这就是要求学生成为既掌握系统的科学知识，同时又具有创新意识、创新思维、创新精神及创新能力的全面发展的高素质的创新型人才。

　　随着科学技术的飞速发展，工业机器人从示范性应用逐步走向大规模推广，从而大幅度降低制造过程对劳动力的依赖程度。我国是全球工业机器人增长最快的市场，与此同时，机器人操作和维护岗位人员缺口巨大。工业机器人相关的技术人才已经成为衡量一个国家工业现代化的重要标志。

　　本书首先讲述了创新理论（TRIZ 理论）；然后介绍了机器人的起源、发展、分类和组成，又根据机器人的组成分别介绍了控制系统、传感器、原动机、传动机构和执行机构，并简要介绍了机器人的编程软件；最后对工业机器人的基础，主要介绍了焊接机器人、喷涂机器人和装配机器人。

　　本书由内蒙古工业大学李卫国副教授担任主编，高级实验师王利利、实验师任福华担任副主编。第 1 章和第 2 章由任福华编写，第 3 章和第 4 章由王利利编写，第 6 章和第 8 章由李卫国编写，第 5 章和第 7 章由贾翠玲编写，李林喜、左巍参与了本书插图的绘制。

　　限于编者的水平和时间，误漏之处，敬烦不吝批评指正。来信请寄 010051（邮编）内蒙古自治区呼和浩特市内蒙古工业大学工程训练教学部。

编　者

目 录

第1章 绪论 1
1.1 新的教育理论 1
1.1.1 多元智能与多元能力 1
1.1.2 成功智力 2
1.1.3 激进建构主义 2
1.2 本课程的教育理论基石 2
1.3 创新人才的培养 3
1.3.1 21世纪教育的特点 3
1.3.2 创新能力的培养 4
1.4 本课程介绍与目的 6

第2章 创新理论 7
2.1 创新与社会进步 7
2.2 创新及其相关概念 9
2.2.1 创新的概念 9
2.2.2 发现 10
2.2.3 发明 10
2.2.4 革新 11
2.3 创新基本原理 11
2.3.1 综合创新原理 11
2.3.2 分离创新原理 13
2.3.3 移植创新原理 14
2.3.4 逆向创新原理 16
2.3.5 还原创新原理 17
2.3.6 价值优化原理 19
2.3.7 群体创新原理 20
2.3.8 完满创新原理 21
2.3.9 变性创新原理 22

2.3.10 物场分析原理 …… 22
2.4 常用的创新方法 …… 25
  2.4.1 群体集智法 …… 25
  2.4.2 系统分析法 …… 27
  2.4.3 联想类比法 …… 35
  2.4.4 转向创新法 …… 40
  2.4.5 组合创新法 …… 44
  2.4.6 专利文献选读法 …… 46
  2.4.7 输入输出分析法 …… 47
2.5 TRIZ 理论 …… 47
  2.5.1 基本概念 …… 47
  2.5.2 物理冲突及其解决原理 …… 49
  2.5.3 技术冲突及其解决原理 …… 50
  2.5.4 利用冲突矩阵实现创新 …… 52

第3章 机器人概述 …… 54

3.1 机器人的起源 …… 54
  3.1.1 哲学起源 …… 54
  3.1.2 工程学起源 …… 57
3.2 机器人的行为准则 …… 58
3.3 机器人的定义 …… 58
3.4 机器人的发展 …… 59
  3.4.1 国内机器人发展历程 …… 61
  3.4.2 国外机器人发展历程 …… 61
  3.4.3 机器人未来发展趋势 …… 63
3.5 国内外高校机器人教育发展状况 …… 64
  3.5.1 国外高校机器人教育现状 …… 64
  3.5.2 国内高校机器人教育现状 …… 67
  3.5.3 机器人基础教育发展的趋势 …… 69
3.6 机器人的分类 …… 71
3.7 机器人的基本构成 …… 73
  3.7.1 机械本体 …… 73
  3.7.2 驱动装置 …… 74
  3.7.3 检测装置 …… 74
  3.7.4 控制系统 …… 75

第4章 机器人的控制系统 …… 76

4.1 机器人控制系统简述 …… 76

目录

4.1.1 机器人控制系统的基本组成 …… 76
4.1.2 机器人控制系统的工作机理 …… 77
4.1.3 机器人控制系统的主要作用 …… 77
4.2 单片机控制技术 …… 78
4.2.1 单片机的工作原理 …… 78
4.2.2 单片机系统与计算机的区别 …… 79
4.2.3 单片机的驱动外设 …… 79
4.3 ARM 控制技术 …… 80
4.3.1 ARM 简介 …… 80
4.3.2 ARM 的特点 …… 80
4.3.3 ARM 的驱动外设 …… 80
4.3.4 ARM Cortex™-M3 控制技术 …… 81
4.4 AVR 控制技术 …… 94
4.4.1 AVR 单片机 …… 94
4.4.2 ATmega128 单片机 …… 95
4.4.3 ATmega128 存储器 …… 100
4.4.4 定时器/计数器(T/C) …… 101
4.5 Arduino 控制技术 …… 103
4.5.1 Arduino 简介 …… 103
4.5.2 Arduino 单片机结构 …… 103
4.5.3 CPU 内核 …… 107
4.5.4 存储器 …… 112
4.5.5 系统时钟 …… 116
4.5.6 电源管理及休眠模式 …… 118
4.5.7 系统控制和复位 …… 119
4.5.8 看门狗定时器 …… 123
4.5.9 I/O 端口 …… 125

第5章 机器人的感知部分 …… 128

5.1 机器人传感器 …… 128
5.1.1 传感器简介 …… 128
5.1.2 传感器的分类 …… 128
5.1.3 传感器选用原则 …… 130
5.1.4 机器人传感器 …… 131
5.2 机器人常用测距传感器 …… 135
5.2.1 超声波测距传感器 …… 135
5.2.2 激光测距传感器 …… 137

4 工业机器人基础

  5.2.3 红外测距传感器 ………………………………………………………… 137
 5.3 机器人常用其他传感器 …………………………………………………………… 138
  5.3.1 碰撞传感器 …………………………………………………………… 138
  5.3.2 光敏传感器 …………………………………………………………… 139
  5.3.3 声音传感器 …………………………………………………………… 142
  5.3.4 光电编码器 …………………………………………………………… 143
  5.3.5 温度传感器 …………………………………………………………… 144
  5.3.6 数字指南针——电子罗盘 …………………………………………… 145
  5.3.7 火焰传感器 …………………………………………………………… 146
  5.3.8 接近开关传感器 ……………………………………………………… 147
  5.3.9 灰度传感器 …………………………………………………………… 148
  5.3.10 姿态传感器 ………………………………………………………… 149
  5.3.11 气体传感器 ………………………………………………………… 149
  5.3.12 人体热释电红外线传感器 ………………………………………… 150
  5.3.13 视觉传感器 ………………………………………………………… 151
 5.4 机器人传感器的实践应用——卓越之星的传感器 …………………………… 156
  5.4.1 碰撞传感器 …………………………………………………………… 156
  5.4.2 声音传感器——麦克风 ……………………………………………… 156
  5.4.3 光强传感器 …………………………………………………………… 156
  5.4.4 灰度传感器 …………………………………………………………… 157
  5.4.5 霍尔传感器 …………………………………………………………… 157
  5.4.6 倾角传感器 …………………………………………………………… 157
  5.4.7 温度传感器 …………………………………………………………… 158
  5.4.8 红外接近传感器 ……………………………………………………… 158
  5.4.9 RF 读卡器 …………………………………………………………… 158
  5.4.10 寻线传感器 ………………………………………………………… 159

第 6 章　机器人的运动系统 …………………………………………………………… 160
 6.1 机器人原动机的类型 …………………………………………………………… 160
  6.1.1 液压驱动 ……………………………………………………………… 160
  6.1.2 气压驱动 ……………………………………………………………… 165
  6.1.3 直流电动机驱动 ……………………………………………………… 166
  6.1.4 直流减速电动机驱动 ………………………………………………… 185
  6.1.5 无刷直流电动机驱动 ………………………………………………… 187
  6.1.6 步进电动机驱动 ……………………………………………………… 189
  6.1.7 伺服电动机驱动 ……………………………………………………… 203
  6.1.8 舵机驱动 ……………………………………………………………… 206

6.2 机器人的传动机构 ……………………………………………………………… 211
　　6.2.1 齿轮机构 …………………………………………………………… 215
　　6.2.2 轮系 ………………………………………………………………… 217
　　6.2.3 平面连杆机构 ……………………………………………………… 223
　　6.2.4 凸轮机构 …………………………………………………………… 229
　　6.2.5 带传动 ……………………………………………………………… 233
　　6.2.6 链传动 ……………………………………………………………… 234
6.3 机器人的执行机构 ……………………………………………………………… 236
　　6.3.1 机器人的行走机构 ………………………………………………… 236
　　6.3.2 机器人的操作机构 ………………………………………………… 239

第7章 编程——赋予机器人智慧 248

7.1 机器人编程语言 ………………………………………………………………… 248
7.2 C语言编程基础 ………………………………………………………………… 250
　　7.2.1 C语言简介 ………………………………………………………… 250
　　7.2.2 C语言基本语法 …………………………………………………… 251
7.3 C语言基础编程实例 …………………………………………………………… 255
　　7.3.1 第一个机器人C语言程序：Hello Robot！ ……………………… 255
　　7.3.2 控制机器人运动 …………………………………………………… 256
　　7.3.3 让机器人获得感知周围环境的能力 ……………………………… 257
7.4 C语言高级编程实例 …………………………………………………………… 260
　　7.4.1 第一个多进程程序 ………………………………………………… 260
　　7.4.2 添加一个新进程 …………………………………………………… 262
　　7.4.3 C进程同步的基本方法 …………………………………………… 264
7.5 Arduino软件编程 ……………………………………………………………… 265
　　7.5.1 Arduino常用的函数 ……………………………………………… 266
　　7.5.2 Auduino软件编程实例 …………………………………………… 272
　　7.5.3 智能车相关传感器的Auduino软件编程实例 …………………… 295
　　7.5.4 智能车相关动力组件的Auduino软件编程实例 ………………… 297
　　7.5.5 智能车Auduino软件综合编程实例 ……………………………… 300

第8章 工业机器人技术基础 311

8.1 坐标系及其变换 ………………………………………………………………… 311
　　8.1.1 机器人坐标系 ……………………………………………………… 311
　　8.1.2 机器人位姿表述 …………………………………………………… 312
8.2 机器人运动学 …………………………………………………………………… 314
8.3 机器人动力学 …………………………………………………………………… 315

8.4 机器人控制 ……………………………………………………………………… 315
8.5 机器人路径规划 …………………………………………………………………… 317
8.6 机器人系统及典型应用 …………………………………………………………… 317
　8.6.1 机器人外围设备 ……………………………………………………………… 317
　8.6.2 焊接机器人 …………………………………………………………………… 318
　8.6.3 喷涂机器人 …………………………………………………………………… 323
　8.6.4 装配机器人 …………………………………………………………………… 326

参考文献 ………………………………………………………………………………… 327

第 1 章

绪　　论

1.1　新的教育理论

1.1.1　多元智能与多元能力

传统的智能概念认为人的智能是一个整体,是单一的,描述一个人的智能常常用聪明不聪明这样模糊的整体概念。事实是许多被认为很聪明的人却一事无成。

著名认知心理学家、哈佛大学教授霍华德·加登纳(Howard Gardner,1943—)于20世纪80年代提出了多元智能理论。加登纳认为,智能是人类在解决问题与创造产品过程中表现出来的一种或数种文化环境所能珍惜的能力。因此,在这里,智能和能力有类似的内涵,多元智能也可称为多元能力。

多元智能理论认为人类智能主要由8种相对独立的智能构成,并在大脑神经系统中有相当的定位。这8种智能的名称分别如下:

(1) 语言智能。

(2) 音乐智能。

(3) 逻辑-数学智能。

(4) 图形智能。

(5) 身体协调智能。

(6) 人际交往智能。

(7) 自我认识智能。

(8) 自然智能。

多元智能理论揭示了为什么人们某些才能出众但另一些才能平平。例如,有的人具有卓越的文学才能,却不喜欢数学;有些人擅长运动,但不善于语言表达;有些人是杰出的艺术家,但自我认识能力不够;等等。

多元智能理论对教育的革命性意义在于,每个人的智能结构不一样,不能用单一的指标衡量其优劣。以整体智能的形式简单评价人的智能是不科学的教育行为,往往会扼杀人的才能。

1.1.2 成功智力

国际著名教育家、美国科学院院士 Sternberg 创立的成功智力理论的核心是：成功智力由分析能力、创造能力和实践能力组成。成功智力是个人获得成功所必需的一组能力，是认识并充分发挥个人优势的能力，是认识并弥补个人弱点的能力，是适应、塑造和选择环境的能力。

分析能力是个体进行分析、评价、比较或对比时所需要的能力。例如，做数学题、社会调查、设计程序用的是分析能力。

创造能力是人进行创造、发明或发现时所需要的能力。例如，马可尼发明无线电通信、莱特兄弟试制第一架飞机、袁隆平培育出杂交水稻，用的是创造能力。

实践能力是人进行实践、运用或使用他所学习的知识时所需要的能力。例如，驾驶员、厨师、医生用的是实践能力。

成功智力是分析能力、创造能力和实践能力的平衡。成功智力理论已得到严格的实验研究与支持。

在大学，特别是国内大学，主要训练的是分析能力。而现实世界，创造能力和实践能力更为重要。国内大学的传统教育通常歧视和扼杀具有创造能力与实践能力的学生，记忆能力强和分析能力强的学生往往得到鼓励。因此，Sternberg 的成功智力理论值得我们重视和提倡。

1.1.3 激进建构主义

Glaserfeld 创立的激进建构主义理论的核心是：知识是由认知主体积极建构的，建构通过新旧经验的互动实现，认知的功能是适应，它应当有助于主体对经验世界的组织。

每个人都有自己特殊的知识结构，都是以自己的特殊方式去认识世界的，故建构主义教育思想强调以学生为中心。学生是学习的主体，通过与环境（包括人和物）的交互而建构自己的知识体系。教师只是学习的辅导者、帮助者、合作者和促进者。

建构主义强调学生对知识的主动探索、主动发现，以及学生对所学知识意义的主动建构，而不是像传统教学那样，只是把知识机械地灌输到学生的头脑中。

激进建构主义理论对中国教育有着极为重大的启发意义。知识客观主义使中国的教育思想一直处于僵化之中，客观上也导致传授式教育的泛滥。

1.2 本课程的教育理论基石

本课程建立在以上所介绍的三大教育理论基石上，三大教育理论的统一构架如图 1-1 所示。

多元智能是学生的内在智能结构，成功智力是内在多元智能和环境交互作用体现出来的能力，学生运用以多元智能为核心的成功智力与环境交互作用，从而建构知识。在建构过程中，促进成功智力的发展，同时也促进多元智能的发展。

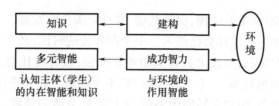

图 1-1　三大教育理论的统一构架

本课程中,将通过和课程平台、资源、教师、同学的积极互动中建构工科知识基础。在建构过程中,学生的多元能力和成功智能将得到运用与训练。

1.3　创新人才的培养

具有一定专门知识和创新能力、积极从事创新性劳动的人被称为创新性人才。从近几年人才市场的反馈信息来看,富于开拓型的创新性人才是市场上的紧缺人才。原因在于:在现实社会生活中,创新性人才运用创新性智慧和创新性成果救活一个工厂、拯救一家濒于破产的企业、改变一个地区的贫困面貌而取得成功的事例屡见不鲜。微软公司的巨大成功靠的不是物质资本,而是那些拥有知识、掌握信息、会经营、懂管理的创新性人才。在当今的社会竞争中,需要大量的创新性人才。缺乏创新性人才,必将影响一个国家的发展和强大,必将影响一个国家的综合实力。

创造并不是少数杰出人才的专利,要相信人人都有创新能力,人人都可以搞发明创新。许多"小人物"搞发明的故事,已给我们很多启示。人的创新能力并非天赋,可以通过学习和训练得到激发,且不断提高。美国通用电气公司对有关科技人员进行创新工程课程和实践训练,两年后取得很好的效果,按专利数量测算,人的创新能力提高了3倍。湖南轻工业高等专科学校设有创新发明专业,办学8年多,培养了千余名学生。这些学生毕业前后取得多项创新发明成果和专利,甚至获得国际大奖。日本一家钢铁厂,把12名普通的高中毕业生集中起来,每周六进行创新能力的学习和训练,不到半年,参加人员就纷纷提出创新发明项目,结束时取得了70多项专利。可见,创新能力可以通过学习和训练来培养、提高。

1.3.1　21世纪教育的特点

培养21世纪的创新人才,高等学校的创新教育是极为重要的一环。联合国教科文组织曾做过调研并预测,21世纪高等教育具有五大特点:

(1) 教育的指导性。教育的目标是培养全面发展的人才,充分发挥人的个性、特性,要引导学生做人,学会科学的方法。因此,必须打破注入式用统一方式塑造学生的局面,强调学生发挥特长,自主学习,鼓励学生的独立发展。教师从传授知识的权威变为指导学生学习的顾问、导师,指导学生积极向上,树立辩证唯物主义世界观,培养学生热爱劳动,掌握技能,有科学的学习、思维方法。

(2) 教育的综合性。学生不仅要学习和掌握知识,还要综合运用知识解决问题;不仅要学习专业知识,还要融合科学、艺术等方面的知识。掌握科学思维和艺术思维方法,培养综合素质和文化素养，陶冶学生的情操，促进其德、智、体、美全面发展。

（3）教育的社会性。人类社会已进入一个全面开放的时代，教育必然受到社会政治、经济、科技、文化等因素的影响，反过来教育又服务于社会，教育与社会、理论与实践的结合越来越社会化，"两耳不闻窗外事，一心只读圣贤书"不可能适应和促进社会的发展。教育由封闭的校园转向开放的社会，由教室转向图书馆、工厂等社会活动领域。现代高科技信息网络技术促进远程高等教育的发展，使人们在计算机终端前可以实现自己上大学或进修学习的愿望。

（4）教育的终身性(learning for life)。信息时代来临，使人类进入了知识经济的新时代。知识的更替周期不断缩短，科学技术的不断创新，使人们的学习行为普遍化和社会化。为了生存必须不断学习，一次性的学校教育转化为全社会的终身教育，教育成为一个人一辈子都不可能结束的过程。

（5）教育的创新性。教育本身是一种创新性的活动。为适应科技高速发展和社会竞争的需求，要提高学生的素质和创新能力，要培养和鼓励学生"怀疑""探索""创新"等科学的精神，建立重视能力培养的教育观，致力于培养学生创新精神和提高创新力。

1.3.2　创新能力的培养

加强创新教育是加速培养创造性人才的重要手段和方法。创新教育是"素质教育"的一个重要组成部分，是把创新学、发明学、教育学、心理学等相关学科的一般原理有机综合起来，通过教育、教学等途径培养学生的创新思维，提高创新能力的教育。创新教育不仅仅只看学生对知识的掌握程度，更重要的是看学生分析问题、解决问题，特别是创新性地解决问题的能力。这就要求教师特别重视对学生创新意识的培养，培养学生良好的创新心理，使学生掌握必要的创新理论和技法，加强创新实践教学环节。另外，作为创新的主体因素——学生，应当努力培养自己具有大无畏的进取精神和开拓精神，努力培养自己具有永不满足的求知欲和永无止境的创新欲，努力培养自己具有永不言败的竞争意识和新颖而独特地解决问题的创新能力，努力培养自己具备完整的个性品质和高尚的情感。

1. 培养创新意识

创新活动首先来自强烈的创新意识。创新人才应善于发现矛盾，勇于探索，敢于创新。一谈到创造发明、发现，人们可能会认为是很神秘的事情，以为创新发明是学者、专家的专利品，一般人很难做到，那么我们先看看下面这些实例吧。

传说鲁班在山上砍柴时，不小心手被草割破了，一般人可能会自认倒霉，而他却对此产生了好奇心。他仔细观察这种草后，发现这种草的边上有一排锯齿。根据这个发现，鲁班发明了至今仍在使用的锯子；瓦特在观察到水烧开后蒸汽能将壶盖顶起，依据这个原理产生了蒸汽动力的设想，并最终发明了蒸汽机，导致了第一次工业革命；还有大家非常熟悉的阿基米德在洗澡时发现浮力定理，从而检验出皇冠是否为纯金的故事；牛顿从树上的苹果会掉下来的现象发现了万有引力……这些故事为他们的发明、发现增添了一层神秘的传奇色彩。

许多"小人物"进行创新发明的故事，给了我们很多启示，使我们相信人人都有创新力，人人都可以搞创新。诺贝尔物理学奖获得者詹奥吉说："发明就是和别人看同样的东西却能想出不同的事情。"我国著名教育家陶行知先生在"创造宣言"中提出"处处是创造之地,天天是创造之时,人人是创造之人",鼓励人们破除迷信,敢于走创新之路。因此,敢于创新就必须破除迷信,必须打破思维的枷锁。

创新应具有敏锐的洞察力,要善于从偶然现象中找到必然,要善于从同样的事件中想到不同的事情。善于发现已有的事物或原理,用以解决矛盾,这也是创新意识的体现。世界不断发展,事物总是不断完善,要善于观察、发现矛盾和需要,发现不足、提出问题,这往往是创造的动力和起点。

"我思故我在",这句名言充分说明了思考对于人的重要性。思考的课程应该成为我们每个学校最重要的课程。每个人都可以用5W1H法(What,Why,When,Where,Who,How)对不同事情进行设问,思考、思考、再思考,人人都会产生创新设想。

创新是人们经过长期探索、付出非凡的劳动才能成功,不能幻想囊中取物、一蹴而就,这就需要有坚定的毅力,克服重重困难的精神。爱迪生研究白炽灯时,为寻找灯丝材料曾用过6 000多种植物纤维,试验1 600多种耐热材料。666农药因试验666次才得以成功。

2. 提高创新能力

创新能力是人的心理特征和各种能力在创新活动中体现的综合能力。创新本身存在一定的理论和规律,也具有其科学的原理和方法。要提高创新能力,应培养良好的创新心理,掌握创新原理和创新技法,可以诱发创新者的潜在创新能力,进一步发掘创新者的潜在能力。创新原理和创新技法是以总结创造学理论、创新思维规律为基础,通过大量的创新活动概括总结出来的原理、技巧和方法,了解和掌握创新原理与创新技法,往往能更自觉、更巧妙地进行创新活动。

人的创新能力可以通过学习和训练得到激发且不断提高,通过改进自己的思维习惯,独立思考,多想多练,通过训练自己集中注意力、发挥想象力,进行扩散思维、求异思维训练,等等,能够提高创新思维能力,而将思维运用到实际中去,才可能取得良好的效果。

创新能力受智力因素和非智力因素的影响。智力因素如观察力、记忆力、想象力、思考力、表达力、自控力等是创新能力的基础性因素。而非智力因素如理想、信念、情感、兴趣、意志、性格等则是创新能力的动力和催化因素。通过对非智力因素的培养,可以调动人的主观能动性,对促进智力发展起重要的作用。

3. 加强创新实践

形成创新能力,除了学习理论外,更重要的还在于实践。正如不下水学不会游泳,不开车就不可能真正学会驾驶一样,所有的创新能力训练都离不开大量的创新实践。

人的经历在创造中所起的作用是难以言表的。所有发明创造都来自创新者在生活、工作、学习和经历中的偶然事件的刺激与深邃的思考。实践活动不仅为创新者提供了大量的创新素材和施展创新能力的舞台,也促进了人际交往,营造了相互学习、补充的创新氛围。在科技迅猛发展的今天,没有团队协作的攻坚精神将很难获得出色的创造成果。

通过听课、看书、参观、看电影和录像等,人们可以得到创新产品和创新方法的许多印象、概念,进而了解一些知识、技法。必须通过设置一系列设计实践教学环节,进行大量的动手安装、维护、设计、制作等实践活动,才可能综合运用所学的一切,解决创造的实际问题,培养综合分析和创新设计的能力。

如果你在学习外语,就要大胆地说;不要幻想只背下厚厚的几本书而不操作就能学会计算机。人类社会所有的创新和发明,都是通过人们的双手实现的,一个人的设想,如果不将它们物化,即使构想再好,那也只是水中月、雾中花。对于工科院校学生,除必要的理论教学外,一定还要设置一系列设计实践环节,让学生在设计实践中培养综合分析和创新设计的能力。

总之,创新教育要求我们的教育必须面向未来、面向世界、面向现代化。要求我们的学生不仅牢固地掌握现代化的科学技术知识,而且还具备科学思维和创新素质,努力地把自己塑造成为具有较强创新能力的新型人才。因为,没有一大批富有创造才能的创新人才,没有一大批创新成果并及时转化为生产力,要建设具有中国特色社会主义就只能是一句空话。

1.4 本课程介绍与目的

本课程是在全国开创性的全新课程,课程理念、上课模式、课程环境均是全新的,也需要学生以全新的姿态参与,边做边学,动手实施一系列由浅入深的项目或比赛。本课程将实施形成性评价和多元能力评价,并分别进行。在整个项目实施过程中,教师将动态给予评价。本课程的主人是学生,学生在实施项目过程中自主积极建构知识。

本课程的目的如下:

(1) 系统训练创新能力和实践能力。

(2) 自主建构工科基础知识。

第 2 章

创 新 理 论

科学技术的最基本特征就是不断进步、不断创新。创新是人类文明进步的原动力。创新对人类科学的发展产生了巨大影响,科学的发展是推动人类社会进步和社会变革的第一动力。人类社会从低级到高级、从简单到复杂、从原始到现代的进化过程,就是一个不断创新的过程。不同民族发展的速度有快有慢,发展的阶段有先有后,发展的水平有高有低,其主要因素就是民族创新能力的大小不同。

2.1 创新与社会进步

创新是人类文明进步的原动力,是科技发展、经济增长和社会进步的源泉。创造(creation)强调新颖性和独特性,而创新(innovation)则是创造的某种实现。技术创新的特点是以市场为导向,以提高竞争力为目标。技术创新包括从新产品或新工艺设想的产生,经过技术的研究、开发、工程化、商业化生产到市场应用的整个过程。创新为建立现代科学体系奠定了知识基础,也使人类视野得到前所未有的拓展。

创新是技术和经济发展的原动力,是国民经济发展的基础,是体现综合国力的重要因素。当今世界各国之间在政治、经济、军事和科学技术方面的激烈竞争,实质上是人才的竞争,而人才竞争的关键是人才创造力的竞争。

创新对人类科学的发展产生巨大的影响,使科学成为历史上推动社会进步和社会变革的有力杠杆。人类从使用简单的工具、刀耕火种、捕鱼狩猎,到学会播种、制陶炼铜,逐渐形成了原始的农业技术和工匠技术,社会生产力得到明显的提高,推动了原始社会向文明社会前进的步伐。随着人类知识的增长和积累,人类创造力开发的速度逐步加快,在经历漫长而艰苦的创新实践后,19世纪中叶终于迎来了以蒸汽机为代表的第一次动力革命和第一次工业革命。19世纪下半叶又引发了以内燃机为代表的第二次动力革命,人类从蒸汽机时代迅速地进入了电气时代,原始的工匠技术被近代的工业技术所取代,社会生产力得到极大的提高。进入20世纪,人类的创造活动空前活跃。半导体、计算机的问世,引发了人类第二次工业革命,使人类步入信息时代。随着人类对核能技术的掌握,人类跨入原子时代。人造卫星的上天,使人类跃入航天时代。翻开人类发展的历史长卷,可以说,人类文明史就是一部人类生生不息的创新发展史,而创新正是人类文明不断进步的原动力。

创新不仅作为第一生产力创造出巨大的物质财富和经济效益,而且也带来了科技产业、社会经济运行方式和社会体制的巨大变革。20世纪初,全球社会生产力的发展中只有5%是依靠技术创新取得的。而到现在,发达国家中这一比例高达70%~80%。美国从1929年到1978年的50年中,生产增长率中的40%是依靠技术创新取得的。近几年,由于大量创新成果的不断涌现,科学技术得到极大的发展,世界经济运行方式也随之发生了根本的变化。人们在通信、计算机、网络、生物、材料、电子工程等各个领域中,创造出10年前根本不可能想象的新产品、新系统、新行业和新的就业机会,这不仅推动了社会体制由传统向现代结构的转型,也极大地促进了社会经济的持续发展。全球的软件产业在1995年的年产值高达2000多亿美元,并且还在以每年13%的增长率快速增长。在美国,与计算机和通信技术直接有关的产值占其国民生产总产值的1/4;其信息产业的产值在1996年就已经开始超过其传统的制造业,其中仅微软公司一家的产值就超过了美国三大汽车公司(通用、福特和克莱斯勒汽车公司)的总产值。全球的信息产业在2000年已超过石油工业,成为全球的第一大产业,专利和专利技术贸易额从1985年到1993年增加了20%。

另外,在知识经济形态中,知识存量的改变加快,知识的新颖性很快就趋于消失,知识的报废率大大提高,社会需求更加趋于多样化,没有哪一种产品能长期占领市场,也没有哪一种服务能长久地适合大量客户的需要,技术和产品的生命周期日益缩短,落后的技术将很快被淘汰。据统计,目前技术的年淘汰率为20%,也就是说,技术的平均寿命只有5年,高新技术产品的寿命周期更短,技术模仿更加快捷,企业与企业、国家与国家之间的竞争更加激烈。在这种情况下,企业竞争力的大小完全取决于它的创新能力的强弱。对国家来说,只有广泛地进行包括社会创新、技术创新在内的全面的创新改革,形成一种持续的创新机制和可扩展的创新秩序,才能适应知识经济的发展需求。面对快速拓展的生存空间和日趋激烈的社会竞争,人们越来越清楚地认识到:国家的经济增长、发展和强盛不仅取决于自然资源、资本和劳动力等有形资源,更依赖于知识和创新等无形资源,因为后一种因素往往决定着前一种因素的综合效益。

20世纪是知识不断创新、科技突飞猛进、世界深刻变化的世纪。21世纪科技创新将进一步成为社会和经济发展的主导力量。世界各国综合国力竞争的核心是知识创新、技术创新和高新技术产业化。加强技术创新、发展高科技、实现产业化是一项系统工程,对提高国民经济质量和效益,提高我国国际竞争力有决定性的意义。为了迎接这场国际性的大挑战,增强我国的综合国力,培养大批的创造人才是关系国家前途命运的头等大事。

中华民族是一个富有创造性的民族。在世界文明发展史上,中华儿女的创造才华始终是出类拔萃的。除了指南针、印刷术、造纸术、火药是中国的四大发明外,我国古代的机械发明、使用和发展,也远远领先于世界水平。现代农业、现代航运、现代石油工业、现代气象观测、现代音乐、十进制计算、纸币、多级火箭、水下鱼雷乃至蒸汽机的核心设计等都源于中国。有人做过统计,美国的华人只占全美国人口总数的几百分之一,但在全美12万名一流的科学家和工程师中,有中国血统的占了近1/4。华人在美国科技界人才辈出,如杨振宁、李政道、丁肇中、吴健雄、陈省身等。在其他行业中,有电脑大王王安、钢铁大王谭仲英、股票大王蔡志勇、旅游业大王陆国权等。

中华人民共和国成立后我国科技人员艰苦创业,取得了"两弹一星"、高速粒子同步加速器、大庆油田勘探开发、万吨水压机等多项辉煌的科技成就，为奠定我国的世界大国地位起了不可磨灭的作用。我国的谷物产量由 1950 年的 13 213 万吨增长到 1998 年的 49 000 万吨，这是在耕地没有增加的情况下，依靠中国科学家袁隆平等研究的杂交优选等技术而实现的，为发展中国家解决吃饭问题提供了重要途径。

我国发明家从国际展览会上曾先后捧回过近百块金牌，仅 36 届布鲁塞尔尤里卡世界发明博览会上的 500 项发明中，我国就有 211 项，展览会共颁发 260 块金牌，我国就夺得其中 1/3。因此，我们应有高度的自信心和强烈的民族自豪感，充分相信中华民族的创造能力，继承和弘扬中华民族敢于创造、善于创造的优良传统，在技术创新上打开新局面。

当然，我们也必须清醒地认识到：由于种种原因，我们现在暂时落后了。但中华民族是一个自强不息的民族，是一个勇于继承和弘扬中华儿女优秀传统的民族。如果从现在起，我们每个人都重视自己创造力的开发，每个人都重视创新思维和创新方法的训练，真正让每个人的创造力的火花都迸发出来，那么中国未来的科技和生产力的发展速度是难以估计的。到那时，中国一定会成为东方的巨人，一个强大的中华民族将永远屹立在世界先进民族之林。

2.2 创新及其相关概念

2.2.1 创新的概念

什么是创新？创新概念的起源可追溯到 1912 年美籍经济学家熊彼特的《经济发展理论》一书。熊彼特在其中提出：创新是指把一种新的生产要素和生产条件的"新结合"引入生产体系。它包括以下情况：引入一种新产品，引入一种新的生产方法，开辟一个新的市场，获得原材料或半成品的一种新的供应来源。熊彼特的创新概念包含的范围很广，涉及技术性变化的创新及非技术性变化的组织创新。

简单地说就是利用已存在的自然资源创造新东西的一种手段。创新是指在前人或他人已经发现或发明成果的基础上，能够做出新的发现，提出新的见解，开拓新的领域，解决新的问题，创造新的事物，或者能够对前人、他人的成果做出创造性地运用。

一谈到创新，很多企业首先想到的就是产品创新。其实创新不仅仅限于产品创新，它可分为四种类型：产品创新、市场创新、商业模式创新和管理模式创新。

1. 产品创新

产品创新是指将新产品、新工艺、新服务成功地引入市场，以实现商业价值。如果企业推出的新产品不能为企业带来利润，带来商业价值，那就算不上真正的创新。产品的创新通常包括技术上的创新，但不限于技术创新，因为新材料、新工艺、现有技术的组合和新应用都可以实现产品创新。

2. 市场创新

市场创新是指在产品推向市场阶段，基于现有的核心产品，针对市场定位，整体产品，渠道策略，营销传播沟通（品牌、广告、公关和促销等），为取得最大化的市场效果或突破销售困境所进行的创新活动。市场定位创新就是选择新的市场或者挖掘新的产品利益点。所谓整体产品的创新是指企业基于现有的核心产品,或改变包装设计,或变换产品外观设计,或组合外围配件或互补的产品,或提供个性化服务。整体产品、渠道策略、营销传播和客户服务的创新必须在重新调整后的市场定位策略的指导下开展,以取得整体最佳市场效果。

3. 商业模式创新

商业模式是指对企业如何运作的描述。好的商业模式应该能够回答管理大师彼得·德鲁克的几个经典问题:谁是我们的客户?客户认为什么对他们最有价值?我们在这个生意中如何赚钱?我们如何才能以合适的成本为客户提供价值?商业模式的创新就是要成功地对现有商业模式的要素加以改变,最终提高公司在为顾客提供价值方面有更好的业绩表现。

4. 管理模式创新

管理模式创新是指基于新的管理思想、管理原则和管理方法,改变企业的管理流程、业务运作流程和组织形式。企业的管理流程主要包括战略规划、资本预算、项目管理、绩效评估、内部沟通和知识管理。企业的业务运作流程有产品开发、生产、后勤、采购和客户服务等。通过管理模式创新,企业可以解决主要的管理问题,降低成本和费用,提高效率,增加客户满意度和忠诚度。挖掘管理模式创新的机会可通过:和本行业以外的企业进行标杆对比;挑战行业或本企业内普遍接受的成规定式,重新思考目前的工作方式,寻找新的方式方法,突破"不可能""行不通"的思维约束;关注日常运作中出现的问题事件,思考如何把这些问题事件变成管理模式创新的机会;反思现有工作的相关尺度,如该做什么、什么时间完成和在哪里完成等。持续的管理模式创新可以使企业自身成为有生命、能适应环境变化的学习型组织。

创新包含三种形式:发现、发明和革新。

2.2.2 发现

发现与"科学"相关联,指观察事物而发现其原理或法则,即发现客观存在的但不为人知的规律、法则或结构和功能。发现主要是寻找或认识两个方面的东西:一是对自然界各种原理、规律的寻找或认识,二是对社会发展规律的寻找或认识。世界上的万事万物都有一定的规律、法则或结构和功能,需要人们通过观察、研究去寻找或认识。也就是说,发现是使那些已经存在、但过去不为人所了解的事物变得为人所知,给人类增添新的科学知识。例如,原始时代的人们以石投水则沉,投以木则浮,因而发现水有浮力。牛顿在苹果从树上掉了下来的事实中发现了万有引力定律,而且从数学上论证了它。牛顿还发现潮汐的大小不但同朔望月有关,而且与太阳的引力也有关系。通俗地说,科学的发现是指看到了一种新的实验结果,对这种结果可能是理解的,也可能是不理解的;或者是看到了与某种假说的联系,并且证明了这种假说,形成了新的理论。发现的对象是客观存在的事物。

2.2.3 发明

发明与"技术"和"工艺"相关联。发明是用客观规律改造客观,创造出原先不存在的客观,发明与发现密切相关。发明可以看作是科学思想和科学原理的物化过程,物化的结果是新事物、新技术的产生。新的工具和设备为科学发现奠定了必要的物质基础。重大的科学发现可能会导致一系列的技术发明；技术上的重大突破也会引起科学上的重大发现。发现为发明提供了理论依据，发明为发现提供了技术和工具。发现是通过观察事物而发现其原理；发明是根据发现的原理而进行制造或运用，产生出一种新的物质或行动。例如，古人发现水有浮力，于是根据这一原理"刳木为舟"（《易·系辞下》），把大木头挖空，造成独木舟，这叫发明。古人发现鱼尾划水而游，于是"剡木为楫"（《易·系辞下》），制作划船的木楫。又如新工具、新技术、新方法的出现都叫发明。

根据发明的实质，发明又可分为基本发明（basic invention）和改良发明（improving invention）两类。基本发明与我们现在所说的自主创新或原始创新同义，是指一种新原理的应用，或综合诸原理而进行一种新发明。就这种意义来说，它是基本的，是使社会进步的主要动力，而且一般会成为其他发明的基础。改良发明，顾名思义，乃是对某种产品进行修改或改造，旨在于增加它的效率，或使之可作为某种新的用途。

2.2.4 革新

革新即变革或改变原有的观念、制度和习俗，提出与前人不同的新思想、新学说、新观点，创立与前人不同的艺术形式等。人类社会是不断发展变化的，为适应这种变化，人们原有的伦理道德、价值观念、政治制度、法律制度、婚姻家庭制度、礼仪制度、生产制度和宗教制度等，也必须不断地革新。学术界和艺术界一样，也是随着社会的发展而不断超越前人的。

发现、发明、革新等创新形式对社会文化发展变迁起着极为重要的作用。例如，铁犁牛耕致使中国古代农业社会的变革，内燃机的发明激发了英国的工业革命。战国时期秦国的商鞅变法，使秦国由弱变强。邓小平的改革开放，使中国的社会和文化发生史无前例的巨大变化。

人类社会的发展和进步，是通过不断创新来实现的。创新不仅是推动人类文明进步的主要因素，也是保护和传承文明的主要动力。一个民族如果没有创新的能力，既无法在激烈的竞争中生存和发展，也无法保护和传承本民族优秀的文化传统。只有不断创新，才能永葆自己的文化特色，才能永远屹立于世界民族之林，才有可能继承和弘扬民族文化。因此，创新是一个民族的灵魂，是一个国家兴旺发达的不竭动力。

2.3 创新基本原理

创新和创造是人类一种有目的的探索活动，创新原理是人们在长期创造实践活动的理论归纳，同时它也能指导人们开展新的创新实践，本章介绍的创新基本原理，可为创新设计实践提供创新思维的基本途径和理论指导。

2.3.1 综合创新原理

综合，从方法论的角度看是指将研究对象的各个部分、各个方面和各种因素联系起来加以考虑，从整体上把握事物的本质和规律的一种思维法则。

综合创新,是运用综合法则的创新功能去寻求新的创造。

综合不是将对象各个构成要素简单地相加,而是按其内在联系合理组合起来,使综合后的整体作用产生创造性的新发现。

组合现象十分普通,也十分复杂。如组合机构、组合机床;生活中如组合音响、组合家具;将各种技术专长的人组合在一起共同发挥作用,可形成企业、公司,能产生新技术、新产品;将几片透镜组合在一起可组成望远镜、显微镜;将碳原子以不同的晶格形式进行组合可形成金刚石或石墨;"阿波罗"登月计划的负责人讲,"阿波罗"宇宙飞船没有任何一项技术是有新突破的技术,都是现有技术精确无误的组合结果。

1. 综合创新的类型

1) 同类组合

同类组合是指两个或两个以上相同或相似事物的组合。例如,双旋翼直升机,多翼、多发动机的飞机都可以看成是单旋翼、单翼和单发动机等同类事物组合而创造出来的;双体船、双人自行车、捆绑式火箭也是同类事物的组合。有人用多根锯条并排在一起作为锉刀;用芦苇秆捆扎做成小舟等都是同类组合在生活中的创造发明。

2) 异类组合

异类组合是指两种或两种以上不同类事物的组合。如带百年日历的电话、带游戏机的手机……汽车可以看成是发动机、离合器和传动装置等各种不同机件的组合,航天飞机可以看成是飞机与火箭的组合。

3) 附加组合

附加组合是指在原有事物中补充加入新内容的组合。例如,现代汽车的发展并不是一蹴而就的,它是经过不断的完善,逐步附加雨刮器、转弯灯、后视镜、收音机、电视机、空调、电话而变得越来越现代化的。

4) 重组组合

重组组合是指将一个事物在不同层次上分解后,将分解的结果按新方式重新聚合的组合。如螺旋桨飞机的螺旋桨一般在机首,稳定翼在机尾。美国飞机设计师卡里格·卡图根据空气动力学原理对飞机进行重新组合设计,将螺旋桨放在机尾,而将稳定翼放在机首。重组后的飞机具有更加合理的流线型机身,提高了飞行速度,排除了失速和旋冲的可能性,大大提高了飞行的安全性。战国时代田忌赛马的故事可以说是一个利用重组组合取胜的经典例子。

5) 综合组合

综合是一种分析、归纳的创造性过程。综合组合不是简单地叠加,而是在将研究对象进行分析的基础上,有选择地进行重组。爱因斯坦综合了万有引力定理和狭义相对论中的有关理论,提出了广义相对论;解析几何是综合了几何学和代数学的相关理论而产生的。同样地,生物力学、生物化学都不是生物学和力学或化学的简单叠加,而是两门学科有关内容的有机结合。日本能创造出许多世界上一流的新技术和新产品,最主要的原因就是善于运用别国的先进技术进行综合组合。

不论是哪种形式和内容的组合,大量的创新成果表明:随着科技的迅猛发展,组合型的创新成果占全部创新成果的比例越来越大,由组合原理产生出来的组合性的创新技法已成为当今创新活动的主要技术方法。

2. 综合创新的基本特征

(1) 综合能发掘已有事物的潜力,并且在综合过程中产生新的价值。

(2) 综合不是将研究对象的各个要素进行简单的叠加或组合,而是通过创造性的综合使综合体的性能产生质的飞跃。

(3) 综合创新比起开发创新在技术上更具有可行性,是一种实用的创新思路。

2.3.2 分离创新原理

分离是与综合相对应的、思路相反的一种创新原理。它是把某一创造对象进行科学的分解或离散为有限个简单的局部,把问题分解,使主要问题从复杂现象中分离出来,再进行解决的思维方法。

分离原理在创新设计过程中,提倡将事物打破并分解,而综合原理则提倡组合和聚集,因此,分离原理是与综合原理思路相反的另一个创新原理。

积分法首先是化整为零,再积零为整;力学中把各力分解为坐标轴上的分力,分力求和后再合成合力;有限元法把连续体分成许多小单元,就可借助计算机对物理量和参数进行计算与分析,解决复杂问题,这些都运用了离散原理。

在机械行业,组合夹具、组合机床、模块化机床也是分离创新原理的运用。

服装分解处理后产生了袖套、衬领、背心、脱卸式衣服等产品。为解决城市十字路口交通堵塞问题,运用分离原理设计出立交桥;把眼镜的镜架和镜片分离,发明了既美观又能缩短镜片与眼球之间距离,而且还有保护眼睛、矫正视力功能的隐形眼镜。

1. 分离创新的类型

1) 结构分离创新

结构分离是对已有产品的结构进行创造性分解,并寻求创新的一种思路。在对结构进行分解之后,可以考虑能否减少或剔除某些零部件,以提高产品性能;或考虑能否进行结构重组,使重组后的产品在性能上发生新的变化。

在机构传动中,人们广泛使用V带传动,但普通V带传动只适用于传动中心距不能调整的场合。为了扩大V带传动的适应性,人们对其进行分离创造,发明出接头V带传动。它可以根据需要截取一定长度的普通V带,然后用专用接头连接成环形带;也可以是由多层挂胶帆布贴合,经硫化并冲切成小片,逐步搭叠后用螺栓连接而成的。

一般电冰箱都是上冷下"热",即冷冻室在上,冷藏室在下。而万宝电器集团公司在开发新产品时,对电冰箱进行分离创造,开发出冷藏室在上、冷冻室在下的上"热"下冷式电冰箱。经过分离重组后的电冰箱具有三方面的优点:其一,增加了用户使用的方便性。电冰箱在实际使用中常用的还是往冷藏室储存熟食、水果、饮料等,冷藏室在下时要弯腰取存东西,冷藏室上移后不再有此令人不舒适的动作;其二,冷冻室在下面,化霜水不再对冷藏室内的东西造成污染;其三,冷冻室下置方案利用了冷气下沉原理,使负载温度回升时间比一般冰箱延长一倍,减少耗电,节约能源。

2) 市场细分创新

市场细分，就是按照消费者的需要、动机及购买行为的多元性和差异性，将整体市场划分为若干子市场或细分市场，即将消费者区分为若干类似性的消费者群。机械创新设计的最终目的常常是为市场提供某种机械类商品，因此也可以根据市场细分理论进行创造性思考。实践表明，面对铁板一块的整体市场，设计者可能双眼蒙眬；详观细分市场，则可能心有灵犀。立足细分市场构思新品，或许能发现市场空白，或许能确定设计特色。

应用市场细分创造，通常以职业、年龄、性别、地域、环境、时差、经济条件等市场变量作为细分标准，然后按照形成差异的原则进行创新设计。

保险柜或保险箱历来是为单位收藏现金、支票、机密文件等贵重东西的"办公设备"，如今，保险柜系列中又新添了家用保险柜这个新品种，并引起了不少先富家庭的购买欲望。"家用保险柜"这一新概念的提出，体现了创新者对保险柜市场进行细分的思路。从技术上看，设计家用保险柜也要有特定的设计方案。一般来说，它应当具有体积小巧、保密性强、安全性好等特点。如果考虑家用保险柜固定化，则应与家具或其他东西（如墙体）浑然一体；若考虑外出携带，则除了体积小巧轻便外，还得考虑放置安全可靠和自动报警等功能要求。

1992 年有一项专利成果为农用微型耕作机，设计人为姚若松。他开过几年拖拉机，每当在电影电视上看到拖拉机、收割机在平原大地轰鸣时，他便想起家乡那又窄又小、又高又陡的山地。普通的拖拉机或收割机是无法在山村发挥威力的，为什么不开发设计一种微型耕作机呢？姚若松的这一创意，实际上就是对农业机械进行市场细分，根据地域环境变量，捕捉到农用微型耕作机这一创新设计课题。经过不懈努力，一种以推动力代替牵引力，突破了耕作机传统结构方式的新型耕作机终于设计成功。这种耕作机只有 64 kg，一个人能背着上山，也可以在石梯上行走，能爬 45°坡，1 h 耕地 0.8 亩（1 亩≈666.67 m²），工作 2 h 就相当于 1 头牛 1 d 耕的地，而价格也只相当于 1 头牛的售价。

2. 分离创新的基本特征

（1）分离能冲破事物原有形态的限制，在创造性分离中能产生新的价值。

（2）分离虽然与综合思路相反，但并不是相互排斥的两种思路，在实际创造过程中，二者往往要相辅相成。

2.3.3 移植创新原理

他山之石，可以攻玉。将一个已知研究对象的概念、原理、结构和方法等运用于或渗透到其他待研究对象中，而取得成果的方法，就是移植创新。移植在大多数情况下是在类比分析前提下完成的。通过类比，找出事物的关键属性，从而研究怎样把关键属性应用于待研究的对象中——实现移植。类比特别需要联想，在移植过程中联想思维起着十分重要的作用。"联想发明法""移植发明法"都源于移植创新原理。

在自然界中，植物在地理位置上的移植，不同物种的枝、芽的移植嫁接，医疗领域的人体器官移植为治疗疾病做出了巨大贡献，它们都运用了移植方法。同样，在科学技术的发展过程中，移植方法也是一种应用广泛的创新原理。

1. 移植创新的类型

1）新发现的移植

把某一学科领域中的某一项新发现移植到另一学科领域，使其他学科领域的研究工作取得新的突破。

例如，19世纪中期，病人手术后，刀口化脓十分严重，很多病人(约80%)死于刀口感染，很多人误以为化脓是伤口愈合过程中的必经阶段。而英国医师李斯特为解决这个问题进行了大量的研究，但始终没有找出刀口化脓的原因。恰恰在这个时期，法国微生物学家巴斯德发现了细菌，并发现许多疾病都是由细菌引起的。李斯特了解到巴斯德这一新发现后，深受启发，并将巴斯德的这一新发现移植到自己研究的医学领域中，结果，不但发现了刀口化脓的原因，而且发明了外科手术的消毒方法，极大地降低了外科手术的死亡率。

2) 基本原理或概念的移植

把某一学科领域中的某一基本原理或概念移植到另一学科领域之中，促使其他学科的发展。由于原理功能具有普遍性的意义和广泛的作用，所以移植原理创造更能使思维发散。只要某种科技原理转移至新的领域具有可行性，再辅以新的结构或新的工艺设计，就可以创造出一系列新东西。

二进制计数原理已在电子学中获得广泛应用，能否将其向机械领域移植，创造出二进制式的机械产品呢？事实上，人们已在这方面获得了许多新成果。如工件传送系统中常用的工位识别器，它的数码识别原理与弹子锁相似。此外，人们移植二进制原理，开发设计出新的连杆机构、凸轮机构及气动机构。这些二进制式的机构可以将二进制数码转换为机械位移，位移量与数码的值成正比。这类机构广泛应用于各种自动机构中。

为了减少轴承摩擦以提高其旋转精度和机械效率，人们在不断地进行研究。但正常思路都是按照改变轴承元件形状、优化结构参数或采用减摩材料等模式延伸，都没有产生重大的突破。后来，有人偏离常规的直线思维，将思路横向移入新的磁学原理，开发出磁性轴承。在设计时使用磁性材料制造的轴颈与轴瓦具有相同的磁性。由于同性相斥，轴颈与轴瓦便互不接触而呈悬浮状态，在旋转过程中摩擦阻力很小。

早在1887年，赫兹就发现了光电效应，但光电效应的本质和规律却一直没有得到正确的解释。1905年，26岁的爱因斯坦开始研究这个难题，在研究中，他把1901年普朗克在黑体辐射研究中提出的"能量子"概念移植到光电现象研究领域。所谓"能量子"，就是认为在黑体辐射现象中，能量的辐射是不连续的，而是以一份一份形式向外辐射，这个"一份能量"就是"能量子"。能量子概念使爱因斯坦受到很大的启发，他认为光的传播也有它的不连续的量子化的一面，从而提出了"光量子"假说，这样，他不但科学地提出了光的粒子性，使光的波动性和粒子性在量子论的基础上统一起来，而且深刻地揭示了光电效应的本质和规律。爱因斯坦因此获得1921年度诺贝尔物理学奖。

3) 新技术的移植

把某一学科领域的新技术移植到其他学科领域之中，为另一学科的研究提供有力的技术手段，推动其他学科的发展。

例如，激光技术移植到医学领域，为诊断、治疗各种疾病提供了有力的武器；激光技术移植到生物学领域，可以改变植物遗传因子，加速植物的光合作用，促进植物的生长发育；在机械加工领域中移植激光技术，使原来用机床很难加工的小孔、深孔及复杂形状都能容易实现;电气技术移植到机械行业,实现了机电产品一体化;计算机技术移植到机械领域,使机械技术产生了巨大的突破。

4) 理论和研究方法的移植

将一门或几门学科的理论和研究方法综合、系统地移植到其他学科,导致新的边缘学科的创立,推动科学技术的发展。

19世纪末,人们把物理的理论和研究方法系统地移植到化学领域中,在化学现象和化学过程的研究中,运用物理学的原理和方法创立了物理化学。又如,人们把物理学和化学的理论与研究方法综合地移植到生物学领域,创立了生物物理化学这一新的学科。

人们运用移植方法,形成了大量的边缘学科,使现代科技既高度分化又高度综合地向前发展,并导致现代科技发展的整体化和融合。

5) 结构的移植

结构是事物存在和实现功能目的的重要基础。将某种事物的结构形式或结构特征向另一事物移植,是结构创新的基本途径之一。

常见的机床导轨为滑动摩擦导轨。后来人们在摩擦面间置放滚子,设计出滚动摩擦导轨。从创新设计原理上看,可以认为这种新型导轨是推力滚子轴承结构方式的一种移植。

6) 材料的移植

将某一领域使用的传统材料向新的领域转移,并产生新的变革,也是一种创新。在材料工业迅速发展、各种新材料不断涌现的今天,利用移植材料进行创新设计更有广阔天地。

在陶瓷发动机设计中,设计者以高温陶瓷制成燃气涡轮的叶片、燃烧室等部件,或以陶瓷部件取代传统发动机中的气缸内衬、活塞帽、预燃室、增压器等。新设计的陶瓷发动机具有耐高温的性能,可以省去传统的水冷系统,减轻了发动机的自重,因而大幅度地节省能耗和增大了功效。此外,陶瓷发动机的耐腐蚀性也使它可以采用各种低品位多杂质的燃料。因此,陶瓷发动机的设计成功,是动力机械和汽车工业的重大突破。

保加利亚的工程师用特种玻璃建造了一座宽8 m、长12.5 m,重18 t的晶莹透彻的玻璃桥。经试验,2.5 t的载重汽车飞驶而过,玻璃桥安然无恙。

总之,移植原理能促使思维发散,只要某种科技原理转移至新的领域具有可行性,通过新的结构或新的工艺,就可以产生创新。

2. 移植创新的基本特征

(1) 移植是借用已有技术成果进行新目的的再创造,它使已有技术在新的应用领域得到延续和拓展。

(2) 移植实质上是各种事物的技术和功能相互之间的转移与扩散。

(3) 移植领域之间的差别越大,则移植创造的难度越大,成果的创新性也越明显。

2.3.4 逆向创新原理

逆向创新原理是从反面、从构成要素中对立的另一面分析,将通常思考问题的思路反转过来,有意识地按相反的视角去观察事物,寻找解决问题完全颠倒的新途径、新方法。逆向创新法也称反向探求法。

当今世界上大量的新技术、新成果都是人们利用逆向创新原理不断探索创造出来的,是用传统思想方法所无法想象的。在创新的过程中,走前人没有走过的路、做前人不敢做的事、打破常规、向传统宣战、解放思想、异想天开、别出心裁,甚至倒行逆施。世界上的事不怕做不到,只怕想不到,只要想到了,才有可能做到。

我国宋代司马光砸缸救小孩的故事,就是逆向思维方法,他不是将小孩拉出来而是用砸破水缸让水流走的办法,将小孩救出。

反向探求法的类型有功能性反向探求、结构性反向探求和因果关系反向探求。

根据电话机的工作原理,人们创造出了留声机;将电风扇反向安装,人们做成了排风扇、发明了抽油烟机。

人在楼梯上行走是天经地义的,如果有人提出"人不动、楼梯走"肯定会被认为是天方夜谭。然而,人们正是沿着这种逆反方向去探索,终于设计出了自动扶梯。

第二次世界大战期间,船舶建造工艺一般都是从下向上焊接船体。有人打破常规,提出自上而下焊接,结果因为大量的电焊工在焊接船体时不用再仰头工作,从而大大提高了工作效率和工作质量,缩短了建船的周期。

传统电冰箱的布置是上急冻、下冷藏,广东万宝集团生产的电冰箱将其颠倒过来,做成上冷藏、下急冻,由于经常需要存取物品的冷藏柜位置升高,人使用起来比较舒适和方便,急冻柜与制冷机距离缩短,既节省了电能又降低了生产成本。

意大利科学家伏打,将化学能变成电能,发明了伏打电池。英国化学家戴维想到化学作用可以产生电能,那么电能是否可以引起化学变化而电解物质呢?他果然用电解法发现了钾、钠、钙、锶、铁、镁、硼7种元素,成为发现元素最多的科学家。

18世纪初,人们发现了通电导体可使磁针转动的磁效应,法拉第运用逆向思维反向探求,并通过大量实验,发现了电磁感应现象,制造出了世界上第一台感应发电机,为人类进入电气化时代开辟了道路。

一般,我们都认为数学的特点就是"精确",它对客观规律的数学描述不能模棱两可,必须具有严格的精确性。但1965年,美国数学家查德却离开传统数学的精确方法,而专门研究其相反的模糊性,创立了一门新兴学科——模糊数学,在精确方法无能为力的领域里,模糊数学显示了无限的生命力。例如,在人脸识别、疾病诊断、智能化机器、计算机自动化等方面的应用已卓有成效。

2.3.5 还原创新原理

还原,一般理解为恢复原状。还原法则又称抽象法则,即回到根本、回到事物的起点。暂时放下所研究的问题,反过来追本溯源,分析问题的本质,从本质出发另辟路径进行创新的一种模式。此法的特点为"退后一步,海阔天空"。

任何发明创新都有其创新的起点和创新的原点。创新原点即事物的基本功能要求,是唯一的。而创新起点即为满足功能要求的手段与方法,是无穷的。创新原点可以作为创新起点,但创新起点却不能作为创新原点。研究已有事物的创造起点,并追根溯源深入到它的创新原点,或从原点上解决问题,或从创新原点出发另辟新路,用新思想、新技术创新该事物，这就是创新原理的还原原理。还原思考时，不以现有事物的改进作为创新的起点，沿着现成技术思想的指向继续同向延伸，而是首先抛弃思维定式的影响，追本溯源，使创新起点还原到创新原点，再通过置换有关技术元素进行创新。

日本一家食品公司，想生产自己的口香糖，却找不到作口香糖原料的橡胶，他们将注意力回到"有弹性"的起点上，设想用其他材料代替橡胶，经过多次失败后，他们用乙烯、树脂代替橡胶，再加入薄荷与砂糖，终于发明出日本式的口香糖，畅销市场。

应用还原换元原理设计新型电风扇时，先思考其创造原点。无论是台扇、吊扇、壁扇，其创造原点都是使周围空气急速流动。那么，还有没有别的技术方案能实现这种功能或物理效应呢？经过换元思考，有人想到了薄板振动的方案。该方案用压电陶瓷夹持一金属板，通电后金属薄板振动，导致空气加速流动。按此思路设计的电风扇，没有扇叶，面貌全新，称为"无扇叶电风扇"。与传统的风叶旋转式电风扇相比，具有体积小、质量轻、耗电少和噪声低等优点。

探测高能粒子运动轨迹的"气泡室"原理就是美国物理学家格拉塞尔运用还原换元原理而发明的。一次，格拉塞尔在喝啤酒时，看到几粒碎小鸡骨在掉入啤酒杯里时随着碎骨粒的沉落周围不断冒出气泡，而气泡显示出了碎骨粒下降过程的轨迹，他猛然想到自己一直在研究的课题——怎样探测高能粒子的飞行轨迹。他想，能不能利用气泡来分析高能粒子的飞行轨迹？于是他急忙赶回实验室，经过不断实验，发现当带电粒子穿过液态氢时，所经路线同样出现了一串串气泡，换元实验成功了，这种方法清晰地呈现出粒子飞行的轨迹。格拉塞尔因此荣获诺贝尔物理学奖。

为了创造新的食品保鲜装置，人们不断地进行探索，但常常都是在同一创造起点上思考着同样的问题：什么物质能制冷？什么现象有冷冻作用？还有什么制冷原理？这样思考并不算错，但仅局限这种"冷冻"思维，无异于给自己套上了思维枷锁。如果运用还原创造原理求解这一问题，情况不至这样。按照还原换元原理，首先思考食品保鲜问题的原点在哪里？无论冰袋还是电冰箱，它们能够保鲜食品的根本原因在于能够有效地灭杀和抑制微生物的生长，凡具有这种功能的装置都可用来保鲜食品。这就是创新设计食品保鲜装置的创造原点。从这一创造原点出发，可以进行换元思考，即用别的办法来取代传统的冷冻方案。有人结合逆反思维的应用，想到了微波灭菌的技术方案，开发出微波保鲜装置。经过微波加热灭菌的食品，不仅能保持原有形态、味道，而且鲜度比冷冻时更好。从创造原点出发，人们还可以采用静电保鲜方法，并开发设计出电子保鲜装置。

开始设计洗衣机时的创新起点是模仿人的动作，用搓、揉的方法洗衣，但要设计能完成搓揉动作的机械装置，并要求它能适应不同大小的衣物并能对不同部位进行搓揉显然是十分困难的。如果改用刷的方法，要处处刷到也很难实现。如果用捶打的方法，动作虽简单，但容易损坏衣物或纽扣之类的东西。采用还原原理，跳出原来考虑问题的起点，从思考洗衣的方法还原到洗衣这一问题的创新原点——将污物从衣物上去掉，于是人们想到了表面活性剂，制成了洗衣粉，将衣物置于水中，加入洗衣粉，再对衣物进行搅拌就能将衣物上的污物除去，洗衣机就是一台搅拌机，于是创新出了简单、实用的洗衣机。后来，美国的一位工程师受到牛奶分离器分离奶油的启发，设计出了高速旋转的甩干机，1937年，集洗涤、漂洗和脱水功能于一身的自动洗衣机面世,它用自动定时器控制不同的洗涤时间,使用方便,性能好,大受欢迎。在此基础上,通过对去污原理的进一步思考,又考虑到用加热、加压、电磁振动、超声波等技术创新出真空洗衣机、烘干洗衣机、电磁洗衣机和由传感器、计算机与模糊逻辑控制程序为主的新型洗衣机不断设计出来,并向着高效、节能、方便、实用的目标迈进。

全干式潜水泵在电动机内装上气体发生器、吸湿剂和水压平衡检测器,电动机在水下带动水泵工作时,内部能产生一定压力的气体与水压时时保持相等,使水不能浸入电动机。

锚的创新原点应该是"能够将船舶定位在水面上的一切物质和方法"。于是人们研制成功了完全新颖的冷冻锚。冷冻锚是一块约 $2~m^2$ 的特殊铁板,该铁板在通电 1 min 即可冻结在海底上,冻结 10 min 后连接力可达 100 万 N。起锚时只要通电很快便可使冰解冻,因此,冷冻锚成为现代远洋船舶的一种新型锚。

2.3.6 价值优化原理

第二次世界大战以后,美国开始了关于价值分析(Value Analysis,VA)和价值工程(Value Engineering,VE)的研究。提高产品价值是创新设计的重要目标。在设计、研制产品(或采用某种技术方案)时,设计研制成本为 C,取得的功能(使用价值)为 F,则产品的价值 V 为

$$V = \frac{F}{C}$$

显然,产品的价值与其功能成正比,而与其成本成反比。

价值工程就是揭示产品(技术方案)的价值、成本、功能之间的内在联系。它以提高产品的价值为目的,提高技术经济效果。它研究的不是产品(技术方案)而是产品(技术方案)的功能,研究功能与成本的内在联系,价值工程是一套完整的、科学的系统分析方法。

随着生产的发展,人们越来越深刻地意识到顾客需要的不是产品的本身而是产品的功能。在产品竞争的角逐中,必须设法通过设计制造以最低的费用提供用户所需要的功能。在保证同样功能的条件下,还要比较功能的优劣——性能,只有功能全、性能好、成本低的产品在竞争中才具有优势。设计创新具有高价值的产品,是人们追求的重要目标。价值优化或提高价值的指导思想,也是创新活动应遵循的理念。现代创造的任务,与价值工程的目的在很大程度上是接近的。创造具有高价值的产品,是产品创造追求的重要目标。因此,价值优化或提高价值的指导思想,也是创造活动应遵循的理念。在此基础上,形成了价值优化的创造原理。

由产品价值的定义式可知,价值优化的基本途径是通过改变功能或成本的相对关系来提高产品的总价值。具体途径有以下五条:

(1) 保持产品功能不变,通过降低成本,达到提高价值的目的。

(2) 不增加成本的前提下,提高产品的功能质量,以实现价值的提高。

(3) 虽成本有所增加,但却使功能大幅度提高,使价值提高。

(4) 虽功能有所降低,但成本却能大幅度下降,使价值提高。

(5) 不但使功能增加,同时也使成本下降,从而使价值大幅度提高,这是最理想的途径,也是价值优化的最高目标。

优化设计并不一定每项性能指标都达到最优,一般可寻求一个综合考虑功能、技术、经济、使用等因素后都满意的系统,有些从局部来看不是最优,但从整体来看却是相对最优的。

当顾客购买一辆汽车时,考虑的不仅是它的售价和可以运物的一般功能,往往更关心的是它的每公里耗油量、速度性能、噪声大小、零部件可靠度、维修性能等。只有对功能、性能和成本的综合分析才能合理判断汽车的价值。

美国通用电气公司的工程师迈尔斯在采购工作中常遇到某些物资短缺、价值昂贵的问题。一次未能买到急需的石棉板,他想"石棉板的作用是什么?是否能用别的东西替代?"经过调查研究,他在市场上找到一种货源充足、价格便宜、具有石棉板相同功能的不可燃纸用以替代石棉板,这样,既满足了生产的需要,又降低了成本。通过一系列类似问题的分析,通用电气公司发现了隐蔽在产品背后的本质——功能,如把价值看作某一功能与实现这一功能所需成本之间的比例,提高产品价值就是用低成本实现产品的功能。他们在开发产品时注意从功能分析着手,实现必要功能,去除多余功能和过剩功能,既满足了用户需要,又降低了成本,将产品设计问题变为用最低成本向用户提供必要功能的问题。17 年内通用电气公司在价值分析方面花了 80 万美元的费用,却获得了两亿多美元的利润。价值分析应用的效果引起了各界人士的重视,美国国防部及各大公司纷纷将价值分析列入军事装备及民用工业的设计,并进一步程序化,称为价值工程。

例 2-1 "新型百叶窗"的设计。

英国库特公司的设计人员曾开发一种新型百叶窗,要求产品既能防止雨水打入,又可使室内空气流通。

设计者通过价值分析,改变了用料多、造价高的传统设计,而采用了允许雨水透过百叶窗,再在窗叶后面用凹槽收集,然后通过细管将雨水排出室外的新设计。新设计的百叶窗,不仅降低了成本,而且便于操作,且能够延长使用寿命,即功能得到改善。商品化后的新产品在市场上很有竞争能力。

例 2-2 双端面磨床的设计。

上海机床厂在新产品 M7750 双端面磨床的设计中,应用价值优化原理,首先确定了产品的目标成本,然后参照目标成本的要求,寻求实现规定功能的产品结构。他们根据用户提出的产品性能稳定、磨削精度高、磨头刚性好等条件,选定 4 个关键部件的设计方案进行分析。通过同国内外和厂内同类产品进行对比,找出差距,然后运用各种创造性思维或创新技术,提出 24 项改进措施。在这些改进措施中,有些能使部件既提高功能又降低成本;有些可使部件的功能保持不变,而成本有所降低;有的成本虽略有提高,但能使部件的功能得到较大的改善。

运用价值优化原理改进设计的结果,比同类产品 M7775 磨床零件数量少 28.5%,产品成本比原定目标成本下降 13.8%。

2.3.7 群体创新原理

俗话说:"三个臭皮匠,顶个诸葛亮",意思是说群体可以形成智慧,可以形成创造力。现代社会中人们到处都可体会到群体的创造力量。每一个成功的公司、企业、集团的辉煌成就无不饱含着这些公司、企业、集团里大量人才的智慧。随着科学技术的不断进步,个人创造在离开了群体的支持后,将会遇到很大的困难,甚至一事无成。控制论的创始人维纳说得好,由个人完成重大发明的时代已经一去不复返了。美国在1942研制原子弹时曾动员了15万人;1960年完成登月计划中,则动员了42万科技人员、2万家公司和120所大学,所有这些高水平的创造发明都是庞大的知识群体共同努力的结果。

在一个研究群体中,人与人往往彼此相互影响、相互促进。共同研究探讨对于提高个人的创造力、共同完成创造发明是非常重要的。名牌大学的学生,在众多经"优选"出来的人群中学习,自觉不自觉地受到相互激励,因此,学生素质普遍比普通大学学生素质高,更容易出成果,形成了所谓的"共生效应"。

但是群体原理并不意味着一个课题组人数越多越好。研究表明恰恰相反,一个效率很高的课题组人数最好尽量控制在小规模上,这样做有利于发挥每个组员的创造才能,人数过多往往会使一些人处于从属地位和被动地位,出现"人浮于事"的现象而使集体的创造力降低。苏联学者 E·A·米宁研究表明,在一定条件下,科研人员增加到原来人数的 n 倍,其创造效率仅增加 $\sqrt{n}$ 倍。由此可见,最佳创造群体有一个最佳人数和最佳知识结构组成的问题。

2.3.8 完满创新原理

完满原理又可称完全充分利用原理。凡是理论上未被充分利用的,都可以成为创造的目标。创造学中的"缺点列举法""希望点列举法""设问探求法"都是在力求完满的基础上产生出来的。我们平常所说的"让效率更高,让产品更耐用、更安全,让生活更方便,让日子更舒服,让产品标准化、通用化,物尽其用,更上一层楼……"都是在追求一种完满。充分利用事物的一切属性是完满创造原理所追求的最终目标,也是创造的起点。

任何一个事物或产品的属性都是多方面的,创造学中"请列出某某事物尽可能多的用途"的训练,正是基于对事物属性尽可能全面利用而提出来的。然而,实际上要全面利用事物的属性是非常困难的,但追求完满的理想使人从来没有停止过这种努力。完满作为一种创新原理可以引导人们对于某一事物或产品的整体属性加以系统的分析,从各个方面检查还有哪些属性可以被再利用,引导人们从某种事物和产品中获取最大、最多的用途,充分提高它们的利用率。

日本川球公司和新日铁公司在对炼钢炉渣进行分析后发现,将炉渣加上环氧树脂,可生产渗水性很好的铺路材料,也可制作石棉,或用来制作植物生长的培养基。日本不二制油公司利用豆腐渣生产食物纤维,用于生产面包、甜饼和冰激凌的原材料。日挥公司用木屑经高温、高压处理,制造燃料用酒精……所有这些创造发明都体现出人们对事物或产品充分利用的追求。即使这样,也很难说这些事物或产品的属性被充分利用了。

为了生活得更美好,人们发明了电冰箱,但电冰箱中的制冷剂却会破坏人们的生活环境,于是人们又创造出没有氟利昂或氯氰化碳的环保电冰箱;电池是人类的一项伟大发明,但它会污染环境,日本精工公司于是发明了一种不用电池而用小型发条为动力的石英表。

在创造原理中,人们也普遍地采用"分离原理""强化原理",即通过将产品的结构进行分解，或加强其中某一方面的性能来创新产品或改进产品的性能。事实上，这些都是充分利用事物或产品的部分属性的一种完满创造原理。例如，鞋底比鞋帮更容易损坏，为此，人们采用提高鞋底质量或采用可更换的插入榫头式鞋跟，甚至采用降低鞋帮成本，使鞋底、鞋帮实现同寿命，保证鞋子整体的充分利用。

20世纪80年代，日本相机的销量日渐萎缩，柯尼卡照相机公司在对市场进行调查中发现，人们不愿意购买相机的主要原因是：目前市场上的各种相机操作都很复杂，容易产生聚焦不准和曝光不足等问题。统计资料进一步表明，人们所拍的相片中80%是属于纪念性的，50%以上是在室内拍摄的。于是公司针对调查中反映出来的"缺点"对相机的使用功能进行重新定位，加强某些功能、削弱或去掉一部分功能，于是设计并生产出一种体积小、质量轻、能自动调焦、自动曝光、装有内藏式小型闪光灯的"傻瓜"相机，通过加强宣传和售后服务，使新相机的销量猛增，一举获得巨大的成功。

2.3.9 变性创新原理

一个事物的属性是多种多样的，逆向原理强调利用事物相反的属性。事实上，对事物非对称的属性如形状、尺寸、结构、材料等进行变化，也会产生发明创造，这种创造原理被称为变性原理。

例如，容器上的刻度通常是沿容器高度方向水平刻制的，倾倒液体时难以掌握容器中液体的倒出量。将刻度改成以倾泻口作射线方向刻制，倾倒液体时，液面与刻度基本保持平行，就能比较准确地把握好倒出液体的量。

漏斗下面的疏漏管通常是圆形的，在用漏斗向容器灌输液体时，疏漏管与容器口紧密接触使容器中空气不易排出，影响灌装速度。将疏漏管外部沿管长方向做上若干小沟槽，就能很好地解决这个问题。

火车车轮在铁轨上滚动时，在铁轨的接缝处会产生冲击，发生强烈刺耳的噪声。国外的一项无声铁轨的专利技术只是把接缝的形状稍做改变，使列车行驶的噪声大大降低。

拆除废旧建筑常采用定向爆破的方法，但爆破时不是同时将所有的炸药引爆，而是根据需要将安装在建筑物各处的炸药依次延时引爆，这种引爆时间的改变，既可以使建筑物按预先设定的方向倒塌，又能避免爆破物的飞溅。

《机械原理》课程中讲过很多机构变异方法，都是通过改变构件形状、运动副元素的形状、构件的尺寸、运动副的数量和类型以达到改变机构性质的目的。

任何一个事物、一个产品都有许许多多的属性，巧妙地利用其中一些属性，或用一定的方法在一定范围内改变其属性，就有可能获得创新。

本节介绍了创新基本原理，但"运用之妙，存乎一心"，各种"创新原理和创造技法"其本身难免存在一定的局限性，我们既要熟悉它们，又不能受到其"技法、原理"的束缚，只有打破各种各样的思维定式，才能有所创新。

2.3.10 物场分析原理

物场分析是苏联学者阿里特舒列尔在其著作《创造是一门精确的科学——解决创造课

题的理论》中,首先提出的一种创造原理。这种创新理论认为,解决创造课题的本质问题是消除课题的技术矛盾,而技术矛盾是由物理矛盾决定的。只有消除物理矛盾,才能最终解决创造课题。因此,消除物理矛盾,才是解决创造课题的核心所在。如何分析和消除这类矛盾,可以运用物场分析原理。

所谓物场,是指物质与物质之间相互作用和相互影响的一种联系。例如,电铃的响声给了人一种信号,其中"电铃""人"属于"物质"的概念。那么"场"又是指什么呢?只要分析一下电铃的响声为什么会传到人的耳朵里,就会知道"空气的振动"是其中的原因,如果在真空中,人是听不到电铃的声音的。也就是说,在"电"与"人"之间存在着一个"声场"。事实上,世界上的物体本身是不能实现某种作用的,只有同某种"场"发生联系后才会产生对另一物体的作用或承受相应的反作用。就科学领域来说,温度场、机械场、声场、引力场、磁场、电场等,是物场的具体存在形式。

构成一个物场需要三个要素:两个物质和一个场。其一般形式如图 2-1 所示。

任何物场都可以分为三种类型:

(1) 完全物场体系。完全物场体系是满足物场三要素要求的物场体系,它是一种能实现物质之间相互作用和影响的完整技术体系。

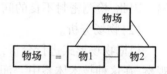

图 2-1 物场的一般形式

(2) 不完全物场体系。不完全物场体系是不能满足物场三要素的要求,或只知两物,或知一物一场,这是有待补建的技术体系。

(3) 非物场体系。如果只给出一种物质或者场,则属非物场体系。显然,它不存在具体的相互作用和影响,不发生任何技术功能作用。

物场分析的基本内容就是在判别物场类型的前提下进行创造性思考,或对非物场体系或不完全物场体系进行补建,或对完全物场体系中的要素进行变换以发展物场。无论补建或变换,其最终目的都是使物场三要素之间的相互作用更为有效,功能更加完整和可靠。

运用物场分析原理创造时,其思考要点如下:

1. 课题分析

分析创造课题的出发点和期望达到的目的。搞清课题属何技术领域,已知什么,未知什么,限制条件有哪些,等等。

2. 分析物场类型

按照物场的三要素要求,判断创造课题已知条件能够构造成哪种类型的物场体系。

3. 进行物场改造思考

(1) 对非物场体系或不完全物场体系,要补建成完全物场体系。

补建成完全的物场体系,其措施是移植引进作为完全物场体系所不可缺少的元素,而这种引进的元素应当是发生相互作用的,而不是无关的元素。有时,会有这样的情况,当已知条件给定了两种物质,需要引进一个场。这里虽然符合构成物场三要素的要求,但无法实现它们的相互作用。这时,还应引进使它们发生相互作用的物质,该物质应当是与给定的两个物质之一相混合而不分离,则可用复合体(物 2、物 2′)来代替物 2。

(2) 对完全物场体系进行要素置换。

物场效率的大小与要素的性质相关。对于已成完全物场的技术体系,可以考虑用更有效的场(如电磁场)来取代另一类场(如机械场),或用更有效的物质来置换效能较差的物质。

4. 形成新的技术体系形态

对确定的新物场体系进行技术性构思,使之成为具有技术形态的新技术体系。

例 2-3　冷冻机密封检测方案设计:运用物场分析原理求解家用电冰箱中冷冻机密封不良的检测设备的原理方案。

解：

(1)课题分析。

家用电冰箱的冷冻机中充满着氟利昂和润滑油,如果密封不良,氟利昂和润滑油都会外漏。因此,检测密封不良的问题实际上就是判断是否有工作介质或润滑油外漏。

(2)物场分析。

根据物场形式进行分析,此课题中哪些东西可以视为物和场。传统的检测方式是人工观察,在这种技术体系中,"润滑油""氟利昂"是物质,但相互作用的物质与场没有构成完整的物场,因此传统检漏方式是一种原始的非物场体系。

因此,本课题运用物场分析原理,主要是将非物场体系补建成非人工检测泄漏的完全物场体系。

(3)充全物场体系的建立。

根据物场三要素的条件,思考方向集中在寻找与润滑油泄漏有作用关系的物质及起联系作用的技术场。经收集有关机械故障检测方面的信息,决定建立以下形式的完全物场体系,如图 2-2 所示。

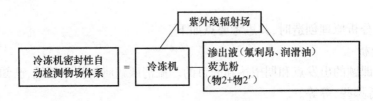

图 2-2　冷冻机密封检测的物场体系

在这一物场体系下,引进了荧光粉和紫外线辐射物理场。其技术体系的工作原理是:将掺有荧光粉的润滑油注入冷冻机,在暗室里用紫外线照射冷冻机,根据通过密封不严处渗漏出的润滑油中荧光粉发出的光,来确定渗漏部位。

根据上述原理可以开发设计冷冻机渗漏自动检测装置。

例 2-4　燃气轮机过滤器改进设计。

为了从燃气中消除非磁性尘粒,可使用过滤网,它由许多层金属网构成。这种过滤器虽可挡住尘粒,但滤网清洗非常困难。清洗时,必须经常将滤网拆散,长时间向相反方向鼓风,才能使网上尘粒脱去。试用物场分析提出改进设计方案。

解:

(1) 物场分析。

根据课题给出的条件,可描述出一个完全的物场体系,如图 2-3 所示。

图 2-3 过滤器清洗物场体系

这个物场虽属完全物场体系,但其功效并不令人满意,打算对此进行改造。

(2) 旧物场体系的改造。

采用置换场和物质的办法来改造,具体想法是:用电磁场来取代机械场(空气流);用铁磁性颗粉代替金属网。这样,得到新的物场体系,如图 2-4 所示。

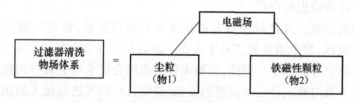

图 2-4 改进后的过滤器清洗物场体系

新物场体系对应的技术体系的工作原理是:利用铁磁性颗粒作为过滤物质,它在磁极中间并形成多孔隙结构。关断或接通磁场就可以有效地控制过滤器的孔隙。当需"捕捉"尘粒时,过滤器孔可缩小,而在清洗时,过滤器孔可放大。改变磁场强度,便可控制铁磁颗粒的密度。

2.4 常用的创新方法

2.4.1 群体集智法

1. 智力激励法

智力激励法又称智暴法,其英文原文是 Brain Storming,故又被称为头脑风暴法或 BS 法,是创造学的奠基人——美国学者奥斯本于 1939 年创立的。智力激励法是运用群体创造原理,充分发挥集体创造力来解决问题的一种创新设计方法。这种方法的操作过程是:针对一个设计问题,将五六个人召集到一起进行讨论,与会者可以敞开思想,畅所欲言,充分表明自己对解决该问题的意见,供设计者参考和研究。

智力激励法的中心思想是:激发每个人的直觉、灵感和想象力,让大家在和睦、融洽的气氛中自由思考。不论什么想法,都可以原原本本地讲出来,不必顾虑这个想法是否"荒唐可笑"。为此,组织者对与会者提出以下四条规定原则:

(1) 自由思考原则。这一原则是要求与会者尽可能地解放思想,无拘无束地思考问题,不必顾虑自己的想法是否"离经叛道"或"荒唐可笑"。

(2) 延迟评判原则。这一原则是限制在讨论问题时过早地进行评判。传统会议上,人们习惯于对自以为不正确、不可行的设想迫不及待地提出批评意见或做出结论,这实际上是压制不同的想法,甚至还会扼杀具有创造性的萌芽方案。因此,奥斯本智力激励会特别强调,与会者在会上不要使用诸如"这根本行不通!""这个想法太荒唐了!""这个方案真是绝了!"之类的"扼杀句"或"捧杀句"。至于对设想的评判,应等到大家畅谈结束后,再组织有关人士进行分析。

(3) 以量求质原则。奥斯本认为,在设想问题时,越是增加设想的数量,就越有可能获得有价值的创意。通常,最初的设想不大可能最佳。有人曾用试验表明,一批设想的后半部分的价值要比前半部分高78%。因此,奥斯本智力激励法强调与会者要在规定的时间内加快思维的流畅性、灵活性和求异性,尽可能多而广地提出有一定水平的新设想,以大量的设想来保证质量较高的设想的存在。

(4) 综合改善原则。这是鼓励与会者积极参与知识互补、智力互激和信息增殖活动。俗话说:"三个臭皮匠,顶个诸葛亮。"几个人在一起商量或综合大家的想法,总可以强化自己的思维能力和提高思考的水平。因此,奥斯本智力激励会要求与会者仔细倾听他人的发言,注意在他人启发下及时修正自己不完善的设想,或将自己的想法与他人的想法加以综合,再提出更完善的创意或方案。在智力激励会上,任何一个人提出的新设想都构成对其他人的信息刺激,具有知识互补和互相诱发激励的作用。

由于会议强调自由思考,不受约束,因而可以激励动因,同时通过相互补充和启发,又增加了联想的机会,使创造性的思维在与会者中间产生共振和连锁反应,由此诱发出更多的创新设想。只要在提出的设想中有几个新颖又有价值的设想可供进一步仔细研究,也就达到了会议的目的。

例如,美国北部冬季气候严寒,大跨度的输电线常被线上的积雪压断造成事故。如何避免这类事故,过去一直未能找到很好的解决方案。后来,电力公司决定采用智暴法来解决这个问题。会上有人提出设计一种专用电线扫雪机;有人提出用电热来化解冰雪;也有人提出用振荡技术来清除积雪。其中有人提出一个几乎十分滑稽可笑的方案:乘坐直升机去扫除电线上的积雪。一位工程师在听到这个想法后,思维受到激励,马上提出利用直升机螺旋桨产生的高速下降气流扇落积雪的方案。方案提出后,顿时又引起其他与会者的联想,进一步提出制造专用的"除雪飞机"和"特殊扇雪螺旋桨"等创意。会后,公司组织专家对各种设想进行论证,最终选择了用改进直升机扇雪的方案。于是一种专门用于清除电线上积雪的小型直升机就这样诞生了。

2. 书面集智法

在推广应用智力激励法的过程中,人们发现经典的智力激励法虽然能自由探讨、得到互相激智的气氛,但也有一些局限性。如有的创造性强的人喜欢沉思,但会议无此条件;会上表现力和控制力强的人会影响他人提出设想;会议严禁批评,虽然保证了自由思考,但难于及时对众多的设想进行评价和集中。为了克服这些局限,许多人针对与会者的不同情况,先后对奥斯本技法进行了改进,形成了基本激励原理不变但操作形式和规则有异的改进型技法。其中最常用的是书面集智法,即以笔代口的默写式智力激励法。实施时人们又常采用"635法"的模式,即每次会议请6人参加,每人在卡片上默写3个设想,每轮历时5 min。

实施以"635法"为特点的书面集智,可采用以下程序:

(1) 会议的准备。选择对书面集智基本原理和做法熟悉的会议主持者,确定会议的议题,并邀请6名与会者参加。

(2) 进行轮番性默写激智。在会议主持人宣布议题(创造目标)并对与会者提出的疑问解释后,便可开始默写激智。组织者给每人发几张卡片,每张卡片上标上1、2、3号,在每两个设想之间留出一定空隙,好让其他人再填写新设想。

在第一个5 min内,要求每个人针对议题在卡片上填写3个设想,然后将设想卡传递给右邻的与会者。在第二个5 min内,要求每个人参考他人的设想后,再在卡片上填写3个新的设想,这些设想可以是对自己原设想的修正和补充,也可以是对他人设想的完善,还允许将几种设想进行取长补短式的综合,填写好后再右传给他人。这样,半小时内传递5次,可产生108条设想。

(3) 筛选有价值的新设想。从收集上来的设想卡片中,将各种设想,尤其是最后一轮填写的设想进行分类整理,然后根据一定的评判准则筛选出有价值的设想。

3. 函询集智法

函询集智法又称德尔菲法,其基本原理是借助信息反馈,反复征求专家书面意见来获得新的创意。其基本做法是:就某一课题选择若干名专家作为函询调查对象,以调查表形式将问题及要求寄给专家,限期索取书面回答。收到全部复函后,将所得设想或建议加以概括,整理成一份综合表。然后,将此表连同设想函询表再次寄给各位专家,使其在别人设想的激励启发下提出新的设想或对已有设想予以补充或修改。视情况需要,经过数轮函询,就可得到许多有价值的新设想。

函询集智法有两个特点,也是其优点。它不是把专家召集起来开会讨论,而是用书信方式征询和问答,使整个提设想过程具有相对的匿名性。专家相互之间不见面,有利于克服一些心理障碍,便于充分发表新颖意见或独特看法。轮间反馈则保证了专家之间的信息交流和思维激励。

此法一般需要较长的时间,专家的设想多是建立在稳重思考的基础之上的,因此提出的设想可信度或可行性较好。但由于没有奥斯本智力激励法所提供的那种自由奔放和激励创造的气氛,在提出新颖性高的设想方面可能要逊色一些。

2.4.2 系统分析法

1. 设问探求法(检核表法)

系统设问法是针对事物系统地罗列问题,提问能促使人们思考,提出一系列问题更能激发人们在脑海中推敲。然后逐一加以研究、讨论,多方面扩展思路。大量的思考和系统的检核,有可能产生新的设想或创意。依据这种机理和事实,人们概括出设问探求法或检核表法。

泛泛地思考往往提不出设想，提问却能促进思考深入。有目的的诱导性提问，可以使人浮想联翩，产生创意。当然，富有创意的提问本身就是一种创造。好的提问往往就意味着问题已经解决一半。设问探求法就是针对创造目标从各个方面提出一系列有关的问题，设计者针对提问进行分析和思考，通过思维的发散和收敛逐一找到问题的理想答案。创新活动离不开提出问题，但大多数人往往不善于提出问题。有了设问探求法或检核表法，人们就可以克服不愿提问或不善提问的心理障碍，从而为进一步分析问题和解决问题奠定基础。能够提出富有新意的问题，其本身就是一种创新。

设问探求法从以下几个方面进行分项检核，以促使设计者探求创意。

(1) 转化。有无其他用途？现有事物还有没有新的用途？或稍加改进能扩大它的用途？

"拉链"最初只用在鞋上，后来人们将它用在提包、服装上等；瑞士人德梅斯特拉尔，从一种植物的果实黏在身上的现象受到启示，发现了能代替纽扣且非常方便的尼龙搭扣；尼龙搭扣后来应用到了解决在太空失重状态下的行走问题；普通的椅子可以转化成躺椅、摇椅、转椅等。

电阻丝通电后会发热、发光，它有什么用途呢？人们通过想象发现它可以做电炉、电熨斗、电吹风、电烤箱、衣服烘干机、鞋子烘干器；装上绝缘材料，还可以烧水做成电热水瓶；放在毯子中，做成电热毯；在电热器的外面涂上特殊材料，还可以做成远红外线发生器，用于加热和医疗器械；装在真空的玻璃罩中，可以做成白炽灯、红外线灯或紫外线灯等。

风扇可以改制成鼓风机、电吹风、农药喷雾器、森林灭火机、汽车中使用的油气混合器、气垫船用推进器；将风扇叶反向安装使用，可用作抽风机、抽油烟机、吸尘器、农田中使用的吸虫器；装在飞行器上，可作飞机推进器；向上安装可作直升机的旋翼；安装在水中即成为船用螺旋桨；在仪器中可用作搅拌器；在风扇上安上刀刃可作收割机；等等。

尼龙最初只用于军事，主要用来制造降落伞、舰用缆绳等，人们发现了它的许多新用途，如做袜子、雨衣、雨伞，在工业生产中用来制作齿轮、轴承和各种形状与强度要求较高的零件等。

总之，这一设问要求人们对现有事物的固有功能进行怀疑式遐想，只要破除思维定式、经验定式和权威定式对当前思维的束缚，就可能产生新的创造。

(2) 引申。能否借用？能否借用别的经验？有无与过去相似的东西？能否模仿点儿什么？

医院的病床可躺可坐，成为可调成椅状的病床，儿童手推车也是由椅子引申而来的；借用能够烧穿钢板的电弧机发明了水泥制品电弧切割机；由自重的压路机发明了振荡压路机。

(3) 能否改变？颜色、气味、形状、式样、音响、意义、活动等能否改变？

普通椅子改变其结构，设计出了折叠椅；火车利用压缩空气制动；从平行四边形机构改变为反向平行四边形机构，用于车门启闭机构；将活塞的结构改变，采用压力平衡环、圆锥形活塞、压力囊、铰链连接在活塞重心上等方法，可以保持活塞不偏斜且运动稳定；将滚柱轴承发明了滚珠轴承；车削或用板牙加工螺钉改为滚压方法。

(4) 能否扩大？能否增加什么？时间、频度、强度、高度、长度、厚度、附加价值、材料能否增加？能否扩张？

长途货运时，小包装箱很不方便，人们将其放大成了现在的集装箱运输，大大提高了效率。将普通台灯的灯头与底座之间的距离放大，就成了落地台灯。利用曲柄摇杆机构将摇杆一端延长，利用摇杆延长的部分往复摆动实现了汽车刮雨动作；将胶鞋鞋底的橡胶部分的长度延长至鞋帮上，可以防止雨大将泥水带起把鞋面弄湿、弄脏；为了达到最佳的影视效果，电视机的屏幕越来越大；为了更深入地探索宇宙的奥秘，正在制造比哈勃望远镜大1 000倍的太空射电望远镜；已研制了瞬时功率达20亿kW的激光器；飞机载人最多可达1 200人。

(5) 能否缩小？能否减少什么？再小点儿？浓缩？微型化？再低些？再短些？再轻些？省略？能否分割化小？能否采取内装？

将热水瓶缩小成保温瓶，既保温又方便携带；为方便旅行，人们用的牙膏、香皂等都进行了缩小；袖珍收录机、折叠伞、笔记本电脑、可视手机、甲壳虫式小轿车、超薄电脑显示屏、低底盘的火车或汽车。

(6) 代替。有没有其他物品可以代替这种物品？能否用其他材料、其他制造工艺、其他动力、其他场所、其他方法代替？

拖动式洗衣机代替人洗涤衣服。后来人们将它改为搅拌式洗衣机，近年来，洗衣机种类越来越多，除了单缸、双缸、全自动洗衣机外，又设计出了真空、烘干、电磁、模糊逻辑洗衣机等，功能越来越强大，性能也越来越好。在曲柄滑块机构中，若需要曲柄较短，或要求滑块行程较小，这时可用盘状结构代替曲柄。

人造大理石、人造丝、用液压传动代替机械传动、用水或空气代替润滑油做成的水压轴承或空气轴承、用天然气或酒精代替汽油燃料。

(7) 重组。交换一下零件位置会怎样？可否更换条件？用其他的型号？用其他设计方案？用其他顺序？能否调整速度？能否调整程序？

凸透镜和凹透镜将不同组合形成望远镜或显微镜。螺旋桨飞机发明后，螺旋桨都是设计在机首，两翼从机体伸出，尾部安装稳定翼。重新组合，将螺旋桨改放在机尾，而稳定翼则放在机首处，设计出首尾倒换的飞机。汽车喇叭按钮原来设计在方向盘中心，现改在方向盘的圆盘下面的半个圆周上；原来计算机的英文字母键是按字母顺序排列的，改为根据字母出现的频度、手指的灵活度和手腕的活动度设计出了现在使用的键盘。儿童通过玩积木、活动模型，可以从小培养具有重组意识的创新设计能力。

(8) 颠倒。可否变换正负？颠倒方位？反过来又会怎样？能否反转？

汽车能倒行，为啥自行车不行？于是有人设计了有两个飞轮的、行驶中既能前进又能倒退的自行车。除尘器开始是利用吹尘的方法，飞扬的尘土令人窒息。运用逆向思维，发明出负压吸尘器。可逆式折叠椅的椅面和靠背正反面分别做成硬的与软的两面，可以翻转，热天坐硬面，冷天坐软面。

(9) 组合。这件物品与什么东西组合起来效果会更好呢？混成品、成套东西是否统一协调？单位、部分能否组合？目的能否综合？主张能否综合？创造设想能否综合？

组合创新是一种非常有效的创新方法。它可以通过功能组合、材料组合、同类组合、异类组合、技术组合、信息组合等多种形式来实现。

将椅子和一对自行车轮组合到一起,制成了残疾人使用的轮椅;将椅子和拐杖组合到一起,制成了两用拐杖;多功能螺丝刀;旅行用多功能小刀。

(10) 复杂。在这件物品上可加上别的东西吗?加进一些"佐料"会怎样?

自行车上缺少装东西的容器,有人想到在车把前方加装一网篮,结果很受欢迎。理发用椅子增加了枕头的、架脚的、升降的和仰躺的机构,变成了结构复杂的理发椅。凸轮机构中,尖顶从动件与凸轮之间为滑动摩擦,增加滚子可降低摩擦。增加一个曲柄,可以消除平行四边形机构的运动不确定性。在两块玻璃中加入某些材料,可制成防振或防弹玻璃。在铝材中加入塑料做成防腐防锈、强度很高的水管管材和门窗中使用的型材。在润滑剂中添加某些材料,可大大提高润滑剂的润滑效果,提高机车的使用寿命。

(11) 精简。从这件物品上抽掉一些东西可以吗?减轻质量或复杂程度效果如何?

为了使鞋穿脱方便,将鞋帮予以简化,得到了拖鞋;将椅子的四条腿简化成中心的一根支柱,设计出了可旋转的座椅。

设问探求法在创造学中被称为"创造技法之母",因为它适合各种类型和场合的创造性思考。它所以有特点,主要基于以下几点原因:

(1) 设问探求是一种强制性思考,有利于突破不愿提问的心理障碍。提问,尤其是提出具有创见的新问题,本身就是一种创造。运用设问探求法的顺藤摸瓜式自问自答,比起随机地东想西想来要规范些,目的性更强些。

(2) 设问探求是一种多角度发散性思考,广思之后再深思和精思,是创造性思考的规律。由于习惯心理,人们很难对同一问题从不同方向和角度去思考,为了广而思之,固然可以进行非逻辑思考或使用别的创造技法,但是使用设问探求法,可以在一定程度上帮助人们克服广思障碍。因为设问探求特点之一就是多向思维,用多条提示引导你去发散思考。如果设问探求中有九个问题,就可以从九个角度帮助你思考。你可以把九个思考点都试一试,也可以从中挑选一两个集中精力深思。

(3) 设问探求提供了创造活动最基本的思路。创造思路固然很多,但采用设问探求法这一工具,就可以使创造者尽快地集中精力朝提示的目标和方向思考。

设问探求法运用的要点有以下两个:

(1) 创造对象的分析。创造对象的分析是运用此法的基础。例如进行产品改进设计或新产品的系列开发,就应当分析产品的功能、性能及所处的市场环境。对产品的现状和发展趋势、消费者的愿望、同类产品的竞争情况等信息也要做到心中有数,以避免闭门造车式的设问思考。

(2) 探求思考的要求。探求思考是运用技法的核心。进行思考时要注意三个要点:其一,对每一条提问项目视为单独的一种创造技法,如"有无其他用途"可视为"用途扩展法","能否颠倒"可视为"逆反思考法",并按照创造性思考方式进行广思、深思;其二,结合其他创造技法运用,如"能否改变"一项,可结合缺点列举法改变事物的缺点,结合特性列举法将事物按特征分解后再思考如何改变;其三,要对设想进行可行性分析,尽可能地探求出有价值的新构思。

2. 缺点列举法

俗话说："金无足赤，人无完人。"世界上任何事物不可能十全十美，总存在这样或那样的缺点。如果有意识地将所熟悉事物的缺点一一列举出来，并提出改进设想，便可能创新，相应的创新技法叫作缺点列举法。

任何事物总有缺点，而人们总是期望事物能至善至美。这种客观存在着的现实与愿望之间的矛盾，是推动人们进行创新的一种动力，也是运用缺点列举法创新的客观基础。

运用缺点列举法始于发现事物的缺点，挑出事物的毛病。尽管任何事物都有缺点，但是并不是所有的人都会寻找缺点。人的心理惰性往往会造成一种心理障碍，认为现在的事物能达到如此水平和完善程度也差不多了，用不着再去"吹毛求疵""鸡蛋里挑骨头"。既然对现有事物比较满意，也就不愿去发现缺点，更不用说通过改进去搞创新了。因此，应用缺点列举法时，要有追求卓越的心理基础。

在明确需要克服的缺点后，就得有的放矢地进行创造性思考，并通过改进设计去获得新的技术方案。因此，运用缺点列举法创新还应建立在改进设计的基础上。

缺点列举法有以下几种：

1）用户意见法

如果列举现有产品的缺点，最好将产品投放市场试销，让用户提意见，这样获得的缺点对于改进企业产品或提出新产品概念最有参考价值。如果采用用户意见法，则事先应设计好用户调查表，以便引导用户列举缺点，同时便于分类统计。

2）对比分析法

有比较才有鉴别。在对比分析中，很容易看到事物的差距，从而列举出事物的缺点。应用对比分析，首先要确定只有可比性的参照物，如列举电冰箱的缺点，则应将同类型的多种电冰箱拿来比较。在比较时，还应确定比较的项目。对一般产品来说，主要是功能、性能、质量、价格等方面的比较。

如果产品尚处于设计阶段，应注意与国内外先进技术标准相比较，以发现设计中的缺点及早改进设计，确保产品的技术先进性。显然，收集和掌握有关技术情报资料是进行这种比较的前提。

3）设会列举法

召开缺点列举会，是充分揭露事物缺点的有效方法。所谓缺点列举会，是一种专挑毛病的定向分析会。召开缺点列举会时，应注意会议时间不宜太长，一般在两个小时之内。会议研讨的主题宜小不宜大。

运用缺点列举法的目的不在列举，而在改进。因此，要善于从列举的缺点中分析和鉴别出有改进价值的主要缺点以作为创新的目标。分析和鉴别主要缺点，一般可从影响程度和表现方式两方面入手。

不同的缺点对事物特性或功能的影响程度不同，如电动工具的绝缘性能差，较之其质量偏重、外观欠佳来说要影响大得多，因为前者涉及人身安全问题。分析鉴别缺点，首先要从产品功能、性能、质量等影响较大的方面出发，使提出的新设想、新建议或新方案更有实用价值。

在缺点表现方面，既要列举那些显而易见的缺点，更要善于发现那些潜伏着的、不易被人觉察到的缺点。在某些情况下，发现潜在缺点比发现显在缺点更有创造价值。例如，有人发现洗衣机存在着病毒传染的缺点，提出了开发具有消毒功能的洗衣粉的新建议；针对普通洗衣机不能分类洗涤衣物的缺点，开发设计出具有分洗特点的三缸洗衣机。

3. 希望点列举法

1) 希望点列举法的定义及其特点

希望就是人们心理期待达到的某种目的或出现的某种情况，是人类需要心理的反映。人们总是不满足于现状，对未来充满希望和向往。设计者从社会需要或个人愿望出发，将这些希望予以具体化，并列举、归类和概括出来，往往就成为一个可供选择的发明课题，在创新技法上叫作希望点列举法。希望点列举法既可用于已有事物，又可用于尚未出现的事物。

希望点列举法在形式上与缺点列举法相似，都是将思维收敛于某"点"而后又发散思考，最后又聚焦于某种创意。但是，希望点列举法的思维基点比缺点列举法要宽，涉及的目标更广。显然二者都依靠联想法推动列举活动，但希望点列举法更侧重自由联想。此外，相对来说，这种技法也是一种主动创造方式。

2) 希望的分类

运用希望点列举法时，虽然只从某个信息基点出发去列举希望，但是这个信息基点的确定不应该孤立地思考，因为创造对象总要受到创造环境的制约和影响。这就是说，在运用该技法确定创新目标时，还应当审时度势，洞察社会希望的发展趋势。社会需要是一种社会心理状态，是人们各种心理欲望的集合，是人们为了自身的生存和维持社会的发展而对政治、经济、教育、文化、科技等方面产生的追求。社会需要涉及人类社会的每个角落，因此种类繁多。人们常常按照不同的标准对其分门别类：

按照需要的对象不同，需要可以分为物质需要和精神需要。

按照需要的用途不同，需要可以分为消费需要和生产需要。消费需要主要体现在人们对各种消费品及相关服务方面的追求；生产需要则指人们为了进行生产对各种产品及相关服务的需要。

按照需要产生的时差不同，需要可以分为现实需要和潜在需要。现实需要是指当前显著存在的需要，而潜在需要是相对现实需要而言的一种未来的需要。潜在需要可能是一种客观存在的但人们尚未意识的需要，也可能是一种人们已经意识到但因种种原因暂不能得到的需要。在一定的条件和时机下，潜在需要会成为现实需要。创新设计，既可针对现实希望动脑筋，也可抓住潜在希望做文章。前者要审时度势，兵贵神速；后者要高瞻远瞩，暗度陈仓。如家庭希望安全，汽车需要安全，对防盗产品便有需求。防盗锁、防盗门窗等产品，已大量进入千家万户，是现实希望的产物。家用保险柜、计算机报警系统等创意或新产品，对普通家庭来说还是今后的消费希望，当属潜在希望的对象。

按照需要的人数不同，需要可分为一般需要和特殊需要。一般需要是大多数人的需要，特殊需要是少数人的需要。如提出"超豪华总统座车"设计课题，显然是对特殊需要的满足。提出"小型家用轿车"设计课题，则是 21 世纪大多数人的一种需要。列举希望搞创新时，应着重考虑一般需要，因为由此形成的创新成果更容易得到社会的认可和接受，相应的市场容量也大一些。

需要是社会进步和发展的产物，必然随着社会的发展而发展。在人类社会早期，人们的需要比较简单，主要是生理需要和安全需要。随着社会生产力的发展，需要变得越来越复杂，除物质需要不断增长外，还产生了多种多样的精神需要。需要是无止境的，未来人的需要将越来越多，也正是需要的这种动态性，创新活动才随着历史的发展而不断地改变自己的创新对象和创新内容，以满足人类物质文明和精神文明建设的需要。

任何一种需要都不是孤立的，它与别的需要都存在着一定的关联关系。如果观察一下社会需要的成千上万种产品，对生活消费品的需要是最基本的，而且其产量品种的增加，必然推动生产资料产品的改进和增加。例如，人们首先需要衣、食、住、行，于是就发展了纺织品、食品、住房及交通工具等，然后才考虑生产制造上述产品的纺织机械、食品机械、建筑机械、通用机械等工业设备。也就是说，对消费品的需要必须牵连对工业品的需要，而工业品的发展，反过来又会促进消费品的生产和开发。这两种需要之间存在着一定的内在联系，即构成"消费需要推动生产需要，生产需要刺激消费需要"的相互作用模式。

无论是对生活消费品还是工业品的需要，都存在一种引申裂变的现象，即一种需要的产生，必须会导致另外几种需要的出现。

例如，人们对住宅和公共建筑的大量需求，受到城镇用地紧张的制约，于是高层建筑越来越多。高层建筑的出现，必须引申出许多相关产品的创新设计。如高层建筑施工机械的开发设计（塔吊、混凝土输送机等），高层建筑生活服务设施的开发设计（快速电梯、高楼低压送水器、自动消防器、高楼清扫机等）。

无数的事例表明，只要存在社会需要，就会驱使人们去进行创新，并用创新成果去满足这种需要。"产生需要→创新→满足需要"是社会需要与创新之间最基本的联系，也是社会需要导致创新的动力学基本模式。

在运用希望点列举法时，设计者可以通过各种渠道了解社会需要信息，尤其是与创新设计方面相关的信息。

3）希望点列举会

列举希望，可以自己去冥思苦想，也可以召开希望点列举会，发动群体多方面捕捉。有条件时尽可能开会列举，因为大家的智慧总胜过一个人的智慧。召开希望点列举会搞创新的一般步骤与缺点列举会基本相同，只是将思维由"缺点"换成"希望点"而已。

例如，工业革命的飞速发展以及都市化进程的加快，在给人类带来高度发达的物质文明的同时，也使地球的资源迅速减少，环境污染日益严重。越来越多的人呼唤着无污染又有益人体健康的新商品。在这种希望的驱动下，人们提出了"绿色商品"的新概念，并开发出众多的"绿色商品"去满足人们的"绿色消费"。

所谓"绿色商品"，就是指那些从生产到使用、回收处置的整个过程符合特定的环境保护要求，对生态环境无害或损害极小，并利于资源再生回收的产品。

根据"绿色消费"这一希望点，人们开发出多种多样的绿色食品和生态产品。

"绿色食品"是安全、营养、无公害食品的总称。罐装矿泉水、野生植物罐头、完全不使用任何驱虫剂及化学肥料的蔬菜水果及其制品、纯净的氧气等，都是绿色食品家族中的佼佼者。

"生态产品"是有利于保护生态环境的产品。例如,"生态冰箱"不再使用破坏大气臭氧层的氟利昂,"生态汽车"不再使用污染环境的含铅汽油。

4. 特性列举法

特性列举法由美国创造学家克拉福德教授研究总结而成,是一种基于任何事物都有其特性,将问题加以化整为零,有利于产生创新性设想的基本原理而提出的创新技法。

例如你想要创新一台电风扇,只是笼统地寻求创新整台电风扇的设想,恐怕十有八九会碰到不知从何下手的问题。如果将电风扇分成各种要素,如电动机、扇叶、立柱、网罩、风量、外形、速度等,然后再分别逐个地研究改进办法,则是一种有效地促进创造性思考的方法。

1) 事物的三种特性

将事物按以下三方面进行特性分解。

(1) 名词特性——整体、部分、材料、制造方法。

(2) 形容词特性——性质。

(3) 动词特性——功能。

在此基础上,就可以对每类特性中的具体性质,或者加以改变,或者加以延拓,即通过创造性思维的作用,去探索研究对象的一些新设想。

2) 特性列举法运用程序

(1) 确定创造对象并加以分析。特性列举法属于对已有事物进行创新的技法,因此在确定应用对象后,应分析了解事物现状,熟悉其基本结构、工作原理及使用场合等。

(2) 列举特性并进行归类整理。按名词特性、形容词特性、动词特性的方法,进行特性列举。当特性列举到一定程度时,应按内容重复的合并、互相矛盾的、协调统一的观点进行整理。

(3) 依据特性项目进行创造性思考。这是运用特性列举法最重要的一步,因为只有在三类特性中的某一方面提出新的创见或设想,才算达到用方法解决实际问题的目的。这一步要充分调动创造性观察和创造性思维的参与,针对特性的改进大胆思考。

5. 形态分析法

1) 形态分析法的特点

形态分析法又称形态方格法、棋盘格法或形态综合法,是一种系统搜索和程式化求解的创新技法。其出发点是:创新并不是一定要创造一种完全新的东西,也可能是旧东西的新组合(组合创造原理)。这种方法以建立形态学矩阵为基础,通过对创造对象进行因素分解,找出因素可能的全部形态(技术手段),再通过形态学矩阵进行方案综合,得到方案的多种可行解,从中筛选出最佳方案。所谓因素,指构成事物的特性,如产品用途、产品的功能等。例如,如果将"控制时间"作为某产品的一个基本因素,那么"手动控制""机械定时器控制"和"电脑控制"等技术手段,则为相应因素的表现形态。

形态分析是对创新对象进行因素分解和形态综合的过程。在这一过程中,发散思维和收敛思维起着重要的作用。

在创新过程中,应用形态分析法的基本途径是先将创新课题分解为若干相互独立的基本因素,找出实现每个因素要求的所有可能的技术手段(形态),然后加以系统综合而得到多种可行解,经筛选可获得最佳方案。

2) 形态分析法的运用程序

(1) 因素分析。因素分析就是确定创新对象的构成因素,它是应用形态分析法的首要环节,是确保获取创新性设想的基础。分析时,要使确定的因素满足三个基本要求:一是各因素在逻辑上彼此独立,二是在本质上是重要的,三是在数量上是全面的。要满足这些要求,一方面要参考创造对象所属类别的其他所有技术系统,都包含哪些共同的子系统或过程,哪些是可能影响最终方案的重要因素;另一方面要与可能的方案联系起来理解因素的本质及重要性。这就是要求预先在性质上感觉到经过聚合所形成的全部方案的粗略结构,这需要丰富的经验和创造性的发挥。如果确定的因素彼此包含或不重要,就会影响最终综合方案的质量,且使数量无谓增加,为评选工作带来困难。如果不全面,遗漏了某些重要因素,则会导致有价值的创造性设想的遗漏。

(2) 形态分析,即按照创造对象对因素所要求的功能属性,列出多因素可能的全部形态(技术手段)。这一步需要发散思维,尽可能列出满足功能要求的多种技术手段,无论是本专业领域的还是其他专业领域的都需考虑。显然,情报检索工作是十分必要的。

(3) 方案综合和评选。在因素分析和形态分析基础上,可以采取形态学矩阵或综合表的形式进行方案综合。由于系统综合所得的可行方案数往往很大,所以要进行评选,以找出最佳的可行方案。评选时先要制定选优标准,一般用新颖性、先进性和实用性三条标准进行初评,再用技术经济指标进行综合评价,好中选优。

2.4.3 联想类比法

1. 联想法

联想是从一概念想到其他概念,从一事物想到其他事物的一种心理活动或思维方式。联想思维由此及彼、由表及里,形象生动、无穷无尽。每个正常人都具有联想本能。世间万物或现象间存在千丝万缕的联系,有联系就会有联想。联想犹如心理中介,通过事物之间的关联、比较、联系,逐步引导思维趋向广度和深度,从而产生思维突变,获得创造性联想。联想不是想入非非,而是在已有的知识、经验之上产生的,它是对输入头脑中的各种信息进行加工、置换、连接、输出的思维活动,当然,其中还包含着积极的创造性想象。联想是创造性思维的重要表现形式,许多创造发明均发自于人脑的联想。联想为我们提供了博大宽广的创造天地。

联想的方式有:由一事物联想到在空间或时间上与其相连通的另一事物;联想到与其对立的另一事物;联想到与其类似特点(如功能、性质、结构等)的另一事物;联想到与其有因果关系的另一事物;联想到与其有从属关系的另一事物;等等。

1) 相似联想

相似联想是从某一思维对象想到与它具有某些相似特征的另一思维对象的联想思维。这种相似,既可能是形态上的,也可能是空间、时间、功能等意义上的。尤其是把表面差别很大,但意义上相似的事物联想起来,更有助于将创造思路从某一领域引导到另一领域。

美国工程师斯潘塞由微波能溶化巧克力,联想微波一定也会使其他食品由于内部分子振荡而受热,发明了微波炉。美国工程师道立安看到用喷雾器往身上喷洒香水形成均匀雾状的形态而联想到了使空气和液体均匀混合的方法,从而发明了汽车化油器。

2)接近联想

接近联想是从某一思维对象想到与它有接近关系的思维对象上去的联想思维。这种接近关系可能是时间和空间上的,也可能是功能和用途上的,还可能是结构和形态上的,等等。

俄国化学家门捷列夫在1869年宣布的化学元素周期表仅有63种元素。他将其按质量排列后,看到了空间位置的空缺,其空间位置的接近性使他产生联想,进而推断出空间位置有尚未被发现的新元素,并给出了基本化学元素属性。

美国发明家威斯汀豪斯由驱动风钻的压缩空气是用橡胶软管从数百米之外的空气压缩站送来的,运用接近联想,发明了现代火车的气动刹车装置。

3)对比联想

客观事物之间广泛存在对比关系,诸如冷与热、白与黑、多与少、高与低、长与短、上与下、宽与窄、凸与凹、软与硬、干与湿、远与近、前与后、动与静等。对比联想就是由事物间完全对立或存在某些差异而引起的联想。由于是从对立的、颠倒的角度去思考问题,因而具有悖逆性和批判性,常会产生转变思路、出奇制胜的良好效果。

英国人赫伯布斯运用对比联想,将除尘器只能吹尘改为负压吸尘器。

在旋转式真空泵中,当偏心转子按某一方向转动时,一端吸入空气,则成为旋转式真空泵;另一端排出空气,则成为旋转式压缩机,这就是利用进与出的对比联想。再进一步,改变其能量进出关系,即不驱动转子,而将气流作为动力源,则在转子上获得机械回转动能。

4)强制联想

强制联想是综合运用联想方法而形成的一种非逻辑型创造技法,是由完全无关或亲缘相当远的多个事物及见解之间,牵强附会地找出其联系的方法。强制联想有利于克服思维定式,特别是有利于发散思维,罗列众多事物,再通过收敛思维分析事物的属性、结构,将创造对象与众多事物的特色点强行结合,能够产生众多奇妙的联想。

椅子和面包之间的强制联想,能引发出:面包—软—软乎乎的沙发;面包—热—局部加热的保健椅,如按摩椅、远红外保健椅等。

电子表的基本功能是计时,但和小学生强制联想后,则开发出小学生电子表,其功能也得到了开发和扩展:当秒表用,当计步器用,节日查询、预告,课程表存储,特别日期特别提示,等等。

2. 类比法

类比法是运用移植创造原理进行联想比较、模拟仿效的创新方法。比较分析两个对象之间某些相同或相似之点,将某种产品的原理、方法、结构、材料、用途等内容运用到另一种产品中去,从而认识事物或解决问题的方法,称为类比法。"他山之石,可以攻玉"就是这种方法的生动写照。古往今来的许多发明创造都源于人脑的类比联想,这种方法特别适于新方案的提出、新产品的开发。

类比法以比较为基础。将陌生与熟悉、未知与已知相对比，这样，由此物及彼物，由此类及彼类，可以扩展人的思维，跳出定式的束缚，从而可以获得更多的创造性设想。采用类比法关键是本质的类似，并且不但要分析本质的类似，还要认识到它们之间的差别，避免生搬硬套、牵强附会。类比法需借助原有知识，但又不能受之束缚，应善于异中求同、同中求异。创造性的类比思维并不基于严密的推理，而是源于自由想象和超常的构思。类比对象间的差异越大，其创造设想才越富新颖性。

1) 拟人类比（感情移入）

拟人类比是将人设想为所讨论问题中的某个因素，然后从这种处境出发，设身处地地想象，假如我是这个因素会有什么感觉，或会采取什么行动，从而得到有益的启示。

拟人类比将自身思维与创造对象融为一体。在人与人的关系中，设身处地地考虑问题；以物为创造对象时，则投入感情因素，将创造对象拟人化，将非生命对象生命化，体验问题，产生共鸣，从而悟出某些无法感知的因素。

比利时布鲁塞尔的某公园，为保持洁净、优美的园内环境，采用拟人类比法对垃圾桶进行改进设计，当把废弃物"喂"入垃圾桶时，让它道声"谢谢！"，由此游人兴趣盎然，专门捡起垃圾放入桶内。

德国化学家凯库勒在探索苯分子结构时，全身心投入研究，蒙眬中感情移入，感到自己就像个苯分子：原子排着长长的一队，舞动着，回转着，变幻着，忽而纤纤一线，忽而首尾相接，宛如蛇一样。凯库勒据此悟到了苯分子是碳原子的环结构，为有机化学理论奠定了基础。

2) 直接类比

将创造对象直接与相类似的事物或现象做比较，从中获得启发称为直接类比。

直接类比简单、快速，可避开盲目思考。类比对象的本质特征越接近，则成功率越大。例如，由天文望远镜制成了航海、军事、观剧以及儿童望远镜，不论它们的外形及功能有何不同，其原理、结构完全一样。

德国物理学家欧姆将电与热从流动特征考虑进行直接类比，把电势比作温度，把电流总量比作一定的热量，终于首先提出了著名的欧姆定律。

瑞士著名科学家皮卡尔原是研究大气平流层的专家。在研究海洋深潜器的过程中，他分析海水和空气都是相似的流体，因而进行直接类比，借用具有浮力的平流层气球结构特点，在深潜器上加一只浮筒，让其中充满轻于海水的汽油，使深潜器借助浮筒的浮力和压仓的铁砂可以在任何深度的海洋中自由行动。

我国定型生产的自行车涨闸因其制动效果差等因素，与国际名牌产品有一定差距。用较小的扩张力获得较大的制动摩擦力矩自然成为人们追求的目标。西南交通大学教师运用直接类比，借鉴汽车上使用的增力鼓式制动器的制动原理，使自行车涨闸的制动性能有了很大提高。

3) 象征类比（问题类比）

象征类比是借助事物形象和象征符号来比喻某种抽象的概念或思维感情。象征类比是直觉感知，并使问题关键显现、简化。像玫瑰花比喻爱情，绿色比喻春天，火炬比喻光明，日出比喻新生;等等,纪念碑、纪念馆要赋予"宏伟""庄严"的象征格调,音乐厅、舞厅则要赋予"艺术""幽雅"的象征格调。

例如,要设计一种开罐头的新工具,从"开"这个词出发,看看还有多少种"开"法,如力开、撬开、剥开、撕开、拧开、揭开、破开等,然后再回过头来寻求这些"开"法的各种设计,从中找出最理想的方案。

4) 因果类比

两事物间有某些共同属性,根据一事物的因果关系推出另一事物的因果关系的思维方法,称为因果类比法。

因果类比需要联想,要善于寻找过去已确定的因果关系,善于发现事物的本质。

广东海康药品公司通过研究发现,牛黄生成的机理是因为混进胆囊内的异物刺激胆囊分泌物增多,日积月累形成胆结石。他们联想到河蚌育珠的过程,由此做因果类比,在牛的胆囊内植入异物,果然形成胆结石——牛黄。

加入发泡剂的合成树脂,其中充满微小孔洞,具有省料、轻巧、隔热、隔音等良好性能。日本的铃木运用因果类比,联想到在水泥中加入发泡剂,结果发明了一种具有同样优良性能的新型建筑材料——气泡混凝土。

3. 仿生法

自然界有形形色色的生物,漫长的进化使其具有复杂的结构和奇妙的功能。人类不断地从自然界获得灵感,再将其应用于人造产品中的方法,称为仿生法。仿生法不是自然现象的简单再现,而是将模仿与现代科技手段相结合,设计出具有新功能的仿生系统,它是对自然的一种超越。

仿生法具有启发、诱导、拓宽创新思路之功效。运用仿生法向自然界索取启迪,令人兴趣盎然,而且涉猎内容相当广泛。从鸟类想到飞机,从蝙蝠想到雷达,从锯齿状草叶想到锯子,千奇百态的生物,精妙绝伦的构造,赐予人类无穷无尽的创造思路和发明设想,永远吸引着人们去研究、模仿,并从中进行新的创造。

1) 原理仿生

模仿生物的生理原理而创造新事物的方法称为原理仿生法。

例如,模仿鸟类飞翔原理的各式飞行器;按蜘蛛爬行原理设计的军用越野车;模仿蝙蝠用超声波辨别物体位置的原理测量海底地貌、探测鱼群、寻找潜艇、探测物体内部缺陷、为盲人指路等;模仿香蕉皮结构原理,人们发明了层状结构的、优良的润滑材料——二硫化钼;模仿乌贼靠喷水而前进的原理,制成了靠喷水前进的"喷水船";模仿企鹅动作原理,设计了一种极地汽车;等等。

2) 结构仿生

模仿生物结构取得创新成果的方法称为结构仿生法。

例如,从锯齿状草叶到锯子;模仿苍蝇和蜻蜓的复眼结构,制成复眼透镜照相机,一次就可拍出许多张相同的影像;模仿植物根系结构用钢筋、水泥、碎石浇制成了钢筋混凝土;模仿蜂房的结构形状,人们发明了各种质量轻、强度高、隔音和隔热等性能良好的蜂窝结构材料;模仿海豚皮肤结构的特点,制造了一种"人造海豚皮"。

3）外形仿生

研究模仿生物外部形状的创新方法称为外形仿生法。

例如，从猫、虎的爪子想到在奔跑中急停的钉子鞋；从鲍鱼想到的吸盘；仿照鲸鱼鳍的外形结构，设计了"船鳍"；仿照袋鼠行走方式，发明了跳跃运行的汽车；仿照蝗虫行走方式，研制出六腿行走式机器。

4）信息仿生

通过研究、模拟生物的感觉（包括视觉、嗅觉、听觉、触觉等）、语言、智能等信息及其存储、提取、传输等方面的机理，构思和研制出新的信息系统的仿生方法称为信息仿生法。

人们根据狗鼻子发明了电鼻子。利用电鼻子可寻找藏于地下的地雷、光缆、电缆及易燃易爆品和毒品等。电鼻子并不是狗鼻子的简单再现，其灵敏性、耐久性和抗干扰性远远超过狗鼻子，应用前景十分广阔。响尾蛇的鼻和眼的凹部对温度极其敏感，据此原理，美国研制出对热辐射非常敏感的视觉系统，并将其应用于"响尾蛇"导弹的引导系统。人们根据蛙眼的视觉原理，制成了"电子蛙眼"。在雷达系统里，可提高雷达的抗干扰能力，有效地识别目标；在机场可监视飞机的起落；可根据导弹的飞行特性识别其真伪；在人造卫星发射系统内，可对信息进行识别抽取，既可减少信息发送量，又可削弱远距离信号传输的各种干扰；等等。象鼻虫的复眼具有很高的时间分辨本领。据此原理，科学家们研制成功一种电子测速仪器——飞机地速计。根据水母"耳"腔内带小柄的球的结构，人们发明了风暴预警器，它可提前15 h做出风暴预报。

5）拟人仿生

通过模仿人体结构功能等进行创造的方法称为拟人仿生法。

罗马体育馆的设计师将人脑头盖骨的结构、性能与体育馆的屋顶进行类比，成功地建造了著名的薄壳建筑——罗马体育馆。

随着科学技术的不断进步，具有各种功能的机器人逐渐进入了我们的生活之中。机器人的机体、信息处理部分、执行部分、传感部分、动力部分就相当于人的骨骼、头脑、手足、五官、心脏。如智能机器人，有进行记忆、计算、推理、思维、决策等的计算机，有感觉识别外界环境的视觉、听觉、触觉等系统，有能进行灵活操作的手以及完成运动的脚，等等。

4. 综摄法

综摄法是1952年由美国麻省理工学院戈登教授提出的。所谓综摄法（Synectics），这个词出自希腊语，原意是指"把表面上看来不同而实际上有联系的要素结合起来"。综摄法是一种新颖、独特、较完整的创新技法，并且基本上是一种集体技法，但也可以个人使用。

综摄法以已知的东西为媒介，将毫无关联、完全不同的知识要素结合起来，从而获得各种高质量的创新性设想，把这些创新性设想分门别类，整理归纳为一种条理分明、形成体系的全新设想，进而从中摄取。

综摄法遵循以下两个基本原则：

1）异质同化

所谓异质同化，就是变陌生为熟悉的过程，是一种设法把自己初次接触到的事物或新的发现联系到自己早已熟悉的事物中去的思维方式。把陌生转换成熟悉，人们才能逐步了解陌生事物。许多在性质上虽然不同的现象，只要它们服从相似的规律，就往往可以运用联想类比法来解决。

例如，一个橡胶制品开发商，萌发了发明松软橡胶制品的设想。如何由"硬"变"软"？他借助于联想和类比，变陌生为熟悉。松软可口的面包唤起了他的灵感，将面粉发酵的原理用于生产橡胶制品的工艺中，研制出了适宜橡胶的发酵剂，取得了发明海绵橡胶的成功。

2) 同质异化

同质异化就是变熟悉为陌生的过程，它是通过新的见解找出自己非常熟悉的事物中的异质观点。变熟悉为陌生就是运用新的知识或从新的角度来观察、分析和处理问题，将熟悉的事物看成不熟悉的，这样就会从新的角度，以挑剔的目光，去转换甚至改变世人熟悉的观察、处理问题的方式。变熟悉为陌生有助于打破用常规方式解决问题的做法，通过直接类比、拟人类比、象征类比等机制，使人的理解思维跃入意识范围，形成潜意识思维，从而以全新的观点、全新的方式思考问题，最终获得新颖、独特、具有质变的创造性设想。

例如，充气轮胎的诞生。为减少硬质车轮的振动，一开始人们在车轮上直接裹上橡胶，这样无论橡胶太软还是太硬，坐在车上都会感到不舒服。英国医生邓禄普受到足球充气的启发，将橡胶轮胎内充气，对传统方法进行彻底改革，这就是现代充气轮胎的开端。邓禄普将两种不同性质的事物从不同的方面进行联想，这就是典型的"同质异化"。

综摄法是一种需要高度技巧的创造技法，其创造活动是异质同化和同质异化两项原则循环往复、交替使用的过程。

2.4.4 转向创新法

1. 变换方向法

创新活动是探索性的实践活动，现代的创新活动通常是有计划、有目的的实践活动。在创新实践活动中，人们按照自己的计划去探索未知世界的秘密，按照预想的方法解决那些尚待解决的问题。在实践过程中，人们会发现某些计划、方法在实践中行不通，这时应根据实践过程提供的信息，及时修正计划、修改方法，继续有效地探索。

1) 变元法

人们在探索某些问题(函数)解的过程中通常将一些因素(自变量)固定，探索另外一些因素(变量)对所求解问题的影响，但有时求解的关键因素恰恰是被固定的那些因素当中；由于思考问题的习惯模式的限制，往往把某些影响因素看作是不变的(将变量看作常量)，这就限制了求解区域。意识到这一点，在问题求解的过程中通过变换求解因素，常可获得意外的结果，这种方法称为变元法。

公元2世纪，托勒密提出关于天体运行的系统理论，称为"地心说"。这种模型对天体的解释符合人们的日常观察习惯，在天文观测精度不高的情况下也能解释观测结果。哥白尼认真研究了大量的天文观测资料，并亲自从事了30多年的天文观测。他突破了传统的"地心说"的束缚，创立了新的天体理论体系"日心说"。

普通水闸通常沿垂直方向开启和关闭，而英国泰晤士河防潮闸则设计为以旋转运动实现闸门的开启和关闭。

压路机通常依靠自身质量实现对路面的压实,振荡式压路机除靠自身质量的作用外,还通过机身的振荡增强碾压效果。

2) 变理法

变理性设计的目的是实现某种功能,而很多不同的作用原理可以实现相同或相似的功能,当采用某种作用原理得不到预期的效果时,可以探索其他的作用原理是否可行。

在机械表的设计中,通过擒纵调速机构调整表的走时速度,擒纵调速机构中摆轮和游丝所构成的质量弹簧系统的摆动频率成为机械表的时间基准。由于这一系统的频率受到温度、重力、润滑条件等众多因素的影响,因此,很难通过这一系统以廉价的方法获得长时间稳定运转的时间基准。人们寻求用其他的工作机理作为时间基准时发现石英晶体振荡器电路以其极高的频率稳定性可以满足对计时精度的要求。石英电子表采用石英晶体元件作为新的时间基准元件大幅度地提高了计时精度,同时简化了计时器的设计和结构。

美国发明家卡尔森在从事律师工作中看到复制文件需要花费大量的人力劳动,于是萌生了发明复印机的设想,但多次试验均遭失败。他冷静地思考失败的原因,并通过查阅大量专利文献发现以前所有关于复印机的研究都只是试图通过化学方法实现复印,于是他改变研究了方向,探索用物理效应实现复印功能,最后应用光电效应发明了现在广泛使用的静电复印机。

远距离信息传递通常将信息转换为电信号,使用电缆作为媒介进行传递,信息传递容量小,抗干扰性差,敷设电缆需要消耗大量有色金属,价格昂贵。现在普遍采用的光缆通信方式以激光束作为信号载体,以光导纤维(玻璃纤维)作为传播媒介,克服了电缆信号传输的缺点,极大地提高了信息的传递能力。

以前的照相机是将光学影像信息记录在底片上,用光学方法进行处理,处理过程中的失真是不可避免的。新近发明的数字照相机将影像信息以数字信号的方式存储在磁盘上,由于采用数字方式存储图像信息,使得可以应用计算机的各种数字信号处理技术对影像信息进行存取、处理、变换和传递,提高了图像信息处理的质量和图像信息传递的速度,扩大了照相技术的应用领域。

早期的计算机使用卡片作为信息存储媒介,通过读卡机存取信息,这种信息存储方式费事、费力,使用很不方便。后来出现了纸带和磁芯存储方式,方便了操作,提高了存储的可靠性,但是存储介质的体积庞大,存储容量小。现在的磁盘、磁带、光盘等采用较先进的存储方式,既方便操作,又使其体积成百上千倍地缩小,因而成为普遍使用的存储方式。

在平板玻璃的制造中,在很长时期内一直采用"垂直引上法",这种方法是将处于半流体状态的玻璃从熔池中向上牵引,通过中间的轧辊间距控制玻璃厚度,玻璃经过轧辊后逐渐冷却凝固。用这种方法制造的平板玻璃不可避免地出现波纹和厚度不均的现象。英国的一家玻璃制造公司发明了一种新的平板玻璃制造工艺——"浮法",这种工艺是使液态玻璃漂浮在某种处于液态的低熔点金属的液面上,并使其在流动中逐渐凝固。用这种方法制造的平板玻璃不但厚度非常均匀,而且表面没有波纹,这种工艺方法现已被普遍使用。

2. 逆向法

在问题求解的过程中,由于某种原因使人们习惯向某一个方向努力,但实际上问题的解决可能位于相反的方向上,意识到这种可能性,在求解问题时及时变换求解方向,有时可以使很困难的问题得到解决。

1) 反向探求法

圆珠笔发明以后曾风行一时,但不久就暴露出笔油泄漏的毛病。中田藤三郎没有像其他人那样设法延长笔珠的使用寿命,而是向相反的方向寻求问题的解,他创造性地提出,如果控制圆珠笔芯中油墨的量,使所装油墨只能书写大约15 000字,当漏油的问题还没有出现时笔芯就已被丢弃了。

在钨丝灯泡发明初期,为了避免钨丝在高温下氧化,需要将灯泡内抽真空,但是后来发现抽真空后的灯丝通电后仍会变脆。针对这一缺点,当时多数人认为应通过进一步提高灯泡内的真空度加以克服,但是美国科学家兰米尔却应用反向探求法提出一个新的解决问题的思路。他提出向灯泡内充气的方法,因为充气比抽真空在工艺上要容易得多。他分别试验了将氢气、氧气、氮气、二氧化碳、水蒸气等充入灯泡,试验证明氮气有明显的减少钨蒸发的作用,可使钨丝在其中长期工作。就这样,他发明了充气灯泡。

活塞式内燃机工作时活塞在气缸中做直线往复运动,往复运动中的惯性力成为提高内燃机转速的重要障碍。针对这一缺点,德国人汪克尔发明了旋转活塞式内燃机。为了解决活塞和气缸之间的磨损问题,他开始时也是采用人们所习惯的方法,尽可能选用较硬的材料制作有关零部件,但是,气缸壁材料硬度的提高却加剧了活塞的磨损。这时,工程技术人员运用反向探求法,提出寻求用较软的耐磨材料做气缸衬里的思想,并选择石墨材料,较好地解决了磨损的问题,使得这种发动机能够投入工业化生产。

在冲压加工中,冲裁是通过凸模与凹模的相对运动将板材沿特定曲线剪断的加工工艺过程。加工中冲裁阻力很大,因此模具很容易磨损。为提高模具的耐磨性,在模具的制造中人们总是设法提高模具材料的硬度。但是随着材料硬度的提高,给模具的加工工艺带来很多新的困难。为解决这种矛盾,有人发明了一种新的模具制造方法。在这种方法中凸模仍采用较硬材料制造,而凹模则采用一种较软的特殊材料制造。在冲裁加工中,凸模和凹模都不可避免地会发生磨损,但是凹模材料在冲裁力的作用下还会发生塑性变形,这种塑性变形的方向总是弥补由于磨损造成的模具的材料损失,并使凸模与凹模之间保持适当的间隙。这种方法虽然不能避免或减少模具的磨损,但能使模具的磨损自动得到补偿,使冲裁模具具有较高的使用寿命,同时降低了对模具制造精度的要求,经济效益非常显著。

2) 因果颠倒法

在自然界中,很多自然现象之间都是有联系的,在某个自然过程中,一种自然现象可以是另一种自然现象发生的原因,而在另一种自然过程中,这种因果关系可能会颠倒。探索这些自然现象之间的联系及其规律是自然科学研究的任务。

1799年,意大利科学家伏打将锌片和铜片放在盛有盐水的容器中,发明了能够将化学能转变为电能,并能提供稳定电流的"伏打电池"。有一些科学家意识到这一过程的逆过程的重要的科学意义,并开始进行将电能转变为化学能的试验。英国物理学家、化学家尼尔森和英国解剖学家卡莱尔进行了电解水的试验,他们将连接电池两极的铜线浸入水中,使两线接近,这时一根铜线上产生氢气,另一根铜线被氧化。如果用黄金线代替铜线,则两根导线上分别析出氢气和氧气。1807年英国化学家戴维应用电解法发现了金属元素钾和钠,1808年又用同样的方法发现了钙、锶、铁、镁、硼等元素。

19世纪以前,电和磁一直被人们当作两种互不相干的现象进行研究。丹麦物理学家奥斯特从1807年开始,对这两种自然现象的关系进行了长达13年的研究。他证明了电流的磁效应:通电导线会绕磁极旋转,磁铁也会绕固定的通电导线旋转。奥斯特的发现奠定了电动机的基本工作原理。

法拉第认为电现象与磁现象之间的关系是辩证的关系,既然电能够产生磁,那么磁也应能够产生电。他从1822年开始寻找磁的电效应。经过长达10年的试验,法拉第终于在1831年8月29日发现了变化的磁场所引起的电磁感应现象。他又设计了一系列的电磁感应试验,试验表明,无论用任何方法使通过闭合回路的磁通量发生变化时,都会使回路中产生感生电流,这就是电磁感应定律,这个发现奠定了发电机的基本工作原理。

爱迪生发明的留声机也是对声音能引起振动现象中的原因和结果的颠倒应用,而热机的发明则是将"做功可以产生热"的现象中的原因和结果颠倒,使热能做机械功。

3) 顺序、位置颠倒法

人们在长期从事某项活动的过程中,对解决某类问题的过程及过程中各种因素的顺序及事物中各要素之间的相对位置关系形成固定的认识,将某些已被人们普遍接受的事物顺序或事物中各要素之间的相对位置关系颠倒,有时可以收到意想不到的效果。在适当的条件下,这种新方法可能解决常规方法不能解决的问题。

人们用火加热食品时总是将食品放在火的上面,当热源的形式改变以后人们仍然习惯这样安排热源和食品的位置。夏普公司生产的一种煎鱼锅开始也是这样设计的,但是在使用中发现,在鱼被加热的过程中,鱼体内的油会滴落,滴到下面的热源后即产生大量的烟雾。公司改用多种加热装置仍不能解决冒烟的问题。他们重新检查原有的设计思路,提出一个根本性的技术问题。为什么一定要把热源放到鱼的下方呢? 如果改变热源和鱼的相对位置关系,下落的鱼油不接触热源,也就不会产生烟雾。根据新的设计思路,他们将热源放到煎鱼锅的盖子上,采用上加热方式设计出一种新型无烟煎鱼锅。

有一位高尔夫球爱好者因为家中没有可供练习用的草坪,他只好买来长毛地毯代替草坪进行练习。但是地毯的尺寸毕竟太小,仍不能满足练习要求。他想,无论使用草坪还是使用长毛地毯,都是希望对球实施缓冲和增大摩擦力,如果将这种功能实施过程反过来,使长毛长在球上,而不是长在地上,是否可以起到同样的作用呢? 根据这种思路,他发明了训练用长毛高尔夫球,经使用证明在普通地面上使用可获得与草坪上相似的效果,特别受到那些无力支付昂贵的草坪费用的高尔夫球爱好者的欢迎。

人们在使用基数词或是序数词时,总是习惯于按照从小到大的顺序排列。1927年德国某电影公司在拍摄科幻影片《月球少女》时,为了获得戏剧性的效果,导演提出了一个极具创造性的方法,他将火箭发射时的计时程序从人们所习惯的从小到大的顺计时程序改变为从大到小直到零的倒计时程序,这种倒计时方法使用简单、方便,使人们对最后的发射时间有明确的目标感,容易使人的注意力集中。这种方法现在不但被真实的火箭发射过程所使用,而且也成为很多其他重要活动的计时方法。

电动机中有定子和转子,在通常的设计中,都是将转子安排在中心,便于动力输出,将定子安排在电动机的外部,这样可以很容易地安排电动机的支撑。但是在吊扇的设计中,根据安装和使用性能的要求,却需要将电动机定子固定于中心,而将转子安装在电动机外部,直接带动扇叶转动。

有一种防火材料,把这种材料附在蒙古包的表面,在外面架起大火烧,里面温度变化很小,试验证明防火性能良好。有人将这种材料的功能反过来加以利用,用它做冶炼炉的炉衬,既提高了燃烧的热效率,又提高了炉龄。应用中将材料与火的位置加以颠倒,原来用于防火的材料成了保温材料。

有些产品在设计上使其在各个方向上对称,这种产品可在对称方向上任意放置,如无跟袜可在任意方向穿着,两面穿着服装无内外之分,有些电冰箱将冷冻箱和冷藏箱设计成分体式结构,用户可根据需要按任意顺序组合放置或分体放置。

4) 巧用缺点法

我们在认识事物时,将事物中通常带来好结果的属性称为优点,将通常带来坏结果的属性称为缺点。我们通常较多地注意事物的优点,但是当应用条件发生变化时,可能我们需要的正是事物中原来被我们认为是缺点的某些属性。正确地认识事物的属性与应用条件的关系,善于利用通常被认为是缺点的属性,有时可以使我们得出创造性的成果。

例如,金属易受腐蚀是它的缺点,但是有人根据金属的腐蚀原理发明了蚀刻和电化学加工方法;机械结构的不平衡会引起转动时振动,利用这一原理,有人发明了用于在建筑施工中夯实地基的机械夯(蛤蟆夯)。

金属材料的氢脆性是影响材料性能的缺陷,在使用中会造成很大的危害,在冶炼中应尽力避免氢脆性。但是在某些情况下,金属材料的氢脆性也可以成为被利用的特性。例如,在制造铜粉的工艺中就可以利用铜的氢脆性,将废铜丝和铜屑放在氢气环境中,加热到500~600 ℃并保温数小时,再放到球磨机中经过一段时间的研磨,就可制成质量很高的铜粉。

有一位德国的造纸技师,由于在造纸过程中的一道工序上忘记了放糨糊,致使所生产的纸张因为洇水而无法用于书写,造成大量产品即将报废,他也因此面临被解雇,这时有人建议利用这种纸的易洇水的特点,将其作为吸墨水纸,结果使用效果非常好,工厂为此项技术申请了专利。

2.4.5 组合创新法

在发明创新活动中,按照所采用技术的来源可分为两类:一类是在发明中采用全新的技术原理,称为突破型发明;另一类是采用已有的技术并进行重新组合,从而形成新的发明。从人类的技术历史中可以看出,进入19世纪50年代以来突破型的发明在总发明数量中所占的比重在下降,而组合型发明的比重在增加。在组合中求发展,在组合中实现创新,这已经成为现代技术创新活动的一种趋势。

组合创新方法是指按照一定的技术原理,通过将两个或多个功能元素合并,从而形成一种具有新功能的新产品、新工艺、新材料的创新方法。

由于形成组合的技术要素比较成熟,使得应用组合法从创新活动的一开始就站在了一个比较高的起点上,不需要花费较多的时间、人力和物力去开发专门的新技术,不要求发明者对所应用的每一种技术要素都具有高深的专门知识,所以应用组合法从事创新活动的难度相对较低。这种方法的应用有利于群众性的创造发明活动的广泛开展。

美国的"阿波罗"登月计划是20世纪最伟大的科学成就之一,但是"阿波罗"登月计划的负责人说,"阿波罗"宇宙飞船技术中没有一项是新的突破,都是现有技术的组合。

1979年的诺贝尔生理学、医学奖获得者豪斯菲尔德是一位没有上过大学的普通技术工作者,他所以能够发明"CT扫描仪",并不是因为他对计算机技术和X射线照相技术有很深的研究,而是因为他善于捕捉当时医学界对脑内疾病诊断手段的需求,通过将计算机技术和X射线照相技术的巧妙组合,实现了医学界一向梦寐以求的理想,并获得了崇高的荣誉。

组合创新方法有多种形式,从组合的内容区分有功能组合、原理组合、结构组合、材料组合等,从组合的方法区分有同类组合、异类组合等,从组合的手段区分有技术组合、信息组合等,现将部分常用组合方法简介如下:

1. 功能组合法

有些商品的功能已被用户普遍接受,通过组合可以为其增加一些新的附加功能,适应更多用户的需求。

带有橡皮的铅笔;在自行车上添加货架、车筐、里程表、车灯、后视镜等附件使它同时具有了载货、测速、照明、辅助观察等功能;现在的汽车设计中人们不断地为其添加雨刷器、遮阳板、转向灯、打火机、车载电话、收音机、空调机等附加装置,使汽车的功能更加完善;在原有空调器制冷功能的基础上增加了暖风、换气、空气净化等功能;将温度计与婴儿奶瓶加以组合;添加治疗牙病药物的牙膏;添加维生素、微量元素和人体必需氨基酸的食品;加入多种特殊添加剂的润滑油,等等。

2. 材料组合法

有些应用场合要求材料具有多种特征,而实际上很难找到一种同时具备这些特征的材料,通过某些特殊工艺将多种不同材料加以适当组合,可以制造出满足特殊需要的材料。

将化学纤维、橡胶和帆布的适当组合作为V带材料;钢筋、水泥和砂石的组合成为混凝土;通过锡与铅的组合得到低熔点合金;超导材料;不锈钢材料;轴承合金材料;铁芯铜线;等等。

3. 同类组合法

将同一种功能或结构在一种产品上重复组合,满足人们更高的要求。

例如,带有多个相同插孔的电源插座、双人自行车、双色或多色圆珠笔、多面牙刷、双万向联轴器、双体船、多楔带、双蜗杆传动、多个CPU(中央处理器)的计算机、多个发动机的飞机、组合螺钉结构等。

4. 异类组合法

人们在从事某些活动时经常同时有多种需求,如果将能够满足这些需求的功能组合在一起,形成一种新的商品,使得人们在从事活动时不会因为缺少其中某一种功能而影响活动的进行,这将会使人们工作、学习、生活更加方便,同时商品生产者也将获得相应的利益。

例如,多头螺丝刀,自带牙膏的牙刷,收录机,带电子表的计算器,将车床、铣床、钻床进行组合的多功能机床、冷暖空调、沙发床、带有折叠凳子的拐杖等。

5. 技术组合法

技术组合法是将现有的不同技术、工艺、设备等加以组合，形成解决新问题的新技术手段的发明方法。随着人类实践活动的发展，在生产、生活领域里的需求也越来越复杂，很多需求都远不是通过一种现有的技术手段所能够满足的，通常需要使用多种不同的技术手段的组合来实现一种新的复杂技术功能。技术组合法可分为聚焦组合法和辐射组合法。

1）聚焦组合法

聚焦组合法是指以待解决的特定问题为中心，广泛地寻求与解决问题有关的各种已知的技术手段，最终形成一种或多种解决这一问题的综合方案。应用这种方法的过程中特别重要的问题是寻求技术手段的广泛性，要尽量将所有可能与所求解问题有关的技术手段包括在考察的范围内。只有通过广泛的考察，不漏掉每一种可能的选择，才可能组合出最佳的技术功能。

前些年西班牙要修建新的太阳能发电站，需要解决的最重要的技术问题是如何提高太阳能的利用效率。针对这一要求，经过对温室技术、风力发电技术、排烟技术、建筑技术等的认真分析，最后形成一种富于创造性的综合技术——太阳能气流发电技术。

2）辐射组合法

辐射组合法是指从某种新技术、新工艺、新的自然效应出发，广泛地寻求各种可能的应用领域，将新的技术手段与这些领域内的现有效术相组合，可以形成很多新的应用技术。这种方法可以在一种新技术出现以后迅速地扩大它的应用范围，世界发明历史上有很多重大的发明都经历过这样的组合过程。

超声波作为一种新技术出现以后，将其辐射到切割加工领域就形成了超声波切割技术，将其辐射到钎焊领域就形成了超声波钎焊技术，类似的技术还有超声波熔解技术、超声波研磨技术、超声波无损探伤技术、超声波厚度测量技术、超声波焊接技术、超声波烧结技术、超声波切削技术、超声波清洗技术等。

现代的激光技术、计算机技术、人造卫星遥感技术、计算机仿真技术等新技术出现以后都通过与其他技术的组合，发展成为一系列新的应用技术门类，这不但迅速扩大了这些新技术的应用范围，而且也促进了这些新技术自身的进一步发展。

6. 信息组合法

应用组合法从事创新活动的关键问题是合理地选择被组合的元素，为了解决这个问题，提高组合创新的效率，有人提出一种非常有效的组合方法——信息组合法。

将有待组合的信息元素制成表格，表格的交叉点即为可供选择的组合方案。例如，将现有的家具及家用电器进行组合，可以制成表格，通过组合可对新产品开发提供线索。列在表格中参与组合的元素不但可以是完整的商品，也可以是商品的属性，参与组合的因素可以是二维的也可以是多维的。信息组合法能够迅速提供大量的原始组合方案，作为进一步分析的基础。

2.4.6 专利文献选读法

通过阅读大量的专利文献，即可掌握现有发明的内容和思路，了解最新的发明成果，避免重复他人的工作和侵权行为，又可对不完善的部分加以改进，作为你的课题，进行再发明。

据资料统计,1985—1995 年中国发明协会向社会推荐和宣传的发明创造成果有 1 万多项,其中只有 15% 转化为生产力;而这 10 年中我国的专利实施率仅在 25%～30%。因此,针对其中不实用的部分进行改进和完善,往往会取得良好效果。

2.4.7　输入输出分析法

输入输出分析法又称"黑匣"或"黑箱"分析法。在没有获得方案的具体内容前,把方案内容用一个抽象的黑匣来描述,黑匣的一侧是设计方案的已知条件,即输入内容;另一侧是方案要达到的目的,即输出内容;黑匣的上、下方是外界因素对方案形成的影响和对方案的约束条件。设计者从输入内容和输出结果两个方面,在有约束的条件下对可能产生的结果和可采用手段进行广泛的自由联想,通过思维的发散和收敛(评价)过程,向黑匣内部的未知内容进行探索,逐步深入。当多个可行性思维方向能借助目标和手段逻辑关系相互联系起来时,新的方案构思雏形就形成了。通过对不完善的构思进行适当调整、增补、改进,就可以完成一个比较完善的创造性方案。

输入输出分析法有如下特点:

(1) 输入输出分析法是以输入、输出的具体内容为思考的出发点,它要求所有的创造性构思都必须满足输入条件、约束条件和输出的具体结果。因此,这种分析法的创新思维过程基本上属于定向思维,从而保证了能通过探索逐步找到合乎逻辑的、成熟的、并且与创新目标一致的途径,从而达到创造新方案的目的。

(2) 输入输出分析法是构思与评价同时进行的设计方法。分析过程是由外向内、由已知到未知,一层层地向黑匣内部深入。每当深入一步,设计者必须对每一构思的"输入"与"输出"状态,按设计约束条件和外部影响对构思做出判断与评价,通过判断与评价、剔除那些不满意的或不符合条件的构思,从而保证分析能向黑匣内部不断深入,当最后的输入与输出能按因果关系连接起来时,黑匣之谜就算被完全揭开了,方案构思的具体内容就基本确定了。由于在构思方案的全过程中,设计者不断地运用发散和收敛思维,因此,输入输出分析法在构思方案时可以同时发挥两种创新思维方法的优点,既不受思考路径的限制,充分调动设计者具有的各方面的知识和经验,又能充分利用已知的知识和经验,将众多的信息逐步引导到条理化的逻辑序列中,最终得到一个合乎逻辑的设计方案。

(3) 输入输出分析法的思考路径和方向具有双向性,即发散和收敛思维是按"输入"和"输出"两个方向向黑匣内部内容逐步深入的。因此,这种方法既能保证方案能同时满足"输入"与"输出"两方面的要求,又能高效地构思出方案的具体内容。

2.5　TRIZ 理论

2.5.1　基本概念

1. TRIZ 的产生

TRIZ 是俄文首字母的缩写,俄文原意是解决发明创造问题的理论,英译为 Theory of

Inventive Problem Solving,英文缩写为 TIPS。苏联海军专利部的 G. S. Altshuller 及其领导的一批研究人员,自 1946 年开始,花费 50 年的时间,在分析研究世界各国 250 多万件专利的基础上所提出的发明问题解决理论。TRIZ 是基于知识的、面向人的解决发明问题的系统化方法学,其核心是技术进化原理。

TRIZ 理论的核心思想主要体现在三个方面:首先,无论是一个简单产品还是复杂的技术系统,其核心技术的发展都是遵循着客观的规律发展演变的,即具有客观的进化规律和模式。其次,各种技术难题、冲突和矛盾的不断解决是推动这种进化过程的动力。最后,技术系统发展的理想状态是用最少的资源实现最大数目的功能。

2. TRIZ 的重要发现

(1) 不同时代的发明、不同领域的发明,其应用的原理(方法)被反复利用。
(2) 同一发明原理可以应用到不同的领域的发明创造和创新。
(3) 类似的冲突或问题与解决问题的原理在不同工业及科学领域交替出现。
(4) 技术系统进化的模式(规律)在不同的工程及科学领域交替出现。
(5) 创新设计所依据的科学原理往往属于其他领域。

3. 冲突的概念

产品是多种功能的复合体,为了实现这些功能,产品要由具有相互关系的多个零部件组成。为了提高产品的市场竞争力,需要不断根据市场的潜在需要对产品进行改进设计。当改变某个零部件的设计,即提高产品某方面的性能时,可能会影响到与其相关的零部件,结果可能使产品或系统的另一些方面性能受到影响。如果这些影响是负面影响,则设计出现了冲突。

冲突普遍存在于各种产品的设计中。按传统设计的折中法,冲突并没有得到彻底解决,而只是在冲突双方取得折中方案,或称降低冲突的程度。TRIZ 理论认为,产品创新的标志是解决或移走设计中的冲突,而产生新的有竞争力的解。发明问题的核心发现冲突并解决冲突,未克服冲突的设计并不是创新设计。产品进化过程就是不断地解决产品存在的冲突的过程,一个冲突解决后,产品进化过程处于停顿状态;之后的另一个冲突解决后,产品移到了一个新的状态。设计人员在设计过程中不断地发现冲突并解决冲突,是推动设计向理想化方向进化的动力。

4. 冲突的分类

冲突可分为两个层次,第一个层次分为三种冲突:自然冲突、社会冲突和工程冲突。

自然冲突分为自然定律冲突和宇宙定律冲突。自然定律冲突是指由于自然定律所限制的不可能的解。如就目前人类对自然的认识,温度不可能低于华氏零度以下,速度不可能超过光速,如果设计中要求温度低于华氏零度或速度超过光速,则设计中出现了自然定律冲突,不可能有解。随着人类对自然认识程度的不断深化,今后也许上述冲突会被解决。宇宙定律冲突是指由于地球本身的条件限制所引起的冲突,如由于地球引力的存在,一座桥梁所能承受的物体质量不能是无限的。

社会冲突分为个人冲突、组织冲突和文化冲突。如只熟练绘图,而不具备创新知识的设计人员从事产品创新就是个人冲突;一个企业中部门与部门之间的不协调就是组织冲突;对改革与创新的偏见就是文化冲突。

工程冲突分为技术冲突、物理冲突和数学冲突三种。物理冲突和技术冲突是 TRIZ 的主要研究内容,下面分别论述这两种冲突。

2.5.2 物理冲突及其解决原理

1. 物理冲突的概念

物理冲突是指为了实现某种功能,一个子系统或元件应具有一种特性,但同时出现了与该种特性相反的特性。物理冲突出现的两种情况如下:

(1) 一个子系统中有害功能降低的同时导致该子系统中有用功能的降低。

(2) 一个子系统中有用功能加强的同时导致该子系统中有害功能的加强。

例如,为了使飞机容易起飞,飞机的机翼应有较大的面积,但是为了高速飞行,机翼又应有较小的面积,这种要求机翼同时具有大的面积与小的面积的情况,对于机翼的设计就是物理冲突。

2. 物理冲突的解决原理

现代 TRIZ 理论在总结物理冲突的各种解决方法的基础上,提出了采用分离原理解决物理冲突。分离原理包括四种方法:空间分离、时间分离、基于条件的分离、整体与部分的分离。

1) 空间分离

将冲突双方在不同的空间上分离,以降低解决问题的难度。当关键子系统冲突双方在某一空间只出现一方时,空间分离是可能的。应用该原理时,首先应回答如下问题:

第一,是否冲突一方在整个空间中"正向"或"负向"变化?

第二,在空间中的某一处,冲突的一方是否可以不按一个方向变化?

如果冲突的一方可不按一个方向变化,则利用空间分离原理解决冲突是可能的。

2) 时间分离

将冲突双方在不同的时间段上分离,以降低解决问题的难度。当关键子系统冲突双方在某一时间段上只出现一方时,基于时间分离是可能的。应用该原理时,首先应回答如下问题:

第一,是否冲突一方在整个时间段中"正向"或"负向"变化?

第二,在时间段中冲突的一方是否可不按一个方向变化?

如果冲突的一方可不按一个方向变化,则利用时间分离原理解决冲突是可能的。

3) 基于条件的分离

将冲突双方在不同的条件下分离,以降低解决问题的难度。当关键子系统冲突双方在某一条件下只出现一方时,基于条件分离是可能的。应用该原理时,首先应回答如下问题:

第一,是否冲突一方在所有的条件下都要求"正向"或"负向"变化?

第二,在某些条件下,冲突的一方是否可不按一个方向变化?

如果冲突的一方可不按一个方向变化,则利用基于条件的分离原理解决冲突是可能的。

4) 整体与部分的分离

将冲突双方在不同的层次上分离,以降低解决问题的难度。当冲突双方在关键子系统的某一层次上只出现一方,而该方在子系统、系统或超系统层次上不出现时,总体与部分的分离是可能的。

2.5.3 技术冲突及其解决原理

1. 技术冲突的概念

技术冲突指一个作用同时导致有用及有害两种结果,也可指有用作用的引入或有害效应的消除导致一个或几个子系统或系统变坏。技术冲突表现为一个系统中两个子系统之间的冲突。技术冲突产生的情况有以下几种:

(1) 一个子系统中引入一种有用的功能后,导致另一个子系统产生有害功能,或加强了已存在的一种有害功能。

(2) 一个子系统有害功能的减少导致另一个子系统有用功能的减少。

(3) 有用功能的加强或有害功能的减少使另一个子系统或系统变得更加复杂。

2. 技术冲突的一般化处理

TRIZ 理论提出用 39 个通用工程参数描述冲突。实际应用中,首先把组成冲突的双方内部性能用该 39 个工程参数中的某两个表示。目的是把实际工程设计中的冲突转化为一般的或类似标准的技术冲突。

通用工程参数分为如下三类:

(1) 通用物理及几何参数:运动物体的质量、静止物体的质量、运动物体的长度、静止物体的长度、运动物体的面积、静止物体的面积、运动物体的体积、静止物体的体积、速度、力、应力或压力、形状、温度、光照度、功率。

(2) 通用技术负向参数:运动物体作用时间、静止物体作用时间、运动物体的能量、静止物体的能量、能量损失、物质损失、信息损失、时间损失、物质或事物的数量、物体外部有害因素作用的敏感性、物体产生的有害因素、装置的复杂性、监控与测试的困难程度。

(3) 通用技术正向参数:结构的稳定性、强度、可靠性、测试精度、制造精度、可制造性、可操作性、可维修性、适应性及多用性、自动化程度、生产率。

负向参数指这些参数变大时,使系统或子系统的性能变差。

正向参数指这些参数变大时,使系统或子系统的性能变好。

3. 技术冲突的解决原理

(1) 分割原理:将物体分成相互独立的部分;使物体分成容易组装及拆卸的部分;增加物体相互独立部分的程度。

(2) 分离(分开)原理:将一个物体中的"干扰"部分分离出去;将物体中的关键部分挑选或分离出来。

(3) 局部质量原理:将物体或环境的均匀结构变成不均匀结构;使组成物体的不同部分完成不同的功能;使组成物体的每一部分都最大限度地发挥作用。

(4) 不对称原理:将物体形状由对称变为不对称;如果物体是不对称的,增加其不对称的程度。

(5) 合并原理:在空间上将相似的物体连接在一起,使其完成并行的操作;在时间上合并相似或相连的操作。

(6) 多用性原理:使物体能完成多项功能,可以减少原设计中完成这些功能多个物体的数量。

(7) 嵌套原理:将一个物体放在第二个物体中,将第二个物体放在第三个物体中,这样进行下去;使一个物体穿过另一个物体的空腔。

(8) 质量补偿原理:用另一个能产生提升力的物体补偿第一个物体的质量;通过与环境相互作用产生空气动力或液体动力的方法补偿第一个物体的质量。

(9) 预加反作用原理:预先施加反作用;如果一物体处于或将处于受拉伸状态,预先施加压力。

(10) 预操作原理:在操作开始前,使物体局部或全部产生所需的变化;预先对物体进行特殊安排,使其在时间上有准备,或已处于易操作的位置。

(11) 预补偿原理:采用预先准备好的应急措施补偿物体相对较低的可靠性。

(12) 等势性原理:改变工作条件,使物体不需要被提升或降低。

(13) 反向原理:将一个问题中所规定的操作改为相反的操作;使物体中的运动部分静止,静止部分运动;使一个物体的位置倒置。

(14) 曲面化原理:将直线或平面部分用曲线或曲面代替,立方体用球体代替;采用辊、球和螺旋;用旋转运动代替直线运动,采用离心力。

(15) 动态化原理:使一个物体和其环境在操作的每一个阶段自动调整,以达到优化的性能;把一个物体划分成具有相互关系的元件,元件之间可以改变相对位置;如果一个物体是静止的,则使之变为运动的或可改变的。

(16) 未达到或超过的作用原理:要想100%达到所希望的效果是困难的,而稍微未达到或稍微超过预期的效果将大大简化问题。

(17) 维数变化原理:将一维空间中运动的或静止的物体变成二维空间中运动或静止的物体,将二维空间中的物体变成三维空间中的物体;将物体用多层排列代替单层排列;使物体倾斜或改变其方向;使用给定表面的反面。

(18) 振动原理:使物体处于振动状态;如果振动存在,增加其频率,甚至可以增加到超声;使用共振频率;使用电振动代替机械振动;使用超声波与电磁场耦合。

(19) 周期性作用原理:用周期性运动或脉动运动代替连续运动;对周期性的运动改变其运动频率;在两个无脉动的运动之间增加脉动。

(20) 有效作用的连续性原理:不停顿地工作,物体的所有部件都应满负荷地工作;消除运动过程中的中间间歇;用旋转运动代替往复运动。

(21) 紧急行动原理:以最快的速度完成有害的操作。

(22) 变有害为有益原理:利用有害因素,特别是对环境有害的因素,获得有益的结果;通过与另一种有害因素结合消除一种有害因素;加大一种有害因素的程度使其不再有害。

(23) 反馈原理:引入反馈以改善过程或动作;如果反馈已经存在,改变反馈控制信号的大小或灵敏度。

(24) 中介物原理：使用中介物传送某一物体或某一种中间物体；将一容易移动的物体与另一物体暂时结合。

(25) 自服务原理：使一物体通过附加功能产生自己服务自己的功能；利用废物的材料、能量与物质。

(26) 复制原理：用简单的、低廉的复制品代替复杂的、昂贵的、易碎的或不易操作的物体；用光学复制或图像代替物体本身，可以放大或缩小图像；如果已经使用了可见光复制，那么可用红外线或紫外线代替。

(27) 低成本、不耐用的物体替代贵重、耐用物体原理：用一些低成本物体代替昂贵物体，用一些不耐用物体代替耐用物体。

(28) 机械系统的替代原理：用视觉、听觉、嗅觉系统代替部分机械系统；用电场、磁场及电磁场完成物体间的相互作用；将固定场变为移动场，将静态场变为动态场，将随机场变为确定场；将铁磁粒子用于场的作用之中。

(29) 气动与液压结构原理：物体的固体零部件可以用气动或液压零部件代替，将气体或液压用于膨胀或减振。

(30) 柔性壳体或薄膜原理：用柔性壳体或薄膜代替传统结构；使用柔性壳体或薄膜将物体与环境隔离。

(31) 多孔材料原理：使物体多孔或通过插入、涂层等增加多孔元素；如果物体已是多孔的，用这些孔引入有用的物质或功能。

(32) 改变颜色原理：改变物体或环境的颜色；改变一个物体的透明度，或改变某一过程的可视性；采用有颜色的添加剂，使不易被观察到的物体或过程被观察到；如果已增加了颜色添加剂，则采用发光的轨迹。

(33) 同质性原理：采用相同或相似的物体制造与某物体相互作用的物体。

(34) 抛弃与修复原理：当一个物体完成了其功能或变得无用时，抛弃或修复该物体中的一个元件；立即修复一个物体中所损耗的部分。

(35) 参数变化原理：改变物体的物理状态；改变物体的浓度和黏度；改变物体的柔性；改变温度。

(36) 状态变化原理：在物质状态变化过程中实现某种效应。

(37) 热膨胀原理：利用材料的热膨胀或热收缩性质；使用具有不同热膨胀系数的材料。

(38) 加速强氧化原理：使氧化从一个级别转变到另一个级别，如从环境气体到充满氧气，从充满氧气到纯氧气，从纯氧气到离子态氧。

(39) 惰性环境原理：用惰性环境代替通常环境；让一个过程在真空中发生。

(40) 复合材料原理：将材质单一的材料改为复合材料。

2.5.4 利用冲突矩阵实现创新

1. 冲突矩阵

经过多年的研究、分析和比较，Altshuller 提出了冲突矩阵。该矩阵将描述技术冲突的

39个通用工程参数与40条发明原理建立了对应关系,很好地解决了设计过程中选择发明原理的难题。

冲突矩阵是一个40行40列的矩阵,其中第一行或第一列为按顺序排列的39个通用工程参数序号,见表2-1。除了第一行和第一列外,其余39行39列形成一个矩阵,矩阵中数字表示40条发明原理中推荐采用的原理序号。矩阵中的行所代表的工程参数是希望改善的一方,列所代表的工程参数为冲突可能引起恶化的一方。

表2-1 冲突矩阵表

冲突矩阵特性		恶化的通用工程参数						
		1	2	3	4	5	...	39
改善的通用工程参数	1. 运动物体的质量			15,8,29,34		29,17,38,34		35,3,24,37
	2. 静止物体的质量				10,1,29,35			1,28,15,35
	3. 运动物体的长度	8,15,29,34				15,17,4		14,4,28,29
	4. 静止物体的长度		35,28,40,29					30,14,7,26
	5. 运动物体的面积	2,17,29,4		14,15,18,4				10,26,34,2
	⋮							
	39. 生产率	35,26,24,37	28,27,15,3	18,4,28,38	30,7,14,26	10,26,34,31		

2. 利用冲突矩阵实现创新的步骤

(1) 定义待设计系统的名称。
(2) 确定待设计系统的主要功能。
(3) 列出待设计系统的关键子系统、各种辅助功能。
(4) 对待设计系统的操作进行描述。
(5) 确定待设计系统应改善的特性、应该消除的特性。
(6) 将涉及的参数要按标准的39个工程参数重新描述。
(7) 对技术冲突进行描述:如果某一工程参数要得到改善,将导致哪些参数恶化。
(8) 对技术冲突进行另一种描述:假如降低参数恶化的程度,要改善参数将被削弱,或另一恶化参数将被加强。
(9) 在冲突矩阵中由冲突双方确定相应的矩阵元素。
(10) 由上述元素确定可用发明原理。
(11) 将所确定的原理应用于设计者的问题。
(12) 找到、评价并完善概念设计及后续的设计。

第 3 章

机器人概述

人类的很多梦想,如上天、入地、千里眼、顺风耳等,现今都已成为现实。机器人也是人类千百年来追求的梦想,现代科技已使这个梦想变成现实。机器人正在向我们走来,它将成为人类社会的重要组成部分。

3.1 机器人的起源

在大多数人的印象里,机器人从来都是一个"高科技"的代名词,是一个指向未来的新奇事物,它为文学家、电影工作者提供了大量的灵感,近些年才慢慢出现在我们的生活里。

如果有人突然告诉你,机器人其实是一个非常古老的事物,你是否感觉很吃惊呢? 机器人的产生和发展是人类社会,特别是工业社会发展的客观要求,也是科学技术发展的必然结果。机器人技术是一门综合性学科,它综合了多种基础学科、技术学科及新兴科技领域的多方面知识,涉及机械学、电子学、计算机科学、自动控制工程、人工智能、仿生学等多学科知识。突出地体现了当代科学技术发展的高度分化而又高度综合这一特点,代表着一个国家的科技发展水平。

几千年来,人类一直梦想能创造出自己的复制品,即一种像人一样的机器,以便代替人完成各种工作。社会的需求是机器人生产的原动力。机器人是现代工业社会的产物。现代社会的分工越来越细,在各个领域中,人们越来越强烈地需要某种能够代替自己从事简单劳动的机器。

机器人是自动执行工作的机器装置。它既可以接收人类指挥,运行预定编排的程序,又可以根据以人工智能技术制定的原则行动。它的任务是协助或取代人类的工作,如生产业、建筑业或是危险环境的工作。

3.1.1 哲学起源

机器人由"robot"翻译而来,而 robot 最早是(约 1920 年)由捷克作家卡雷尔·恰佩克创造的,它的词源是斯拉夫语单词 robota,意思是"强制劳动""奴隶",因此,翻译作"机器奴"可能更合适。在名为《罗萨姆的万能机器人公司》的戏剧中(图 3-1),作者展示了一个有趣的故事,故事里的奴仆不是传统的人类奴仆,而是具有人形外观的机器人,它们能像仆人一样工作,在商业上取得了极大的成功,到后来随着产品升级,这些机器人都"活了",从而与人类发生了冲突。作者借助该故事讨论了一个哲学问题:一种人造的,与人类思想构造区别甚大的"生命体"会给世界带来什么?

图 3-1 剧照

这个论题也不是新鲜话题了,在伦理中,只有上帝才具有创造生命的能力,世界上的各种生命形式都是上帝创造的,各类生物(包括人类)产生后代只是生命的繁衍,而非创造。但是随着技术的发展,人类似乎也可以"创造"新的生命形式了,于是在伦理和道德方面引发了极大的危机感。大家可以回想一下,克隆技术刚刚诞生时,关于禁止克隆人类胚胎的提议就被迅速提出并获得国际社会的共识,就是这个原因。世界上第一部科幻小说《弗兰肯斯坦——现代普罗米修斯的故事》诞生于 1818 年,作者是英国著名诗人雪莱的夫人玛丽·雪莱(图 3-2),描述了一个被科学家仅凭一时研究冲动就创造出来的生命体——弗兰肯斯坦的悲剧生命历程。

图 3-2 玛丽·雪莱

有机生命的创造暂且不谈,随着技术的进一步发展,机器人被创造似乎是不可阻挡的趋势,于是原先的"创造"问题被"创造后"问题取代。如何通过技术手段让机器人融入人类社会成为研究课题,美国科幻作家阿西莫夫是这个问题领域的先驱,他创造性地提出了"机器人三定律",并在自己的《机器人系列》科幻作品中讨论和验证这套"机器人道德律"的可行性。还有一些学者关心的是机器人本身的权利问题,如是否应该享有人权,是否应该同人类一样受相同法律条款的保护,等等,如果说它们没有人类的感情就不该享有,那么有朝一日它们拥有了足够的智慧和情感,那么是否可以被当作人类公民一样对待呢?此类问题又诞生了一批卓越的科幻作品,如《铁臂阿童木》《人工智能》等。

通过以上历史事件,我们可以得出结论,机器人这个概念的提出,完全是个现代哲学或者伦理学概念。它的诞生与工程学关系并不大,与我们今天所熟知的机器人概念还有很大区别。但是随着"robot"概念的火爆,精明的商人和工程师们开始把自己开发的一些产品冠以"robot"的名字,用以助推自己事业的发展。如美国《大众科学》杂志1928年12月期上就刊登了某个工程师制作的号称可以点灯、加热电熨斗和生炉子的"robot",大方地使用了"robot"这个词。再如1939年的纽约世博会上,西屋电气公司展出了一个叫Elektro(伊莱克)的机器人(图3-3)以及它的伙伴机器狗,也使用了robot这个词。到1954年,世界上第一台工业机械臂(图3-4)诞生,也使用了robot这个词作为名字。

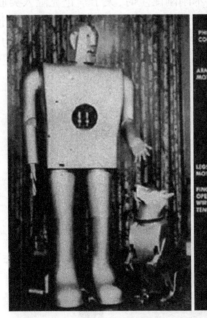
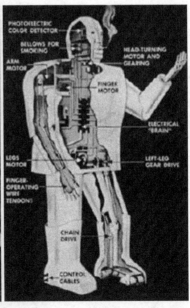

图3-3 伊莱克

如图 3-5 所示,更多的此类事件意味着"robot"这个由文学家创造的词汇,由于商业的青睐,开始进入工程学领域。在工程学中,其概念范畴将被大大拓宽,并在这个领域中演变成了一个比较纯粹的技术词汇。

随着这种演变,艺术作品里的机器人也开始呈现一些新的特点,如《星球大战》中的 R2、机器人士兵,《WALL-E》中的 WALL-E、Eve、变形金刚,等等,作为萌物或英雄的形象出现,与人类不再有道德和伦理冲突。

图 3-4　第一台工业机械臂

图 3-5　倒咖啡的机器人

3.1.2　工程学起源

随着工业自动化的发展,"机器人"这个概念在工程学上被人们日益接受,而且有大量被称为"机器人"的自动化机器工作在工厂或人们的日常生活中,"机器人学"也作为一门学科被正式提出。于是人们便开始逆推工程学意义上的机器人起源。

由于"robot"这个词汇出现得实在太晚,而人类制造自动工作的机器的历史又十分久远,于是许多古老的机器都被挖掘出来,纳入 robot 的家谱,追认为 robot 的"祖先"。下面列举的机器都曾经被某些人称为机器人的祖先:

中国上古传说中黄帝制造的"指南车";

中国上古传说中偃师制造的"伶人";

中国上古传说中鲁班制造的木鸢;

古希腊人制造的蒸汽驱动的自动雕像;

中国古代张衡制造的记里鼓车;

中国古代诸葛亮制造的木牛流马;

日本近代竹田近江制造的自动玩偶;

法国近代工匠制造的机器鸭;

瑞士近代工匠制造的能写字的娃娃；

……

这些"祖宗"都有一个共同的特征：都多多少少具有生物的外观或名字。

许多其他古代机器，如水车、风车、钟表等，虽然也能自动工作，但是由于没有生物外观，与人们习惯性理解的机器人形象不同，因此无缘纳入机器人的家谱。许多近代或现代机器也是基于这个原因无缘成为机器人家族的一员，如数控机床、雕刻机、自动化生产线等。

3.2　机器人的行为准则

1950年，美国著名科幻作家艾萨克·阿西莫夫在科幻小说《I, Robot》中首次使用了"robotics"（"机器人学"）一词，并提出了著名的"机器人学三大定律"：

（1）机器人不可伤人，也不得见人受到伤害而袖手旁观。

（2）机器人应服从人的一切命令，但不得违反第一定律。

（3）机器人应保护自身的安全，但不得违反第一、第二定律。

机器人学术界一直将这三大定律作为机器人开发的准则，阿西莫夫因此被称为"机器人学之父"。至今，它仍会为机器人研究人员、设计制造厂家和用户提供十分有意义的指导方针。

3.3　机器人的定义

机器人问世已有很长的历史，而对于机器人到底是什么仍然仁者见仁、智者见智，没有统一的意见。尤其是随着科学技术的发展进步，机器人也在不断发展更新，新的机器人不断面世。

要给机器人下个合适的和人们普遍同意的定义是困难的。目前，世界上主要国家和国际组织关于"机器人"的定义各有不同。

《英国简明牛津字典》的定义："机器人是貌似人的自动机，具有智力和顺从于人但不具人格的机器。"

美国机器人协会（RIA）的定义："机器人是一种用于移动各种材料、零件、工具或专用装置的，通过可编程序动作来执行种种任务，并具有编程能力的多功能机械手（manipulator）。"

日本工业机器人协会（JIRA）的定义："工业机器人是一种装备有记忆装置和末端执行器（end effector）的，能够转动并通过自动完成各种移动来代替人类劳动的通用机器。"

美国国家标准局（NBS）的定义："机器人是一种能够进行编程并在自动控制下执行某些操作和移动作业任务的机械装置。"

国际标准化组织（ISO）的定义："机器人是一种自动的、位置可控的、具有编程能力的多功能机械手，这种机械手具有几个轴，能够借助于可编程序操作来处理各种材料、零件、工具和专用装置,以执行种种任务。"

联合国标准化组织采纳了美国机器人协会给"机器人"下的定义:"一种可编程和多功能的,用来搬运材料、零件、工具的操作机;或是为了执行不同的任务而具有可改变和可编程动作的专门系统。"

中国机器人专家蒋新松院士指出:"机器人是进化了的机器。今天的工业机器人,只不过是可以进行特定作业,并通过编程可以任意改变作业顺序的更灵活的机器,是一种拟人功能的机械电子装置。"

中国的机器人学界也为机器人下过定义:"机器人是一种自动化的机器,所不同的是这种机器具备一些与人或生物相似的智能能力,如感知能力、规划能力、动作能力和协同能力,是一种具有高度灵活性的自动化机器。"智能电饭煲、全自动洗衣机、自动门、自动驾驶汽车等都很符合这个定义。但一般人基于习惯不认为它们是机器人。反而是一些具有人或生物外观的东西,完全符合以上定义的,就会认为是机器人。这完全是概念混合生长的原因。要正确理解"机器人"的概念,就必须理清学科的界限,让哲学的归哲学,工程的归工程。

综合各种定义,可将机器人这样理解:机器人是一种在计算机控制下的可编程的自动机器,根据所处的环境和作业需要,它具有至少一项或多项拟人功能。另外,还可能程度不同地具有某些环境感知能力(如视觉、力觉、触觉、接近觉等),以及语言功能乃至逻辑思维、判断决策功能等,从而使它能在要求的环境中代替人进行作业。机器人定义的共同之处如图 3-6 所示。

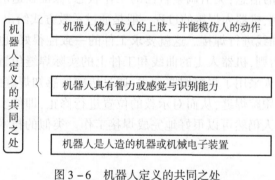

图 3-6 机器人定义的共同之处

3.4 机器人的发展

"机器人"雏形出现在 3 000 多年前的西周时代,我国称为"倡者"的能歌善舞的木偶最早出现在 20 个世纪 20 年代初期捷克的一个科幻内容的话剧中,剧中虚构了一种可以听从主人的命令,并任劳任怨地从事各种劳动的人形机器(Robota,捷克文,意为苦力、劳役)。

近代,随着第一次工业革命、第二次工业革命以及各种机械装置的发明与应用,世界各地出现了许多"机器人"玩具和工艺品。20 世纪 60 年代,出现了真正能够代替人类进行生产劳动的机器人。20 世纪 80 年代,伴随着机械工程、电气工程、控制技术及信息技术等相关科技的不断发展,机器人开始在汽车制造业、电机制造业等工业生产中大量采用。现在,机器人不仅在工业,而且在农业、商业、医疗、旅游、空间、海洋及国防等诸多领域获得越来越广泛的应用。

经过几十年的发展,机器人技术已经形成了综合性的学科——机器人学(Robotics)。可以将机器人的发展划分为三个阶段:第一代机器人、第二代机器人和第三代机器人。

1) 第一代机器人

第一代机器人是"示教再现"型机器人。这类机器人能够按照人类预先示教的轨迹、行为、顺序和速度重复作业。示教需要由操作员"手把手"地进行。例如,操作人员抓住喷漆机器人上的喷枪,沿预定的喷漆路线示范一遍,机器人记住了这些动作,独立工作时,会自动重复这些工作,从而完成给定位置的喷漆工作。这种方式即是所谓的"直接示教"。也有另外一种比较普遍的示教方式,通过控制面板进行示教,即操作人员利用控制面板上的开关或键盘来控制机器人运动,机器人会自动记录下每一步,然后重复。第一代机器人只具有记忆、存储功能,按相应程序重复作业,但对周围环境基本没有感知与反馈控制能力,不能适应环境的变化。由于示教机器人具有稳定的工作特性,因此直到现在工业现场应用的机器人大多属于第一代机器人。

2) 第二代机器人

第二代机器人是有感觉的机器人,它们具有环境感知装置,对外界环境有一定感知能力,具有听觉、视觉及触觉等功能,能在一定程度上适应环境的变化。机器人工作时,根据感觉器官(传感器)获得的信息,灵活调整自己的工作状态,保证在适应环境的情况下完成工作。以焊接机器人为例,机器人焊接的过程一般是通过示教方式给出机器人的运动曲线,机器人携带焊枪走这个曲线进行焊接。这就要求工件的一致性很好,也就是说工件被焊接的位置必须十分准确。否则,机器人走的曲线和工件上的实际焊缝位置会有偏差。为了解决这个问题,第二代机器人采用了焊缝跟踪技术,通过传感器感知焊缝的位置,再通过反馈控制,机器人就能够自动跟踪焊缝,从而对示教的位置进行修正,即使实际焊缝相对于原始设定的位置有变化,机器人仍然可以很好地完成焊接工作。类似的技术正越来越多地应用在机器人上。

3) 第三代机器人

第三代机器人称为"智能机器人",是靠人工智能技术进行规划、控制的机器人。它们根据感知的信息,进行独立思维、识别及推理,并做出判断和决策,不用人的参与就可以完成一些复杂的工作任务。它能在变化的环境中,自主决定自身的行为,具有高度的适应性和自治能力。这类机器人具有自主地解决问题的能力,也被称为自治机器人,如医用服务机器人、导游机器人等。

作为未来的发展目标,这类机器人具有发现问题,并且能自主地解决问题的能力。它们拥有多种传感器,不仅可以感知自身的状态,如所处的位置、自身的故障情况等;而且能够感知外部环境的状态,如自动发现路况、测出协作机器的相对位置、相互作用的力等。更为重要的是,能够根据获得的信息,进行逻辑推理、判断决策,在变化的内部状态与变化的外部环境中,自主决定自身的行为。这类机器人具有高度的适应性和自治能力。

3.4.1 国内机器人发展历程

虽然我国的工业机器人产业在不断地进步中,但和国际上机器人技术领先的国家相比,差距依然明显。从市场占有率来说,更无法相提并论。工业机器人很多核心技术,目前尚未掌握,这也是影响我国机器人产业发展的一个重要瓶颈。我国对于机器人方面的研究,始于20世纪70年代后期,当时北京举办一个日本的工业自动化产品展览会,在这个展会上有两种产品,分别是数控机床和工业机器人。自此,我国的许多学者开始进行机器人的研究,这个时期基本上还停留在理论探讨阶段,"七五"~"十五"在这近20年的时间里才真正进行机器人研究,1986年我国成立了863计划将机器人技术列为一个重要的发展课题,国家投入将近几个亿的资金开始进行机器人研究,使得我国在机器人这一领域得到快速发展。

目前研究单位和高校主要有中科院沈阳自动化所、中科院北京自动化所、哈尔滨工业大学、北京航空航天大学、清华大学等。这几年来看,有很多高校在从事机器人研究,总体上与发达国家相比,还存在很大的差距,主要表现在,我国在机器人产业化方面,没有固定的成熟产品,但是在水下、空间、核工业等一些特殊领域机器人方面取得了很多有特色的研究成果。

3.4.2 国外机器人发展历程

1. 美国

美国是机器人的诞生地,早在1962年就研制出世界上第一台工业机器人,比号称"机器人王国"的日本起步至少要早5年。经过30多年的发展,美国现已成为世界上的机器人强国之一,基础雄厚、技术先进。

由于美国政府从20世纪60年代到70年代的十几年期间,并没有将机器人列入重点发展项目,只是在几所大学和少数公司开展了一些研究工作。20世纪70年代后期,美国政府和企业界虽有所重视,但在技术路线上仍把重点放在研究机器人软件及军事、宇宙、海洋、核工程等特殊领域的高级机器人的开发上,致使日本的工业机器人后来居上,并在工业生产的应用上及机器人制造业上很快超过了美国,产品在国际市场上形成了较强的竞争力。进入20世纪80年代之后,美国政府和企业界才对机器人真正重视起来,政策上也有所体现,一方面鼓励工业界发展和应用机器人;另一方面制订计划、提高投资,增加机器人的研究经费,把机器人看成美国再次工业化的特征,使美国的机器人迅速发展。20世纪80年代中后期,随着各大厂家应用机器人的技术日臻成熟,第一代机器人的技术性能越来越满足不了实际需要,美国开始生产带有视觉、力觉的第二代机器人,并很快占领了美国60%的机器人市场。目前,美国的机器人技术在国际上一直处于领先地位。其技术全面、先进,适应性也很强。具体表现在以下几个方面:

(1) 性能可靠,功能全面,精确度高。

(2) 机器人语言研究发展较快,语言类型多、应用广,水平高居世界之首。

(3) 智能技术发展快,其视觉、触觉等人工智能技术已在航天、汽车工业中广泛应用。

(4) 高智能、高难度的军用机器人、太空机器人等发展迅速,主要用于扫雷、布雷、侦察、站岗及太空探测方面。

2. 英国

早在1966年,美国Unimation公司的尤尼曼特机器人和AMF公司的沃莎特兰机器人就已经率先进入英国市场。1967年,英国的两家大机械公司还特地为美国这两家机器人公司在英国推销机器人。接着,英国Hall Automation公司研制出自己的机器人RAMP。20世纪70年代初期,由于英国政府科学研究委员会颁布了否定人工智能和机器人的Lighthall报告,对工业机器人实行了限制发展的严厉措施,因而机器人工业一蹶不振,但是,国际上机器人蓬勃发展的形势很快使英国政府意识到:机器人技术的落后,导致其商品在国际市场上的竞争力大为下降。于是,从20世纪70年代末开始,英国政府转而采取支持态度,推行并实施了一系列支持机器人发展的政策和措施,如广泛宣传使用机器人的重要性、在财政上给购买机器人企业以补贴、积极促进机器人研究单位与企业联合等,使英国机器人进入生产领域广泛应用及大力研制的兴盛时期。

3. 法国

法国不仅在机器人拥有量上居于世界前列,而且在机器人应用水平和应用范围上也处于世界先进水平。这主要归功于法国政府一开始就比较重视机器人技术,特别是把重点放在开展机器人的应用研究上。法国机器人的发展比较顺利,主要原因是通过政府大力支持的研究计划,建立起一个完整的科学技术体系。即由政府组织一些机器人基础技术方面的研究项目,而由工业界支持开展应用和开发方面的工作,两者相辅相成,使机器人在法国企业界很快发展和普及。

4. 德国

德国工业机器人的总数占世界第三位,仅次于日本和美国。这里所说的德国,主要指的是联邦德国。它比英国和瑞典引进机器人晚了五六年,因为在德国机器人工业起步阶段恰逢国内经济不景气。但当时德国由于战争导致的劳动力短缺,以及国民技术水平高这些都是有利于机器人工业发展的社会环境。到了20世纪70年代中后期,政府采用行政手段为机器人的推广开辟道路;在"改善劳动条件计划"中规定,对于一些有危险、有毒、有害的工作岗位,必须以机器人来代替人的劳动。这个计划为机器人的应用开拓了广阔市场,并推动了工业机器人技术的发展。日耳曼民族是一个重实际的民族,他们始终坚持技术应用和社会需求相结合的原则。除了像大多数国家一样,将机器人主要应用在汽车工业之外,突出的一点是德国在纺织工业中用现代化生产技术改造原有企业,报废了旧机器,购买了现代化自动设备、电子计算机和机器人,使纺织工业成本下降、质量提高,产品的花色品种更加适销对路。到1984年终于使这被喻为"快完蛋的行业"重新振兴起来。与此同时,德国看到了机器人等先进自动化技术对工业生产的作用,提出了1985年以后要向高级的、有感觉的智能型机器人转移的目标。经过近10年的努力,其智能机器人的研究和应用方面在世界上处于公认的领先地位。

5. 日本

日本在20世纪60年代末正处于经济高度发展时期,年增长率达11%。第二次世界大战后,日本的劳动力十分紧张,而经济高速发展更加剧了劳动力的严重不足。为此,日本在1967年由川崎重工业公司从美国Unimation公司引进机器人及其技术,建立起生产车间,并于1968年试制出第一台川崎的"尤尼曼特"机器人。在企业里受到了"救世主"般的欢迎。日本政府一方面在经济上采取了积极的扶植政策,鼓励发展和推广应用机器人,进一步激发了企业家从事机器人产业的积极性。尤其是政府对中、小企业的一系列经济优惠政策,如由政府银行提供优惠的低息资金,鼓励集资成立"机器人长期租赁公司",公司出资购入机器人后长期租给用户,每月只需交付较低廉的租金,大大减轻了企业购入机器人所需的资金负担;政府把由计算机控制的示教再现型机器人作为特别折扣优待产品,企业除享受新设备通常的40%折扣优待外,还可再享受13%的价格补贴。另一方面,国家出资对小企业进行应用型机器人的专门知识和技术指导等。这一系列扶植政策,使日本机器人产业迅速发展起来,经过短短的十几年,到20世纪80年代中期,已一跃成为"机器人王国",其机器人的产量和安装的台数在国际上跃居首位。按照日本产业机器人工业会常务理事米本完二的说法:"日本机器人的发展经过了60年代的摇篮期,70年代的实用期,到80年代机器人普及提高期。"并正式把1980年定为"产业机器人的普及元年",开始在各个领域内广泛推广使用机器人。

3.4.3 机器人未来发展趋势

从机器人研究的发展过程来看,可分为人工智能机器人与自动装置机器人两种潮流。前者着力于实现有知觉、有智能的机械;后者着力于实现目的,研究重点在于动作速度和精度,各种作业的自动化。智能机器人系统由指令解释、环境认识、作业计划设计、作业方法决定、作业程序生成与实施、知识库等环节及外部各种传感器和接口等组成。智能机器人的研究与现实世界的关系很大,也就是说,不仅与智能的信息处理有关,而且还与传感器收集现实世界的信息和据此机器人做出的动作有关。此时,信息的输入、处理、判断、规划必须互相协调,以使机器人选择合适的动作。

构成智能机器人的关键技术很多,在考虑智能机器人的智能水平时,将作业环境分为三类,依次为设定环境、已知环境和未知环境。此外,按机器人的学习能力也可分为三类,依次为无学习能力、内部限定的学习能力及自学能力,将这些类别分别组合,就可得出3×3矩阵状的智能机器人分类,目前研究得最多的是在已知环境中工作的机器人。从长远的观点来看,在未知环境中学习,是智能机器人的一个重要研究课题。

考虑到机器人是根据人的指令进行工作的,则不难理解以下三点对机器人的操作是至关重要的:

(1) 正确地理解人的指令,并将其自身的情况传达给人,同时从人那儿获得新的知识、指令和教益(人-机关系);

(2) 了解外界条件,特别是工作对象的条件,识别外部世界;

(3) 理解自身的内部条件(如机器人的臂角)、识别内部世界。上述第三项是相当容易的,因为它是伺服系统的基础,在各种自动机床或第一代机器人中已经实现。对于具有感觉的第二代机器人(自适应机器人),有待解决的主要技术问题是对外界环境的感觉,根据得到的外界信息适当改变其动作。对于像玻璃那样透明的物体以及像餐刀那样带有镜面反射的物体,均是人工视觉很难解决的问题。此外,对于基于模式的操纵来说,像纸、布一类薄而形状不定的物件也相当难以处理。总之,如何将几何模型所忽略的一些物理特征(如材质、色泽、反光性等)予以充分利用,是提高智能机器人认识周围环境水平的一个重要研究内容。

第三代机器人所涉及的主要技术是什么呢?第三代机器人也称智能机器人,从智能机器人所应具有的知识着眼,最主要的知识是构成其周围环境物体的各种几何模型,从几何模型的不同性质(如形状、惯性矩)分类,定出其阈值。搜索时逐次逼近,以求得最为接近的模型。这种以模型为基础的视觉和机器人学是今后智能机器人研究的一个重要内容。

但目前对智能机器人还没有一个统一的定义。也就是说,在软件方面,究竟什么是机器人的智能。它的智力范围应有多大,目前尚无定论;硬件方面,采用哪一类的传感器,采用何种结构形式或材料的手臂、手抓、躯干等的机器人才是智能机器人所应有的外表,至少在目前尚无人涉及。但是,将上述第二项功能扩大到三维自然环境,并建立第一项中提到的联络(通信)功能,将是第三代机器人研究的一个重要课题。第一、第二代机器人与人的联系基本上是单向的,第三代机器人与人的关系如同人类社会中的上、下级关系,机器人是下级,它听从上级的指令,当它不理解指令的意义时,就向上级询问,直至完全明白为止(问答系统)。当数台机器人联合操作时,每台机器人之间的分工合作以及彼此间的联系也是很重要的,由于机器人对自然环境知识贫乏,因此,最有效的方法是建立人-机系统,以完成不能由单独的人或单独的机器人所能胜任的工作。

3.5 国内外高校机器人教育发展状况

本节主要从国内以及日本、韩国、美国等一些国家开展机器人教育的现状出发,对开展机器人的教育目的、教学方法、教学模式等方面进行讨论。

3.5.1 国外高校机器人教育现状

美国基础教育领域中的机器人教育主要有四种形式:一是机器人技术课程,一般开设在技术类课程中,其中教育计划与项目占大多数;二是课外活动,类似我国的综合实践活动课程;三是机器人主题夏令营等定期活动;第四种形式与前几者不同,它主要是利用机器人技术作为辅助性工具来辅助其他课程的教学或者作为一种研究工具来培养学生能力,与此同时学习机器人技术知识,也可以归为特殊的机器人教育形式。

美国高校的机器人教育主要呈现出两个趋势:一方面,美国高校越来越多地开设了机器人相关的课程;另一方面,机器人作为课程的学习平台,已经慢慢应用于高校其他课程中。主要特点有以下几方面:

(1) 机器人教育形式多样。在美国高校中,机器人教育既可以通过课程来进行,也可以作为学习平台。

(2) 为学生创设自主发挥空间。大多数机器人课程都是以团队为活动单位,在教师指导下以学生为中心开展活动,学生有较大的自主发挥空间。例如,MIT(麻省理工学院)的"自控机器人设计竞赛"这个课程完全由学生来运作,没有教员来协助。"机器人编程竞赛"也几乎都是由学生操作,学生组成团队,编写机器人程序,参加比赛。学生自主性强,增加了学生的主动参与意识。

（3）评价方式多样。机器人课程的评价要注重学生在活动过程中的自我反思,多样化的评价方式有助于全面反映学生在课程中所获得的知识以及知识的灵活运用情况。评价可以根据学生的实验与设计项目的完成情况,也可根据学生的实质性成果来进行。

（4）课程具有明显的学科交叉性。由于机器人技术自身的综合性和机器人技术应用领域的广泛性,导致机器人课程跨学科、交叉性的特点十分明显。高校的机器人教育更是做了具体规定,学生往往需要预修过若干先修课程。例如,MIT的"机器人学导论"要求预先学习"动力学建模与控制"课程,课程内容涵盖了平面与空间运动学、动作规划、机械手臂和移动机器人的结构设计、多刚体动力学、3D绘图模拟、控制系统设计、传感技术、无线网络、人机接口、嵌入式系统等。有些机器人课程虽然没有明确指定相应的先修课程,但由于课程本身涉及的知识面广,如果没有一定的基础也是较难完成的。例如,MIT的"自控机器人设计竞赛"课程涉及设计与制造、电子运算结构、电路与电子学、计算机程序的结构与应用等课程；"机器人编程竞赛"课程要求有一定的Java编程基础；"认知机器人"课程则需要预先学习过概率系统分析和人工智能技术、人工智能,或自治和决策原则中的任一门课程。

（5）涉及机器人技术的最新成果。这个特点在美国高校的机器人教育中表现得十分明显,当今机器人技术在各个领域都发挥着它的作用。例如,美国航空航天局(NASA)的火星探测漫步者就是机器人技术在航空航天领域的一个典型应用。MIT航空航天学中的"认知机器人学"课程,正是通过对NASA的火星探路者、护士机器人、博物馆导游等实际例子的讨论来学习建模与算法,以及研究算法是如何在这些系统中应用的。该课程结合当前机器人技术成果,加深了学生对相关理论和技术的理解。

（6）充满趣味的"做中学"。美国机器人课程几乎都有实验课,学生借助各种工具平台制作、组装实体机器人或编写、调试机器人程序,十分强调在做中学。例如,在"机器人编程竞赛"课程的学习中,学生组成团队开发机器人选手程序,在整个开发过程中结合了作战策略与软件设计,并用于参加比赛。"自控机器人设计竞赛"也是个需要动手的"做中学"课程,参与者设计和制作机器人,在月底参加比赛。该课程需要学生设计出一个机器人,能够在比赛场地行驶,识别对手。两者最大的不同在于,一个是使用非实体机器人,即编写一个机器人选手程序,一个是使用实体机器人,即制作一个实体机器人,从而实现不同知识点的学习。

1. 麻省理工学院的机器人教育

麻省理工学院(MIT)是美国私立研究性学院,世界著名的科学技术教育和科研中心,该学院在机器人技术领域成果颇丰。在1994年麻省理工学院(MIT)就设立了"设计和建造LEGO机器人"课程,目的是提高工程设计专业学生的设计和创造能力,尝试机器人教育与理科实验的整合；同时,国外的一些智能机器人实验室也有相应的机器人教育研究的内容。

麻省理工学院涉及机器人教育的课程有认知机器人学、机器人学导论、自控机器人设计竞赛、机器人编程竞赛,结合各个专业所需以及当今机器人技术的应用领域,分别开设在航空航天学、机械工程学和电气工程与计算机科学中。

1) 课程开设

麻省理工学院提供的机器人课程主要有两类,一类是在整个学期中开设,如认知机器人学、机器人学导论;另外一类是在麻省理工学院的独立活动期间(IAP)开设的,IAP 是 MIT 从一月的第一个星期到月底为期4周的特别学习期,例如,自控机器人设计竞赛和机器人编程竞赛。在独立活动期开设的课程没有定期的课堂安排,学生只需要在规定的时间内完成相关的项目就可以了,并且部分课堂教学的参与也是自愿的。灵活的课程安排,学生有了更多的自主活动时间,还能根据自己的需要选择性地参与课堂学习来补充知识。

2) 课程评价

除了常规考试外,MIT 机器人课程的学习都要求有实质性的成果。例如,在"自控机器人设计竞赛课程"中,要想获得学分,学生必须建立网页来展示自己设计的机器人,陈述总体设计与独到之处,完成作业并最终制作一个实体机器人。在"机器人编程竞赛"课程中,要获得6个选修学分,学生必须提交一个 Robocraft 选手作为自己的"实质性成果",随后根据该成果做出评价。如果要获得6个工程设计分,团队提交的选手必须打败 Robocraft 软件发布时自带的参考选手。在"机器人学导论"课程中,学生除了完成作业,参加期中、期末两次考试以外,还必须完成相关的实验与设计项目,在学期的不同时间需要搭建两个不同功能的机器人:① 采矿机器人,目标是建立一套搜寻算法能够让机器人自动搜寻,而且在找到矿藏后暂停在矿物上方;② 圣诞老人机器人,它能沿着一条弯曲的路径通过玄关进入机器人实验室,用它的机械手臂将礼物送到多个房间,以及从每个房间拿取饼干。在"认知机器人学"课程中,学生需要完成两个项目:① 选择一个与机器人相关的主题做一份报告;② 对认知机器人和嵌入智能系统中涉及的一两个方法深刻认识后在这些方法的基础上改进并创新应用。

2. 俄勒冈州立大学的机器人教育

俄勒冈州立大学电子工程与计算机科学系,分别在电子设计概念导论、电子基础、数字逻辑设计、信号与系统、计算机原理与汇编语言、机械设计课程中使用 TekBots 机器人作为学习平台。把 TekBots 整合进课程中,可以把课堂上学习的理论应用到机器人中,加深对理论的理解。例如,在计算机原理与汇编语言这门课程中,让学生使用 TekBots 调试自己的程序,观察自己写的程序及运用的概念是如何在实际设备中产生作用的。利用学习平台有以下几个作用:① 加强课程连贯性:帮助学生理解各个学科之间的联系,能让学生综合自己所学知识;② 提供理解课程的情境:通过学习平台,使概念变得具体,并提供学生以解决复杂问题的情境;③ 形成学习共同体:有着共同兴趣的学生形成学习共同体;④ 增加动手经验:能为学生提供动手操作的空间;⑤ 模拟工程实践:平台提供一个工程实践的模拟环境。

日本的机器人教育水平和机器人文化普及水平是世界上最高的国家之一,不仅每所大学都有高水平的机器人研究会,而且每年定期举行机器人设计和制作大赛。大赛得到日本政府、企业界和教育主管部门的重视与支持。不仅加速了日本机器人文化的普及,而且调动了社会各方面的力量,开发了大量的机器人产品,增强了社会应用机器人技术的积极性。同时,为日本的创新教育提供了好教材、好课题,并培养了大批创新人才和机器人研究与应用人才。机器人技术的应用,促进了日本工业的发展,提高了社会劳动生产率和产品质量,为日本带来了巨大的经济效益和社会效益。

韩国充分认识到机器人教育的重要性,也加大投入开展机器人教育方面的研究。同时,新加坡、中国台湾、中国香港等国家和地区,也在机器人教育方面取得了长足的发展。新加坡国立教育学院(NIE)和乐高教育部于2006年6月在新加坡举办了第一届亚太ROBO-LAB国际教育研讨会,通过专题报告、论文交流和动手制作等方式,就机器人教育及其在科技、数学课程里的应用进行交流,以提高教师们开展机器人教育的科技水平与应用能力。

在美、日、德、法、韩等国,机器人产业的开发正在受到重视,一般采取所谓"官产学"形式。"官"即政府制定政策及倾斜支持,调整产业结构。据情报显示,日本政府正在调整全国的产业制造结构,名古屋中部地区的未来产业为新型汽车工业,以大阪为中心的关西地方将以机器人产业为主,东京地区以资讯情报化为中心,等等;"产"即产业界自我分类的研究与开发,并将之变成产品,取得经济效益;"学"即学校设置专门的课程(学科),教材既有大学教授编写的,也有产业研究所编写的。许多公司改变既有行业,转而生产为此服务的产品,专门出售关于机器人制作的教科书、教材及装配零件、专门杂志等。虽然,断言这一切将导致一场IT(信息技术)业革命还为时过早,但可以预计的是,未来20年,机器人产业将成为新产业的一个领先潮流,介入到综合国力竞争、现代化高科技战争以及青少年教育之中。

3.5.2 国内高校机器人教育现状

我国近年来,机器人教育得到普遍关注,组织大学生走出国门,参加多项国际机器人大赛,并取得了较好的成绩。但创新教育和机器人教育的普及还很落后。因此,为了提高我国机器人技术水平和应用能力,使机器人技术更好地为经济建设服务,必须大力发展机器人教育,普及机器人文化,培养我国机器人技术开发的后备力量,为我国经济的腾飞和可持续发展做准备。这需要政府的投入和全社会的重视与扶植。

1. 国外机器人教育对我国的几点启示

1) 机器人教育的归属问题

在我国,机器人教育处于起步阶段,由于各个学校的条件限制,机器人教育没有在大范围内开展也没有十分明确的学科归属。在高校,从我国普通高等学校专业设置来看,并没有独立开设机器人学专业,机器人教育主要还是在其他专业中开展、在智能科学与技术专业中开展机器人教育、在机械设计制造及其自动化专业中开设机器人教育等,部分高等院校在公共选修课程中开设机器人课程。

机器人教育到底应该归到哪类教育中比较合适且利于发展,这些问题都值得探索。美国的机器人教育没有明确的归位,它既作为技术教育的内容普及机器人技术知识,也作为科学教育的工具,用于提高学生的科学素养,并利用夏令营、课外活动等深入开展。在机器人教育的起步阶段,可以不明确定位机器人教育的学科归属。在基础教育领域,各学校根据自己的实际情况开展各种机器人教育,以普及机器人知识为主,利用各种机器人活动来推动机器人教育的开展,各个学校可根据地方、学校条件开设校本课程或作为学校的特色项目来开展机器人教育。在高等教育领域,机器人教育的开展应结合社会的需要、各学科的需要、科技发展对人才培养的需要。总之,灵活的课程归属有利于机器人教育的进一步开展。

2) 机器人的活动组织形式

美国的机器人活动一般是以项目为单元,并以团队为活动单位,从而可以提高学生项目的管理能力、小组协作能力,并可提高组员的交流能力。这样的活动组织形式有利于充分发挥机器人平台的作用。在机器人教育中,应该考虑学生在活动中的组织形式来达到良好的教育效果。在条件有限的学校,可以通过机器人活动的组织规划来合理利用有限的机器人教育资源。

3) 机器人课程的评价

国外有学者曾提出要降低机器人竞赛的"竞赛性",注重学生在竞赛过程中的自我反思。评价要注重学生的学习过程,关注学生在学习过程中的体验。同时,机器人教育的评价方式不一定要采用常规的考试,可以从多角度进行评价,用作品或成果来评价,可以是一份报告,一个实物,也可以是一个方案。

4) 机器人作为素质教育的平台

借鉴美国俄勒冈州立大学的经验,把机器人作为程序设计、电子技术、机械与力学等课程的学习平台;更进一步借助于通用型、插接式的机器人组件,将其作为信息技术环境下学生的创新设计平台。国内在这方面也有一些尝试,如应用"慧鱼"创意组合在本科教学实验中构建大规模工程模型,提高学生的设计与创造能力。

5) 校企协作推动机器人教育的健康发展

机器人生产商是机器人教育的一个隐性推动者,在美国,部分课程的顺利实施得益于生产商的支持,生产商提供机器人产品供学校使用,有些颇具实力的生产商甚至提供配套的机器人课程。在我国,机器人生产商也在各个地区积极和学校联系,推动着机器人教育的发展。利用好这股力量,可以为机器人教育提供条件。例如,生产商提供产品给高校试用及研究,高校对产品进行分析后设计应用形式,随后与学校合作开展教学实验。同时,在使用过程中对生产商产品进行意见反馈,提供生产指导,使得生产商的产品尽量与教育教学需求相吻合。

2. 机器人基础教育面临的困境

机器人已经成为呼声很高的创新教育平台,并且正在大踏步地走向基础教育。随着各地机器人实验室的迅速建设,它作为专业课程以及各种竞赛活动的平台还很不成熟,目前还是处于综合实践活动的层面,并且遇到了诸多方面的制约。

(1) 竞赛活动商业化严重,教育发展方向偏移。

一方面,由于很多机器人竞赛是由某些机器人制造商独立或联合举办的,教育行政部门的监管力度不够,在竞赛规则、裁判确定、奖励办法等方面存在较大差异。甚至有些商家通过不当竞争,人为通过竞赛规则或功能实现等办法来限制其他商家的产品,造成选手参加比赛的局限性很大。另一方面,由于竞赛的功利化思想和比赛管理方法的不成熟,造成了比赛的"表演"倾向,即学生比赛成绩要看课下的"准备"程度和机器本身的软件、硬件装备程度,这就造成了比赛的即时性和激烈度受到影响,同时存在一定的"投机取巧"式的比赛准备也影响了学生创新能力的培养。所以,过度商业化的运作造成了机器人教育发展的方向发生偏移,这对机器人广泛普及是极其不利的。

(2) 资金严重缺乏,配套组件及设施不够。

机器人的价格比较昂贵,单机一般在万元以上,各种主机模块、传感器及其他配件价格也很高,迫于资金方面的压力都是少数人组队参加比赛。尤其是对教学机器人而言,其结构相对简单,可开发性也有局限,甚至作为智能玩具的优势显著,其造价是可以下降的。如果合理地针对市场进行分析与运作,是完全可以既实现盈利又实现普及的。但是,由于竞争的无序和商家的短期行为共同造成了原本教育资金就很欠缺的基础教育对机器人的采购误区,以至于不少地区建成了大量的机器人实验室,但是相关配件及设施都很差,不能及时更新,实验室的作用大打折扣。

(3) 教育研究欠缺,教学活动随意性强。

目前机器人进入课程或者参与学科整合的经验还很少,教育研究成果非常缺乏。尤其对中小学教师而言还是一种全新的事物,课程内容、教学方法、学业检测等都很欠缺。虽然在高中信息技术新的课程标准中增加了人工智能部分,但是理论比重较大,机器人实践活动较少,非常不利于开展相关教学。在高中通用技术课程标准中,增加了简易机器人选修课,但是由于受到课程地位和课时的局限,目前效果尚不明显。虽然,有些教育较发达的地区作为地方课程或校本课程来开设,但教学内容与活动随意性都较强。

3.5.3 机器人基础教育发展的趋势

1. 机器人教学作为创新教育课程平台的优势

机器人涉及机械、电子、计算机等多学科知识,是培养学生创新思维的最佳学科。但其过强的理论性又使教学工作难于开展。探索一种既能结合多学科知识,又能在一种"轻松"甚至是"玩"的气氛中进行"创新教育"的方法与载体是人们一直在追寻的。通过面向全校各专业学生开设的校选修课为教学平台,以创新训练为主线,利用教育机器人套件(它包含机械构件、微型电机、各种传感器、气动元件、计算机接口及控制软件等)实现各种机器人功能的设计、制造、控制等,把对学生的创新意识和创新能力的培养,贯穿到整个教学过程中。这种"创新思维训练课程"面向全校各类学生,具有较宽的适应面,可以在规定的课程时间里尽可能地提升学生的学习兴趣,达到训练、激发和培养学生的创新思维和创新能力的目的。

1) 多元化教学方法

(1) 课堂教学和实践教学相结合:在课堂教学时,引入典型工程案例设计,利用该平台,进行演示实验,加深对所学习理论知识的理解,同时提高学生实验兴趣。很多学生在实验室,把课堂仿真实验在实际实验设备上进行验证。

(2) 工程案例教学法:提出1~2个工程案例,进行设计讨论,利用实验设备讲解工程案例中系统构成的各工业设备和部件,使学生对广泛应用的变频调速系统、交流伺服系统及计算机控制系统的构成,以及各工业应用部件及作用有一个直观认识。然后结合工程案例,引导学生进行每一单元的实验[如电机特性、编码器检测、D/A输出、PID(比例积分微分)调节、系统特性分析等],逐步认识每一单元、每个知识点在控制系统中的地位作用。

(3) 开放式自主实践教学方式:学生通过计算机获得实验指导书,实验平台软件使用引导,以及一些用于实验的工程案例等材料,利用实验平台自己设计实验,培养学生自己获取知识的能力。以团队组织形式自主实践活动,在这个实践活动中,主要采用讨论教学法和引导教学法。

(4) 指导学生参与实验平台软件设计:毕业设计或学生科研时,学生根据实验要求,设计实验系统软件,并在平台上调试。

2) 网络信息化教学平台

在网络平台上向学生提供教学内容、网络课件、电子教案、学习辅导、电子书籍、电子手册、应用资料、网络链接等网络教学资源;建立网络交互平台,进行课程问题实时发布、专题讨论、网络释疑、学生意见反馈、教学情况调查等教学辅助工作。利用网络这一现代教学手段,打破传统实践教学在时间和空间上的限制,可以在任何时间、任何地点,通过网络进行自主学习、交流讨论。

3) 分层次的实验设置

开展多层次的实验教学,根据实验教学要求和内容的难易程度以及循序渐进的教学规律,由易及难,分别开设"演示性""验证性""设计性""综合性"和"创新研究性"实验,充分挖掘学生综合运用能力和创新能力。

2. 机器人教育可以作为创新教育和教改的切入点

机器人是人类创新能力和创新成果的载体,是永无止境的研究课题。机器人教育为创新教育提供了广阔的空间,是开发每个学生特长和潜能、培养高素质创造性人才的好素材。在毕业设计教育改革中,根据创新教育的任务和要求,结合机器人教育自身的优势和特点,以学生为主体,在教师的引导下按照学生自身的特点,进行个性化教育,能突出培养学生的创新精神、创新能力和创业意识。在设计过程中,从设计课题的方案制定到方案实施,整个过程由学生独立完成,这就激发了学生的学习兴趣和求知欲望,使学生的学习从被动向主动转化,培养学生的自学能力和选择知识的能力,同时理论联系实践,提高了学习的深度和广度,培养了学生的创造精神、实践能力以及独立分析问题和解决问题的能力。因此,机器人教育是开展创新教育的重要方法。

实践是创新的源泉。在课题设计的制作和调试过程中,学生能够拓宽知识面,提高理论水平,开阔眼界,了解国内外的科技发展前沿,从而培养学生的现代专业技能和动手能力。学生通过动手和实践获得实际经验,增强解决实际问题的能力,因此,机器人教育是提高实践能力和开发现代专业技能的好教材。

培养现代意识和提高素质,是学生适应现代社会的需要,也是教育改革的要求。在课题设计中,勤奋刻苦、废寝忘食、一丝不苟的敬业精神,互相学习、团结协作、不计较个人得失的奉献精神,勇于创新、勇于实践、不怕挫折、顽强进取、严谨推理、实事求是的科学态度是完成设计任务的思想保证。通过课题设计,使学生增强团队精神和环境适应能力,提高创新能力和社会责任感,从而得到了全面协调发展。

机器人教育具有趣味性、创新性和可操作性等特点,它的生命力是非常旺盛的。机器人教育具有以下几种发展趋势。

1) 向个性化教育发展

我们已经看到掌上英语学习机这种电子产品的普及速度,以及它对英语教育的价值作用,甚至它在内容上向着多学科多元化发展,在更新方式上向着网络化发展。教育机器人完全也可以这样,以其智能化、小型化的特色成为个性化教育的主力军团之一。随着教育机器人产量的扩大、价格的降低,它向个人应用的普及风潮一定也会出现,从而给个性化教育带来革命。

2) 向社区化教育发展

机器人在教育方面可能会有一种与其他教育不同的方式,那就是教育社区化。就像书画培训、音乐培训这类已经非常成熟的社区教育已经给我们的教育一样,机器人教育活动中的机型丰富、投资持续、适合团队等特点给社区教育的组织带来可能。在商家的联合、社会团体的组织下,机器人社区教育会在时间上更充分、组织活动更灵活、资金循环更顺利等,这会给机器人教育带来生机。

3) 向课堂化教育发展

课外活动小组毕竟是小部分人的活动,虽然这对于特长教育有着不可否认的作用。但是,课外活动的系统性、普及性和公平性都得不到保证。对于机器人教育这个新鲜事物,课外活动小组的引导作用是非常重要的,但是如果不向学科课程发展,其教育理论、教育方法的成熟是缓慢的。所以,随着下一步新课程的实施,机器人教育走进课堂成为一种必然的发展方向。向课堂教育发展,需要包括教材建设、教法研讨等几个步骤,是一个持续发展、革新的过程。

总之,机器人教育受科技发展的影响其创新性、实践性、发展性是非常强的,对学生的技能教育、科技的社会化都具有重要的意义,它给我们的教育内容和教育形式都带来更多的惊喜与期待。

3.6 机器人的分类

目前,机器人分类方法还没有统一的标准,一般有以下几种分类方法。按机器人工作的领域不同,可分为空中机器人、陆地机器人和水中机器人;按行走方式不同,可分为轮式机器人、履带式机器人和足式机器人;按装置不同,可分为电力驱动机器人、液压机器人和气动机器人;按受控方式不同,可分为点位控制型机器人和连续控制型机器人;按用途不同,可分为工业机器人、农业机器人、军用机器人、服务型机器人、危险作业机器人、教育教学机器人、娱乐机器人、竞赛机器人、机械外骨骼、虚拟机器人等。下面主要介绍六种机器人。

1. 工业智能机器人

工业智能机器依据具体应用的不同,通常又可分为焊接机器人、装配机器人、喷漆机器人、码垛机器人、搬运机器人等多种类型。作为具有智能的工业机器人,它们在很多方面超越了传统机器人。焊接机器人,包括点焊(电阻焊)和电弧焊机器人,其用途是实现自动的焊接作业。装配机器人,比较多地用于电子部件电器的装配。喷漆机器人,代替人进行喷漆作业。码垛、上下料、搬运机器人的功能则是根据一定的速度和精度要求,将物品从一处运到另一处。在工业生产中应用机器人,可以方便迅速地改变作业内容或方式,以满足生产要求的变化。例如,改变焊缝轨迹,改变喷漆位置,变更装配部件或位置,等等。随着对工业生产线柔性的要求越来越高,对各种机器人的需求也越来越强烈。

目前,国内也有不少生产企业开始安装工业机器人来逐步代替人工操作,如富士康、美的集团等,在不久的将来,当我们进入工厂一线生产车间时,将会看到一排整齐的机械手臂在进行复杂的生产工作,生产车间只有少部分的工作人员在值班,一切的高强度工作都交给机器人。

2. 农业智能机器人

随着机器人技术的进步,以定型物、无机物为作业对象的工业机器人正在向更高层次的以动、植物之类复杂作业对象为目标的农业机器人发展,农业机器人或机器人化的农业机械的应用范围正在逐步扩大。农业机器人的应用不仅能够大大减轻以致代替人们的生产劳动、解决劳动力不足的问题,而且可以提高劳动生产率,改善农业的生产环境,防止农药、化肥等对人体的伤害,提高作业质量。但由于农业机器人所面临的是非结构、不确定、不宜预估的复杂环境和工作对象,所以与工业机器人相比,其研究开发的难度更大。农业机器人的研究开发目前主要集中耕种、施肥、喷药、蔬菜嫁接、苗木株苗移栽、收获、灌溉、养殖和各种辅助操作等方面。日本是机器人普及最广泛的国家,目前已经有数千台机器人应用于农业领域。

3. 探索智能机器人

机器人除了在工农业上广泛应用之外,还越来越多地用于极限探索,即在恶劣或不适于人类工作的环境中执行任务。例如,在水下(海洋)、太空以及在放射性(有毒或高温)等环境中进行作业。人类借助潜水器具潜入到深海之中探秘,已有很长的历史。然而,由于危险很大、费用极高,所以水下机器人就成了代替人在这一危险的环境中工作的最佳工具。空间机器人是指在大气层内和大气层外从事各种作业的机器人,包括在内层空间飞行并进行观测、可完成多种作业的飞行机器人,到外层空间其他星球上进行探测作业的星球探测机器人和在各种航天器里使用的机器人。

4. 军用机器人

军用机器人,顾名思义就是军事用途机器人,主要用于侦察、运输、指挥、战斗、后勤保障等。

军用机器人可分为三大类:地面机器人、水下机器人和空间机器人。地面机器人主要是指智能或遥控的轮式和履带式车辆。通过远程监控,使机器人独立完成危险任务,如拆弹。水下机器人可分为有人机器人和无人机器人两大类:其中有人潜水器机动灵活,便于处理复杂的问题,担任的工作人员可能会有危险,而且价格昂贵。

空间机器人是一种低价位的轻型遥控机器人,可在行星的大气环境中导航及飞行。为此,它必须克服许多困难,如要能在一个不断变化的三维环境中运动并自主导航;几乎不能够停留;必须能实时确定它在空间的位置及状态;要能对它的垂直运动进行控制;要为它的星际飞行预测及规划路径。

5. 服务智能机器人

机器人技术不仅在工农业生产、科学探索中得到了广泛应用,也逐渐渗透到人们的日常生活领域,服务机器人就是这类机器人的一个总称。尽管服务机器人的起步较晚,但应用前景十分广泛,目前主要应用在清洁、护理、执勤、救援、娱乐和代替人对设备维护保养等场合。国际机器人联合会给服务机器人的一个初步定义是:一种以自主或半自主方式运行,能为人类的生活、康复提供服务的机器人,或者是能对设备运行进行维护的一类机器人。

6. 竞赛机器人

几乎所有机器人都是从科研机构生产的,某些机器人技术成熟了并可以应用于生活细节上,出现了以上我们提到的工业机器人、娱乐机器人、家庭机器人。人类对机器人的追求永远也不会停止,正如我们看到的科幻电影里面的高科技机器人,正因为人类对未来世界充满幻想,才逐步促进了机器人产业的发展。

目前最大型的机器人竞赛是机器人世界杯。机器人世界杯(RoboCup)是一个国际合作项目,为促进人工智能、机器人和相关领域,为人工智能机器人研究提供了广泛的技术标准问题,能够被综合和检验。该机器人项目的最终目标是到2050年,开发完全自主仿人机器人队,能赢得对人类足球世界冠军队。为了真正作为一个团队进行机器人足球比赛,必须包含各种技术,如智能体自主设计、多智能体协作、策略获取实时推理、机器人和传感器融合。

机器人只是一个平台,通过机器人竞赛,能促进技术交流,发现现有的不足并进行改进。

3.7 机器人的基本构成

机器人目前是典型的机电一体化产品,一般由机械本体、驱动装置、检测装置、控制系统和输入/输出系统接口五部分组成。为对本体进行精确控制,传感器应提供机器人本体或其所处环境的信息,控制系统依据控制程序产生指令信号,通过控制各关节运动坐标的驱动器,使各臂杆端点按照要求的轨迹、速度和加速度,以一定的姿态达到空间指定的位置。驱动器将控制系统输出的信号变换成大功率的信号,以驱动执行器工作。

3.7.1 机械本体

所谓机械本体,就是机器人的机械身体部分,简单说就是零件。机器人的机械本体可以用任意材料制成,如金属零件、塑胶零件,也可以是木材、纸张,甚至各种废旧材料。

机器人机械本体,其臂部一般采用空间开链连杆机构,其中的运动副(转动副或移动副)常称为关节,关节个数通常即为机器人的自由度数。根据关节配置形式和运动坐标形式的不同,机器人执行机构可分为直角坐标式、圆柱坐标式、极坐标式和关节坐标式等类型。出于拟人化的考虑,常将机器人本体的有关部位分别称为基座、腰部、臂部、腕部、手部(夹持器或末端执行器)和行走部(对于移动机器人)等。图3-7所示为典型的机

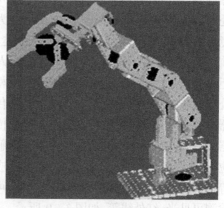

图3-7 典型的机械臂结构

械臂结构。

3.7.2 驱动装置

驱动装置也称执行器,简单来说就是电动机一类的元件,是驱使执行机构运动的部分。驱动装置按照控制系统发出的指令信号,借助于动力元件使机器人进行动作。它输入的是电信号,输出的是线、角位移量。机器人使用的驱动装置主要是电力驱动装置,如步进电动机、伺服电动机等,此外也有液压、气动等驱动装置。机器人使用的最常见的驱动装置是电动机,如直流电动机、步进电动机、伺服电动机、无刷电动机等,如图3-8所示。此外,还有电动推杆、电磁铁、液压元件(如液压杆等)、气动元件(如气缸等)。大型机器人也有用内燃机的,如汽油机、柴油机等,部分无人机使用航空发动机,也有些特殊的机器人使用生物驱动、记忆金属驱动等。

图3-8 驱动电动机

3.7.3 检测装置

检测装置是实时检测机器人的运动及工作情况,并根据需要反馈给控制系统,使其与预定信息进行比较后,再对执行机构进行调整,以保证机器人的动作符号预定的要求。在机器人中,检测装置通常指的是各种传感器,用于获取外界的数据,相当于人的感觉器官,是机器人系统的重要组成部分,包括内部传感器和外部传感器两大类。内部传感器主要用来检测机器人本身的状态,为机器人的运动控制提供必要的本体状态信息,如位置传感器、速度传感器等。外部传感器则用来感知机器人所处的工作环境或工作状况信息,又可分为环境传感器和末端执行器传感器两种类型。前者用于识别物体和检测物体与机器人的距离等信息,后者安装在末端执行器上,检测处理精巧作业的感觉信息。常见的外部传感器有力觉传感器、触觉传感器、接近觉传感器、视觉传感器等。常见的传感器有接触感应类、光线感应类、声波感应类、姿态感应类等,其中以光线感应类传感器最为多样,可以检测可见光、红外线等,如图3-9所示。

图3-9 各类传感器

3.7.4 控制系统

控制系统是机器人的指挥中枢,相当于人的大脑功能,负责对作业指令信息、内外环境信息进行处理,并依据预定的本体模型、环境模型和控制程序做出决策,产生相应的控制信号,通过驱动器驱动执行机构的各个关节按所需的顺序、沿确定的位置或轨迹运动,完成特定的作业。从控制系统的构成看,有开环控制系统和闭环控制系统之分;从控制方式看,有程序控制系统、适应性控制系统和智能控制系统之分。

大多数机器人的控制器由一台或多台微型计算机组成,如单片机(图3-10)、嵌入式计算机等,也有的不用芯片,只利用逻辑电路进行控制的机器人,这类机器人称为"beam 机器人"。

图3-10 单片机

第 4 章

机器人的控制系统

控制系统是指由控制主体、控制客体和控制媒体组成的具有自身目标与功能的管理系统。通过控制系统可以按照人们所希望的方式保持和改变机器、机构或其他设备内任何感兴趣的量或可变的量。同时,控制系统还是为了使被控对象达到预定的理想状态而工作的。控制系统可以使被控对象趋于某种需要的稳定状态。时至今日,控制系统已被广泛应用于人类社会的各个领域,如在工业方面,对于冶金、化工、机械制造等生产过程中遇到的各种物理量,包括温度、流量、压力、厚度、张力、速度、位置、频率、相位等,都有相应的控制系统。在此基础上,人们还通过采用计算机技术建立起了控制性能更好和自动化程度更高的数字控制系统,以及具有控制与管理双重功能的过程控制系统。

4.1 机器人控制系统简述

机器人控制系统是机器人的重要组成部分,其作用相当于人的大脑,它负责接收外界的信息与命令,并据此形成控制指令,控制机器人做出反应。

4.1.1 机器人控制系统的基本组成

机器人控制系统主要由控制器、执行器、被控对象和检测变送单元四部分组成,各部分的功能如下:

(1) 控制器:用于将检测变送单元的输出信号与设定值信号进行比较,按一定的控制规律对其偏差信号进行运算,并将运算结果输出到执行器。控制器可以用来模拟仪表的控制器或用来模拟由微处理器组成的数字控制器。例如,智能车机器人的控制器就是选用数字控制器式的单片机进行控制的。

(2) 执行器:是控制系统环路中的最终元件,它直接用于操纵变量变化。执行器接收控制器的输出信号,改变操纵变量。执行器可以是气动薄膜控制阀、带电气阀门定位器的电动控制阀,也可以是变频调速电动机等。教学用智能车机器人身上选用了较为高级的芯片,其输出的 PWM(脉冲宽度调制)信号可以直接控制电动机转动,故本控制系统的执行器内嵌在控制器中。

(3) 被控对象:是需要进行控制的设备。例如,在仿生机器人中,被控对象就是机器人各关节的舵机。

(4)检测变送单元:用于检测被控变量,并将检测到的信号转换为标准信号输出。例如,仿生机器人控制系统中,检测变送单元用来检测舵机转动的角度,以便做出调整。

控制系统组成示意图如图4-1所示。

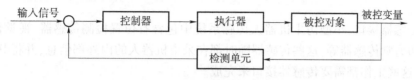

图4-1 控制系统组成示意图

4.1.2 机器人控制系统的工作机理

机器人控制系统的工作机理决定了机器人的控制方式,也就是决定了机器人将通过何种方式进行运动。常见的控制方式有以下五种:

(1)点位式:这种控制方式适合于要求机器人能够准确控制末端执行器位姿的应用场合,而与路径无关。主要应用实例有焊接机器人,对于焊接机器人来说,只需其控制系统能够识别末端焊缝即可,而不需关心机器人其他位姿。

(2)轨迹式:这种控制方式要求机器人按示教的轨迹和速度进行运动,主要应用在示教机器人上。

(3)程序控制系统:这种控制系统给机器人的每一个自由度施加一定规律的控制作用,机器人就可实现要求的空间轨迹。这种控制系统较为常用,仿生机器人的控制系统就是通过预先编程,然后将编好的程序下载到单片机上,再通过遥控器调取程序进行控制的。

(4)自适应控制系统:当外界条件变化时,为了保证机器人所要求的控制品质,或为了随着经验的积累而自行改善机器人的控制品质,可采用自适应控制系统。该系统的控制过程是基于操作机的状态和伺服误差的观察,再调整非线性模型的参数,一直到误差消失为止。这种系统的结构和参数能随时间和条件自动改变,且具有一定的智能性。

(5)人工智能系统:对于那些事先无法编制运动程序,但又要求在机器人运动过程中能够根据所获得的周围状态信息,实时确定机器人控制作用的应用场合,就可采用人工智能控制系统。这种控制系统比较复杂,主要应用在大型复杂系统的智能决策中。

机器人控制系统的基本原理是:检测被控变量的实际值,将输出量的实际值与给定输入值进行比较得出偏差,然后使用偏差值产生控制调节作用以消除偏差,使得输出量能够维持期望的输出。在仿生机器人控制系统中,由遥控器发出移动至目标位置的命令,经控制系统后输出PWM信号,驱动机器人关节转动,再由检测系统检测关节转角,进行调整。当命令是连续的时候,机器人的关节就可持续转动了。

4.1.3 机器人控制系统的主要作用

机器人除了需要具备以上功能外,还需要具备一些其他功能,以方便机器人开展人机交互和读取系统的参数信息。

(1)记忆功能:在小型仿生机器人控制系统中设置有SD卡,可以存储机器人的关节运动信息、位置姿态信息以及控制系统运行信息。

（2）示教功能：通过示教，寻找机器人最优的姿态，如仿生机器人控制系统配有示教装置。

（3）与外围设备联系功能：这些联系功能主要通过输入和输出接口、通信接口予以实现。

（4）传感器接口：小型仿生机器人传感系统中包含有位置检测传感器、视觉传感器、触觉传感器和力觉传感器等，这些传感器随时都在采集机器人的内外部信息，并将其传送到控制系统中，这些工作都需要传感器接口来完成。

（5）位置伺服功能：机器人的多轴联动、运动控制、速度和加速度控制等工作都与位置伺服功能相关，这些都是在程序中进行实现的。

（6）故障诊断安全保护功能：机器人的控制系统时刻监视着机器人运行时的状态，并完成故障状态下的安全保护。本系统在程序中时刻检测着机器人的运行状态，一旦机器人发生故障，就停止其工作以保护机器人。

由此可知，机器人控制系统之所以能够完成如此复杂的控制任务，主要归功于控制器，控制器作为机器人控制系统的核心，其实质即控制芯片，如单片机、DSP、ARM、AVR等嵌入式控制芯片。机器人的智能性就源于它有一个芯片作为大脑。机器人有了芯片就可以进行逻辑判断，发送和接收控制指令。

4.2 单片机控制技术

4.2.1 单片机的工作原理

单片机（microcontrollers）是一种集成电路芯片，是采用超大规模集成电路技术把具有数据处理能力的中央处理器（CPU）、随机存储器（RAM）、只读存储器（ROM）、多种I/O口和中断系统、定时器/计数器等功能（可能还包括显示驱动电路、脉宽调制电路、模拟多路转换器、A/D转换器等电路）集成到一块硅片上构成的一个小巧而完善的微型计算机系统，在控制领域应用十分广泛。

单片机自动完成赋予其任务的过程，就是单片机执行程序的过程，即执行一条条指令的过程。所谓指令，就是把要求单片机执行的各种操作用命令的形式写下来，这是在设计人员赋予它的指令系统时所决定的。一条指令对应着一种基本操作。单片机所能执行的全部指令就是该单片机的指令系统。不同种类的单片机其指令系统也不同。为了使单片机能够自动完成某一特定任务，必须把要解决的问题编成一系列指令（这些指令必须是单片机能识别和执行的指令），这一系列指令的集合就成为程序。程序需要预先存放在具有存储功能的部件——存储器中。存储器由许多存储单元（最小的存储单位）组成，就像摩天大楼是由许多房间组成一样，指令就存放在这些单元里。众所周知，摩天大楼的每个房间都被分配了唯一的房号，同样，每一个存储单元也必须被分配唯一的地址号，该地址号称为存储单元的地址。只要知道了存储单元的地址，就可以找到这个存储单元，其中存储的指令就可以十分方便地被取出，然后再被执行。程序通常是按顺序执行的，所以程序中的指令也是一条条顺序存放的。单片机在执行程序时要能把这些指令一条条取出并加以执行,必须有一个部件能追踪指令所在的地址,这一部件就是程序计数器PC(包含在CPU中)。在开始执行程序时,给PC赋以程序中第一条指令所在的地址,然后取得每一要执行的命令,PC中的内容就会自动增加,增加量由本条指令长度决定,可能是1、2或3,以指向下一条指令的起始地址,保证指令能够顺序执行。

4.2.2　单片机系统与计算机的区别

将微处理器(CPU)、存储器、I/O接口电路和相应的实时控制器件集成在一块芯片上,称为单片微型计算机,简称单片机。单片机在一块芯片上集成ROM、RAM、FLASH存储器,外部只需要加电源、复位、时钟电路,就可以成为一个简单的系统。其与计算机的主要区别有如下几点:

(1) PC机(个人计算机)的CPU主要面向数据处理,其发展途径主要围绕数据处理功能、计算速度和精度的进一步提高。单片机主要面向控制,控制中的数据类型及数据处理相对简单,所以单片机的数据处理功能比通用微机相对要弱一些,计算速度和精度也相对要低一些。

(2) PC中存储器组织结构主要针对增大存储容量和CPU对数据的存取速度。单片机中存储器的组织结构比较简单,存储器芯片直接挂接在单片机的总线上,CPU对存储器的读写按直接物理地址来寻址存储器单元,存储器的寻址空间一般都为64 KB。

(3) 通用微机中I/O接口主要考虑标准外设,如CRT(阴极射线管)、标准键盘、鼠标、打印机、硬盘、光盘等。单片机的I/O接口实际上是向用户提供的与外设连接的物理界面,用户对外设的连接要设计具体的接口电路,需有熟练的接口电路设计技术。简单地说,单片机就是一个集成芯片,外加辅助电路构成一个系统。由微型计算机配以相应的外围设备(如打印机)及其他专用电路、电源、面板、机架以及足够的软件就可构成计算机系统。

4.2.3　单片机的驱动外设

单片机内部的外设一般包括串口控制模块、SPI模块、IC模块、A/D模块、PWM模块、CAN模块、EEPROM和比较器模块等,它们都集成在单片机内部,有相对应的内部控制寄存器,可通过单片机指令直接控制。有了上述功能,控制器就可以不依赖复杂编程和外围电路而实现某些功能。

使用数字I/O端口可以进行跑马灯实验,通过将单片机的I/O引脚位进行置位或清零,可用来点亮或关闭LED(发光二极管)灯;串口接口的使用是非常重要的,通过这个接口,可以使单片机与PC机之间交换信息;使用串口接口也有助于掌握目前最为常用的通信协议;也可以通过PC机的串口调试软件来监视单片机实验板的数据;利用I^2C、SPI通信接口进行扩展外设是最常用的方法,也是非常重要的方法。这两个通信接口都是串行通信接口,典型的基础实验就是I^2C的EEPROM实验与SPI的SD卡读写实验;单片机目前基本都自带多通道A/D模数转换器,通过这些A/D转换器可以利用单片机获取模拟量,用于检测电压、电流等信号。使用者要分清模拟地与数字地、参考电压、采样时间、转速率、转换误差等重要概念。目前主流的通信协议为 USB 协议——下位机与上位机高速通信接口；TCP/IP——万能的互联网使用的通信协议；工业总线——诸如 Modbus、CANOpen 等各个工业控制模块之间通信的协议。

4.3 ARM 控制技术

4.3.1 ARM 简介

高级精简指令集机器(Advanced RISC Machine, ARM)，是一个 32 位精简指令集(RISC)的处理器架构，广泛用于嵌入式系统设计。ARM 开发板根据其内核可以分为 ARM7、ARM9、ARM11、Cortex-M 系列、Cortex-R 系列、Cortex-A 系列。其中，Cortex 是 ARM 公司生产的最新架构，占据了很大的市场份额。Cortex-M 是面向微处理器用途的；Cortex-R 系列是针对实时系统用途的；Cortex-A 系列是面向尖端的基于虚拟内存的操作系统和用户应用的。由于 ARM 公司只对外提供 ARM 内核，各大厂商在授权付费使用 ARM 内核的基础上研发生产各自的芯片，形成了嵌入式 ARM CPU 的大家庭。提供这些内核芯片的厂商有 Atmel、TI、飞思卡尔、NXP、ST、三星等。本书描述的小型仿人机器人使用的就是 ST 公司生产的 Cortex-M3ARM 处理器 STM32F103 系列，图 4-2 所示为 STM32F103XXLQFP64 引脚图。

4.3.2 ARM 的特点

ARM 内核采用精简指令集计算机(RISC)体系结构，是一个小门数的计算机，其指令集和相关的译码机制比复杂指令集计算机(CISC)要简单得多，其目标就是设计出一套能在高时钟频率下单周期执行的简单而高效的指令集。RISC 的设计重点在于降低处理器中指令执行部件的硬件复杂度，这是因为软件比硬件更容易提供更大的灵活性和更高的智能水平。因此，ARM 具备非常典型的 RISC 结构特性。

(1) 具有大量的通用寄存器。
(2) 通过装载/保存(load-store)结构使用独立的 load 和 store 指令完成数据在寄存器与外部存储器之间的传送，处理器只处理寄存器中的数据，从而避免多次访问存储器。
(3) 寻址方式非常简单，所有装载/保存的地址都只由寄存器内容和指令域决定。
(4) 使用统一和固定长度的指令格式。

这些在基本 RISC 结构上增强的特性使 ARM 处理器在高性能、低代码规模、低功耗和小的硅片尺寸方面取得良好的平衡。

4.3.3 ARM 的驱动外设

ARM 公司只是设计内核，将设计的内核卖给芯片厂商，芯片厂商在内核外添加外设。本节主要分析 STM32 的外设。

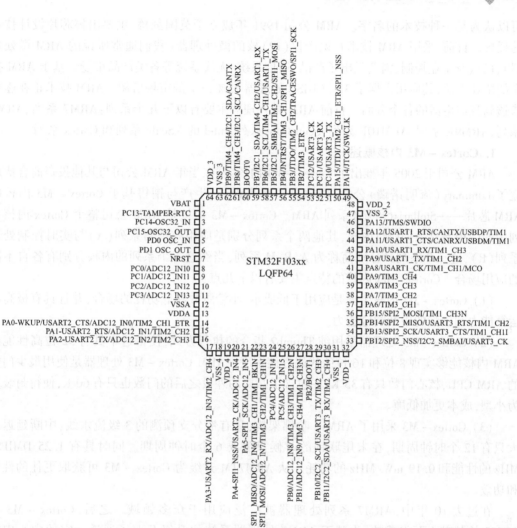

图 4-2 STM32F103XXLQFP64 引脚图

STM32 是一个性价比很高的处理器,具有丰富的外设资源。它的存储器片上集成着 32~512 KB 的 Flash 存储器、6~64 KB 的 SRAM 存储器,足够一般小型系统使用;还集成着 12 通道的 DMA 控制器以及 DMA 支持的外设;片上集成的定时器中,包含 ADC、DAC、SPI、IIC 和 UART;此外,还集成着 2 通道 12 位 D/A 转换器,这属于 STM32F103xC、STM32F103xD 和 STM32F103xE 所独有;最多可达 11 个定时器,其中 4 个 16 位定时器,每个定时器有 4 个 IC/OC/PWM 或者脉冲计数器、2 个 16 位的 6 通道高级控制定时器,最多 6 个通道可用于 PWM 输出;2 个 16 位基本定时器用于驱动 DAC;支持多种通信协议;2 个 IIC 接口、5 个 US-ART 接口、3 个 SPI 接口、2 个 IIS 复用口、CAN 接口、USB2.0 全速接口。

4.3.4 ARM Cortex™ - M3 控制技术

ARM(Advanced RISC Machines)既是一个公司的名字,也是对一类微处理器的通称,还可以认为是一种技术的名字。ARM 公司 1991 年成立于英国剑桥，主要出售芯片设计技术的授权。目前，采用 ARM 技术知识产权（IP）核的微处理器（我们通常所说的 ARM 微处理器），已遍及工业控制、消费类电子产品、通信系统、无线系统等各类产品市场。基于 ARM 技术的微处理器，其应用占据了 32 位 RISC 处理器 75% 以上的市场份额。ARM 技术正在逐步渗透到我们生活的各个方面。目前 ARM 微处理器主要有以下几个系列：ARM7 系列、ARM9 系列、ARM9E 系列、ARM10E 系列、SecurCore 系列、Intel 的 XScale 系列和 Cortex 系列。

1. Cortex – M3 内核概述

ARM 公司于 2005 年推出了 Cortex – M3 内核，就在当年 ARM 公司与其他投资商合伙成立了 Luminary（流明诺瑞）公司，由该公司率先设计、生产与销售基于 Cortex – M3 内核的 ARM 芯片——Stellaris（群星）系列 ARM。Cortex – M3 内核是 ARM 公司整个 Cortex 内核系列中的微控制器系列（M）内核，其他两个系列分别是应用处理器系列（A）与实时控制处理系列（R），这三个系列又分别简称为 A、R、M 系列，当然这三个系列的内核分别有各自不同的应用场合。Cortex – M3 内核的特点主要有以下几点：

（1）Cortex – M3 内核主要是应用于低成本、小管脚数和低功耗的场合，并且具有极高的运算能力和极强的中断响应能力。

（2）Cortex – M3 处理器采用纯 Thumb2 指令的执行方式，使得这个具有 32 位高性能的 ARM 内核能够实现 8 位和 16 位的代码存储密度。ARM Cortex – M3 处理器是使用最少门数的 ARM CPU，核心门数只有 33 K，在包含了必要的外设之后的门数也只有 60 K，使得封装更为小型，成本更加低廉。

（3）Cortex – M3 采用了 ARMv7 哈佛架构，具有带分支预测的 3 级流水线，中断延迟最大只有 12 个时钟周期，在末尾联锁的时候只需要 6 个时钟周期。同时具有 1.25 DMIPS/MHz 的性能和 0.19 mW/MHz 的功耗。从 ARM7TM 升级为 Cortex – M3 可获取更佳的性能和功效。

在过去 10 年中，ARM7 系列处理器被广泛应用于众多领域。之后，Cortex – M3 在 ARM7 的基础上开发成功，为基于 ARM7 处理器系统的升级开辟了通道。它的中心内核效率更高，编程模型更简单，它具有出色的确定中断行为，其集成外设以低成本提供了更强大的性能。

表 4 – 1 所示为 ARM7TDMI – S 和 Cortex – M3 的特性（采用 100 MHz 频率和 TSMC 0.18G 制程）。

表 4 – 1　ARM7TDMI – S 和 Cortex – M3 的特性

特性	ARM7TDMI – S	Cortex – M3
架构	ARMv4T（冯·诺依曼）	ARMv7 – M（哈佛）
ISA 支持	Thumb/ARM	Thumb/Thumb – 2
流水线	3 级	3 级 + 分支预测
中断	FIQ/IRQ	NMI + 1 ~ 240 个物理中断
中断延迟	24 ~ 42 个时钟周期	12 个时钟周期

续表

特性	ARM7TDMI-S	Cortex-M3
休眠模式	无	内置
存储器保护	无	8段存储器保护单元
Dhrystone	0.95 DMIPS/MHz(ARM 模式)	1.25 DMIPS/MHz
功耗	0.28 mW/MHz	0.19 mW/MHz
面积	0.62 mm^2(仅内核)	0.86 mm^2(内核+外设)*

注：* 不包含可选系统外设(MPU 和 ETM)或者集成的部件。

2. Cortex-M3 内核结构

基于 ARMv7 架构的 Cortex-M3 处理器带有一个分级结构。它集成了名为 CM3Core 的中心处理器内核和先进的系统外设，实现了内置的中断控制、存储器保护以及系统的调试和跟踪功能。这些外设可进行高度配置，允许 Cortex-M3 处理器处理大范围的应用并更贴近系统的需求。目前 Cortex-M3 内核和集成部件(图 4-3)已进行了专门的设计，用于实现最大存储容量、最少管脚数目和极低功耗。

Cortex-M3 中央内核基于哈佛架构，指令和数据各使用一条总线，ARM7 系列处理器使用冯·诺依曼(Von Neumann)架构，指令和数据共用信号总线以及存储器。由于指令和数据可以从存储器中同时读取，所以 Cortex-M3 处理器对多个操作并行执行，加快了应用程序的执行速度。

Cortex-M3 内核包含一个适用于传统 Thumb 和新型 Thumb-2 指令的译码器、一个支持硬件乘法和硬件除法的先进 ALU、控制逻辑和用于连接处理器其他部件的接口。内核流水线分三个阶段：取指、译码和执行。当遇到分支指令时，译码阶段也包含预测的指令取指，这提高了执行的速度。处理器在译码阶段期间自行对分支目的地指令进行取指。在稍后的执行过程中，处理完分支指令后便知道下一条要执行的指令。如果分支不跳转，那么紧跟着的下一条指令随时可供使用。如果分支跳转，那么在跳转的同时分支指令可供使用，空闲时间限制为一个周期。

Cortex-M3 处理器是一个 32 位处理器，带有 32 位宽的数据路径、寄存器库和存储器接口。其中有 13 个通用寄存器，2 个堆栈指针，1 个链接寄存器，1 个程序计数器和一系列包含编程状态寄存器的特殊寄存器。Cortex-M3 处理器支持两种工作模式[线程(Thread)和处理器(Handler)]及两个等级的代码访问(有特权和无特权)，能够在不牺牲应用程序安全的前提下执行复杂的开放式系统。无特权代码执行限制或拒绝对某些资源的访问，如某个指令或指定的内存位置。线程模式是常用的工作模式，它同时支持享有特权的代码以及没有特权的代码。当发生异常时，进入处理器模式，在该模式中所有代码都享有特权。此外，所有操作均根据以下两种工作状态进行分类：Thumb 代表常规执行操作，Debug 代表调试操作。

3. Cortex-M3 存储器映射

Cortex-M3 处理器是一个存储器映射系统，为高达 4 GB 的可寻址存储空间提供简单和固定的存储器映射，同时，这些空间为代码(代码空间)、SRAM(存储空间)、外部存储器/器件和内部/外部外设提供预定义的专用地址。另外，还有一个特殊区域专门供厂家使用，如图 4-4 所示。

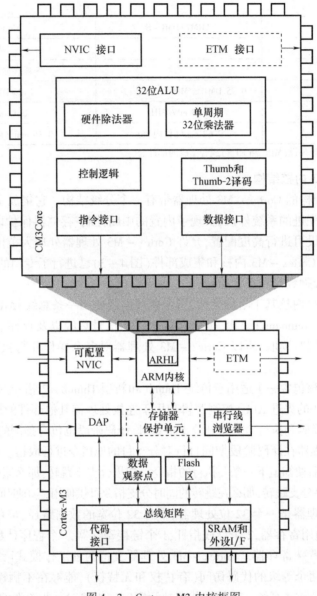

图 4-3 Cortex-M3 内核框图

借助 bit-banding 技术,Cortex-M3 处理器可以在简单系统中直接对数据的单个位进行访问。存储器映射包含两个位于 SRAM 的大小均为 1 MB 的 bit-band 区域和映射到 32 MB 别名区域的外设空间。在别名区域中,某个地址上的加载/存储操作将直接转化为对被该地址别名的位的操作。对别名区域中的某个地址进行写操作,如果使其最低有效位置位,那么 bit-band 位为 1,如果使其最低有效位清零,那么 bit-band 位为零。读别名后的地址将直接返回适当的 bit-band 位中的值。除此之外,该操作为原子位操作,其他总线活动不能对其中断。

(1) 对 32 MB SRAM 别名区的访问映射为对 1 MB SRAMbit-band 区的访问。

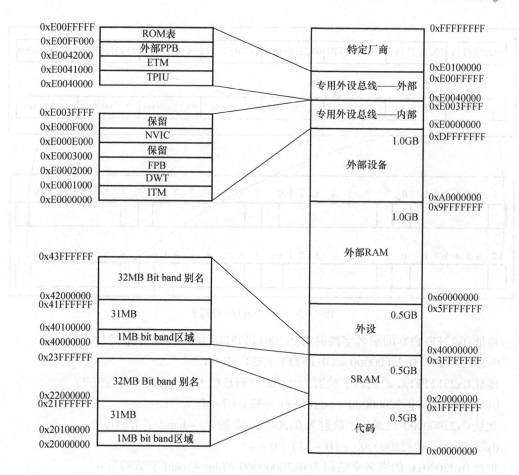

图 4-4 存储器映射

(2) 对 32 MB 外设别名区的访问映射为对 1 MB 外设 bit-band 区的访问。

映射公式显示如何将别名区中的字与 bit-band 区中的对应位或目标位关联。映射公式如下：

bit_word_offset = (byte_offset × 32) + (bit_number × 4)

bit_word_addr = bit_band_base + bit_word_offset

其中：

① bit_word_offset 为 bit-band 存储区中的目标位的位置。

② bit_word_addr 为别名存储区中映射为目标位的字的地址。

③ bit_band_base 是别名区的开始地址。

④ bit_offset 为 bit-band 区中包含目标位的字节的编号。

⑤ bit_number 为目标位的位置(0~7)。

图 4-5 所示为 SRAM bit-band 别名区和 SRAMbit-band 区之间的 bit-band 映射例子。

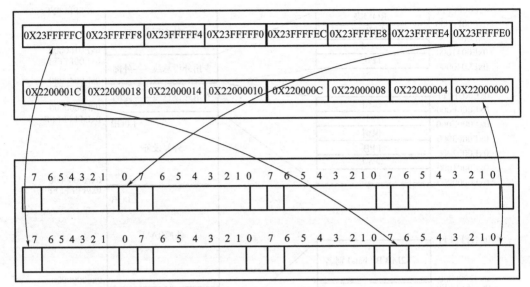

图 4-5 bit-band 映射例子

地址 0x23FFFFE0 的别名字映射为 0x200FFFFC 的 bit-band 字节的位 0：

0x23FFFFE0 = 0x22000000 + (0xFFFFF * 32) + 0 * 4

地址 0x23FFFFEC 的别名字映射为 0x200FFFFC 的 bit-band 字节的位 7：

0x23FFFFEC = 0x22000000 + (0xFFFFF * 32) + 7 * 4

地址 0x22000000 的别名字映射为 0x20000000 的 bit-band 字节的位 0：

0x22000000 = 0x22000000 + (0 * 32) + 0 * 4

地址 0x220001C 的别名字映射为 0x20000000 的 bit-band 字节的位 0：

0x2200001C = 0x22000000 + (0 * 32) + 7 * 4

4. 32MB 别名区

Cortex-M3 处理器采用非对齐数据访问方式，使非对齐数据可以在单核访问中进行传输。当使用非对齐传输时，这些传输将转换为多个对齐传输，但这一过程不为程序员所见。

Cortex-M3 处理器除了支持单周期 32 位乘法操作之外，还支持带符号的和不带符号的除法操作，这些操作使用 SDIV 和 UDIV 指令，根据操作数大小的不同在 2~12 个周期内完成。如果被除数和除数大小接近，那么除法操作可以更快地完成。

1）直接访问别名区

向别名区写入一个字与在 bit-band 区的目标位执行读—修改—写操作具有相同的作用。写入别名区的字的位 0 决定了写入 bit-band 区的目标位的值。将位 0 为 1 的值写入别名区表示向 bit-band 位写入 1，将位 0 为 0 的值写入别名区表示向 bit-band 位写入 0。别名字的位[31:1]在 bit-band 位上不起作用。写入 0x01 与写入 0xFF 的效果相同，写入 0x00 与写入 0x0E 的效果相同。

读别名区的一个字返回 0x01 或 0x00。0x01 表示 bit-band 区中的目标位置位。0x00

表示目标位清零,位[31:1]将为0。

注意:采用大端格式时,对 bit-band 别名区的访问必须以字节方式,否则访问值不可预知。

2）直接访问 bit-band 区

Bit-band 区能够使用常规的读和写以及写入该区操作进行访问。

5. 时钟和复位

1）Cortex-M3 时钟

处理器含三个功能时钟输入。FCLK 和 HCLK 互相同步,FCLK 是一个自由振荡的 HCLK。FCLK 和 HCLK 应该互相平衡,以保证进入 Cortex-M3 时的延迟相同,如表 4-2 所示。

表 4-2 Cortex-M3 处理器时钟

时钟	域	描述
FCLK	处理器	自由振荡的处理器时钟,用来采样中断和为调试模块计时。在处理器休眠时,通过 FCLK 保证可以采样到中断和跟踪休眠事件
HCLK	处理器	处理器时钟
DAPCLK	处理器	调试端口(AHB-AP)时钟

处理器集成了供调试和跟踪使用的元件。宏单元可以包含表 4-3 所示的一些或全部时钟。

表 4-3 Cortex-M3 宏单元时钟

时钟	域	描述
SWCLK	SW-DP	串行线时钟
TRACECLKIN	TPIU	用于为 TPIUD 的输出计时
TCK	JTAG-DP	TAP 时钟

SWCLK 是串行线时钟,用来对串行调试端口(SW-DP)的 SWDIN 输入进行计时。SWCLK 与其他所有时钟异步。

TCK 是跟踪访问端口(TAP)的时钟,它对 JTAG-DP TAP 进行计时,TCK 也与其他所有时钟异步。

TRACECLKIN 是跟踪端口接口单元(TPIU)的参考时钟,它与其他所有时钟异步。

注意:TCK、SWCLK 和 TRACECLKIN 都只是在设备分别含 JTAG-DP、SW-DP 和 TPIU 模块时才必须驱动。否则,必须断开(tied off)这些时钟输入。

Cortex-M3 还包含一个 STCLK 输入,这个端口不是时钟,它是 SysTick 计数器的一个参考输入,其频率必须小于 FCLK/2。处理器将 STCLK 变成与 FCLK 内部同步。

2）Cortex-M3 复位

Cortex-M3 处理器含三个复位输入,如表 4-4 所示。

表4-4 复位输入

复位输入	描述
PORESETn	复位整个处理器系统,JTAG – DP 除外
SYSRESETn	复位整个处理器系统,NVIC 中的调试逻辑、FPB、DWT、ITM 及 AHB – AP 除外
nTRST	复位 JTAG – DP[如果设备不含 JTAG – DP,那么必须断开(tied off)该复位端]

3) Cortex – M3 复位方式

通过处理器设计中出现的复位信号,用户可以单独对设计中的不同元件进行复位。这些复位信号和它们的组合形式及可能的应用如表4 – 5 所示。

表4 – 5 复位方式

复位方式	SYSRESETn	nTRST	PORESETn	应用
上电复位	X	0	0	接通电源后复位,复位整个系统,冷复位
系统复位	0	X	1	复位处理器内核和系统元件,调试元件除外
JTAG – DP 复位	1	1	1	复位 JTAG – DP 逻辑

(1) 上电复位。

供宏单元使用的复位信号如图4 – 6 所示。

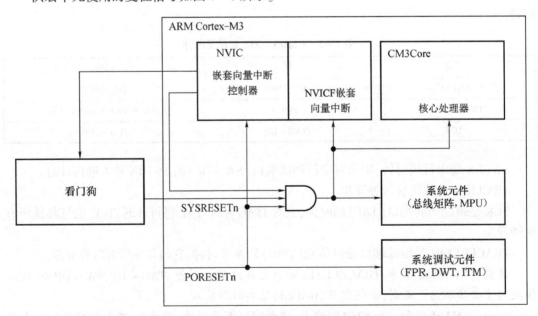

图4 – 6　供宏单元使用的复位信号

在第一次给系统加电时,必须对处理器上电或冷复位。上电复位时,复位信号 PORESETn 的下降沿不必与 HCLK 同步。因为 PORESETn 在处理器内已经被同步了,所以不必再使它同步。上电复位的应用情况如图4-7所示。内部复位同步如图4-8所示。为了保证正确的复位,建议复位信号至少保持三个HCLK周期有效。

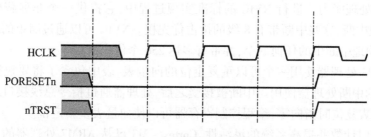

图4-7 上电复位的应用情况

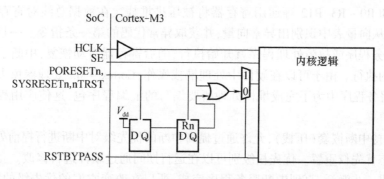

图4-8 内部复位同步

(2) 系统复位。

系统复位或热复位对宏单元中的大部分元件进行初始化,NVIC调试逻辑、Flash修补与断点(FPB)、数据观察点与触发(DWT)以及仪表跟踪宏单元(ITM)除外。系统复位主要用来复位已经工作一段时间的系统,如看门狗复位。

由于SYSRESETn信号在处理器内已经被同步,所以不必使之再同步。如图4-8所示,显示了复位的同步情况。

Cortex-M3输出一个SYSRESETREQ信号,该信号在"应用中断与复位控制寄存器"的SYSRESETREQ位置位时有效。用户可以使用该信号,如将它用作看门狗定时器的输入,如图4-6所示。

(3) 其他几种复位。

JTAG-DP复位:nTRST复位对JTAG-DP控制器的状态初始化。nTRST复位通常被RealView^{TM} ICE模块用作调试器与系统的热插拔连接。nTRST可以在不影响处理器正常工作的情况下对JTAG-DP控制器进行初始化。由于nTRST在处理器内已经被同步了,所以不必使之再同步。

SW-DP复位:SW-DP是通过SWRSTn来复位的,该复位必须与SWCLK同步。

正常工作:在正常工作期间,不产生处理器复位和上电复位。如果没有使用JTAG-DP端口,nTRST的值就变得无关紧要了。

5. 嵌套向量中断控制器(NVIC)

可配置程度较高的 NVIC 是 Cortex – M3 处理器中一个重要组成部分,能够为处理器提供出色的中断处理能力。进行 NVIC 的标准实现过程中,它提供一个非屏蔽中断(NMI)和 32 个通用物理中断,这些中断带有 8 级的抢占优先权。NVIC 可以通过简单的综合选择配置为 1～240 个物理中断中的任何一个,并带有多达 256 个优先级。

Cortex – M3 处理器使用一个可以重复定位的向量表,表中包含了将要执行的函数的地址,可供具体的中断处理器使用。中断被接受之后,处理器通过指令总线接口从向量表中获取地址。向量表复位时指向零,编程控制寄存器可以使向量表重新定位。

为了减少门计数并提高系统的灵活性,Cortex – M3 已从 ARM7 处理器的分组映像寄存器异常模型升级到了基于堆栈的异常模型。当异常发生时,编程计数器、编程状态寄存器、链接寄存器和 R0～R3、R12 等通用寄存器将被压进堆栈。在数据总线对寄存器压栈的同时,指令总线从向量表中识别出异常向量,并获取异常代码的第一条指令。一旦压栈和取指完成,中断服务程序或故障处理程序就开始执行,随后寄存器自动恢复,中断了的程序也因此恢复正常的执行。由于可以在硬件中处理堆栈操作,Cortex – M3 处理器免去了在传统的 C 语言中断服务程序中为了完成堆栈处理所要编写的汇编程序包,这使应用程序的开发变得更加简单。

NVIC 支持中断嵌套(压栈),允许通过提高中断的优先级对中断进行提前处理。它还支持中断的动态优先权重置。优先权级别可以在运行期间通过软件进行修改。正在处理的中断会防止被进一步激活,直到中断服务程序完成,所以在改变它们的优先级的同时,也避免了意外重新进入中断的风险。

在背对背中断情况中,传统的系统将重复状态保存和状态恢复的过程两次,导致了延迟的增加。Cortex – M3 处理器在 NVIC 硬件中使用末尾联锁(tail chaining)技术简化了激活的和未决的中断之间的移动。末尾联锁技术把通常需要用 30 个时钟周期才能完成的连续的堆栈弹出和压入操作替换为 6 个周期就能完成的指令取指,实现了延迟的降低。处理器状态在进入中断时自动保存,在退出中断时自动恢复,比软件执行用时更少,大大提高了频率为 100 MHz 的子系统的性能,如图 4 – 9 所示。

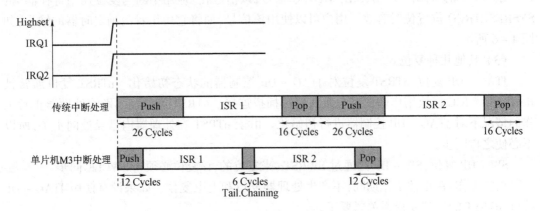

图 4 – 9　NVIC 中的末尾联锁技术

NVIC 还采用了支持集成睡眠模式的 Cortex – M3 处理器的电源管理方案。立即睡眠模式(Sleep Now mode)被等待中断(WFI)或等待事件(WFE)指令调用,即可以使内核立即进入低功耗模式,异常被挂起。退出时睡眠(Sleep OnExit)模式在系统退出最低优先级的中断服务程序时使其进入低功耗模式,内核保持睡眠状态直到遇上另一个异常。由于只有一个中断可以退出该模式,所以系统状态不会被恢复。系统控制寄存器中的 SLEEPDEEP 位,如果被置位,那么该位可以用来通过时钟门控制内核以及其他系统部件,以获得最理想的节电方案。

NVIC 还集成了一个递减计数的 24 位系统嘀嗒定时器,可定时产生中断,提供理想的时钟来驱动实时操作系统或其他预定的任务。

6. 内存保护单元(MPU)

MPU 是 Cortex – M3 处理器中一个可选的部件,它通过保护用户应用程序中操作系统所用的重要数据,分离处理任务(禁止访问各自的数据),禁止访问内存区域,允许将内存区域定义为只读,以及对有可能破坏系统的未知的内存访问进行检测等手段来改善嵌入式系统的可靠性。

MPU 使应用程序可以拆分为多个进程。每个进程不仅有指定的内存(代码、数据、栈和堆)和设备,而且还可以访问共享的内存和设备。MPU 还会增强用户和特权访问规则。这包括以正确的优先级别执行代码以及通过享有特权的代码和用户代码加强对内存与设备使用权的控制。

MPU 将内存分成不同的区域,并通过防止无授权的访问对内存实施保护。MPU 支持多达 8 个区域,每个区域又可以分为 8 个子区域。所支持的区域大小从 32 字节开始,以 2 为倍数递增,最大可达到 4 GB 可寻址空间。每个区域都对应一个区域号码(从 0 开始索引),用于对区域进行寻址。另外,也可以为享有特权的访问定义一个默认的背景内存映射。对未在 MPU 区域中定义的或在区域设置中被禁止的内存位置进行访问,将会导致内存管理故障(Memory Management Fault)异常的产生。

区域的保护是根据规则来执行的,这些规则以处理的类型(读、写或执行)和执行访问的代码优先级为基础进行制定。每个区域都包含一组能够影响允许的访问类型的位,以及影响允许的总线操作类型的位。MPU 还支持重叠的区域(覆盖地址相同的区域)。由于区域大小是 2 的倍数,所以重叠意味着一个区域有可能完全包含在另一个区域里面。因此,有可能出现多个区域包含在单个区域中以及嵌套重叠的情况。当寻址重叠区域中的位置时,返回的将是拥有最高区域号码的区域。

7. 调试和跟踪

对 Cortex – M3 处理器系统的调试访问是通过调试访问端口(Debug AccessPort)来实现的,可以是串行线调试端口(SW – DP)[构成一个两脚(时钟和数据)接口]或串行线 JTAG 调试端口(SWJ – DP)(使用 JTAG 或 SW 协议)。SWJ – DP 在上电复位时默认为 JTAG 模式,并且可以通过外部调试硬件所提供的控制序列进行协议的切换。

调试操作可以通过断点、观察点、出错条件或外部调试请求等各种事件进行触发。当调试事件发生时,Cortex – M3 处理器可以进入挂起模式或者调试监控模式。在挂起模式期间,处理器将完全停止程序的执行,挂起模式支持单步操作。中断可以暂停,也可在单步运行期间进行调用,如果对其屏蔽,外部中断将在逐步运行期间被忽略。在调试监控模式中,处理器通过执行异常处理程序来完成各种调试任务,同时允许享有更高优先权的异常发生,该模式同样支持单步操作。

Flash 块和断点(FPB)单元执行 6 个程序断点和 2 个常量数据取指断点,或者执行块操作指令或位于代码内存空间和系统内存空间之间的常量数据。该单元包含 6 个指令比较器,用于匹配代码空间的指令取指。通过向处理器返回一个断点指令,每个比较器都可以把代码重新映射到系统空间的某个区域或执行一个硬件断点。这个单元还包含两个常量比较器,用于匹配从代码空间加载的常量以及将代码重新映射到系统空间的某一个区域,如图 4-10 所示。

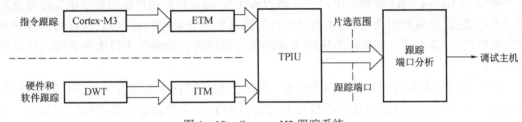

图 4-10 Cortex-M3 跟踪系统

Cortex-M3 处理器采用带 DWT 和 ITM(仪器跟踪宏单元)的数据跟踪技术。DWT 提供指令执行统计信息,并可产生观察点事件来调用调试或触发指定系统事件上的 ETM。ITM 是由应用程序驱动的跟踪源,支持跟踪 OS 和应用程序事件的 printf 类型调试。它接收来自 DWT 的硬件跟踪数据包以及来自处理器内核的软件跟踪激励,并使用时间戳来发送诊断系统信息。跟踪端口接口单元(Trace Port Interface Unit - TPIU)接收来自 ETM 和 ITM 的跟踪信息,然后将其合并、格式化并通过串行线浏览器(Serial Wire Viewer - SWV)发送到外部跟踪分析器单元。通过单管脚导出数据流,SWV 支持简单和具有成本效益的系统事件分析。曼彻斯特编码和 UART 都是 SWV 支持的格式。

8. 总线矩阵和接口

Cortex-M3 处理器总线矩阵把处理器和调试接口连接到外部总线;也就是把基于 32 位 AMBA©AHB - Lite 的 ICode、DCode 和系统接口连接到基于 32 位 AMBA APBTM 的专用外设总线(Private Peripheral Bus - PPB)。总线矩阵也采用非对齐数据访问方式以及位段技术。

32 位 ICode 接口用于从代码空间获取指令,只有 CM3Core 可以对其访问。所有取指的宽度都是一个字,每个字的取指数目取决于所执行代码的类型及其在内存中的对齐方式。32 位 DCode 接口用于访问来自代码内存空间中的数据,CM3Core 和 DAP 都可以对其访问。32 位系统接口可获取和访问系统内存空间中的指令与数据,与 Dcode 总线相似,可以被 CM3Core 和 DAP 访问。PPB 可以访问 Cortex-M3 处理器系统外部的部件。

总结:

Cortex-M3 处理器是首款基于 ARMv7-M 架构的 ARM 处理器。中央 Cortex-M3 内核使用 3 级流水线哈佛架构,运用分支预测、单周期乘法和硬件除法功能实现了出色的效率

(1.25 DMIPS/MHz)。Thumb-2 指令集结合非对齐数据存储和原子位处理等特性,以 8 位、16 位设备所需的内存空间就实现了 32 位性能。

凭借灵活的集成硬件配置,快速的系统调试和简易的软件编程,使基于 Cortex-M3 处理器的设计得以更快地投入市场。为了在中断较集中的汽车应用中实现可靠的操作,集成的嵌套向量中断控制器(Nested Vectored Interrupt Controller,NVIC)通过末尾联锁(tailchaining)技术提供了确定的低延迟中断处理,并可以设置带有多达 240 个中断。对于工业控制应用,可选内存保护单元(MPU)通过特权访问模式和分离应用中的处理进程来实现安全操作。Flash 补丁和断点(Flash Patch and Breakpoint Unit)单元,数据观察点和跟踪(Data Watch point and Trace,DWT)单元,仪器跟踪宏单元(Instrumentation Trace Macrocell,ITM)和可选嵌入式跟踪宏单元(Embedded Trace Macrocell,ETMTM)为深度嵌入式器件提供了低成本的调试和跟踪技术。扩展时钟门控技术和集成睡眠模式使低功耗的无线设计成为可能。

Cortex-M3 处理器是专为那些对成本和功耗非常敏感但同时对性能要求又相当高的应用而设计的。凭借缩小的内核尺寸和出色的中断延迟性能、集成的系统部件、灵活的配置、简单的高级编程和强大的软件系统,Cortex-M3 处理器必将成为从复杂的芯片系统到低端微控制器等各种系统的理想解决方案。

9. 电源管理

处理器广泛地利用门时钟来禁能那些未用的功能和未用功能块的输入,因此只有正在有效使用中的逻辑才会消耗动态功率。ARMv7-M 架构支持为减少功耗而让 Cortex-M3 和系统时钟停止运行的系统睡眠模式。

对系统控制寄存器进行写操作可以控制 Cortex-M3 系统功耗的状态,表 4-6 所示为支持的睡眠模式。

表 4-6 支持的睡眠模式

睡眠模式	描述
立即睡眠	等待中断(WFI)或等待事件(WFE)指令请求立即睡眠模式。这些指令使得 NVIC 让处理器进入挂起其他异常事件的低功耗状态
退出时睡眠	当系统控制寄存器的 SLEEPONEXIT 位置位时,一旦处理器退出最低优先级的 ISR,它就进入低功耗状态。处理器无须将寄存器出栈,就可进入低功耗状态,并且无须让寄存器压栈就可以产生下一个异常事件。内核一直处于睡眠状态直至别的异常被挂起,这是一个自动的 WFI 模式
深度睡眠	深度睡眠与立即睡眠和"退出时睡眠"机制共用。当系统控制寄存器的 SLEEPDEEP 位置位时,处理器指示系统可以进入深度睡眠

处理器导出以下信号以指示处理器进入睡眠的具体时间。

SLEEPING:该信号在立即睡眠或"退出时睡眠"模式下有效,表示处理器时钟可以停止运行。在接收到一个新的中断后,NVIC 会使该信号变为无效,使内核退出睡眠。

SLEEPDEEP:当系统控制寄存器的 SLEEPDEEP 位置位时,该信号在立即睡眠或"退出时睡眠"模式下有效。该信号被传送给时钟管理器,并可以用来门控处理器和包含锁相环

(PLL)的系统元件以节省功耗。在接收到新的中断时,嵌套向量中断控制器(NVIC)将 SLEEPDEEP 信号变为无效,并在时钟管理器显示时钟稳定时让内核退出睡眠。

1. SLEEPING

例如,如何在低功耗状态利用 SLEEPING 来门控处理器的 HCLK 时钟以减少功耗。如有必要,还可以使用 SLEEPING 来门控其他系统元件,如图 4-11 所示。

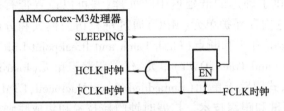

图 4-11 SLEEPING 功耗控制实例

为了探测中断,处理器必须一直接收自由振荡的 FCLK。FCLK 用于对探测中断的 NVIC 中的少量逻辑电路和 DWT 与 ITM 模块计时,这些模块被使能相应功能后可以在睡眠期间产生跟踪包。如果"调试异常与监控寄存器"的 TRCENA 位使能,那些模块的功耗将会降低。在 SLEEPING 信号有效期间可以降低 FCLK 频率。

2. SLEEPDEEP

例如,如何在低功耗状态利用 SLEEPDEEP 停止时钟控制器以进一步减少功耗,退出低功耗状态时,LOCK 信号指示 PLL 稳定,并且此时使能 Cortex-M3 时钟是安全的,这可以保证处理器不会重启直至时钟稳定。为了检测中断,处理器在低功耗状态下必须接收自由振荡的 FCLK。在 SLEEPDEEP 有效期间可以降低 FCLK 频率,如图 4-12 所示。

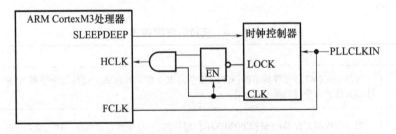

图 4-12 SLEEPDEEP 功耗控制实例

4.4 AVR 控制技术

4.4.1 AVR 单片机

1. Atmel 公司介绍

Atmel 是世界上著名的高性能、低功耗、非易失性存储器和数字集成电路的一流半导体制造公司。1997 年,Atmel 公司出于市场需求,推出了全新配置的精简指令集 RISC 单片机高速 8 位单片机,简称 AVR。其广泛应用于计算机外设、工业实时控制、仪器仪表、通信设备、家用电器等各个领域。

2. AVR 单片机的主要特性

衡量单片机性能的重要指标:高可靠性、功能强、高速度、低功耗和低价位。

(1) AVR 单片机废除机器周期,采用 RISC,以字为指令长度单位,取指周期短,可预取指令,实现流水作业,可高速执行指令,有高可靠性为后盾。

(2) AVR 单片机在软/硬件开销、速度、性能和成本多方面取得优化平衡,是高性价比的单片机。

(3) 内嵌高质量的 Flash 程序存储器,擦写方便,支持 ISP 和 IAP,便于产品的调试、开发、生产、更新。

(4) I/O 端口资源灵活、功能强大。

(5) 单片机内具备多种独立的时钟分频器。

(6) 高波特率的可靠通信。

(7) 包括多种电路,可增强嵌入式系统的可靠性电路:自动上电复位、看门狗、掉电检测、多个复位源等。

(8) 具有多种省电休眠模式、宽电压运行(2.7~5 V),抗干扰能力强,可降低一般 8 位机中的软件抗干扰设计的工作量和硬件的使用量。

(9) 集成多种器件和多种功能,充分体现了单片机技术朝着片上系统 SOC 的发展方向过渡。

3. AVR 系列单片机的选型

AVR 单片机有三个档次,依次如下:

(1) 低档 Tiny 系列单片机,20 脚:Tiny 11/12/13/15/26/28;AT89C1051;AT89C1052。

(2) 中档(标准) AT90S 系列单片机,40 脚:AT90S1200/2313/8515/8535;AT89C51。

(3) 高档 ATmega 系列单片机,64 脚:ATmega8/16/32/64/128,存储容量为 8/16/32/64/128 KB;ATmega8515/8535。

4.4.2 ATmega128 单片机

ATmega128 单片机是 Atmel 公司推出的一款基于 AVR 内核,采用 RISC 结构,低功耗 CMOS 的 8 位单片机。由于在一个周期内执行一条指令,ATmega128 可以达到接近 1MIPS/MHz 的性能。其内核将 32 个工作寄存器和丰富的指令集连接在一起,所有的工作寄存器都与 ALU(逻辑单元)直接连接,实现了在一个时钟周期内执行一条指令可以同时访问两个独立的寄存器。这种结构提高了代码效率,是 AVR 的运行速度比普通的 CISC 单片机高出 10 倍。

1. ATmega128 单片机的特点(图 4-13)

1) 高性能、低功耗的 AVR Ⓡ 8 位微处理器以及先进的 RISC 结构

(1) 133 条指令——大多数可以在一个时钟周期内完成。

(2) 32×8 通用工作寄存器 + 外设控制寄存器。

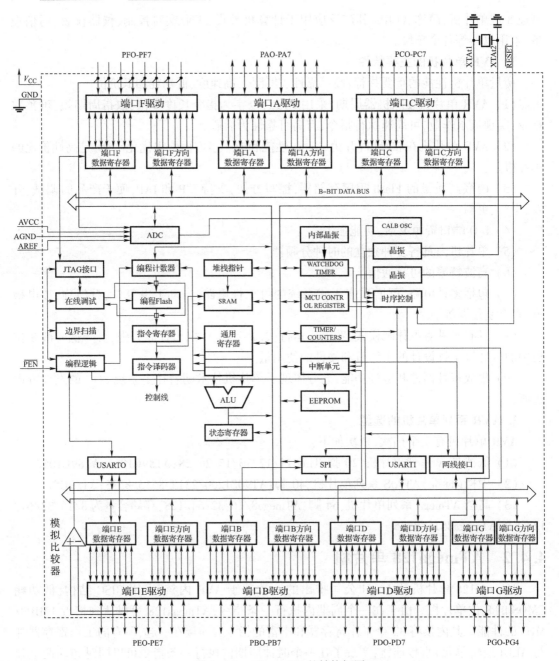

图 4-13 ATmega128 的结构框图

(3) 全静态工作。
(4) 工作于 16 MHz 时性能高达 16 MIPS。
(5) 只需两个时钟周期的硬件乘法器。
2) 非易失性的程序和数据存储器
(1) 128 KB 的系统内可编程 Flash,寿命:10 000 次写/擦除周期。

(2) 具有独立锁定位、可选择的启动代码区,通过片内的启动程序实现系统内编程,真正的读-修改-写操作。

(3) 4 KB 的 EEPROM,寿命:100 000 次写/擦除周期。

(4) 4 KB 的内部 SRAM。

(5) 多达 64 KB 的优化的外部存储器空间。

(6) 可以对锁定位进行编程以实现软件加密。

(7) 可以通过 SPI 实现系统内编程。

3) JTAG 接口(与 IEEE 1 149.1 标准兼容)

(1) 遵循 JTAG 标准的边界扫描功能。

(2) 支持扩展的片内调试。

(3) 通过 JTAG 接口实现对 Flash、EEPROM、熔丝位和锁定位的编程。

4) 外设特点

(1) 两个具有独立的预分频器和比较器功能的 8 位定时器/计数器。

(2) 两个具有预分频器、比较功能和捕捉功能的 16 位定时器/计数器。

(3) 具有独立预分频器的实时时钟计数器。

(4) 两路 8 位 PWM。

(5) 6 路分辨率可编程(2~16 位)的 PWM。

(6) 输出比较调制器。

(7) 8 路 10 位 ADC:8 个单端通道;7 个差分通道;2 个具有可编程增益(1×,10×或 200×)的差分通道。

(8) 面向字节的两线接口。

(9) 两个可编程的串行 USART。

(10) 可工作于主机/从机模式的 SPI 串行接口。

(11) 具有独立片内振荡器的可编程看门狗定时器。

(12) 片内模拟比较器。

5) 特殊的处理器特点

(1) 上电复位以及可编程的掉电检测。

(2) 片内经过标定的 RC 振荡器。

(3) 片内/片外中断源。

(4) 6 种睡眠模式:空闲模式、ADC 噪声抑制模式、省电模式、掉电模式、Standby 模式以及扩展的 Standby 模式。

(5) 可以通过软件进行选择的时钟频率。

(6) 通过熔丝位可以选择 ATmega103 兼容模式。

(7) 全局上拉禁止功能。

6) I/O 和封装

(1) 53 个可编程 I/O 接口线。

(2) 64 引脚 TQFP 与 64 引脚 MLF 封装。

7) 6 种省电模式

(1) 空闲模式 Idle：CPU 停止工作，其他子系统继续工作。

(2) ADC 噪声抑制模式：CPU 和所有的 I/O 模块停止运行，而异步定时器和 ADC 继续工作。

(3) 省电模式 Power - save：异步定时器继续运行，器件的其他部分则处于睡眠状态。

(4) 掉电模式 Power - down：除了中断和硬件复位之外都停止工作。

(5) Standby 模式：振荡器工作而其他部分睡眠。

(6) 扩展的 Standby 模式：允许振荡器和异步定时器继续工作。

8) 工作电压

(1) 2.7 ~ 5.5 V ATmega128L。

(2) 4.5 ~ 5.5 V ATmega128。

9) 速度等级

(1) 0 ~ 8 MHz ATmega128L。

(2) 0 ~ 16 MHz ATmega128。

2. ATmega128 的引脚(图 4 - 14)

ATmega128 引脚说明如表 4 - 7 所示。

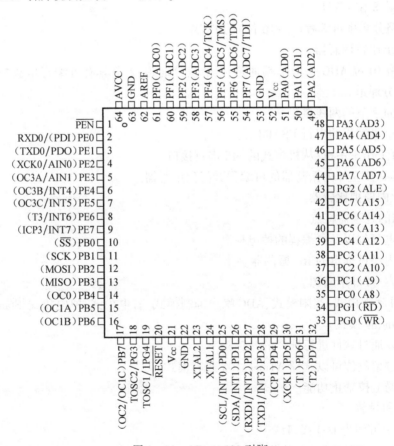

图 4 - 14　ATmega128 引脚

表 4-7　ATmega128 引脚说明

V_{CC}	数字电路的电源
GND	地
端口 A(PA7~PA0)	端口 A 为 8 位双向 I/O 接口,并具有可编程的内部上拉电阻。其输出缓冲器具有对称的驱动特性,可以输出和吸收大电流。作为输入使用时,若内部上拉电阻使能,则端口被外部电路拉低时将输出电流。复位发生时端口 A 为三态,端口 A 也可以用作其他不同的特殊功能
端口 C(PC7~PC0)	端口 C 为 8 位双向 I/O 接口,并具有可编程的内部上拉电阻。其输出缓冲器具有对称的驱动特性,可以输出和吸收大电流。作为输入使用时,若内部上拉电阻使能,则端口被外部电路拉低时将输出电流。复位发生时端口 C 为三态。端口 C 也可以用作其他不同的特殊功能,在 ATmega103 兼容模式下,端口 C 只能作为输出,而且在复位发生时不是三态
端口 D(PD7~PD0)	端口 D 为 8 位双向 I/O 接口,并具有可编程的内部上拉电阻。其输出缓冲器具有对称的驱动特性,可以输出和吸收大电流。作为输入使用时,若内部上拉电阻使能,则端口被外部电路拉低时将输出电流。复位发生时端口 D 为三态,端口 D 也可以用作其他不同的特殊功能
端口 E(PE7~PE0)	端口 E 为 8 位双向 I/O 接口,并具有可编程的内部上拉电阻。其输出缓冲器具有对称的驱动特性,可以输出和吸收大电流。作为输入使用时,若内部上拉电阻使能,则端口被外部电路拉低时将输出电流。复位发生时端口 E 为三态,端口 E 也可以用作其他不同的特殊功能
端口 F(PF7~PF0)	端口 F 为 ADC 的模拟输入引脚。如果不作为 ADC 的模拟输入,端口 F 可以作为 8 位双向 I/O 接口,并具有可编程的内部上拉电阻。其输出缓冲器具有对称的驱动特性,可以输出和吸收大电流。作为输入使用时,若内部上拉电阻使能,则端口被外部电路拉低时将输出电流。复位发生时端口 F 为三态。如果使用了 JTAG 接口,则复位发生时引脚 PF7(TDI)、PF5(TMS)和 PF4(TCK)的上拉电阻使能。端口 F 也可以作为 JTAG 接口
端口 G(PG4~PG0)	端口 G 为 5 位双向 I/O 接口,并具有可编程的内部上拉电阻。其输出缓冲器具有对称的驱动特性,可以输出和吸收大电流。作为输入使用时,若内部上拉电阻使能,则端口被外部电路拉低时将输出电流。复位发生时端口 G 为三态。端口 G 也可以用作其他不同的特殊功能
$\overline{RESET}$	复位输入引脚。超过最小门限时间的低电平将引起系统复位。低于此时间的脉冲不能保证可靠复位
XTAL1	反向振荡器放大器及片内时钟操作电路的输入
XTAL2	反向振荡器放大器的输出
AVCC	AVCC 为端口 F 以及 ADC 转换器的电源,需要与 V_{CC} 相连接,即使没有使用 ADC 也应该如此。使用 ADC 时应该通过一个低通滤波器与 V_{CC} 连接
AREF	AREF 为 ADC 的模拟基准输入引脚
$\overline{PEN}$	PEN 是 SPI 串行下载的使能引脚。在上电复位时保持 PEN 为低电平将使器件进入 SPI 串行下载模式。在正常工作过程中 PEN 引脚没有其他功能

4.4.3 ATmega128 存储器

AVR 结构具有三个线性存储空间:程序寄存器、数据寄存器和 EEPROM 存储器,其中程序寄存器和数据寄存器是主存储器空间。

1. 系统内可编程的 Flash 程序存储器

ATmega128 具有 128 KB 的在线编程 Flash。因为所有的 AVR 指令为 16 位或 32 位,故 Flash 组织成 64 KB×16 的形式。Flash 程序存储器分为(软件安全性)引导程序区和应用程序区。

2. SRAM 数据存储器

ATmega128 还可以访问直到 64 KB 的外部数据 SRAM,其起始紧跟在内部 SRAM 之后。数据寻址模式分为 5 种:直接寻址、带偏移量的间接寻址、间接寻址、预减的间接寻址以及后加的间接寻址。

(1) 直接寻址访问整个数据空间。

(2) 带偏移量的间接寻址模式寻址到 Y、Z 指针给定地址附近的 63 个地址。

(3) 带预减和后加的间接寻址模式要用到 X、Y、Z 指针。

32 个通用寄存器,64 个 I/O 寄存器,4 096 B 的 SRAM 可以被所有的寻址模式所访问。

3. EEPROM 数据存储器

ATmega128 包含 4 KB 的 EEPROM。它是作为一个独立的数据空间而存在的,可以按字节读写。EEPROM 的寿命至少为 100 000 次(擦除)。EEPROM 的访问由地址寄存器、数据寄存器和控制寄存器决定。

4. I/O 存储器

ATmega128 的所有 I/O 和外设都被放置在 I/O 空间。在 32 个通用工作寄存器和 I/O 之间传输数据。其支持的外设要比预留的 64 个 I/O(通过 IN/OUT 指令访问)所能支持的要多。

对于扩展的 I/O 空间 $60 ~ $FF,只能使用 ST/STS/STD 和 LD/LDS/LDD 指令。

5. 外部存储器接口

外部存储器接口非常适合于与存储器器件互连,如外部 SRAM 和 Flash、LCD、A/D、D/A 等。其主要特点如下:

(1) 四个不同的等待状态设置(包括无等待状态)。

(2) 不同的外部存储器可以设置不同的等待状态。

(3) 地址高字节的位数可以有选择地确定。

(4) 数据线具有总线保持功能以降低功耗。

外部存储器接口包括以下几个:

(1) AD7 ~ AD0:复用的地址总线和数据总线。

(2) A15 ~ A8:高位地址总线(位数可配置)。

(3) ALE:地址锁存使能。

（4）RD：读锁存信号。
（5）WR：写使能信号。
外部存储器接口控制位于以下三个寄存器：
（1）MCU 控制寄存器-MCUCR。
（2）外部存储器控制寄存器 A-XMCRA。
（3）外部存储器控制寄存器 B-XMCRB。

4.4.4 定时器/计数器(T/C)

1. 8 位 T/C0

1）T/C0 的特点

T/C0 是一个通用的、单通道 8 位定时器/计数器模块。其主要特点如下：
(1) 单通道计数器。
(2) 比较匹配发生时，清除定时器（自动加载）。
(3) 无毛刺的相位修正 PWM。
(4) 频率发生器。
(5) 10 位时钟预分频器。
(6) 溢出和比较匹配中断源（TOV0 和 OCF0）。
(7) 允许外部 32 kHz 晶振作为时钟。

双缓冲的输出比较寄存器 OCR0 一直与 T/C 的数值进行比较。比较结果可用来产生 PWM 波，或在输出比较引脚 OC0 上产生变化频率的输出。

2）T/C0 的工作模式。
(1) 普通模式。
（WGM01:0 = 0）为最简单的工作模式，在此模式下计数器不停地累加，计到最大值后（TOP = 0xFF），计数器简单地返回到最小值 0x00 重新开始。
(2) CTC 模式。比较匹配时清除定时器，WGM01:0 = 2，TCNT0 = OCR0 时计数器清零。波形发生器的频率 $f_{OCn} = \dfrac{f_{clk\_I/O}}{2 \times N \times (1 + OCRn)}$，变量 N 代表预分频因子（1、8、32、64、128、256 或 1 024）。
(3) 快速 PWM 模式。WGM01:0 = 3 可用来产生高频的 PWM 波形。快速 PWM 模式与其他 PWM 模式的不同之处是其三角波工作方式（其他 PWM 方式为等腰三角形方式）输出的 PWM 频率。

$$f_{OCnPWM} = \dfrac{f_{clk\_I/O}}{N \times 256}$$，变量 N 代表预分频因子（1、8、32、64、128、256 或 1 024）。

(4) 相位修正 PWM 模式。WGM01:0 = 1 为用户提供了一个获得高精度相位修正 PWM 波形的方法，此模式基于双斜线操作。输出的 PWM 频率 $f_{OCnPCPWM} = \dfrac{f_{clk\_I/O}}{N \times 510}$，变量 N 表示预分频因子（1、8、32、64、128、256 或 1 024）。

3) 与 T/C0 相关的 8 位寄存器

(1) 8 位控制寄存器(TCCR0)。

(2) 8 位计数寄存器(TCNT0)。

(3) 8 位输出比较寄存器(OCR0)。

(4) 8 位中断屏蔽寄存器(TIMSK)。

Bit 1-OCIE0:T/C0 输出比较匹配中断使能。

Bit 0-TOIE0:T/C0 溢出中断使能。

(5) 8 位中断标志寄存器(TIFR)。

Bit1-OCF0:输出比较标志 0(T/C0 与 OCR0 的值匹配时,OCF0 置位)。Bit 0-TOV0:T/C0 溢出标志。

2. 8 位 T/C2

1) T/C2 的特点

T/C2 是一个通用单通道 8 位定时/计数器,其主要特点如下:

(1) 单通道计数器。

(2) 比较匹配时,清零定时器(自动重载)。

(3) 无干扰脉冲,相位正确的脉宽调制器(PWM)。

(4) 频率发生器。

(5) 10 位时钟预分频器。

(6) 溢出与比较匹配中断源(TOV2 与 OCF2)。

(7) 外部事件计数器。

2) T/C2 的工作模式

(1) 普通模式。(WGM21:0 = 0)为最简单的工作模式。在此模式下计数器不停地累加。计到最大值后(TOP = 0xFF),计数器简单地返回到最小值 0x00 重新开始。

(2) CTC 模式(比较匹配时清除定时器)。(WGM21:0 = 2)TCNT2 = OCR2 时计数器清零,波形发生器的频率:

$$f_{OCn} = \frac{f_{clk\_I/O}}{2 \times N \times (1 + OCRn)}$$

,变量 N 表示预分频因子(1、8、32、64、128、256 或 1 024)。

(3) 快速 PWM 模式。(WGM21:0 = 3)可用来产生高频的 PWM 波形。快速 PWM 模式与其他 PWM 模式的不同之处是其三角波工作方式(其他 PWM 方式为等腰三角形方式)输出的 PWM 频率

$$f_{OCnPWM} = \frac{f_{clk\_I/O}}{N \times 256}$$

(4) 相位修正 PWM 模式。(WGM21:0 = 1)为用户提供了一个获得高精度相位修正 PWM 波形的方法,此模式基于双斜线操作。输出的 PWM 频率 $f_{OCnPCPWM} = \frac{f_{clk\_I/O}}{N \times 510}$,变量 N 表示预分频因子(1、8、32、64、128、256 或 1 024)。

4.5 Arduino 控制技术

4.5.1 Arduino 简介

1. 什么是 Arduino

Arduino 是一个基于开放源码的软硬件平台,构建于开放源码 simple I/O 界面版,并具有使用类似 Java、C 语言的 IDE 集成开发环境和图形化编程环境。由于源码开放和价格低廉,Arduino 目前广泛地应用于欧美等国家和地区的电子设计以及互动艺术设计领域,并广泛运用于我国的创客界。

2. Arduino 板子种类

Arduino 先后发布了十多个型号的板子,有小到可以缝在衣服上的 LiLiPad,也有为 Andriod 设计的 Mega,也有最基础的型号 UNO,还有最新的 Leonardo。

本书介绍的控制器就是目前使用最广泛的 Arduino UNO 系列版本。它是 USB 系列的最新版本,不同于以前的各种 Arduino 控制器,是把 Atmega8U2 编程为一个 USB 到串口转换器,而不再使用 FIDI 的 USB 到串口驱动芯片,目前 Arduino UNO 已成为 Arduino 最流行的产品。

4.5.2 Arduino 单片机结构

Arduino 控制器是由 DFRobot 出品的 Arduino click,如图 4-15 所示。该控制器采用的是最基础且应用最广泛的 UNO 板卡。它继承了 Arduino328 控制器所有的特性而且集成了电机驱动、键盘、IO 扩展板、无线数据串行通信等接口。它不仅可以兼容几乎所有 Arduino 系列的传感器和扩展板,而且可以直接驱动 12 个舵机。除此之外,它还提供了更多人性化设计,采用了 3P 彩色排针,能够对应传感器连接线,防止插错。其中红色对应电源,黑色对应 GND,蓝色对应模拟口,绿色对应数字口。

处理器:ATmega328;

输出电源:5V(2A)/3.3 V;

数字 IO 脚:(其中,3、5、6、9、10 和 11 路作为 PWM 输出),数字口的值为 0 或 1;

模拟输入值:A0~A7,模拟口的值为 0~1 023 之间的任意值;

EEPROM:1 KB;

I^2C:3 个(其中有两个是 90 度针脚接头);

测试按钮:5 个(S0~S4);

复位按钮:1 个(RST);

工作时钟:16 MHz。

以单片机 ATmega48/88/168 为例详解其内部构造(图 4-16),ATmega48/88/168 是基于 AVR 增强型 RISC 结构的低功耗 8 位 CMOS 微控制器。由于其先进的指令集以及单时钟周期指令执行时间,ATmega48/88/168 的数据吞吐率高达 1 MIPS/MHz,从而可以缓减系统在功耗和处理速度之间的矛盾。

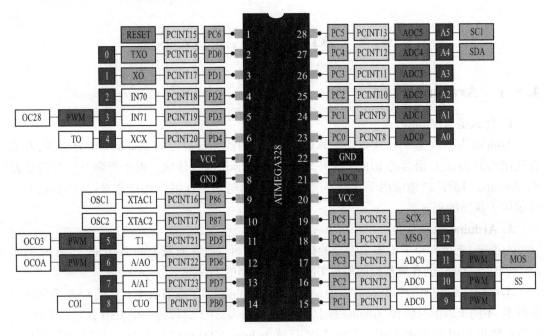

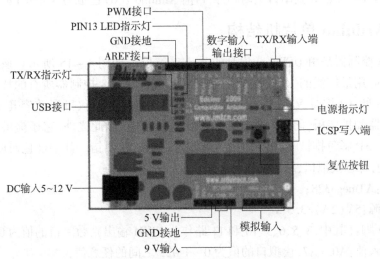

图 4-15 Arduino 控制板

AVR 内核具有丰富的指令集和 32 个通用工作寄存器。所有的寄存器都直接与算术逻辑单元(ALU)相连接,每一条指令在一个时钟周期内可以同时访问两个独立的寄存器。这种结构大大提高了代码效率,并具有比普通的 CISC 微控制器高至 10 倍的数据吞吐率。

ATmega48/88/168 有如下特点:

(1) 4 KB/8 KB/16 KB 的系统内可编程 Flash(具有在编程过程中还可以读的能力,即 RWW),256/512/512 B EEPROM,512/1 K/1 KB SRAM;

(2) 23 个通用 I/O 接口线,32 个通用工作寄存器,三个具有比较模式的灵活的定时器/计数器(T/C);

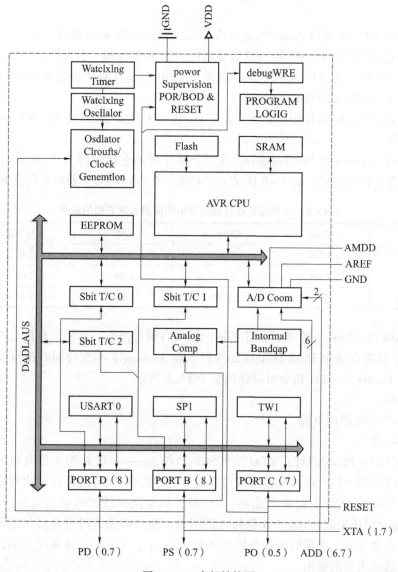

图 4-16 内部结构图

(3) 可编程串行 USART，面向字节的两线串行接口，一个 SPI 串行端口，一个 6 路 10 位 ADC(TQFP 与 MLF 封装的器件具有 8 路 10 位 ADC)；

(4) 具有片内振荡器的可编程看门狗定时器，以及五种可以通过软件选择的省电模式；

(5) 拥有 5 种工作模式：空闲模式时 CPU 停止工作，而 SRAM、T/C、USART、两线串行接口、SPI 端口以及中断系统继续工作；掉电模式时晶体振荡器停止振荡，除了中断和硬件复位之外所有功能都停止工作，而寄存器的内容则一直保持；省电模式时异步定时器继续运行，以允许用户维持时间基准，器件的其他部分则处于睡眠状态；ADC 噪声抑制模式时 CPU 和所有的 I/O 模块停止运行，而异步定时器和 ADC 继续工作，以减少 ADC 转换时的开关噪声；Standby 模式时振荡器工作而其他部分睡眠，使得器件只消耗极少的电流，并同时具有快速启动能力。

ATmega48/88/168 是以 Atmel 的高密度非易失性内存技术为基础而生产的。片内 ISP Flash 可以通过通用编程器、SPI 接口或引导程序进行多次编程。引导程序可以使用任意接口将应用程序下载到应用 Flash 存储区。在更新应用 Flash 存储区时引导程序区的代码继续运行,从而实现了 Flash 的 RWW 操作。

ATmega48/88/168 AVR 用整套的开发工具,包括 C 编译器、宏汇编、程序调试器/仿真器和评估板等。

ATmega48、ATmega88 与 ATmega168 这三个型号只是在存储器大小、boot loader 支持及中断向量长度上存在差别。表 4-8 所示为三种器件在存储器与中断向量长度方面的差别。

表 4-8 三种器件在存储器与中断向量长度方面的差别

器件	Flash	EEPROM	RAM	中断向量长度
ATmega48	4 KB	256 B	512 B	一个指令字(16 位)
ATmega88	8 KB	512 B	1 KB	一个指令字(16 位)
ATmega168	16 KB	512 B	1 KB	两个指令字(32 位)

ATmega88 与 ATmega168 支持真正的同时读写自编程操作。芯片具有独立的 BootLoader 区,SPM 指令只能在这个 Flash 区里得到执行。而 ATmega48 不支持同时读写操作,它没有独立的 Boot Loader 区,SPM 指令可以访问整个 Flash 区。

引脚说明:

V_{CC}——数字电路的电源。

GND——地。

端口 B(PB7~PB0)XTAL1/XTAL2/TOSC1/TOSC2——端口 B 为 8 位双向 I/O 接口,并具有可编程的内部上拉电阻。其输出缓冲器具有对称的驱动特性,可以输出和吸收大电流。作为输入使用时,若内部上拉电阻使能,端口被外部电路拉低时将输出电流。在复位过程中,即使系统时钟还未起振,端口 B 保持为高阻态。通过对系统时钟选择位的设定,PB6 可作为反向振荡放大器与内部时钟操作电路的输入。通过对系统时钟选择位的设定,PB7 可作为反向振荡放大器的输出。

系统使用内部 RC 振荡器时,通过设置 ASSR 寄存器的 AS2 位,可以将 PB7~PB6 作为异步定时器/计数器 2 的输入口 TOSC2~TOSC1 使用。

端口 C(PC5.0)——端口 C 为 7 位双向 I/O 接口,并具有可编程的内部上拉电阻。其输出缓冲器具有对称的驱动特性,可以输出和吸收大电流。作为输入使用时,若内部上拉电阻使能,端口被外部电路拉低时将输出电流。在复位过程中,即使系统时钟还未起振,端口 C 保持为高阻态。

PC6/RESET——RSTDISBL 位被编程时,可将 PC6 作为一个 I/O 接口使用。因此,PC6 引脚与端口 C 其他引脚的电特性是有区别的。

RSTDISBL 位未编程时,PC6 将作为复位输入引脚 RESET。此时,即使系统时钟没有运行,该引脚上出现的持续时间超过最小脉冲宽度的低电平将产生复位信号。最小脉冲宽度在 P38Table 20 中给出。持续时间不到最小脉冲宽度的低电平不会产生复位信号。

端口 D(PD7~PD0)——端口 D 为 8 位双向 I/O 接口,并具有可编程的内部上拉电阻。其输出缓冲器具有对称的驱动特性,可以输出和吸收大电流。作为输入使用时,若内部上拉电阻使能,端口被外部电路拉低时将输出电流。在复位过程中,即使系统时钟还未起振,端口 D 呈现为三态。

AVCC——AVCC 为 A/D 转换器的电源。当引脚 PC3~PC0 与 PC7~PC6 用于 ADC 时,AVCC 应通过一个低通滤波器与 V_{CC} 连接。不使用 ADC 时该引脚应直接与 V_{CC} 连接。PC6~PC4 的电源则是由 V_{CC} 提供的。

AREF——ADC 的模拟基准输入引脚。

ADC7、ADC6(TQFP 与 MLF 封装)——TQFP 与 MLF 封装芯片的 ADC7、ADC6 引脚为两个 10 位 A/D 转换器的输入接口,它们的电压由 AVCC 提供。

4.5.3 CPU 内核

本节从总体上讨论 AVR 内核的结构,如图 4-17 所示。CPU 的主要任务是保证程序的正确执行。因此它必须能够访问存储器、执行运算、控制外设以及处理中断。

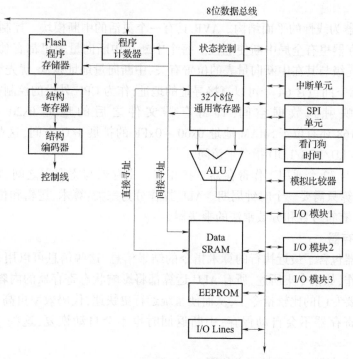

图 4-17 内核结构图

为了得到最大程度的性能以及并行性,AVR 采用了 Harvard 结构,具有独立的数据和程序总线。程序存储器的指令通过一级流水线运行。CPU 在执行一条指令的同时读取下一条指令(在本文称为预取)。这个概念实现了指令的单时钟周期运行。程序存储器为可以在线编程的 Flash。

快速访问寄存器文件包括32个8位通用工作寄存器,访问时间为一个时钟周期,从而可以实现单时钟周期的 ALU 操作。在典型的 ALU 操作过程中,两个位于寄存器文件的操作数同时被访问,然后执行相应的运算,结果再送回寄存器文件。整个过程仅需要一个时钟周期。寄存器文件里有6个寄存器可以用作3个16位的间接寻址寄存器指针以寻址数据空间,实现高效的地址运算。其中一个指针还可以作为程序存储器查询表的地址指针。这些附加的功能寄存器即16位的X、Y、Z寄存器。

ALU 支持寄存器之间以及寄存器和常数之间的算术与逻辑运算。ALU 也可以执行单寄存器操作。运算完成之后状态寄存器的内容将更新以反映操作结果。程序流程通过有/无条件的跳转指令和调用指令来控制,从而直接寻址整个地址空间。大多数指令长度为16位,即每个程序存储器地址都包含一条16位或32位的指令。程序存储器空间分为引导程序区和应用程序区,这两个区都有专门的锁定位以实现读和读/写保护。写应用程序区的 SPM 指令必须位于引导程序区。

在中断和调用子程序时返回地址的程序计数器(PC)保存于堆栈之中。堆栈位于通用数据 SRAM,故此嵌套深度仅受限于 SRAM 的大小。在复位例程里用户首先要初始化堆栈指针 SP,这个指针位于 I/O 空间,可以进行读写访问。数据 SRAM 可以通过5种不同的寻址模式进行访问。

AVR 存储器为线性的平面结构。AVR 具有一个灵活的中断模块。控制寄存器位于 I/O 空间。状态寄存器里有全局中断使能位。每个中断在中断向量表里都有独立的中断向量。各个中断的优先级与其在中断向量表的位置有关,中断向量地址越低,优先级越高。

I/O 存储器空间包含64个可以直接寻址的地址,作为 CPU 外设的控制寄存器、SPI 及其他 I/O 功能,映射到数据空间,即寄存器文件之后的地址 0x20 ~ 0x5F。此外,ATmega48/88/168 还有位于 SRAM 地址 0x60 ~ 0xFF 的扩展 I/O 空间,这些地址只能使用 ST/STS/STD 和 LD/LDS/LDD 指令来访问。

AVR ALU 与32个通用工作寄存器直接相连。寄存器与寄存器之间、寄存器与立即数之间的 ALU 运算只需要一个时钟周期。ALU 操作分为三类:算术、逻辑和位操作。此外,还提供了支持无/有符号数和分数乘法的乘法器。

1. 状态寄存器

状态寄存器包含了最近执行的算术指令的结果信息,这些信息可以用来改变程序流程以实现条件操作,如指令集所述,所有 ALU 运算都将影响状态寄存器的内容。这样,在许多情况下就不需要专门的比较指令了,从而使系统运行更快速,代码效率更高。在进入中断服务程序时状态寄存器不会自动保存;中断返回时也不会自动恢复,这些工作需要软件来处理。

AVR 中断寄存器 SREG 的定义如图4-18所示。

(1) Bit 7-I:全局中断使能。置位时使能全局中断。单独的中断使能由其他独立的控制寄存器控制。如果 I 清零,则不论单独中断标志置位与否,都不会产生中断。任意一个中断发生后 I 清零,而执行 RETI 指令后置位以使能中断。I 也可以通过 SEI 和 CLI 指令来置位和清零。

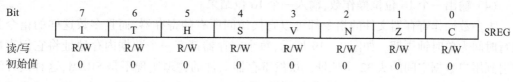

图 4-18　AVR 中断寄存器 SREG 的定义

（2）Bit 6-T：位拷贝存储。位拷贝指令 BLD 和 BST 利用 T 作为目的或源地址。BST 把寄存器的某一位拷贝到 T，而 BLD 把 T 拷贝到寄存器的某一位。

（3）0Bit 5-H：半进位标志。半进位标志 H 表示算术操作发生了半进位，此标志对于 BCD 运算非常有用。

（4）Bit 4-S：符号位，$S = N \oplus V$。S 为负数标志 N 与 2 的补码溢出标志 V 的异或。

（5）Bit 3-V：2 的补码溢出标志，支持 2 的补码运算。

（6）Bit 2-N：负数标志，表明算术或逻辑操作结果为负。

（7）Bit 1-Z：零标志，表明算术或逻辑操作结果为零。

（8）Bit 0-C：进位标志，表明算术或逻辑操作发生了进位。

2. 通用寄存器

寄存器文件针对 AVR 增强型 RISC 指令集做了优化。为了获得需要的性能和灵活性，寄存器文件支持以下的输入/输出方案，图 4-19 所示为 CPU 32 个通用工作寄存器的结构。

（1）输出一个 8 位位操作数，输入一个 8 位结果。

（2）输出两个 8 位位操作数，输入一个 8 位结果。

（3）输出两个 8 位位操作数，输入一个 16 位结果。

	7　　　　　0	Addr.	
	R0	0×00	
	R1	0×01	
	R2	0×02	
	...		
	R13	0×0D	
	R14	0×0E	
	R15	0×0F	
通用工作寄存器	R16	0×010	
	R17	0×011	
	...		
	R26	0×1A	X寄存器，低字节
	R27	0×1B	X寄存器，高字节
	R28	0×1C	Y寄存器，低字节
	R29	0×1D	Y寄存器，高字节
	R30	0×1E	Z寄存器，低字节
	R31	0×1F	Z寄存器，高字节

图 4-19　CPU 32 个通用工作寄存器的结构

(4) 输出一个 16 位操作数,输入一个 16 位结果。

大多数操作寄存器文件的指令都可以直接访问所有的寄存器,而且多数这样的指令的执行时间为单时钟周期。如图 4-19 所示,每个寄存器都有一个数据内存地址将它们直接映射到用户数据空间的头 32 个地址。虽然寄存器文件的物理实现不是 SRAM,这种内存组织方式在访问寄存器方面具有极大的灵活性,因为 X、Y、Z 寄存器可以设置为指向任意寄存器的指针。

3. X、Y、Z 寄存器

寄存器 R26~R31 除了用作通用寄存器外,还可以作为数据间接寻址用的地址指针。三个间接寻址寄存器如图 4-20 所示。

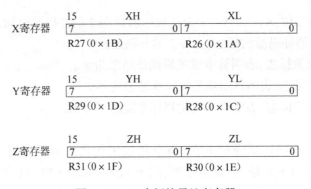

图 4-20 三个间接寻址寄存器

在不同的寻址模式中,这些地址寄存器可以实现固定偏移量、自动加一和自动减一操作。

4. 堆栈指针

堆栈指针主要用来保存临时数据、局部变量和中断/子程序的返回地址。堆栈指针总是指向堆栈的顶部。要注意 AVR 的堆栈是向下生长的,即新数据推入堆栈时,堆栈指针的数值将减小。堆栈指针指向数据 SRAM 堆栈区,在此聚集了子程序和中断堆栈。调用子程序和使能中断之前首先要定义堆栈空间,而且堆栈指针必须指向高于 0x0100 的地址空间,最好为 RAMEND。使用 PUSH 指令将数据推入堆栈时指针减一;而子程序或中断返回地址推入堆栈时指针将减二。使用 POP 指令将数据弹出堆栈时,堆栈指针加一;而用 RET 或 RETI 指令从子程序或中断返回时堆栈指针加二。AVR 的堆栈指针由 I/O 空间中的两个 8 位寄存器实现,实际使用的位数与具体器件有关。注意到某些 AVR 器件的数据区太小,用 SPL 就足够了,此时将不给出 SPH 寄存器。

5. 复位与中断处理

AVR 有不同的中断源,如图 4-21 所示。每个中断和复位在程序空间都有自己独立的中断向量,所有中断事件都有自己的使能位。在使能位置位且状态寄存器的全局中断使能位 I 也置位的情况下,中断可以发生。根据不同的程序计数器 PC 数值,在引导(Boot)锁定位 BLB02 或 BLB12 被编程的情况下,中断可能自动禁止。这个特性提高了软件的安全性。

Bit	15	14	13	12	11	10	9	8	
	SP15	SP14	SP13	SP12	SP11	SP10	SP9	SP8	SPH
	SP7	SP6	SP5	SP4	SP3	SP2	SP1	SP0	SPL
	7	6	5	4	3	2	1	0	
读/写	R/W	R/W	R/W	R/W	R/W	R/W	R/W	R/W	
	R/W	R/W	R/W	R/W	R/W	R/W	R/W	R/W	
初始值	RAMEND	RAMEND	RAMEND	RAMEND	RAMEND	RAMEND	RAMEND	RAMEND	
	RAMEND	RAMEND	RAMEND	RAMEND	RAMEND	RAMEND	RAMEND	RAMEND	

图 4-21 复位与中断处理

程序存储区的最低地址默认为复位向量和中断向量。

列表也决定了不同中断的优先级。向量所在的地址越低,优先级越高。RESET 具有最高的优先级,下一个则为 INT0 – 外部中断请求 0。通过置位 MCU 控制寄存器 MCUCR 的 IVSEL 中断向量可以移至引导 Flash 的起始处。编程熔丝位 BOOTRST 可以将复位向量也移至引导 Flash 的起始处。

任一中断发生时全局中断使能位 I 被清零,所有其他中断都被禁止。用户软件可以通过置位 I 来实现中断嵌套。此时所有的中断都可以中断当前中断服务程序。执行 RETI 指令后全局中断使能位 I 自动置位。

从根本上说有两种类型的中断。第一种由事件触发并置位中断标志。对于这些中断,程序计数器跳转到实际的中断向量以执行中断处理例程,同时硬件将清除相应的中断标志,中断标志也可以通过对其写"1"来清除。当中断发生后,如果相应的中断使能位为"0",则中断标志位置位,并一直保持到中断执行或者被软件清除。类似地,如果全局中断标志被清零,则所有已发生的中断都不会被执行,直到 I 置位。然后被挂起的各个中断按中断优先级依次执行。

第二种类型的中断则是只要中断条件满足,就会一直触发。这些中断不需要中断标志。若中断条件在中断使能之前就消失了,中断不会被触发。

AVR 退出中断后总是回到主程序并至少执行一条指令才可以去执行其他被挂起的中断。要注意的是,进入中断服务程序时状态寄存器不会自动保存;中断返回时也不会自动恢复,这些工作必须由用户通过软件来完成。使用 CLI 指令来禁止中断时,中断禁止立即生效。没有中断可以在执行 CLI 指令后发生,即使它是在执行 CLI 指令的同时发生的。

6. 中断响应时间

AVR 中断响应时间最少为 4 个时钟周期。4 个时钟周期后,程序跳转到实际的中断处理例程。在这 4 个时钟期间,PC 自动入栈。在通常情况下,中断向量为一个跳转指令,此跳转要花 3 个时钟周期。如果中断在一个多时钟周期指令执行期间发生,则在此多周期指令执行完毕后 MCU 才会执行中断程序。若中断发生时 MCU 处于休眠模式,中断响应时间还需增加 4 个时钟周期。此外还要考虑到不同的休眠模式所需的启动时间,这个时间不包括在前面提到的时钟周期里。中断返回需要 4 个时钟,在此期间 PC(2 B)将被弹出栈,堆栈指针加二,状态寄存器 SREG 的 I 置位。

4.5.4 存储器

本节讲述 ATmega48/88/168 的存储器。AVR 结构具有两个主要的存储器空间:数据存储器空间和程序存储器空间,此外,ATmega48/88/168 还有 EEPROM 存储器以保存数据,这三个存储器空间都为线性的平面结构。

ATmega48/88/168 具有 4/8/16 KB 的在线编程 Flash,用于存放程序指令代码。因为所有的 AVR 指令为 16 位或 32 位,故 Flash 组织成 2/4/8 KB × 16。对于 ATmega88 与 ATmega168,用户程序的安全性要根据 Flash 程序存储器的两个区:引导(Boot)程序区和应用程序区分开来考虑。ATmega48 中没有分为引导程序区和应用程序区,SPM 指令可在整个 Flash 中执行。存储器至少可以擦写 10 000 次。ATmega48/88/168 的程序计数器(PC)为 11/12/13 位,因此可以寻址 2/4/8 KB 的程序存储器空间,如图 4 - 22 所示。

1. SRAM 数据存储器

数据存储器映像图(图 4 - 23)给出了 ATmega48/88/168 SRAM 空间的组织结构。ATmega48/88/168 是一个复杂的微控制器,其支持的外设要比预留的 64 个 I/O(通过 IN/OUT 指令访问)所能支持的要多。对于扩展的 I/O 空间段 0x60 ~ 0xFF 只能使用 ST/STS/STD 和 LD/LDS/LDD 指令。前 768/1 280/1 280 个数据存储器包括了寄存器文件、I/O 存储器、扩展的 I/O 存储器以及数据 SRAM。起始的 32 个地址为寄存器文件,然后是 64 个 I/O 存储器,接着是 160 个扩展 I/O 存储器,最后是 512/1 024/1 024 B 的数据 SRAM。数据存储器的寻址方式分为 5 种:直接寻址、带偏移量的间接寻址、间接寻址、预减间接寻址和后加间接寻址。寄存器文件中的寄存器 R26 ~ R31 为间接寻址的指针寄存器。直接寻址范围可

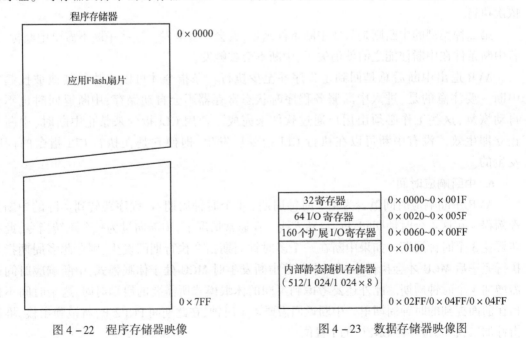

图 4 - 22　程序存储器映像　　　　　图 4 - 23　数据存储器映像图

达整个数据区。带偏移量的间接寻址模式能够寻址到由寄存器 Y 和 Z 给定的基址附近的 63 个地址。在自动预减和后加的间接寻址模式中,寄存器 X、Y 和 Z 自动增加或减少。ATmega48/88/168 的全部 32 个通用寄存器、64 个 I/O 寄存器、160 个扩展 I/O 寄存器及 512/1024/1 024 B 的内部数据 SRAM 可以通过所有上述的寻址模式进行访问。

2. EEPROM 数据存储器

ATmega48/88/168 包含 256/512/512 B 的 EEPROM 数据存储器。它是作为一个独立的数据空间而存在的,可以按字节读写。EEPROM 的寿命至少为 100 000 次擦除周期。EEPROM 的访问由地址寄存器、数据寄存器和控制寄存器决定。EEPROM 的访问寄存器位于 I/O 空间。EEPROM 的写访问时间由 Table 3 给出。自定时功能可以让用户监测何时开始写下一字节。如果用户要操作 EEPROM,应当注意如下问题:在电源滤波时间常数比较大的电路中,上电/下电时 V_{CC} 上升/下降速度会比较慢。此时 CPU 将工作于低于晶振所要求的电源电压。为了防止无意识的 EEPROM 写操作,在写 EEPROM 时需要执行一个特定的写时序。当执行 EEPROM 读操作时,CPU 会停止工作 4 个周期,然后再执行后续指令;当执行 EEPROM 写操作时,CPU 会停止工作 2 个周期,然后再执行后续指令。EEPROM 地址寄存器——EEARH 和 EEARL 如图 4 - 24 所示。

Bit	15	14	13	12	11	10	9	8	
	—	—	—	—	—	—	—	EEAR8	EEARH
	EEAR7	EEAR6	EEAR5	EEAR4	EEAR3	EEAR2	EEAR1	EEAR0	EEARL
	7	6	5	4	3	2	1	0	
读/写	R/W	R/W	R/W	R/W	R/W	R/W	R/W	R/W	
	R/W	R/W	R/W	R/W	R/W	R/W	R/W	R/W	
初始值	0	0	0	0	0	0	0	×	
	×	×	×	×	×	×	×	×	

图 4 - 24 EEPROM 地址寄存器——EEARH 和 EEARL

(1) Bit 15 ~ Bit 9 es:保留。保留位,读操作返回值为零。

(2) Bit 8 ~ Bit 0——EEAR8 EAR ~ 0:EEPROM 地址。EEPROM 地址寄存器——EARH 和 EEARL 指定了 256/512/512 B 的 EEPROM 空间。EEPROM 地址是线性的,从 0 到 255/511/511。EEAR 的初始值没有定义。在访问如图 4 - 25 所示的寄存器时,EEPROM 之前必须为其赋予正确的数据。EEAR8 在 ATmega48 中为无效位,必须始终将其赋值为"0"。

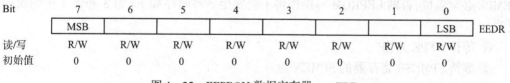

图 4 - 25 EEPROM 数据寄存器——EDR

(3) Bits 7 ~ Bit 0——EDR7.0:EEPROM 数据。如图 4 - 26 所示,对于 EEPROM 写操作,EEDR 是需要写到 EEAR 单元的数据;对于读操作,EEDR 是从地址 EEAR 读取的数据。

Bit	7	6	5	4	3	2	1	0	
	—	—	EEPM1	EEPM0	EERIE	EEMPE	EEPE	EERE	EECR
读/写	R	R	R/W	R/W	R/W	R/W	R/W	R/W	
初始值	0	0	×	×	0	0	×	0	

图 4-26　EEPROM 控制寄存器——EECR

(4) Bits 7、Bit 6 es:保留。保留位,读操作返回值为零。

(5) Bit 5,Bit4——EEPM1 与 EEPM0:EEPROM 编程模式位。如表 4-9 所示,EEPROM 编程模式位的设置决定对 EEPE 写入后将触发什么编程方式。EEPROM 的编程可以作为一个基本操作来实现(擦除旧的数据并写入新的数据),也可以将擦除与写操作分为两步进行。不同编程模式的时序如表 4-9 所示。EEPE 置位时,对 EEPMn 的任何写操作都将会被忽略。在复位过程中,除非 EEPROM 处于编程状态,EEPMn 位将被设置为 0b00。

表 4-9　EEPROM 编程模式位

EEPM1	EEPM0	编程时间/ms	操作
0	0	3.4	擦与写在一个操作被动完成(基本操作)
0	1	1.8	只擦操作
1	0	1.8	只写操作
1	1	—	保留

(6) Bit 3——EERIE:使能 EEPROM 就绪中断。若 SREG 的 I 为"1",则置位 EERIE 使能 EEPROM 准备好中断。清零 EERIE 则禁止此中断,当 EEWE 清零时 EEPROM 准备好中断即可发生。

(7) Bit 2——EEMPE:EEPROM 主机写使能。EEMPE 决定了 EEPE 置位是否可以启动 EEPROM 写操作。当 EEMPE 为"1"时,在 4 个时钟周期内置位 EEPE 把数据写入 EEPROM 的指定地址;若 EEMPE 为"0",则操作 EEPE 不起作用。EEMPE 置位后 4 个周期,硬件对其清零。见 EEPROM 写过程中对 EEPE 位的描述。

(8) Bit 1——EEPE:EEPROM 写使能。写使能信号 EEPE 是 EEPROM 的写入选通信号。当 EEPROM 数据和地址设置好之后,需置位 EEPE 以便将数据写入 EEPROM。此时 EEMPE 必须置位,否则 EEPROM 写操作将不会发生。写时序如下(第 3 和第 4 步的次序可更改):

① 等待 EEPE 为"0"。
② 等待 SPMCSR 寄存器的 SPMEN 为零。
③ 将新的 EEPROM 地址写入 EEAR(可选)。
④ 将新的 EEPROM 数据写入 EEDR(可选)。
⑤ 对 EECR 寄存器的 EEMPE 写"1",同时清零 EEPE。
⑥ 在置位 EEMPE 之后的 4 个周期内置位 EEPE。

在 CPU 写 Flash 存储器的时候不能对 EEPROM 进行编程。在启动 EEPROM 写操作之前软件必须检查 Flash 写操作是否已经完成。第 2 步仅在软件包含引导程序,允许 CPU 对 Flash 进行编程时才有用。如果 CPU 永远都不会写 Flash,则第 2 步可以忽略。

注意:如有中断发生于步骤⑤和⑥之间,将导致写操作失败。因为此时 EEPROM 写使能操作将超时。如果一个操作 EEPROM 的中断打断了另一个 EEPROM 操作,EEAR 或 EEDR 寄存器可能被修改,引起 EEPROM 操作失败。建议此时关闭全局中断标志 I。

经过写访问时间之后,EEPE 硬件清零。用户可以凭此位判断写时序是否已经完成。EEPE 置位后,CPU 要停止两个时钟周期才会运行下一条指令。

(9) Bit 0——EERE:EEPROM 读使能。读使能信号 EERE 是 EEPROM 的写入选通信号。当 EEPROM 地址设置好之后,需置位 EERE 以便将数据读入 EEAR。EEPROM 数据的读取只需要一条指令。读取 EEPROM 时 CPU 要停止 4 个时钟周期,然后才能执行下一条指令。用户在读取 EEPROM 时应该检测 EEPE,如果一个写操作正在进行,就无法读取 EEPROM,也无法改变寄存器 EEAR。防止 EEPROM 数据丢失如果电源电压过低,CPU 和 EEPROM 有可能工作不正常,造成 EEPROM 数据的毁坏(丢失)。这种情况在使用独立的 EEPROM 器件时也会遇到。由于电压过低造成 EEPROM 数据损坏有两种可能:一是电压低于 EEPROM 写操作所需要的最低电压;二是 CPU 本身已经无法正常工作。

EEPROM 数据损坏的问题可以通过以下方法来避免:当电压过低时保持 AVR RESET 信号为低。这可以通过使能芯片的掉电检测电路 BOD 来实现。如果 BOD 电平无法满足要求,则可以使用外部复位电路。若写操作过程当中发生了复位,电源电压足够高,则写操作仍将正常结束。

(10) I/O 存储器:ATmega48/88/168 的所有 I/O 和外设都被放置在 I/O 空间。所有的 I/O 地址都可以通过 LD/LDS/LDD 和 ST/STS/STD 指令来访问,在 32 个通用工作寄存器和 I/O 之间传输数据。地址为 0x00~0x1F 的 I/O 寄存器还可用 SBI 和 CBI 指令直接进行位寻址,而 SBIS 和 SBIC 则用来检查单个位置位与否。使用 IN 和 OUT 指令时地址必须在 0x00~0x3F。如果要像 SRAM 一样通过 LD 和 ST 指令访问 I/O 寄存器,相应的地址要加上 0x20。

ATmega48/88/168 是一个复杂的微处理器,其支持的外设要比预留的 64 个 I/O(通过 IN/OUT 指令访问)所能支持的更多。对于扩展的 I/O 空间 0x60~0xFF,只能使用 ST/STS/STD 和 LD/LDS/LDD 指令。为了与后续产品兼容,保留未用的位应写"0",而保留的 I/O 寄存器则不应进行写操作。一些状态标志位的清除是通过写"1"来实现的。CBI 和 SBI 指令可以操作 I/O 寄存器所有的位,并给置位的位回写"1",因此会清除这些标志位。CBI 和 SBI 指令只对 0x00~0x1F 的寄存器有效。

3. 通用 I/O 寄存器

如图 4-27~图 4-29 所示,ATmega48/88/168 包含三个通用 I/O 寄存器。这些寄存器可以用来存储信息,尤其适合于存储全局变量与状态标志。位于 0x00~0x1F 的通用 I/O 寄存器可以通过 SBI、CBI、SBIS 与 SBIC 指令直接进行位寻址。

Bit	7	6	5	4	3	2	1	0	
	MSB							LSB	GPIOR2
读/写	R/W	R/W	R/W	R/W	R/W	R/W	R/W	R/W	
初始值	0	0	0	0	0	0	0	0	

图 4-27 通用 I/O 寄存器 2——GPIOR2

Bit	7	6	5	4	3	2	1	0	
	MSB							LSB	GPIOR1
读/写	R/W	R/W	R/W	R/W	R/W	R/W	R/W	R/W	
初始值	0	0	0	0	0	0	0	0	

图 4-28 通用 I/O 寄存器 1——GPIOR1

Bit	7	6	5	4	3	2	1	0	
	MSB							LSB	GPIOR0
读/写	R/W	R/W	R/W	R/W	R/W	R/W	R/W	R/W	
初始值	0	0	0	0	0	0	0	0	

图 4-29 通用 I/O 寄存器 0——GPIOR0

4.5.5 系统时钟

图 4-30 所示为 AVR 的主要时钟系统及其分布,这些时钟并不需要同时工作。为了降低功耗,可以通过使用不同的睡眠模式来禁止无须工作模块的时钟。下面为时钟系统的详细描述。

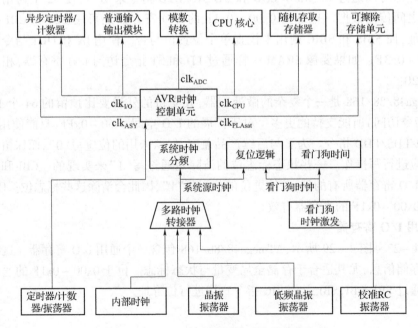

图 4-30 AVR 的主要时钟系统及其分布

1. CPU 时钟——clk_{CPU}

CPU 时钟与操作 AVR 内核的子系统相连,如通用寄存器文件、状态寄存器及保存堆栈指针的数据存储器。终止 CPU 时钟将使内核停止工作和计算。

2. I/O 时钟——$clk_{I/O}$

I/O 时钟用于主要的 I/O 模块,如定时器/计数器、SPI 和 USART。I/O 时钟还用于外部中断模块。要注意的是有些外部中断通过异步逻辑检测,因此即使 I/O 时钟停止了这些中断仍然可以得到监控。此外,USI 模块的起始条件检测在没有 $clk_{I/O}$ 的情况下也是异步实现的,使得这个功能在任何睡眠模式下都可以正常工作。

3. Flash 时钟——clk_{FLASH}

Flash 时钟控制 Flash 接口的操作。此时钟通常与 CPU 时钟同时挂起或激活。

4. 异步定时器时钟——clk_{ASY}

异步定时器时钟允许异步定时器/计数器直接由外部 32 kHz 时钟晶体驱动,使得此定时器/计数器即使在睡眠模式下仍然可以为系统提供一个实时时钟。

5. ADC 时钟——clk_{ADC}

ADC 具有专门的时钟。这样可以在 ADC 工作的时候停止 CPU 和 I/O 时钟以降低数字电路产生的噪声,从而提高 ADC 转换精度。

6. 低功率晶振

XTAL1 与 XTAL2 引脚分别是片内振荡器的反向放大器输入、输出端。这个振荡器可以使用石英晶体,也可以使用陶瓷谐振器。该振荡器是一个低功率振荡器,XTAL2 输出电压的摆幅比平常的要低。它提供了最低的功耗,但不能驱动其他的时钟输入,在噪声环境中也更易受影响。如图 4-31 所示,电容 C_1、C_2 的值总是相等的。具体电容值的选择取决于使用的是石英晶体还是陶瓷振荡器,以及总的杂散电容与环境电磁噪声等。

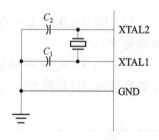

图 4-31 晶体振荡连接图

振荡器可以工作于三种不同的模式,每一种都有一个优化的频率范围。工作模式通过熔丝位 CKSEL3~CKSEL1 来选择,如表 4-10 所示。

表 4-10 低功率晶体振荡器工作模式

频率范围[①]/MHz	CKSEL3~CKSEL1	使用晶体时电容 C_1 和 C_2 的推荐范围/pF
0.4~0.9	100[②]	—
0.9~3.0	101	12~22
3.0~8.0	110	12~22
8.0[③]~16.0	111	12~22

注:① 频率范围只是初步值,实际值待测。
② 此选项不适用于晶体,只能用于陶瓷谐振器。
③ 如果 8 MHz 频率超出器件的规格(由 V_{CC} 决定),可编程熔丝位 CKDIV8 将内部频率 8 分频,但必须保证所得时钟符合芯片的频率要求。

4.5.6 电源管理及休眠模式

休眠模式可以使应用程序关闭 MCU 中没有使用的模块，从而降低功耗。AVR 具有不同的休眠模式，允许用户根据自己的应用要求实施剪裁。进入 5 个休眠模式的条件是置位寄存器 SMCR 的 SE，然后执行 SLEEP 指令。具体哪一种模式(空闲模式、ADC 噪声抑制模式、掉电模式、省电模式和 Standby 模式)由 SMCR 的 SM2、SM1 和 SM0 决定，如图 4-32 所示。使能的中断可以将进入休眠模式的 MCU 唤醒。经过启动时间，外加 4 个时钟周期(此时 MCU 停止)后，MCU 就可以运行中断服务程序了，然后 MCU 返回到 SLEEP 的下一条指令。MCU 唤醒时寄存器文件和 SRAM 的内容不会改变。如果在休眠过程中发生了复位，则 MCU 从中断向量开始执行。休眠模式控制寄存器——SMCR 休眠模式控制寄存器，包含了电源管理的控制位，如图 4-33 所示。

Bit	7	6	5	4	3	2	1	0	
	—	—	—	—	SM2	SM1	SM0	SE	SMCR
读/写	R	R	R	R	R/W	R/W	R/W	R/W	
初始值	0	0	0	0	0	0	0	0	

图 4-32 休眠模式控制寄存器

(1) Bit 7 ~ Bit 4 Res:保留位。ATmega48/88/168 中的这些位都没有使用到，读返回值始终是"0"。

(2) Bit 3 ~ Bit 1——SM2 ~ SM0:休眠模式选择位 2、1 和 0。如表 4-11 所示，这些位用于选择具体的休眠模式。

表 4-11 休眠模式选择

SM2	SM1	SM0	休眠模式
0	0	0	空闲模式
0	0	1	ADC 噪声抑制模式
0	1	0	掉电模式
0	1	1	省电模式
1	0	0	保留
1	0	1	保留
1	1	0	Standby[①]模式
1	1	1	保留

注:① 仅在使用外部晶体或谐振器时 Standby 模式才可用。

(3) Bit 0——SE:休眠使能。为了使 MCU 在执行 SLEEP 指令后进入休眠模式，SE 必须置位。为了确保进入休眠模式是程序员的有意行为，建议仅在 SLEEP 指令的前一条指令置位 SE，一旦唤醒立即清除 SE。

1. 空闲模式

SM2～SM0 为 000 时，SLEEP 指令使 MCU 进入空闲模式。在此模式下，CPU 停止运行，而 SPI、USART、模拟比较器、ADC、两线串行接口、定时器/计数器、看门狗和中断系统继续工作。这个休眠模式只停止了 clk_{CPU} 和 clk_{FLASH}，其他时钟则继续工作。定时器溢出与 USART 传输完成等内外部中断都可以唤醒 MCU。如果不需要从模拟比较器中断唤醒 MCU，为了减少功耗，可以切断比较器的电源，方法是置位模拟比较器控制和状态寄存器 ACSRACD。如果 ADC 使能，则进入此模式后将自动启动一次转换。

2. ADC 噪声抑制模式

SM2～SM0 为 001 时，SLEEP 指令使 MCU 进入噪声抑制模式。在此模式下，CPU 停止运行，而 ADC、外部中断、两线串行地址匹配、定时器/计数器 2 和看门狗继续工作(如果已经使能)。这个休眠模式只停止了 $clk_{I/O}$、clk_{CPU} 和 clk_{FLASH}，其他时钟则继续工作。此模式改善了 ADC 的噪声环境，使得转换精度更高。ADC 使能的时候，进入此模式将自动启动一次 AD 转换。ADC 转换结束中断、外部复位、看门狗复位、BOD 复位、两线串行地址匹配、定时器/计数器 2 中断、SPM/EEPROM 准备好中断、外部中断 INT0、INT1 或引脚电平变化中断，可以将 MCU 从 ADC 噪声抑制模式唤醒。

3. 掉电模式

SM2～SM0 为 010 时，SLEEP 指令使 MCU 进入掉电模式。在此模式下，外部晶体停振，而外部中断、两线串行地址匹配、看门狗(如果使能的话)继续工作。只有外部复位、看门狗复位、看门狗中断、BOD 复位、两线串行地址匹配、外部电平中断 INT0 或 INT1，以及引脚电平变化中断可以使 MCU 脱离掉电模式。这个休眠模式基本停止了所有的时钟，只有异步模块可以继续工作。使用外部电平中断方式将 MCU 从掉电模式唤醒时，必须使外部电平保持一定的时间。从施加掉电唤醒条件到真正唤醒 MCU 有一个延迟时间，此时间用于时钟重新启动并稳定下来。唤醒时间与熔丝位 CKSEL 定义的复位时间是一样的。

4. 省电模式

SM2～SM0 为 011 时，SLEEP 指令使 MCU 进入省电模式。这一模式与掉电模式只有一点不同：如果定时器/计数器 2 及看门狗是使能的，在器件休眠期间它们继续运行。除了掉电模式的唤醒方式外，定时器/计数器 2 的溢出中断和比较匹配中断也可以将 MCU 从休眠方式唤醒，只要 TIMSK2 使能了这些中断，而且 SREG 的全局中断使能位 I 置位。如果定时器/计数器 2 无须运行，建议使用掉电模式而不是省电模式。定时器/计数器 2 在省电模式下可采用同步与异步时钟驱动。如果定时器/计数器 2 未采用异步时钟，休眠期间定时/计数振荡器将停止；如果定时器/计数器 2 未采用同步时钟，休眠期间时钟源将停止。要注意的是，在省电模式下同步时钟只对定时器/计数器 2 有效。

4.5.7 系统控制和复位

复位时所有的 I/O 寄存器都被设置为初始值，程序从复位向量处开始执行。对于 ATmega168 复位向量处的指令必须是绝对跳转 JMP 指令，以使程序跳转到复位处理例程。对于 ATmega48 与 ATmega88 复位向量处的指令必须是相对跳转 RJMP 指令，以使程序跳转到复位处理例程。如果程序永远不利用中断功能,中断向量可以由一般的程序代码所覆盖。这个处理方法同样适用于复位向量位于应用程序区,中断向量位于 Boot 区或者反过来的时候(只适用于 ATmega88/168)。

复位源有效时 I/O 端口立即复位为初始值。此时不要求任何时钟处于正常运行状态。所有的复位信号消失之后,芯片内部的一个延迟计数器被激活,将内部复位的时间延长。这种处理方式使得在 MCU 正常工作之前有一定的时间让电源达到稳定的电平。延迟计数器的溢出时间通过熔丝位 SUT 与 CKSEL 设定。如图 4-33 所示,复位源 ATmega48/88/168 有 4 个复位源。

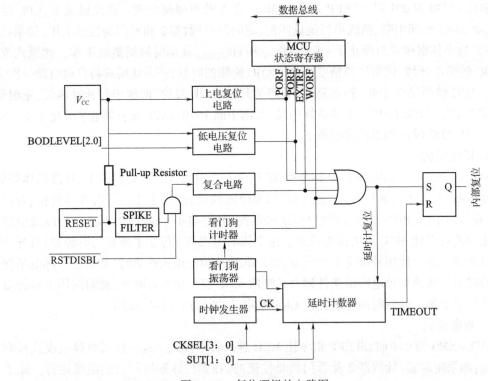

图 4-33 复位逻辑的电路图

(1) 上电复位。当电源电压低于上电复位门限 V_{POT} 时,MCU 复位。

(2) 外部复位。当引脚 $\overline{\text{RESET}}$ 的低电平持续时间大于最小脉冲宽度时,MCU 复位。

(3) 看门狗复位。当看门狗使能并且看门狗定时器溢出时复位发生。

(4) 掉电检测复位(BOD)。当掉电检测复位功能使能且电源电压低于掉电检测复位门限 V_{BOT} 时,MCU 复位。

1. 上电复位

上电复位(POR)脉冲由片内检测电路产生。无论何时 V_{CC} 低于检测电平 POR 即发生。POR 电路可以用来触发启动复位或者用来检测电源故障。POR 电路保证器件在上电时复位,如图 4-34 和图 4-35 所示,V_{CC} 达到上电门限电压后触发延迟计数器。在计数器溢出之前器件一直保持为复位状态。当 V_{CC} 下降时,只要低于检测门限,RESET 信号立即生效。

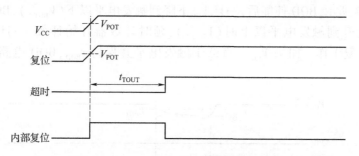

图 4 – 34　MCU 启动过程，$\overline{\text{RESET}}$连接到 V_{CC}

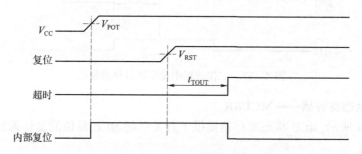

图 4 – 35　MCU 启动过程，$\overline{\text{RESET}}$由外电路控制

2. 外部复位

外部复位(图 4 – 36)由外加于$\overline{\text{RESET}}$引脚的低电平产生。当复位低电平持续时间大于最小脉冲宽度时即触发复位过程，即使此时并没有时钟信号在运行。当外加信号达到复位门限电压 V_{RST}(上升沿)时，t_{TOUT}延时周期启动，延时结束后 MCU 即启动。外部复位可由 RSTDISBL 熔丝位禁用。

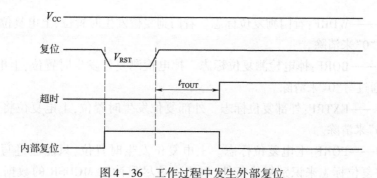

图 4 – 36　工作过程中发生外部复位

3. 掉电检测

ATmega48/88/168 具有片内 BOD(Brown – out Detection)电路，通过与固定的触发电平的对比来检测工作过程中 V_{CC}的变化。此触发电平通过熔丝位 BODLEVEL 来设定。BOD 的触发电平具有迟滞回线以消除电源尖峰的影响。这个迟滞功能可以解释为 $V_{BOT+} = V_{BOT} + V_{HYST/2}$以及 $V_{BOT-} = V_{BOT} - V_{HYST/2}$。

如图 4-37 所示，BOD 使能后，一旦 V_{CC} 下降到触发电平以下（V_{BOT-}），BOD 复位立即被激发。当 V_{CC} 上升到触发电平以上时（V_{BOT+}），延时计数器开始计数，一旦超过溢出时间 t_{TOUT}，MCU 即恢复工作。如果 V_{CC} 一直低于触发电平并保持 t_{BOD}，BOD 电路将只检测电压跌落。

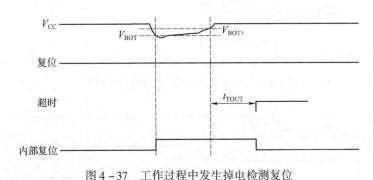

图 4-37 工作过程中发生掉电检测复位

4. MCU 状态寄存器——MCUSR

如图 4-38 所示，MCU 状态寄存器提供了有关引起 MCU 复位的复位源信息。

Bit	7	6	5	4	3	2	1	0	
	—	—	—	—	WDRF	BORF	EXTRF	PORF	MCUSR
读/写	R	R	R	R	R/W	R/W	R/W	R/W	
初始值	0	0	0	0	参见各个位的说明				

图 4-38 复位源的信息

（1）Bit 7 ~ Bit 4：Res：保留位。ATmega48/88/168 中的这些位都没有使用，读返回值始终为"0"。

（2）Bit 3——WDRF：看门狗复位标志。看门狗复位发生时置位，上电复位将使其清零，也可以通过写"0"来清除。

（3）Bit 2——BORF：掉电检测复位标志。掉电检测复位发生时置位，上电复位将使其清零，也可以通过写"0"来清除。

（4）Bit 1——EXTRF：外部复位标志。外部复位发生时置位，上电复位将使其清零，也可以通过写"0"来清除。

（5）Bit 0——PORF：上电复位标志。上电复位发生时置位，只能通过写"0"来清除。为了使用这些复位标志来识别复位条件，用户应该尽早读取 MCUSR 的数据，然后将其复位。如果在其他复位发生之前将此寄存器复位，则后续复位源可以通过检查复位标志来识别。

5. 片内基准电压

ATmega48/88/168 具有片内能隙基准源，用于掉电检测，或者是作为模拟比较器或 ADC 的输入。基准电压使能信号和启动电压基准的启动时间可能影响其工作方式。内部电压基准源的特性如表 4-12 所示。

表 4-12 内部电压基准源的特性

符号	参数	条件	最小值	典型值	最大值	单位
V_{BG}	能隙基准源电压	TBD	1.0	1.1	1.2	V
t_{BG}	能隙基准源启动时间	TBD		40	70	μs
I_{BG}	能隙基准源功耗	TBD		10	TBD	μA

为了降低功耗,可以控制基准源仅在如下情况打开:
(1) BOD 使能,熔丝位 BODLEVEL[2~0] 被编程。
(2) 能隙基准源连接到模拟比较器(ACSR 寄存器的 ACBG 置位)。
(3) ADC 使能。

4.5.8 看门狗定时器

ATmega48/88/168 有一个增强型看门狗定时器(WDT),如图 4-39 所示。

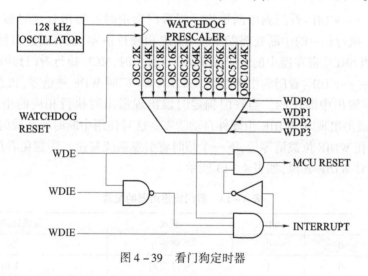

图 4-39 看门狗定时器

主要特性如下:
(1) 单独的片内振荡器作为时钟。
(2) 三种工作模式:① 中断;② 系统复位;③ 中断与系统复位。
(3) 从 16 ms 到 8 s 的可选择溢出周期。
(4) 故障安全模式下,可能的硬件熔丝看门狗始终开启。

看门狗定时器由独立的 128 kHz 片内振荡器驱动。当计数器达到给定值时,WDT 产生中断或系统复位。看门狗复位指令 WDR 用来复位看门狗定时器。此外,禁止看门狗定时器或发生复位时它也被复位。

在中断模式下,当定时器满 WDT 产生中断,该中断唤醒器件作为通用系统定时器。下面给出一个限制操作最大时间的例子,当操作时间超过预期值时产生一个中断。系统复位模式下,当定时器满 WDT 产生中断,这是在代码失控时防止系统挂起的典型使用。第三种模式,中断与系统复位模式,将前两种模式混合在一起,先产生中断然后转到系统复位模式下。该模式下通过在系统复位前保存关键参数,达到安全关闭的目的。

WDTON 熔丝位编程将强制进入系统复位模式。而系统复位模式位 WDE 和中断模式位 WDIE 分别置为 1 与 0。为保证编程的安全性,改变看门狗结构必须遵循如下时序:

(1) 在同一个指令内对 WDCE 和 WDE 写"1",即使 WDE 已经为"1"。

(2) 在紧接的 4 个时钟周期之内对 WDE 与 WDP 写入期望值,但 WDCE 位必须清零,以上操作必须在一次操作中完成。

看门狗定时器控制寄存器——WDTCSR,如图 4-40 所示。

Bit	7	6	5	4	3	2	1	0	
	WDIF	WDIE	WDP3	WDCE	WDE	WDP2	WDP1	WDP0	WDTCSR
读/写	R/W	R/W	R/W	R/W	R/W	R/W	R/W	R/W	
初始值	0	0	0	0	0	0	0	0	

图 4-40 看门狗定时器控制寄存器

(1) Bit 7——WDIF:看门狗中断标志。当看门狗定时器溢出且定时器作为中断使用时,该位置位。执行相应的中断处理程序时 WDIF 由硬件清零,也可通过对标志位写"1"对 WDIF 清零。当 SREG 寄存器中的 I 位与 WDIE 也置位时,MCU 执行看门狗溢出中断。

(2) Bit 6——WDIE:看门狗中断使能。WDIE 置"1"时 WDE 被清零,状态寄存器中的 I 位置位,看门狗溢出中断使能。当看门狗定时器出现溢出时执行相应的中断程序。如果 WDE 置位,当溢出出现时,WDIE 由硬件自动清零。这对使用中断时保证看门狗复位的安全性非常有效。在 WDIE 位被清零后,下一个超时将引发系统复位。为避免看门狗复位,在每次中断后必须对 WDIE 置位,如表 4-13 所示。

表 4-13 看门狗定时器的配置

WDTON	WDE	WDIE	模式	溢出后的动作
0	0	0	停止	无
0	0	1	中断模式	中断
0	1	0	系统复位模式	复位
0	1	1	中断与系统复位模式	中断,然后进入系统复位模式
1	×	×	系统复位模式	复位

(3) Bit 4——WDCE:看门狗修改使能。清零 WDE 时必须置位 WDCE,否则不能禁止看门狗。一旦置位,硬件将在紧接的 4 个时钟周期之后将其清零。

(4) Bit 3——WDE:看门狗系统复位使能。WDE 被 MCUSR 寄存器的 WDRF 覆盖。这表示当 WDRF 置位时 WDE 同样置位。WDE 清零前必须先将 WDRF 清零,该特性保证状态引起失误时产生多重复位。

(5) Bit 5,Bit 2 ~ Bit 0——WDP3 ~ WDP0:看门狗定时器预分频器 3、2、1 与 0。当看门狗定时器使能时,WDP3 ~ WDP0 决定看门狗定时器的预分频器,如表 4-14 所示。

表 4–14 看门狗定时器预分频器选项

WDP3	WDP2	WDP1	WDP0	看门狗振荡周期数	$V_{CC}=5.0$ V 时的典型溢出时间
0	0	0	0	2 KB(2 048)	16 ms
0	0	0	1	4 KB(4 096)	32 ms
0	0	1	0	8 KB(8 192)	64 ms
0	0	1	1	16 KB(16 384)	0.125 s
0	1	0	0	32 KB(32 768)	0.25 s
0	1	0	1	64 KB(65 536)	0.5 s
0	1	1	0	128 KB(131 072)	1.0 s
0	1	1	1	256 KB(262 144)	2.0 s
1	0	0	0	512 KB(524 288)	4.0 s
1	0	0	1	1 024 KB(1 048 576)	8.0 s
1	0	1	0		
1	0	1	1		
1	1	0	0	保留	
1	1	0	1		
1	1	1	0		
1	1	1	1		

4.5.9 I/O 端口

作为通用数字 I/O 使用时,AVR 所有的 I/O 端口都具有真正的读—修改—写功能。这意味着用 SBI 或 CBI 指令改变某些管脚的方向(或者是端口电平、禁止/使能上拉电阻)时不会改变其他管脚的方向(或者是端口电平、禁止/使能上拉电阻)。输出缓冲器具有对称的驱动能力,可以输出或吸收大电流,直接驱动 LED。所有的端口引脚都具有与电压无关的上拉电阻,并有保护二极管与 V_{CC} 和地相连,如图 4–41 所示。

本节所有的寄存器和位以通用格式表示:小写的"x"表示端口的序号,而小写的"n"代表位的序号,但是在程序里要写完整。例如,PORTB3 表示端口 B 的第 3 位,而本节的通用格式为 PORTxn。每个端口都有三个 I/O 存储器地址:数据寄存器 ORTx、数据方向寄存器——DRx 和端口输入引脚——INx。数据寄存器和数据方向寄存器为读/写寄存器,而端口输入引脚为只读寄存器。但是需要特别注意的是,对 PINx 寄存器的某一位写入逻辑"1"将造成数据寄存器相应位的数据发生"0"与"1"的交替变化。当寄存器 MCUCR 的上拉禁止位 PUD 置位时所有端口的

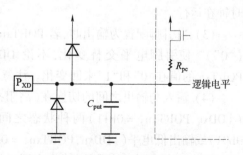

图 4–41 I/O 引脚等效原理图

全部引脚的上拉电阻都被禁止,多数端口引脚是与第二功能复用的。通用数字 I/O 的端口为具有可选上拉电阻的双向 I/O 端口。图 4-42 所示为通用数字 I/O。

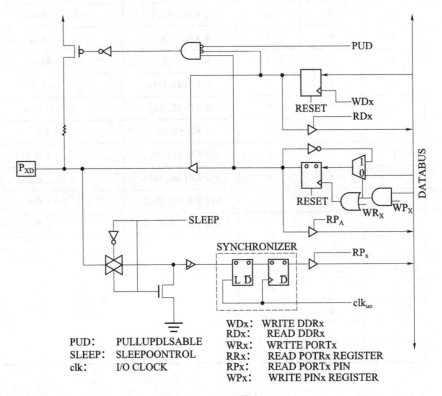

图 4-42 通用数字 I/O

说明:(1) WRx、WPx、WDx、RRx、RPx 和 RDx 对于同一端口的所有引脚都是一样的。clkI/O、SLEEP 和 PUD 则对所有的端口都是一样的。

(2) 配置引脚每个端口引脚都具有三个寄存器位:DDxn、PORTxn 和 PINxn,如 P75"I/O 端口寄存器的说明"所示。DDxn 位于 DDRx 寄存器,PORTxn 位于 PORTx 寄存器,PINxn 位于 PINx 寄存器。DDxn 用来选择引脚的方向,当 DDxn 为"1"时,Pxn 配置为输出;否则为输入。引脚配置为输入时,若 PORTxn 为"1",上拉电阻使能。如果需要关闭这个上拉电阻,可以将 PORTxn 清零,或者将这个引脚配置为输出。复位时各引脚为高阻态,即使此时并没有时钟在运行。

(3) 当引脚配置为输出时,若 PORTxn 为"1",引脚输出高电平("1"),否则输出低电平("0")。使引脚电平交替变化,不论 DDRxn 是什么内容,向 PINxn 写逻辑"1"就会使 PORTxn 的值在"0"和"1"来回变化。注意 SBI 指令能够用来改变端口的单个位。

(4) 输入与输出之间的切换在(高阻态)三态({DDxn,PORTxn} = 0b00)和输出高电平({DDxn,PORTxn} = 0b11)两种状态之间进行切换时,上拉电阻使能({DDxnPORTxn} = 0b01)或输出低电平({DDxn,PORTxn} = 0b10),这两种模式必然会有一个发生。通常,上拉电阻使能是完全可以接受的,因为高阻环境并不在乎是强高电平输出还是上拉输出。如果实际应用环境不允许这样,则可以通过置位 MCUCR 寄存器的 PUD 来禁止所有端口的上拉电阻。在上拉输入和输出低电平之间切换也有同样的问题。用户必须选择高阻态({DDxn, PORTxn} = 0b00)或输出高电平({DDxn, PORTxn} = 0b11)作为中间步骤,如表 4-15 所示。

表 4-15 端口引脚配置

DDxn	PORTxn	PUD(位于 MCUCR)	I/O	上位电阻	说明
0	0	X	输入	No	高阻态(Hi-Z)
0	1	0	输入	Yes	被外部电路拉低时将输出电流
0	1	1	输入	No	高阻态(Hi-Z)
1	0	X	输出	No	输出低电平(吸收电流)
1	1	X	输出	No	输出高电平(源电流)

第 5 章

机器人的感知部分

机器人由感知、决策和执行三部分组成,其中的感知部分是机器人区别于其他自动化机器的重要部件,正因为有了传感器,机器人才具备了类似人类的知觉功能和反应能力。机器人的感知就是机器人传感技术。机器人传感器是20世纪70年代发展起来的一类专门用于机器人的新型传感器。机器人传感器和普通传感器工作原理基本相同,但又有其特殊性。

5.1 机器人传感器

机器人传感器是机器人的感觉器官,使机器人具有类似于人的感知能力。机器人传感器种类很多,根据不同方法分类也有很多,不同类型的传感器组合构成了机器人的传感器系统。

5.1.1 传感器简介

传感器是能够感应各种非电量(如物理量、化学量、生物量),并且按照一定的规律转换成便于传输和处理的另一种物理量(一般为电量)的测量装置或器件。传感器通常由敏感元件和转换元件组成,其中敏感元件是指传感器中直接感应被测量的部分,转换元件是指传感器能将敏感元件的输出转换为适于传输和处理的电信号部分。

传感器一般有以下几个指标特性:

(1) 动态范围:是指传感器能检测的范围。如电流传感器能够测量 1 mA ~ 20 A 的电流,那么这个传感器的测量范围就是 $10 \lg(20/0.001) = 43(dB)$。如果传感器的输入超出了传感器的测量范围,那么传感器就不会显示正确的测量值,如超声波传感器对近距离的物体无法测量。

(2) 分辨率:是指传感器能测量的最小差异。如电流传感器,它的分辨率是 5 mA,也就是说小于 5 mA 的电流差异无法检测出。

(3) 线性度:用来衡量传感器输入和输出的关系,是传感器的一个非常重要的指标。

(4) 频率:是指传感器的采样速度。如一个超声波传感器的采样速度为 20 Hz,也就是说每秒钟能扫描 20 次。

5.1.2 传感器的分类

根据传感器的作用,一般将其分为内部传感器和外部传感器,具体分类如表 5 – 1 所示。

内部传感器(体内传感器)主要测量机器人内部系统状态,如检测机器人电动机内部温度、电动机转速、电动机负载和电源电压等。外部传感器(检测外部环境传感器)主要测量机器人外界周围环境,如测量物体距离的远近、声音的大小、光线的明暗、温度的大小等。

表 5-1 传感器的分类

传感器	检测内容	检测器件	应用
位置	位置、角度	电位器、直线感应同步器 角度式电位器、光电编码器	位置移动检测 角度变化检测
速度	速度	测速发电机、增量式码盘	速度检测
加速度	加速度	压电式加速度传感器 压阻式加速度传感器	加速度检测
触觉	接触 把握力 荷重 分布压力 多元力 力矩 滑动	限制开关 应变计、半导体感压元件 弹簧变位测量器 导电橡胶、感压高分子材料 应变计、半导体感压元件 压阻元件、马达电流计 光学旋转检测器、光纤	动作顺序控制 把握力控制 张力控制、指压控制 姿势、形状判别 装配力控制 协调控制 滑动判定、力控制
接近觉	接近 间隔 倾斜	光电开关、LED、红外、激光 光电晶体管、光电二极管 电磁线圈、超声波传感器	动作顺序控制 障碍物躲避 轨迹移动控制、探索
视觉	平面位置 距离 形状 缺陷	摄像机、位置传感器 测距仪 线图像传感器 画图像传感器	位置决定、控制 移动控制 物体识别、判别 检查、异常检测
听觉	声音 超声波	麦克风 超声波传感器	语言控制(人机接口) 导航
嗅觉	气体成分	气体传感器、射线传感器	化学成分探测
味觉	味道	离子敏感器、pH 计	

根据传感器的运行方式,可以分为被动式传感器和主动式传感器。被动式传感器本身不发出能量,如 CCD、CMOS 摄像头传感器,靠捕获外界光线来获得信息。主动式传感器本身会发出探测信号,如超声波、红外、激光等。此类传感器的反射信号会受到很多物质的影响,从而影响准确信号的获得。同时,信号还很容易受到干扰,如相邻两个机器人都发出超声波,这些信号就会产生干扰。

按输入的物理量可分为位移传感器、速度传感器、温度传感器、压力传感器等,此类传感器以被测物理量命名。

按工作原理可分为应变式传感器、电容式传感器、电感式传感器、压电式传感器、热电式传感器等,此类传感器主要以工作原理命名。

按输出信号可分为模拟量传感器和数字量传感器。模拟量传感器发出的是连续信号,用电压、电流、电阻等表示被测参数的大小。常见的模拟量传感器有温度传感器、压力传感器等。数字量传感器一般是指那些适于直接地把输入量转换成数字量输出的传感器,包括光栅式传感器、磁栅式传感器、码盘、谐振式传感器、转速传感器、感应同步器等。

5.1.3 传感器选用原则

传感器在原理与结构上种类很多,如何根据具体的测量目的、测量对象以及测量环境合理地选用传感器,是在进行某个量的测量时首先要解决的问题。当传感器确定之后,与之相配套的测量方法和测量设备也就可以确定了。测量结果的成败,在很大程度上取决于传感器的选用是否合理。

1. 根据测量对象与测量环境确定传感器的类型

要进行一个具体的测量工作,首先要考虑采用何种原理的传感器,这需要分析多方面的因素之后才能确定。因为,即使是测量同一物理量,也有多种原理的传感器可供选用,哪一种原理的传感器更为合适,则需要根据被测量的特点和传感器的使用条件考虑以下一些具体问题:量程的大小;被测位置对传感器体积的要求;测量方式为接触式还是非接触式;信号的引出方法,有线或非接触测量;传感器的来源,国产还是进口,价格能否承受,是否自行研制。在考虑上述问题之后就能确定选用何种类型的传感器,然后再考虑传感器的具体性能指标。

2. 灵敏度的选择

通常,在传感器的线性范围内,希望传感器的灵敏度越高越好。因为只有灵敏度高时,与被测量变化对应的输出信号的值才会较大,有利于信号处理。但要注意的是,传感器的灵敏度高,与被测量无关的外界噪声也容易混入,该噪声相应也会被放大,影响测量精度。因此,要求传感器本身应具有较高的信噪比,尽量减少从外界引入的干扰信号。

传感器的灵敏度是有方向性的。当被测量是单向量,而且对其方向性要求较高时,则应选择其他方向灵敏度小的传感器;如果被测量是多维向量,则要求传感器的交叉灵敏度越小越好。

3. 频率响应特性

传感器的频率响应特性决定了被测量的频率范围,必须在允许频率范围内保持不失真的测量条件,实际上传感器的响应总有一定延迟,希望延迟时间越短越好。

传感器的频率响应高,可测的信号频率范围就宽,而由于受到结构特性的影响,机械系统的惯性较大,因而频率低的传感器可测信号的频率较低。

在动态测量中,应根据信号的特点(稳态、瞬态、随机等)响应特性,以免产生过大的误差。

4. 线性范围

传感器的线性范围是指输出与输入成正比的范围。从理论上讲,在此范围内,灵敏度保持定值。传感器的线性范围越宽,则其量程越大,并且能保证一定的测量精度。在选择传感器时,当传感器的种类确定以后首先要看其量程是否满足要求。

但实际上,任何传感器都不能保证绝对的线性,其线性度也是相对的。当所要求测量精度比较低时,在一定的范围内,可将非线性误差较小的传感器近似看作线性的,这会给测量带来极大的方便。

5. 稳定性

传感器使用一段时间后,其性能保持不变化的能力称为稳定性。影响传感器长期稳定性的因素除传感器本身结构外,主要是传感器的使用环境。因此,要使传感器具有良好的稳定性,传感器必须有较强的环境适应能力。

在选择传感器之前,应对其使用环境进行调查,并根据具体的使用环境选择合适的传感器,或采取适当的措施减小环境的影响。

传感器的稳定性有定量指标,在超过使用期后,在使用前应重新进行标定,以确定传感器的性能是否发生变化。

在某些要求传感器能长期使用而又不能轻易更换或标定的场合,所选用的传感器稳定性要求更严格,要能够经受住长时间的考验。

6. 精度

精度是传感器的一个重要的性能指标,它是关系到整个测量系统测量精度的一个重要环节。传感器的精度越高,其价格越昂贵,因此,传感器的精度只要满足整个测量系统的精度要求就可以,不必选得过高。这样就可以在满足同一测量目的的诸多传感器中选择比较便宜和简单的传感器。

如果测量目的是定性分析的,选用重复精度高的传感器即可,不宜选用绝对量值精度高的;如果是为了定量分析,必须获得精确的测量值,就需选精度等级能满足要求的传感器。

5.1.4 机器人传感器

机器人传感器是指能把智能机器人对内外部环境感知的物理量、化学量、生物量变换为电量输出的装置。智能机器人通过传感器实现某些类似于人类的知觉作用。机器人传感器可分为内部检测传感器和外部检测传感器两大类。内部检测传感器安装在机器人自身中、用来感知它自己的状态,以调整和控制机器人的行动,通常由位置、加速度、速度及压力传感器组成。外部传感器用于机器人对周围环境、目标物的状态特征获取信息,使机器人与环境之间能发生交互作用,从而使机器人对环境有自校正和自适应能力。外部检测传感器通常包括触觉、接近觉、听觉、嗅觉、味觉等传感器。

1. 内部传感器

机器人的内部传感器是用来检测机器人本身状态(如手臂间角度)的传感器,多为检测位移、角度和加速度的传感器。

1)位移传感器

按照特征,位移可分为线位移和角位移。

线位移是指机构沿着某一条直线运动的距离,角位移是指机构沿某一定点转动的角度。

(1)电位器式位移传感器。电位器式位移传感器由一个线绕电阻(或薄膜电阻)和一个滑动触点组成。其中滑动触点通过机械装置受被检测量的控制。当被检测的位置量发生变化时,滑动触点也发生位移,从而改变了滑动触点与电位器各端之间的电阻值和输出电压值,根据这种输出电压值的变化,可以检测出机器人各关节的位置和位移量。

(2)直线感应同步器。直线感应同步器是由定尺和滑尺组成的。定尺和滑尺间保证有一定的间隙,一般为 0.25 mm 左右。在定尺上用铜箔制成单项均匀分布的平面连续绕组,滑尺上用铜箔制成平面分段绕组。绕组和基板之间有一厚度为 0.1 mm 的绝缘层,在绕组的外面也有一层绝缘层,为了防止静电感应,在滑尺的外边还粘贴一层铝箔。定尺固定在设备上不动,滑尺则可以在定尺表面来回移动。

(3) 圆形感应同步器。圆形感应同步器主要用于测量角位移。它由定子和转子两部分组成。在转子上分布着连续绕组,绕组的导片是沿圆周的径向分布的。在定子上分布着两相扇形分段绕组。定子和转子的截面构造与直线感应同步器是一样的,为了防止静电感应,在转子绕组的表面粘贴一层铝箔。

2) 角度传感器

(1) 光电轴角编码器。光电轴角编码器是将圆光栅莫尔条纹和光电转换技术相结合,将机械轴转动的角度量转换成数字电信息量输出的一种现代传感器,作为一种高精度的角度测量设备广泛应用于自动化领域中。根据形成代码的方式不同,光电轴角编码器可分为绝对式和增量式两大类。

绝对式光电编码器由光源、码盘和光电敏感元件组成。光学编码器的码盘是在一个基体上采用照相技术和光刻技术制作的透明与不透明的码区,分别代表二进制码"0"和"1"。对高电平"1",码盘做透明处理,光线可以透射过去,通过光电敏感元件转换为电脉冲;对低电平"0",码盘做不透明处理,光电敏感元件接收不到光,为低电平脉冲。光学编码器的性能主要取决于码盘的质量,光电敏感元件可以采用光电二极管、光电晶体管或硅光电池。为了提高输出逻辑电压,还需要接各种电压放大器,而且每个轨道对应的光电敏感元件都要接一个电压放大器,电压放大器通常由集成电路高增益差分放大器组成。为了减小光噪声的影响,在光路中要加入透镜和狭缝装置,狭缝不能太窄且要保证所有轨道的光电敏感元件的敏感区都处于狭缝内。

增量式编码器的码盘刻线间距均等,对应每一个分辨率区间,可输出一个增量脉冲,计数器相对于基准位置(零位)对输出脉冲进行累加计数,正转则加,反转则减。增量式编码器的优点是响应迅速、结构简单、成本低、易于小型化,广泛用于数控机床、机器人、高精度闭环调速系统及小型光电经纬仪中。码盘、敏感元件和计数电路是增量式编码器的主要元件。增量式光电编码器有三条光栅,A 相与 B 相在码盘上互相错半个区域,在角度上相差 90°。当码盘以顺时针方向旋转时,A 相超前于 B 相首先导通;当码盘反方向旋转时,A 相滞后于 B 相。采用简单的逻辑电路,就能根据 A、B 相的输出脉冲相序确定码盘的旋转方向。将 A 相对应敏感元件的输出脉冲送给计数器,并根据旋转方向使计数器做加法计数或减法计数,可以检测出码盘的转角位置。增量式光电编码器是非接触式的,寿命长、功耗低、耐振动,广泛应用于角度、距离、位置、转速等的检测。

(2) 磁性编码器。磁性编码器是近年发展起来的一种新型编码器,与光学编码器相比,磁性编码器不易受尘埃和结露影响、结构简单紧凑、可高速运转、响应速度快(达 500 ~ 700 kHz)、体积小、成本低。目前高分辨率的磁性编码器分辨率可达每圈数千个脉冲,因此在精密机械磁盘驱动器、机器人等各个领域旋转量(位置、速度、角度等)的检测和控制有着广泛的应用。

磁性编码器由磁鼓和磁传感器磁头构成,高分辨率的磁性编码器的磁鼓是在铝鼓的外缘涂敷一层磁性材料而成。磁头以前曾采用感应式录音机磁头,而现在多采用各向异性金属磁电阻磁头或巨磁电阻磁头,这种磁头采用光刻等微加工工艺制作,精度高、一致性好、结构简单,并且灵敏度高,其分辨率可与光学编码器相媲美。

3）加速度传感器

加速度传感器一般为压电式加速度传感器,也称压电式加速度计,是利用压电效应制成的一种加速度传感器。常见的结构形式是基于压电元件厚度变形的压缩式加速度传感器、基于压电元件剪切变形的剪切式和复合型加速度传感器。

2. 外部传感器

机器人外部传感器是用来检测机器人所处环境（如是什么物体、离物体的距离有多远等）及状况（如抓取的物体是否滑落）的传感器。为了检测作业对象及环境或机器人与它们之间的关系,在机器人上安装了触觉传感器、视觉传感器、力觉传感器、接近觉传感器、超声波传感器、听觉传感器等外部传感器,大大改善了机器人的工作状况,使其能够更充分地完成复杂的工作。随着外部传感器的进一步完善,机器人的功能将越来越强大。

1）力或力矩传感器

机器人在工作时,需要有合理的握力,握力太小或太大都不合适,因此力或力矩传感器是某些特殊机器人中的重要传感器之一。力或力矩传感器的种类很多,有电阻应变片式、压电式、电容式、电感式以及各种外力传感器。力或力矩传感器通过弹性敏感元件将被测力或力矩转换成某种位移量或变形量,然后通过各自的敏感介质把位移量或变形量转换成能够输出的电量。机器人常用的力传感器可分为以下三类：

装在关节驱动器上的力传感器,称为关节传感器。它测量驱动器本身的输出力和力矩,用于控制中力的反馈。

装在末端执行器和机器人最后一个关节之间的力传感器,称为腕力传感器,它可以直接测出作用在末端执行器上的力和力矩。

装在机器人手爪指（关节）上的力传感器,称为指力传感器,它用来测量夹持物体时的受力情况。

2）触觉传感器

触觉是机器人获取环境信息的一种仅次于视觉的重要知觉形式,是机器人实现与环境直接作用的必需媒介。与视觉不同,触觉本身有很强的敏感能力,可直接测量对象和环境的多种性质特征,因此触觉不仅仅只是视觉的一种补充,触觉的主要任务是为获取对象与环境信息和为完成某种作业任务而对机器人与对象、环境相互作用时的一系列物理特征量进行检测或感知。机器人触觉与视觉一样,基本上是模拟人的感觉。广义上,它包括接触觉、压觉、力觉、滑觉、冷热觉等与接触有关的感觉；狭义上它是机械手与对象接触面上的力感觉。触觉是接触、冲击、压迫等机械刺激感觉的综合,触觉可以用来进行机器人抓取,利用触觉可进一步感知物体的形状、软硬等物理性质。对机器人触觉的研究,集中于扩展机器人能力所必需的触觉功能,一般把检测感知和外部直接接触而产生的接触觉、压力、触觉及接近觉的传感器称为机器人触觉传感器。

在机器人中,使用触觉传感器主要有三方面的作用:

(1) 作为操作动作使用,如感知手指同对象物之间的作用力,便可判定动作是否适当,还可以用这种力作为反馈信号,通过调整,使给定的作业程序实现灵活的动作控制,这一作用是视觉无法代替的。

(2) 识别操作对象的属性,如规格、质量、硬度等,有时可以代替视觉进行一定程度的形状识别,在视觉无法使用的场合尤为重要。

(3) 用以躲避危险、障碍物等以防事故,相当于人的痛觉。

3) 接近觉传感器

接近觉传感器介于触觉传感器与视觉传感器之间,不仅可以测量距离和方位,而且还可以融合视觉和触觉传感器的信息。接近觉传感器可以辅助视觉系统的功能,来判断对象物体的方位、外形,同时识别其表面形状。因此,为准确定位抓取部件,对机器人接近觉传感器的精度要求比较高,接近觉传感器的作用可归纳如下:

(1) 发现前方障碍物,限制机器人的运动范围,以避免与障碍物发生碰撞。

(2) 在接触对象物前得到必要信息,如与物体的相对距离、相对倾角,以便为后续动作做准备。

(3) 获取对象物表面各点间的距离,从而得到有关对象物表面形状的信息。

机器人接近觉传感器可分为接触式和非接触式两种测量方法,测量周围环境的物体或被操作物体的空间位置。接触式接近觉传感器主要采用机械机构完成;非接触接近觉传感器的测量根据原理不同,采用的装置各异。对机器人传感器而言,根据所采用的原理不同,机器人接近觉传感器可以分为机械式、感应式、电容式、超声波、光电式等。

4) 滑觉传感器

机器人要抓住属性未知的物体时,必须确定自己最适当的握力目标值,因此需检测出握力不够时所产生的物体滑动。利用这一信号,在不损坏物体的情况下,牢牢抓住物体。为此目的设计的滑动检测器,称为滑觉传感器。

5) 视觉传感器

每个人都能体会到,眼睛对人来说多么重要。有研究表明,视觉获得的信息占人对外界感知信息的80%。人类视觉细胞数量的数量级大约为10^6,是听觉细胞的300多倍,是皮肤感觉细胞的100多倍。人工视觉系统可分为图像输入(获取)、图像处理、图像理解、图像存储和图像输出几个部分,实际系统可以根据需要选择其中的若干部件。

6) 听觉传感器

智能机器人在为人类服务的时候,需要能听懂主人的吩咐,需要给机器人安装耳朵。声音是由不同频率的机械振动波组成的,外界声音使外耳鼓产生振动,中耳将这种振动放大、压缩和限幅,并抑制噪声。经过处理的声音传送到中耳的听小骨,再通过前庭窗传到内耳耳蜗,由柯蒂氏器、神经纤维进入大脑。内耳耳蜗充满液体,其中有30 000个长度不同的纤维组成的基底膜,它是一个共鸣器。长度不同的纤维能听到不同频率的声音,因此内耳相当于一个声音分析器。智能机器人的耳朵首先要具有接收声音信号的器官,其次还需要语音识别系统。在机器人中常用的声音传感器主要有动圈式传感器和光纤式传感器。

7)味觉传感器

味觉是指酸、咸、甜、苦、鲜等人类味觉器官的感觉。酸味是由氢离子引起的,如盐酸、氨基酸、柠檬酸;咸味主要是由 NaCl 引起的;甜味主要是由蔗糖、葡萄糖等引起的,苦味是由奎宁、咖啡因等引起的;鲜味是由海藻中的谷氨酸钠、鱼和肉中的肌酐酸二钠、蘑菇中的鸟苷酸二钠等引起的。

在人类的味觉系统中,舌头表面味蕾上的味觉细胞的生物膜可以感受味觉。味觉物质被转换为电信号,经神经纤维传至大脑。味觉传感器与传统的、只检测某种特殊的化学物质的化学传感器不同。目前某些传感器可以实现对味觉的敏感,如 pH 计可以用于酸度检测、导电计可用于碱度检测、比重计或屈光度计可用于甜度检测等。但这些传感器智能检测味觉溶液的某些物理、化学特性,并不能模拟实际的生物味觉敏感功能,测量的物理值要受到非味觉物质的影响。此外,这些物理特性还不能反应各味觉之间的关系,如抑制效应等。

实现味觉传感器的一种有效方法是使用类似于生物系统的材料作传感器的敏感膜,电子舌是用类脂膜作为味觉传感器,能够以类似人的味觉感受方式检测味觉物质。从不同的机理看,味觉传感器大致可分为多通道类脂膜技术、基于表面等离子体共振技术、表面光伏电压技术等,味觉模式识别是由最初神经网络模式发展到混沌识别。混沌是一种遵循一定非线性规律的随机运动,它对初始条件敏感,混沌识别具有很高的灵敏度,因此应用越来越广。目前较典型的电子舌系统有新型味觉传感器芯片和 SH – SAW 味觉传感器。

5.2 机器人常用测距传感器

移动机器人为了能在未知或实时变化的环境下自主地工作,应具有感受作业环境和规划自身动作的能力。机器人运动规划过程中,传感器主要为系统提供两种信息:机器人附近障碍物的存在信息以及障碍物与机器人之间的距离信息。目前,比较常用的测距传感器有超声波测距传感器、激光测距传感器和红外测距传感器等。

5.2.1 超声波测距传感器

超声波是一种振动频率高于声波的机械波,由换能晶片在电压的激励下发生振动产生的,它具有频率高、波长短、绕射现象小,特别是方向性好、能够定向传播等特点。超声波测距传感器是利用超声波的特性研制而成的。超声波碰到杂质或分界面会产生显著反射形成反射回波,碰到活动物体能产生多普勒效应。因此超声波检测广泛应用在工业、国防、生物医学等方面。以超声波作为检测手段,必须拥有产生超声波和接收超声波的器件。完成这种功能的装置就是超声波测距传感器,习惯上称为超声换能器或超声探头。

超声探头主要由压电晶片组成,既可以发射超声波,也可以接收超声波。小功率超声探头多做探测作用。它有许多不同的结构,可分直探头(纵波)、斜探头(横波)、表面波探头(表面波)、兰姆波探头(兰姆波)、双探头(一个探头反射、一个探头接收)等。

超声探头的核心是其塑料外套或者金属外套中的一块压电晶片。构成晶片的材料可以有许多种。晶片的大小,如直径和厚度也各不相同,因此每个探头的性能是不同的,使用前必须预先了解它的性能。超声波传感器的主要性能指标包括工作频率、工作温度和灵敏度。

（1）工作频率。工作频率就是压电晶片的共振频率。当加到它两端的交流电压的频率和晶片的共振频率相等时，输出的能量最大，灵敏度也最高。

（2）工作温度。由于压电材料的居里点比较高，工作温度比较低，可以长时间地工作而不产生失效。医疗用的超声探头的温度比较高，所以需要单独的制冷设备。

（3）灵敏度。灵敏度主要取决于制造晶片本身。机电耦合系数大，灵敏度高；反之，灵敏度低。

超声波测距传感器可以广泛应用在物位（液位）监测、机器人防撞、各种超声波接近开关以及防盗报警等相关领域，工作可靠、安装方便、防水型、发射夹角较小、灵敏度高，方便与工业显示仪表连接，也提供发射夹角较大的探头。

1. 超声波发生器

为了研究和利用超声波，人们已经设计和制成了许多超声波发生器。总体上讲，超声波发生器可以分为两大类：一类是用电气方式产生超声波，一类是用机械方式产生超声波。电气方式包括压电型、磁致伸缩型和电动型等；机械方式有加尔统笛、液哨和气流旋笛等。它们所产生的超声波的频率、功率和声波特性各不相同，因而用途也不相同。目前较为常用的是压电式超声波发生器。

2. 压电式超声波发生器的原理

压电式超声波发生器实际上是利用压电晶体的谐振来工作的。超声波发生器内部结构如图 5 - 1 所示，它有两个压电晶片和一个共振板。当它的两极外加脉冲信号，其频率等于压电晶片的固有振荡频率时，压电晶片将会发生共振并带动共振板振动，便产生超声波。反之，如果两电极间未外加电压，当共振板接收到超声波时，将压迫压电晶片做振动，将机械能转换为电信号，这时它就成为超声波接收器了。

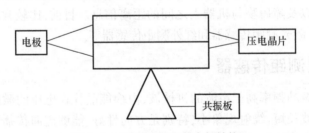

图 5 - 1　超声波发生器内部结构

3. 超声波测距原理

超声波发射器向某一方向发射超声波，在发射时刻的同时开始计时，超声波在空气中传播，途中碰到障碍物就立即返回来，超声波接收器收到反射波就立即停止计时。超声波在空气中的传播速度为 340 m/s，根据计时器记录时间 t，就可以计算出发射点距障碍物的距离 s，即 $s = 340t/2$，这就是所谓的时间差测距法。

超声波测距的原理是利用超声波在空气中的传播速度为已知，测量声波在发射后遇到障碍物反射回来的时间，根据发射和接收的时间差计算出发射点到障碍物的实际距离。

5.2.2 激光测距传感器

激光检测的应用十分广泛,对社会生产和生活的影响也十分明显。激光测距是激光最早的应用之一,这是由于激光具有方向性强、亮度高、单色性好等优点。激光测距传感器先由激光二极管对准目标发射激光脉冲,经目标物体反射后激光向各方向散射,部分散射光返回到传感器接收器,被光学系统接收后成像到雪崩光电二极管上。雪崩光电二极管是一种内部具有放大功能的光学传感器,因此它能检测极其微弱的光信号。记录并处理从光脉冲发出到返回被接收所经历的时间,即可测定目标距离。

激光测距传感器必须极其精确地测定传输时间,因为光速太快,约为 3×10^8 m/s,要想使分辨率达到 1 mm,则激光测距传感器的电子电路必须能分辨出以下极短的时间: $0.001/(3 \times 10^8) = 3(\text{ps})$;要分辨出 3 ps 的时间,这是对电子技术提出的过高要求,实现起来造价太高。但是如今的激光传感器巧妙地避开了这一障碍,利用一种简单的统计学原理,即平均法则实现了 1 mm 的分辨率,并且能保证响应速度。

远距离激光测距仪在工作时向目标射出一束很细的激光,由光电元件接收目标反射的激光束,计时器测定激光束从发射到接收的时间,计算出从观测者到目标的距离;LED 白光测速仪成像在仪表内部集成电路芯片 CCD 上,CCD 芯片性能稳定,工作寿命长且基本不受工作环境和温度的影响。因此,LED 白光测速仪测量精度有保证,性能稳定可靠。

激光测距虽然原理和结构都较简单,但以前主要用于军事和科学研究方面,在工业自动化方面却很少见,因为激光测距传感器售价太高,一般在几千美元。

实际上,所有工业用户都在寻找一种能在较远距离实现精密距离检测的传感器。因为许多情况下近距离安装传感器会受物理位置及生产环境的限制,如今的激光测距传感器将为这类场合的工程师排忧解难。

5.2.3 红外测距传感器

红外测距传感器具有一对红外信号发射器与红外接收器,红外发射器通常是红外发光二极管,可以发射特定频率的红外信号,接收管接收这种频率的红外信号,当红外的检测方向遇到障碍物时,经障碍物反射后,由红外接收电路的光敏接收管接收前方物体反射光,据此判断前方是否有障碍物。根据发射光的强弱可以判断物体的距离,由于接收管接收的光强是随反射物体的距离变化而变化的,因而,距离近则反射光强,距离远则反射光弱。红外信号反射回来被接收管接收,经过处理之后,通过数字接口返回到机器人控制系统,机器人即可利用红外的返回信号来识别周围环境的变化。

因为红外线是介于可见光和微波之间的一种电磁波,因此,它不仅具有可见光直线传播、反射、折射等特性,还具有微波的某些特性,如较强的穿透能力和能贯穿某些不透明物体等。自然界的所有物体只要温度高于绝对零度都会辐射红外线,因而,红外传感器需具有更强的发射和接收能力。

1. 红外测距的过程

红外测距的工作过程简单来讲就是瞄准目标,然后接通电源,启动发射电路,通过发射系统,向目标物体发射红外信号,同时,采样器采样发射信号,作为计数器开门的脉冲信号,启动计数器,时钟振荡器像计数器有效地输入计数脉冲,由目标反射回来的红外线回波作用在光电探测器上,转变为电脉冲信号,经过放大器放大进入计数器,作为计数器的关门信号,计数器停止计数,计数器从开门到关门期间,所进入的时钟脉冲个数,经过运算得到目标距离,测距公式为

$$L = \frac{ct}{2} \tag{5-1}$$

式中：L——待测距离；
c——光速；
t——光脉冲在待测距离上往返传输所需要的时间。

只要求出光脉冲在待测距离往返传输所需要的时间就可以通过式(5-1)求出目标距离。红外脉冲的原理与结构比较简单、测距远、功耗小。

2. 红外测距系统框图

红外测距系统主要由五部分组成:红外发射电路、红外接收电路、放大电路、单片机电路和译码显示电路,其工作过程如图5-2所示。

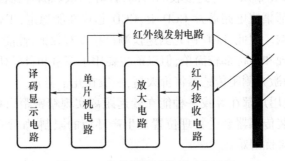

图5-2 红外测距系统的工作过程

系统工作时,由发射单元发出一束激光,到达待测目标物后漫反射回来,经接收单元接收、放大整形后到距离计算单元计算完毕,最后显示目标物距离。

红外传感器已经在现代化的生产实践中发挥着巨大作用,随着探测设备和其他部分技术的提高,红外传感器能够拥有更多的性能和更好的灵敏度。

5.3 机器人常用其他传感器

5.3.1 碰撞传感器

碰撞传感器是使机器人有感知碰撞信息能力的传感器。在机器人需要感应的相应位置上安装有若干个碰撞开关(常开),假设现在安装了四个碰撞开关,其位置如图5-3所示,它们与碰撞环共同构成了碰撞传感器,如图5-4所示。碰撞环与底盘柔性连接,在受力后与底盘产生相对位移,触发固连在底盘上相应的碰撞开关,使之闭合。

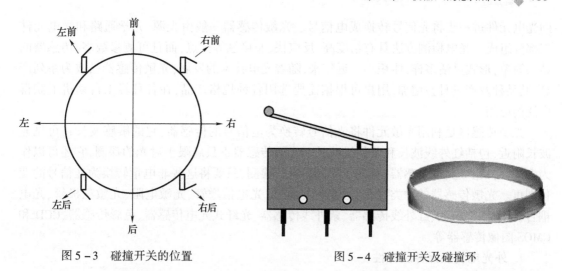

图5-3 碰撞开关的位置　　　　图5-4 碰撞开关及碰撞环

图5-5所示为碰撞传感器的接线图,在机器人中,四个碰撞开关接在一个电阻网络里,如图5-6所示,通过采集模拟口PE3上电压值的变化,来识别出哪个或哪些碰撞开关闭合,从而判断出哪个方向有碰撞。

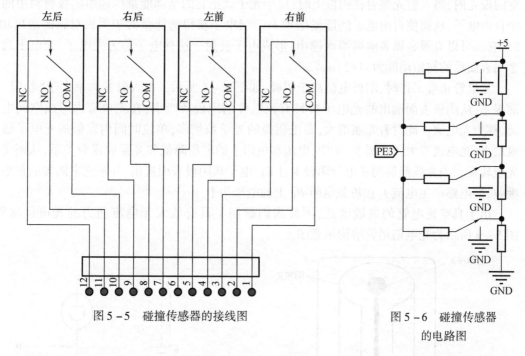

图5-5 碰撞传感器的接线图　　　　图5-6 碰撞传感器的电路图

碰撞一下各个方向,PE3返回值各不相同,这些值是PE3上电压值通过模数转换(模拟量转化为数字量)得到的结果。

5.3.2 光敏传感器

光敏传感器是采用光电元件作为检测元件,把被测量的变化转变为信号的变化,然后借助光电元件进一步将光信号转换成电信号。光敏传感器一般由光源、光学通路和光电元件三部分组成。光电检测方法具有精度高、反应快、非接触等优点,而且可测参数多,传感器的结构简单,形式灵活多样,体积小。近年来,随着光电技术的发展,光敏传感器已成为系列产品,其品种及产量日益增加,用户可根据需要选用各种规格产品,在各种轻工自动机上获得广泛的应用。

光敏传感器是利用光敏元件将光信号转换为电信号的传感器,它的敏感波长在可见光波长附近,包括红外线波长和紫外线波长。光敏传感器不只局限于对光的探测,它还可以作为探测元件组成其他传感器,对许多非电量进行检测,只要将这些非电量转换为光信号的变化即可。光敏传感器的种类繁多,主要有光电管、光电倍增管、光敏电阻、光敏三极管、光电耦合器、太阳能电池、红外线传感器、紫外线传感器、光纤式光电传感器、色彩传感器、CCD 和 CMOS 图像传感器等。

1. 外光电转换元件及特性

根据外光电效应制造的光电元件有光电管和光电倍增管。

光电管的种类繁多,典型的产品有真空光电管和充气光电管,它的外形和结构如图 5 – 7 所示,半圆筒形金属片制成的阴极 K 和位于阴极轴心的金属丝制成的阳极 A 封装在抽成真空的玻壳内,当入射光照射在阴极上时,单个光子就把它的全部能量传递给阴极材料中的一个自由电子,从而使自由电子的能量增加 $h\nu$。当电子获得的能量大于阴极材料的逸出功 A 时,它就可以克服金属表面束缚而逸出,形成电子发射。这种电子称为光电子,光电子逸出金属表面后的初始动能为 $(1/2)mv^2$。

光电管正常工作时,阳极电位高于阴极,如图 5 – 8 所示。在入射光频率大于"红限"的前提下,从阴极表面逸出的光电子被具有正电位的阳极所吸引,在光电管内形成空间电子流,称为光电流。此时若光强增大,轰击阴极的光子数增多,单位时间内发射的光电子数也就增多,光电流变大。在图 5 – 8 中,电流和电阻上的电压降就和光强成函数关系,从而实现光电转换。当光线照射到光电管阴极 K 上时,电子从阴极表面逸出,并被光电阳极的正电厂吸收,外电路产生电流 I,在负载电阻 R_L 上的电压为 U_n。

由于真空光电管的灵敏度低,因此人们研制了具有放大光电流能力的光电倍增管。图 5 – 9 所示为光电倍增管结构示意图。

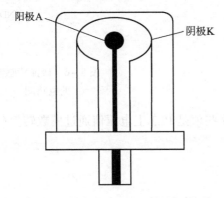

图 5 – 7 光电管的外形和结构

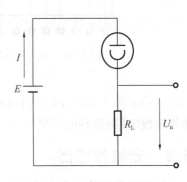

图 5 – 8 光电管测量

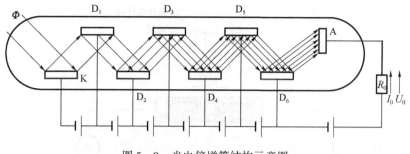

图 5-9 光电倍增管结构示意图

从图 5-9 中可以看到光电倍增管也有一个阴极 K 和一个阳极 A，与光电管不同的是在它的阴极和阳极间设置了若干个二次发射电极，D_1、D_2、D_3……它们称为第一倍增电极、第二倍增电极……，倍增电极通常为 10~15 级。光电倍增管工作时，相邻电极之间保持一定电位差，其中阴极电位最低，各倍增电极电位逐级升高，阳极电位最高。当入射光照射阴极 K 时，从阴极逸出的光电子被第一倍增电极 D_1 加速，以高速轰击 D_1 引起二次电子发射，一个入射的光电子可以产生多个二次电子，D_1 发射出的二次电子又被 D_1、D_2 间的电场加速，射向 D_2 并再次产生二次电子发射……，这样逐级产生的二次电子发射，使电子数量迅速增加，这些电子最后到达阳极，形成较大的阳极电流。若倍增电极有 n 级，各级的倍增率为 σ，则光电倍增管的倍增率可以认为是 σn，因此，光电倍增管有极高的灵敏度。在输出电流小于 1 mA 的情况下，它的光电特性在很宽的范围内具有良好的线性关系。光电倍增管的这个特点，使它多用于微光测量。

2. 内光电转换元件及特性

根据内光电效应制造的光电元件有光敏电阻、光电池等。

1）光敏电阻

当光照射到半导体材料上时，价带中的电子受到能量大于或等于禁带宽度的光子轰击，并使其由价带越过禁带跃入导带，如图 5-10 所示，使材料中导带内的电子和价带内的空穴浓度增加，从而使电导率变大。

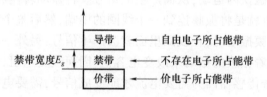

图 5-10 光敏电阻的结构

如图 5-11 所示，管芯是一块安装在绝缘衬底上带有两个欧姆接触电极的光电导体。光电导体吸收光子而产生的光电效应，只限于光照的表面薄层，虽然产生的载流子也有少数扩散到内部去，但扩散深度有限，因此光电导体一般都做成薄层。为了获得高的灵敏度，光敏电阻的电极一般采用梳状图案。

光敏电阻的工作原理是基于内光电效应。在半导体光敏材料的两端装上电极引线，将其封在带有透明窗的管壳里就构成了光敏电阻。

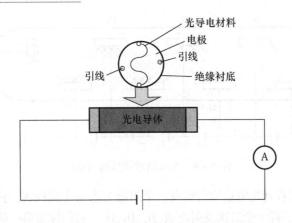

图 5-11　金属封装的硫化镉光敏电阻结构

2) 光电池

光电池是利用光生伏特效应把光直接转变成电能的器件。由于它可把太阳能直接变成电能，因此又称太阳能电池。它是基于光生伏特效应制成的，是发电式有源元件。它有较大面积的 PN 结，当光照射到 PN 结上时，在 PN 结的两端产生电动势。

光敏传感器由于非接触、高可靠性等优点，在测量时对被测物体损害小，所以自其发明以来就在测量领域有着举足轻重的地位，目前它已广泛应用于测量机械量、热工量、成分量、智能车系统等。

光敏传感器具有其他传感器所不能取代的优越性，因此发展前景非常好，应用也越来越广泛。

5.3.3　声音传感器

机器人最常用的声音传感器是麦克风，它是能够识别声音声强大小的一种传感器，用来接收声波，显示声音的振动图像等。声音传感器的原理是在传感器里有一个金属膜片经过声音振动以后，在磁铁内运动，从而产生电信号。将振动转换成信号的方式基本上有两种，一种是动圈式，也就是将振膜连到一个线圈的尾端，然后整个线圈套在一个磁铁上，就好像喇叭一样，当振膜振动时，在线圈里面就会产生信号；另外一种是所谓的电容式，和电话的受话器一样，随着振膜的振动来改变电容值，因而改变电阻，然后改变电流，最后变成信号。电容式的声音传感器因为需要电流才能变成信号，需要电源，所以比动圈式使用成本高。

如图 5-12 所示，麦克风采集到的信号通过 LM386（IC5）进行放大，放大倍数为 200，输出信号接至 PE2。没有声音时，电压为 2.5 V 左右，转换为 8 位二进制数后得到十进制整数为 127 左右。

当有声音时，LM386 的输出电压在 2.5 V 上下波动。PE2 测得的电压和 2.5 V 相减的绝对值越大，则声音越大。如 Mic = 100 = 127 - 27 与 Mic = 154 = 127 + 27 表示两次采集时的瞬时声强是相同的，只是波动的方向不同。R_1、C_{12} 构成高频滤波，滤去线路板其他元器件产生的高频噪声。

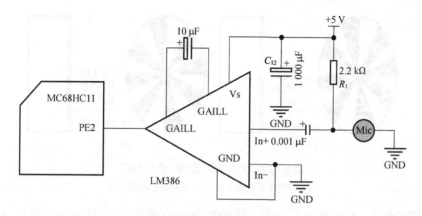

图 5-12　麦克风电路图

声音传感器可以用于机器人控制,其发出的信号经过处理后,可以当作控制信号给机器人,如拍一下手,机器人就开始运动。声音传感器在实际应用中也比较广泛,如声控灯、声控开关等一系列的产品。

5.3.4　光电编码器

光电编码器是一种能够传递机器人轮子转动信息的传感器,它由光电编码模块及码盘组成,如图 5-13 所示。机器人的轮子内侧安装光电编码器,拥有红外发射接收模块。反射器(码盘)是黑白相间的铝合金制成的圆片,共 66 等份。

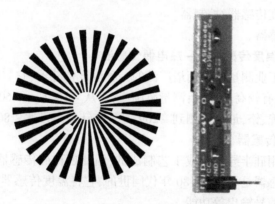

图 5-13　码盘及光电编码模块外形

光电编码器原理上也是靠发射与接收红外光来工作的,如图 5-14 所示。机器人上用的光电编码器芯片集成了发射与接收功能。

从图 5-14 中可以看出:红外光射在黑色辐条上时没有反射信号,因为红外光大部分已经被黑色辐条吸收;当红外光射在白色辐条上时有反射信号,因为红外光在白辐条上反射强烈。当码盘随轮子旋转时,黑条和白条交替经过光电编码器,反馈的信号状态不同,即构成一个脉冲。因此 360°共产生 33 个脉冲,每个脉冲的分辨率约为 10.91°,如果知道轮子直径,就可计算出轮子的转速、行走距离等信息。

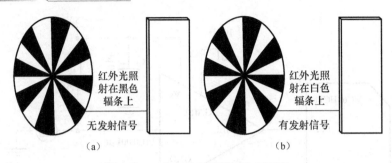

图 5-14 光电编码器的工作原理图
(a) 照射在黑色辐条上；(b) 照射在白色辐条上

光电编码器是一种集光、机、电为一体的数字化检测装置,它具有分辨率高、精度高、结构简单、体积小、使用可靠、易于维护、性价比高等优点,是一种比较理想的光电传感器。近年来,它已发展为一种成熟的多规格、高性能的系列工业化产品,在数控机床、机器人、高精度闭环调速系统、伺服系统等诸多领域中得到了广泛的应用。随着对其关键技术的改造和科学的迅速发展,光电编码器的研制将更趋完善,其产品也将在世界上占领更大的市场。

5.3.5 温度传感器

温度传感器使用范围广,数量多,居各种传感器之首。温度传感器的发展大致经历了以下三个阶段:

(1) 传统的分立式温度传感器(含敏感元件),主要是能够进行非电量和电量之间转换。
(2) 模拟集成温度传感器/控制器。
(3) 智能温度传感器。

1. 传统的分立式温度传感器——热电偶传感器

热电偶传感器是工业测量中应用最广泛的一种温度传感器,它与被测对象直接接触,不受中间介质的影响,具有较高的精度;测量范围广,可从 -50 ℃ ~ 1 600 ℃ 进行连续测量,特殊的热电偶如金、铁、镍、铬,最低可测到 -269 ℃,钨、铼最高可达 2 800 ℃。

2. 模拟集成温度传感器

集成传感器是采用硅半导体集成工艺制成的,因此也称硅传感器或单片集成温度传感器。模拟集成温度传感器是 20 世纪 80 年代问世的,它将温度传感器集成在一个芯片上,可完成温度测量及模拟信号输出等功能。

模拟集成温度传感器的主要特点是功能单一(仅测量温度)、测温误差小、价格低、响应速度快、传输距离远、体积小、微功耗等,适合远距离测温,不需要进行非线性校准,外围电路简单。

3. 智能温度传感器

智能温度传感器(也称数字温度传感器)是 20 世纪 90 年代中期问世的。它是微电子技术、计算机技术和自动测试技术的结晶。目前,国际上已开发出多种智能温度传感器系列产品。智能温度传感器内部包含温度传感器、A/D 传感器、信号处理器、存储器(或寄存器)和接口电路。有的产品还带多路选择器、中央控制器(CPU)、随机存取存储器(RAM)和只读存储器(ROM)。

智能温度传感器能输出温度数据及相关的温度控制量,适配各种微控制器(MCU),并且可通过软件来实现测试功能,即智能化取决于软件的开发水平。

目前,国际上新型温度传感器正从模拟式向数字式、集成化向智能化及网络化的方向发展。

另外,温度传感器按传感器与被测介质的接触方式可分为两大类:一类是接触式温度传感器,一类是非接触式温度传感器。接触式温度传感器的测温元件与被测对象要有良好的热接触,通过热传导及对流原理达到热平衡,这时的示值即被测对象的温度。这种测温方法精度比较高,并可测量物体内部的温度分布。但对于运动的、热容量比较小的及对感温元件有腐蚀作用的对象,这种方法将会产生很大的误差。非接触测温的元件与被测对象互不接触。常用的是辐射热交换原理,此种测温方法的主要特点是可测量运动状态的小目标及热容量小或变化迅速的对象,也可测量温度场的温度分布,但受环境的影响比较大。

5.3.6 数字指南针——电子罗盘

地球是一个巨大的磁体,其磁场强度为 0.3~0.6 Gs(随地理位置的变化而变化,在确定的位置,地磁场强度恒定),磁力线与地球表面平行的分量总指向地磁北极。数字指南针,即电子罗盘,是利用地磁场来确定北极的一种方法。数字指南针一般是用磁阻传感器和磁通门加工而成的电子罗盘。数字指南针内部集成一种电阻(称为磁阻),磁阻在不同方向上感受磁场时其阻值会发生相应的变化,将磁阻阻值的变化转变为电压或电流的变化,就可以对磁场强度进行测量。磁阻传感器通常由磁场检测模块、数字指南针接口卡等组成。

随着微电子集成技术以及加工工艺、材料技术的不断发展。电子罗盘的研究制造与运用也达到了一个前所未有的水平。目前电子罗盘按照有无倾角补偿可以分为平面电子罗盘和三维电子罗盘,也可以按照传感器的不同分为磁阻效应传感器、霍尔效应传感器和磁通门传感器三类。

1. 磁阻效应传感器

磁阻效应传感器是根据磁性材料的磁阻效应制成的。磁性材料(如坡莫合金)具有各向异性,对它进行磁化时,其磁化方向将取决于材料的易磁化轴、材料的形状和磁化磁场的方向。如图 5-15 所示,当给带状坡莫合金材料通电流 I 时,材料的电阻取决于电流的方向与磁化方向的夹角。如果给材料施加一个磁场 B(被测磁场),就会使原来的磁化方向转动。如果磁化方向转向垂直于电流的方向,则材料的电阻将减小;如果磁化方向转向平行于电流的方向,则材料的电阻将增大。磁阻效应传感器一般由四个这样的电阻组成,并将它们接成电桥。在被测磁场 B 的作用下,电桥中位于相对位置的两个电阻阻值增大,另外两个电阻的阻值减小。在其线性范围内,电桥的输出电压与被测磁场成正比。磁阻传感器已经能制作在硅片上,并形成产品。其灵敏度和线性度已经能满足磁罗盘的要求,各方面的性能明显优于霍尔器件。迟滞误差和零点温度漂移还可采用对传感器进行交替正向磁化和反向磁化的方法加以消除。由于磁阻传感器的这些优越性能,使它在某些应用场合能够与磁通门竞争。

2. 霍尔效应传感器

霍尔效应磁传感器的工作原理如图 5-16 所示。如果沿矩形金属薄片的长方向通电流

I,由于载流子受洛伦兹力作用,在垂直于薄片平面的方向施加强磁场 B,则在其横向会产生电压差 U,其大小与电流 I、磁场 B 和材料的霍尔系数 R 成正比,与金属薄片的厚度 d 成反比。100 多年前发现的霍尔效应,由于一般材料的霍尔系数都很小而难以应用,直到半导体问世后才真正用于磁场测量。这是因为半导体中的载流子数量少,如果给它通的电流与金属材料相同,那么半导体中载流子的速度就更快,所受到的洛伦兹力就更大,因而霍尔效应的系数也就更大。

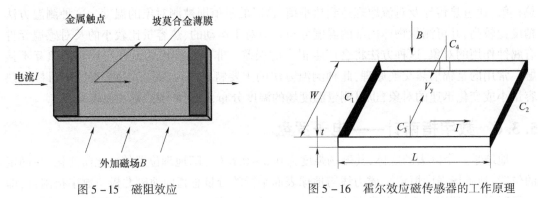

图 5-15　磁阻效应　　　　　　　　图 5-16　霍尔效应磁传感器的工作原理

霍尔效应磁传感器的优点是体积小、质量轻、功耗小、价格便宜、接口电路简单,特别适用于强磁场的测量。但是,它又有灵敏度低、噪声大、温度性能差等缺点。

3. 磁通门传感器

磁饱和法是基于磁调制原理,即利用被测磁场中铁磁材料磁芯在交变磁场的饱和励磁下,其磁感应强度与磁场强度的非线性关系来测量弱磁场的一种方法。应用磁饱和法测量磁场的磁强计称为磁饱和磁强计,也称磁通门磁强计或铁磁探针磁强计。磁饱和法大体划分为谐波选择法和谐波非选择法两大类。谐波选择法只是考虑探头感应电动势的偶次谐波(主要是二次谐波),而滤去其他谐波;谐波非选择法是不经滤波而直接测量探头感应电动势的全部频谱,利用差分对磁饱和探头能够构成磁饱和梯度计,可以测量非均匀磁场,同时利用梯度计能够克服地磁场的影响和抑制外界的干扰。这种磁强计早在 20 世纪 30 年代开始用于地磁测量以来,不断获得发展与改进,目前仍然是测量弱磁场的基本仪器之一。磁饱和磁强计分辨力较高,测量弱磁场的范围较宽,并且可靠、简易、价廉、耐用,能够直接测量磁场的分量和适于在高速运动系统中使用。因此,它广泛应用在各个领域中,如地磁研究、地质勘探、武器侦察、材料无损探伤、空间磁场测量等。近年来,磁饱和磁强计在宇航工程中得到了重要的应用,如用来控制人造卫星和火箭的姿态,还可以测绘"太阳风"以及带电粒子相互作用的空间磁场、月球磁场、行星磁场和行星际磁场的图形。虽然磁通门还存在处理电路相对较复杂、体积较大和功耗相对较大的问题,但随着微系统、微型磁通门和低功耗磁通门的研究,这些问题可以得到解决。从三者的比较来看,目前基于磁电阻传感器的电子罗盘具有体积小、响应速度快等优点,优势明显,是电子罗盘的发展方向。

5.3.7　火焰传感器

火焰是由各种燃烧生成物、中间物、高温气体、碳氢物质以及无机物质为主体的高温固体微粒构成的。火焰的热辐射具有离散光谱的气体辐射和连续光谱的固体辐射。不同燃烧物的火焰辐射强度、波长分布有所差异,但总体来说,其对应火焰温度的 1~2 μm 近红外波长域具有最大的辐射强度。

火焰传感器是机器人专门用来搜寻火源的传感器,当然火焰传感器也可以用来检测光线的亮度,只是火焰传感器对火焰特别灵敏。火焰传感器利用红外线对火焰非常敏感的特点,使用特制的红外接收管来检测火焰,然后把火焰的亮度转化为高低变化的电平信号,输入到中央处理器中,中央处理器根据信号的变化做出相应的程序处理。

远红外火焰传感器可以用来探测火源或其他一些波长在 700~1 000 nm 范围的热源。在机器人比赛中,远红外火焰探头起着非常重要的作用,它可以用作机器人的眼睛来寻找火源或足球。利用它可以制作灭火机器人、足球机器人等。

远红外火焰传感器能够探测到波长在 700~1 000 nm 范围的红外光,探测角度为 60°,其中红外光波长在 880 nm 附近时,其灵敏度达到最大。远红外火焰探头将外界红外光的强弱变化转化为电流的变化,通过 A/D 转换器转化为数值的变化。外界红外光越强,数值越小;红外光越弱,数值越大。

5.3.8　接近开关传感器

在各类开关中,有一种对接近其他物件有"感知"能力的元件——位移传感器。利用位移传感器对接近物体的敏感特性达到控制开关或通断的目的,就是接近开关。当有物体移向接近开关,并接近到一定距离时,位移传感器才有"感知",开关才会动作,通常把这个距离叫"检出距离"。不同的接近开关检出距离不同。

有时被检测物体是按一定的时间间隔,一个接一个地移向接近开关,又一个一个地离开,这样不断地重复。不同的接近开关,对检测对象的响应能力是不同的,这种响应特性被称为"响应频率"。

因为位移传感器可以根据不同的原理和不同的方法做成,而不同的位移传感器对物体的"感知"方法也不同,所以常见的接近开关有以下几种:

1. 无源接近开关

无源接近开关不需要电源,通过磁力感应控制开关的闭合状态。当磁或者铁质触发器靠近开关磁场时,和开关内部磁力作用控制闭合。这种接近开关的特点是不需要电源,非接触式、免维护、环保。

2. 涡流式接近开关

涡流式接近开关有时也叫电感式接近开关。它是利用导电物体在接近这个能产生电磁场接近开关时,使物体内部产生涡流。这个涡流反作用到接近开关,使开关内部电路参数发生变化,由此识别出有无导电物体移近,进而控制开关的通或断。这种接近开关所能检测的物体必须是导电体。

3. 电容式接近开关

电容式接近开关的测量头通常是构成电容器的一个极板,而另一个极板是开关的外壳,这个外壳在测量过程中通常是接地或与设备的机壳相连接。当有物体移向接近开关时,不论它是否为导体,由于它的接近,总要使电容的介电常数发生变化,从而使电容量发生变化,使得和测量头相连的电路状态也随之发生变化,由此便可控制开关的接通或断开。这种接近开关检测的对象,不限于导体,可以是绝缘的液体或粉状物等。

4. 霍尔接近开关

霍尔元件是一种磁敏元件。利用霍尔元件做成的开关,叫作霍尔开关。当磁性物件移近霍尔开关时,开关检测面上的霍尔元件因产生霍尔效应而使开关内部电路状态发生变化,由此识别附近有无磁性物体存在,进而控制开关的通或断。这种接近开关的检测对象必须是磁性物体。

5. 光电式接近开关

利用光电效应做成的开关叫光电开关。将发光器件与光电器件按一定方向装在同一个检测头内。当有反光面(被检测物体)接近时,光电器件接收到反射光后便有信号输出,由此便可"感知"有物体接近。

6. 热释电式接近开关

用能感知温度变化的元件做成的开关叫热释电式接近开关。这种开关是将热释电器件安装在开关的检测面上,当有与环境温度不同的物体接近时,热释电器件的输出便有所变化,由此便可检测出有无物体接近。

7. 其他形式的接近开关

当观察者或系统对波源的距离发生改变时,接近波的频率就会发生偏移,这种现象称为多普勒效应。声呐和雷达就是利用这个效应的原理制成的。利用多普勒效应可制成超声波接近开关、微波接近开关等。当有物体移近时,接近开关接收到的反射信号会产生多普勒频移,由此可以识别出有无物体接近。

接近开关在航空、航天技术以及工业生产中都有广泛的应用。在日常生活中,如宾馆、饭店、车库的自动门、自动热风机上都有应用。在安全防盗方面,如资料档案、财会、金融、博物馆、金库等重地,通常都装有由各种接近开关组成的防盗装置。在测量技术中,如长度、位置的测量;在控制技术中,如位移、速度、加速度的测量和控制,也都使用大量的接近开关。

5.3.9 灰度传感器

灰度传感器是模拟传感器,由一只发光二极管和一只光敏电阻安装在同一面上。灰度传感器利用不同颜色的检测面对光的反射程度不同,光敏电阻对不同检测面返回的光其阻值也不同的原理进行颜色深浅检测。在有效的检测距离内,发光二极管发出白光,照射在检测面上,检测面反射部分光线,光敏电阻检测此光线的强度并将其转换为机器人可以识别的信号。

地面灰度传感器主要用于检测不同颜色的灰度值,如在灭火比赛中判断门口白线,在足球比赛中判断机器人在场地中的位置,在各种轨迹比赛中沿黑线行走,等等。

所谓的灰度也可以认为是亮度,简单地说就是色彩的深浅程度,灰度传感器的主要原理就是使用两只二极管,其中一只为发白光的高亮度发光二极管,另一只为光敏探头。发光二极管发出超强白光照射在物体上,通过物体反射回来落在光敏二极管上,由于照射在它上面的光线强弱的影响,光敏二极管的阻值在反射光线很弱(物体颜色为黑色或深色)时为几百千欧,在反射光很强时为几十欧,这样就能检测到物体的颜色灰度了。

5.3.10 姿态传感器

姿态传感器是基于 MEMS 技术的高性能三维运动姿态测量系统。它包含三轴陀螺仪、三轴加速度计(IMU)、三轴电子罗盘等辅助运动传感器,通过内嵌的低功耗 ARM 处理器输出校准过的角速度、加速度、磁数据等,通过基于四元数的传感器数据算法进行运动姿态测量,实时输出以四元数、欧拉角等表示的零漂移三维姿态数据。

姿态传感器可广泛应用于航模无人机、机器人、天线云台、聚光太阳能、地面及水下设备、虚拟现实、人体运动分析等需要低成本、高动态三维姿态测量的产品设备中。

5.3.11 气体传感器

气体传感器是用来检测气体的成分和含量的传感器。一般认为,气体传感器是一种将某种气体体积分数转化成对应电信号的转换器。探测头通过气体传感器对气体样品进行调理,通常包括滤除杂质和干扰气体、干燥或制冷处理仪表显示部分。

气体传感器包括半导体气体传感器、固体电解质气体传感器、接触燃烧式气体传感器、电化学气体传感器和光学气体传感器等。

1. 半导气体传感器

半导气体传感器是利用半导体气敏元件同气体接触,造成半导体性质变化,借此来检测特定气体的成分和浓度的传感器。这种类型的传感器在气体传感器中约占 60%,因其灵敏度好、价格低、制作简单、体积小等原因受到广泛应用。但由于其稳定性差,受环境影响较大,所以不适用于精确度要求较高的场所。

2. 固体电解质气体传感器

固体电解质气体传感器为离子对固体电解质隔膜传导,分为阳离子传导和阴离子传导,是选择性较强的传感器,研究较多达到实用化的是氧化锆固体电解质传感器,其机理是利用隔膜两侧两个电池之间的电位差等于浓差电池的电势。稳定的氧化锆固体电解质传感器已成功地应用于钢水中氧的测定和发动机空燃比成分测量等。

为弥补固体电解质导电的不足,近几年来在固态电解质上镀一层气体敏膜,把周围环境中存在的气体分子数量和介质中可移动的粒子数量联系起来。

3. 接触燃烧式气体传感器

接触燃烧式气体传感器适用于可燃性气体 H_2、CO、CH_4 的检测。可燃气体接触表面催化剂 Pt、Pd 时燃烧、破热,燃烧热与气体浓度有关。这类传感器的应用面广、体积小、结构简单、稳定性好,其缺点是选择性差。

4. 电化学气体传感器

常用的电化学气体传感器有两种:

1) 恒电位电解式传感器

恒电位电解式传感器是将被测气体在特定电场下电离,由流经的电解电流测出气体浓度,这种传感器灵敏度高,对毒性气体检测有重要作用。

2) 原电池式气体传感器

在 KOH 电解质溶液中,Pt–Pb 或 Ag–Pb 电极构成电池,已成功用于检测 O_2,其灵敏度高,其缺点是透水、逸散、吸潮,电极易中毒。

5. 光学气体传感器

红外线气体传感器是典型的吸收式光学气体传感器,是根据气体分别具有各自固有的光谱吸收谱检测气体成分,非分散红外吸收光谱对 SO_2、CO、CO_2、NO 等气体具有较高的灵敏度。

另外紫外线吸收、非分散紫外线吸收、相关分光、二次导数、自调制光吸收法对 NO、NO_2、SO_2、$CH(CH_4)$ 等气体具有较高的灵敏度。

光学气体传感器是利用气体反应产生色变引起光强度吸收等光学特性改变,传感元件是理想的,但是气体光感变化受到限制,传感器的自由度小。

此外,利用其他物理量变化测量气体成分的传感器在不断开发,如声表面波传感器检测 SO_2、NO_2、H_2S、NH_3、H_2 等气体也有较高的灵敏度。

5.3.12 人体热释电红外线传感器

1. 人体热释电红外线传感器的工作原理及特性

普通人体会发射 10 μm 左右的特定波长红外线,用专门设计的传感器就可以针对性地检测这种红外线的存在与否,当人体红外线照射到传感器上后,因热释电效应将向外释放电荷,后续电路经检测处理后就能产生控制信号。这种专门设计的探头只对波长为 10 μm 左右的红外辐射敏感,所以除人体以外的其他物体不会引发探头动作。探头内包含两个互相串联或并联的热释电元件,而且制成的两个电极化方向正好相反,环境背景辐射对两个热释电元件几乎具有相同的作用,使其产生释电效应相互抵消,于是探测器无信号输出。一旦人侵入探测区域内,人体红外辐射通过部分镜面聚焦,并被热释电元件接收,但是两个热释电元接收到的热量不同,热释电也不同,不能抵消,于是输出检测信号。

为了增强敏感性并降低白光干扰,通常在探头的辐射照面覆盖有特殊的菲尼尔滤光透镜,菲尼尔滤光片根据性能要求不同,具有不同的焦距(感应距离),从而产生不同的监控视场,视场越多,控制越严密。

热释电红外传感器不但适用于防盗报警场所,也适用于对人体伤害极为严重的高压电及 X 射线、γ 射线工业无损检测。

2. 人体热释电红外线传感器的特点

人体热释电红外线传感器的功耗小,能长期可靠工作。同时由于其不发射任何类型的辐射信号,不易被常规手段侦测到,所以在安全监控领域得到大量使用。

人体热释电红外线传感器容易受各种热源、光源、射频辐射的干扰,其穿透力较差,人体的红外辐射容易被各种物体遮挡,并且当环境温度和人体温度接近时,探测灵敏度会明显下降,严重时还会造成探测失效,因此在设计及安装使用时应注意上述问题。

人体热释电红外线传感器对人体的敏感程度还和人的运动方向有关。人体热释电红外线传感器对于径向移动反应不敏感,而对于横切方向(与半径垂直的方向)移动则较为敏感,在现场选择合适的安装位置是避免红外探头误报,以求得最佳检测灵敏度的重要环节。

3. 检测信号处理电路

当人体进入传感器监测的范围时,传感器将输出一个有效的检测信号,此信号经检测信号处理电路进行放大、滤波、比较后输出一个电压去驱动控制电路,以此完成侦测过程。

完成检测信号的处理工作,可以使用专用的集成电路,如 HT7610、PT8A2620 等,也可以采用 LM324 等普通运算放大器来实现,这样可使整机成本得到降低。

4. 控制及执行电路

在照明领域中,我们通常希望传感器侦测到人体活动后能开启一个照明灯具,依据负载类型的不同、产品成本的考虑等因素,可以选择双向可控硅或继电器等器件来作为控制及执行电路。通常,当我们需要点亮一个如白炽灯类的负载时,使用双向可控硅是比较常用的方法;若驱动的是非阻性的负载时,则常常使用继电器作为执行器件。至于在安全监控领域应用时,通常是将控制电压通过有线或无线的方式去驱动指示灯、迅响器或其他受控电路。

5. 电源电路

由于人体红外线传感器及后级电路的功耗很小,在产品设计中通常使用电容降压式的电源电路。当产品用于安全监控领域时,通常会使用电池供电,在这种情况下,必须设计有电池欠压指示电路。

6. 人体热释电红外线传感器开关的安装要求

人体热释电红外线传感器的误报率与安装的位置和方式有极大的关系,正确的安装应满足下列条件:

(1) 传感器开关应离地面 2.0~2.4 m。

(2) 传感器远离空调、冰箱、火炉等易造成空气温度变化的物体。

(3) 传感器开关探测范围内不得有隔屏、家具、大型盆景或其他隔离物。

(4) 传感器开关不要安装在有强气流活动的地方。

5.3.13 视觉传感器

1. 视觉传感器的应用

机器人视觉一般指与之配合操作的工业视觉系统,把视觉系统引入机器人以后,可以扩大机器人的使用性能,帮助机器人在完成指定任务的过程中,具有更大的适应性。视觉传感器是视觉系统的核心,是提取环境特征最多的信息源。它既要容纳进行轮廓测量的各种光学、机械、电子、敏感器等各方面的元器件,又要体积小、质量轻。视觉传感器包括激光器、扫描电动机及扫描机构、角度传感器、线性 CCD 敏感器及其驱动板和各种光学组件。

机器人视觉的作用是从三维环境图像中获得所需的信息并构造出观察对象的明确而有意义的描述,视觉包括三个过程:图像获取、图像处理和图像理解。图像获取是指通过视觉传感器将三维环境图像转换为电信号;图像处理是指图像到图像的一种变换,如特征提取;图像理解则在处理的基础上给出环境描述。视觉传感器的核心器件是摄像管或 CCD,摄像管是早期产品,CCD 是后发展起来的。目前 CCD 已能做到自动聚焦。

在空间中判断物体的位置和形状一般需要两类信息：距离信息和明暗信息。视觉系统主要是用来解决这两方面的问题。当然作为物体视觉信息来说还有色彩信息，但它对物体的识别不如前两类信息重要，所以在视觉系统中用得不多。获得距离信息的方法可以有超声波、激光反射法、立体摄像法等。明暗信息主要靠电视摄像机、固态摄像机来获得。与其他传感器工作情况不同，视觉系统对光线的依赖性很大，往往需要好的照明条件，以便使物体所形成的图像最为清晰，复杂程度最低，检测所需的信息得到增强，不至于产生不必要的阴影、低反差、镜面反射等问题。下面列举一些已取得的应用成果。

1）工业上的应用

在工业环境中，机器视觉应用日臻成熟，在提高工业生产灵活性和自动化程度方面发挥着重要的作用。此外，在危险工作环境或人工视觉难以满足要求的场合，用机器视觉来替代人工视觉也提高了作业的安全性。在流水线上通过图像识别技术检查产品外观缺损、标签印刷错误、电路板焊接质量缺陷的图像识别系统就是机器视觉系统应用于工业领域的成功范例。印刷包装、汽车工业、半导体材料、食品生产等，都是机器视觉在工业领域的应用方向。

2）农业上的应用

在农业生产中，有一部分工作是对农作物或农产品的外观进行判断，如水果品质检测、果实成熟度判别、作物生长状况以及杂草的识别等。这些过去主要是依靠人的视觉进行辨别和判断的工作可以由机器视觉技术部分或全部替代，从而实现农业自动化和智能化。例如，来自南京林业大学的黄秀玲团队就设计了一条可以对苹果品质进行动态、实时检测的智能化分级生产线。在生产线上，均匀分布的三个摄像头一次性采集苹果表面信息，通过计算机智能控制系统对采集信息进行综合分析，从而对苹果进行分级。不过，也有专家表示，由于农田环境的复杂多变性以及非结构化特性，目前机器视觉在农业生产中的应用尚不成熟，仍需进一步完善。

3）各类检验、监视中的应用

如检查印刷底板的裂痕、短路及不合格的连接部分；检查铸件的杂质和断口；对产品样品进行常规检查；检查标签文字标记、玻璃产品的裂缝和气泡等。

4）勘探中的应用

在勘探采集、有色冶炼等过程中，机器视觉技术也大有可为。选矿是矿产资源加工中的一个重要环节，选矿水平高低直接影响矿物资源的回收。近年来，基于机器视觉的矿物表面特征，监测技术已引起工业发达国家科研机构的高度关注。资料显示，欧盟联合多家大学和企业，于2000年启动了"基于机器视觉的气泡结构和颜色表征"项目；南非、智利等国家也将机器视觉应用到石墨、铂金属的浮选监控中。在国内，对煤和镍的浮选监控研究也取得了重大进展。

5）商业上的应用

自动巡视商店或者其他重要场所门廊，自动跟踪可疑的人并及时报警。

6）遥感方面的应用

自动制图、卫星图像与地形图对准，自动测绘地图；国土资源管理，如森林、水面、土壤的管理等;还可以对环境、火灾自动监测。

7) 医疗、科研等方面的应用

在医学领域,机器视觉可以辅助医生进行医学影像的分析,如 X 射线透视图、核磁共振图像、CT 图像、染色体切片、癌细胞切片、超声波图像的自动检查,进而自动诊断等。在科学研究领域,可以利用机器视觉进行材料分析、生物分析、化学分析和生命科学分析,如血液细胞自动分类计数、染色体分析、癌症细胞识别等。

8) 军事方面的应用

自动监视军事目标,自动发现、跟踪运动目标,自动巡航捕获目标和确定距离。

在过去的几年中,机器人视觉的学术研究没有与其实际应用结合起来。当科学工作者努力研究能够识别多物体有阴影的景物,用人工智能技术来识别图像,开发类似人眼的机器人视觉时,产品工程师正在努力研制特定用途的硬件、二进制图像、扫描光和部分物体识别。因此,一些简单的设备用于被观察物体(待装配零件)的进给和预定位,以及被观察物体上的一些重要标记被用于装配系统的识别,装夹和搬运任意放置的工件还无法实现。

近年来,随着传感技术的发展,视觉传感器已用于各个领域,视觉的典型应用领域为组装和自主式智能系统与导航。在组装过程中,局部和整体需求都要用到计算机视觉。元件的定向和定位,机器人手腕或手爪的一个零件,以及元件的检验或工具放在夹具中都被认为是局部需求。元件的位置或用于安装工艺的机器人工作空间的一个零件被认为是全局需求。机器人视觉重要被用于全局需求,安装过程中组装件的定位。视觉的典型应用领域为自主式智能系统和导航。

视觉这一概念来自生物科学。反射自各种物体的光线作用于视觉器官(对大多数生物来说是眼睛),使其感受细胞得到相关信息,其信息经视觉神经系统加工后便产生视觉,再经过大脑,便有了眼前所见的物体。人和动物通过视觉感知外界物体的大小、明暗、颜色、动静,获得对机体生存具有重要意义的各种信息,至少有 80% 以上的外界信息经视觉获得,视觉是人和动物最重要的感觉,视觉成像的最基本原理就是凸透镜成像。和照相机类似,眼球中的角膜和晶状体的共同作用,相当于一个"凸透镜",视网膜相当于照相机的底片。从物体发出的光线经过人眼的凸透镜在视网膜上形成倒立、缩小的实像,分布在视网膜上的视神经细胞受到光的刺激,把这个信号传输给大脑,经过处理使人可以看到这个物体的正像。其原理如图 5-17 所示。

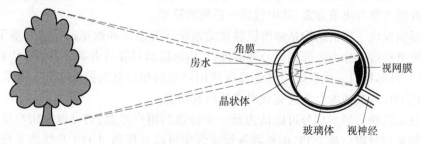

图 5-17 人眼成像原理

机器视觉系统针对不同的应用有着不同的形式。系统按功能构成大致可分为视觉信息输入设备(视觉传感器)、图像采集系统、图像处理系统以及一些辅助设备,如光源、输出接口和通信接口等。由图像传感器产生图像信息,经由采集系统输入至处理系统,根据算法进行相应的图像处理、模式识别后,完成相应的检测和识别任务,由计算机或其他设备显示结果或输出控制信号。机器视觉系统一般以计算机为中心,由光源系统、视觉传感器、图像采集系统以及图像处理系统、控制系统等模块组成,如图 5-18 所示,而视觉传感器在其中起着关键性的作用。

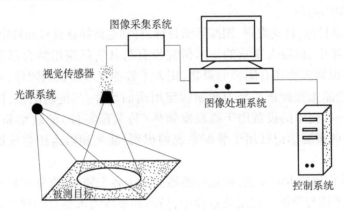

图 5-18 机器视觉系统的构成

一般来说,模块化的机器视觉系统由以下几个模块组成:

(1) 光学系统模块。光学系统模块一般又可分为照明系统和镜头光学系统设计两部分。照明系统就是通过研究被测物体的光学特性、距离、物体大小、背景特性等,合理地设计光源的强度、颜色、均匀性、结构、大小,并设计合理的光路,以达到获取目标相关结构信息和清晰成像的目的,而镜头是将物方空间信息投影到像方的主要部件。镜头的设计主要是根据检测的光照条件和目标特点选好镜头的焦距、光圈范围和其他技术指标。

(2) 视觉传感器模块。视觉传感器是机器视觉的主要功能部件,主要负责信息的光电转换,位于镜头后端的像平面上。目前,主流的图像传感器可分为 CCD 与 CMOS 图像传感器两类。

(3) 图像处理模块。图像处理模块主要负责图像的处理与信息参数的提出,可分为硬件结构与软件算法两个层次。硬件结构一般是以 CPU 为中心的电路系统,有独立处理数据能力的智能相机依赖于板上的信息处理芯片,如 DSP、ARM、FPGA 等。软件部分包括一个完整的图像处理方案与决策方案,其中包括一系列的算法。

(4) 通信模块。通信结构是输出机器视觉系统运算结果和数据的模块。基于 PC 的机器视觉系统可将接口分为内部接口与外部接口,内部接口只要负责系统将信号传到 PC 机的高速通信口,外部接口完成系统与其他系统或用户通信和信息交换的功能。智能相机则一般利用通用 I/O 与高速的以太网完成对应的所有功能。

(5) 显示模块。显示部分可以认为是一个特殊的用户界面,它可以使用户更为直观的检测系统的运行过程。基于 PC 的机器视觉系统中可以直接通过 PCI 总线将系统的数据信息传输到显卡,并通过 VGA 接口传到计算机屏幕上。

(6) 控制模块。控制模块主要是根据处理模块下达的命令控制机器视觉系统的执行器来进行各种操作,是视觉系统的最终服务方。

2. 视觉传感器的构成及工作原理

相机可以看作是简单的视觉传感器,但是视觉传感器并不是一部简单的相机,而可以看作是一个高度集成化的小型机器视觉系统。具体的定义是,视觉传感器就是一个将图像的采集、处理与通信功能集成于单一相机内,从而提供具有多功能、模块化、高可靠性、易于实现的机器视觉解决方案。视觉传感器中还包含了 DSP、FPGA 及大容量存储技术,其智能化程度不断提高,可满足多种机器视觉的应用需求。

视觉传感器的组成一般为图像采集单元、图像处理单元、图像处理软件、网络通信单元和显示设备等,如图 5 – 19 所示。

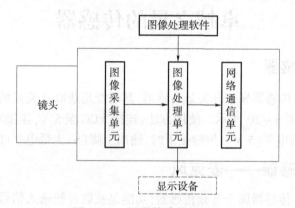

图 5 – 19 视觉传感器的组成

各部分的功能如下:

(1) 图像采集单元相当于数码相机中的 CCD 和 COMS 感光元件,但是其又集成了图像采集卡等芯片化设备,其功能就是将光学图像采集后转换为模拟/数字图像,并输出到图像处理单元以便进一步处理。

(2) 图像处理单元相当于数码相机中的图像处理卡。其功能就是将采集单元传输过来的图像信息进行储存和处理,这其中也要得到图像处理软件的支持。图像处理单元的硬件组成一般由 DSP 或 FPGA 等高速数字处理器所构成,用户可以根据自己的需求来定制其中的软件,具有很大的灵活性和很强的开发能力。

(3) 硬件和软件是不可能分离的,图像处理软件的作用就是为图像处理单元提供软件和算法支持。不同类型的视觉传感器都搭载有相应的图像处理软件,而现在的图像处理软件越来越朝着模块化工具包和可视化操作的方向发展。

(4) 通信单元是视觉传感器和外界联系的重要渠道,主要负责图像信息的通信工作。通信单元以 TCP/IP、FTP、Telnet、SMTP、Ether Net/IP 等协议为基础,内置以太网或无线通信装置,从而将视觉传感器捕捉的视觉信息传递到网络中,一般供用户随时调用。

(5) 显示设备是可选设备,主要功能是实时为用户提供视觉传感器监控对象的情况。

3. 视觉传感器的特点

视觉传感器代替人工辨识物体具有不可比拟的优势,其具有操作简单、维修方便、安装

灵活等优势,可以在短时间内构建起一整套机器视觉系统,其特点还表现在以下几个层面:

(1) 体积小、结构紧凑。最小的视觉传感器已经可以做到乒乓球大小,Feith 公司所研发的新一代视觉传感器的体积仅为 48 mm×58 mm×70 mm,质量仅为 130 g,易于安装在生产线和各种设备上,且便于装卸和移动。

(2) 集成度高。视觉传感器通过将图像采集单元、图像处理单元、图像处理软件和网络通信设备的集成,实现了机器视觉采集的一站式服务和较高的效率与稳定性。

(3) 操作和可开发性强。视觉传感器的硬件是以 DPS 或 FPGA 高速处理技术为基础的,而且已经形成了一定的固定机器视觉算法,所以在操作性上已经达到了很高的水平。

5.4 机器人传感器的实践应用——卓越之星的传感器

5.4.1 碰撞传感器

卓越之星的碰撞传感器属于开关量传感器,其功能是获取开关量的输入,接口是三针杜邦线接口,其线序如图 5-20 所示。使用方法:连接 VCC 至 5 V,连接 GND 至地,按键释放时,输出引脚(S)为高电平(5 V),按键按下时,输出引脚(S)为低电平(0 V)。

5.4.2 声音传感器——麦克风

卓越之星的声音传感器属于音频传感器,功能是获取音频输入信号,其接口为三针杜邦线接口,其线序如图 5-21 所示,其中 SIG 接耳机线中的 MIC 线。

图 5-20 碰撞传感器的线序

图 5-21 声音传感器的线序

使用方法:通过耳机线连接传感器与 Woody 控制器,可以作为 Woody 控制器的音源输入。

5.4.3 光强传感器

卓越之星的光强传感器属于模拟量传感器,其功能是获取光照强度,接口为三针杜邦线接口,其线序如图 5-22 所示,其中 SIG 为输出端。

使用方法:光照越强,输出电压值越高(在 0.8~4.5 V 浮动),使用时需要根据现场光照条件确定阈值。

5.4.4 灰度传感器

卓越之星的灰度传感器属于模拟量传感器,其功能是获取物体表面灰度,接口为三针杜邦线接口,其线序如图 5-23 所示,其中 SIG 为输出端。

图 5-22 光强传感器的线序

图 5-23 灰度传感器的线序

使用方法:测量表面灰度越高(越接近白色),输出电压值越高,面对 A4 白纸面(距离 1 cm)约为 3.6 V,黑纸面约为 2.8 V,使用时需要根据现场光照条件确定阈值。

5.4.5 霍尔传感器

霍尔传感器属于模拟量传感器,其功能是获取磁感应强度,接口是三针杜邦线接口,其线序如图 5-24 所示,SIG 为输出端。

使用方法:无磁钢状态下输出电压 2.5 V,有磁钢状态下输出电压小于 2.5 V 或大于 2.5 V(视磁场极性而定),变化范围在 2.3~2.7 V。

5.4.6 倾角传感器

倾角传感器属于模拟量传感器,其功能是获取倾斜角度,接口为三针杜邦线接口,其线序如图 5-25 所示,SIG 为输出端。

图 5-24 霍尔传感器的线序

图 5-25 倾角传感器的线序

使用方法:输出引脚(SIG 脚)的输出电压特性曲线如图 5-26 所示。

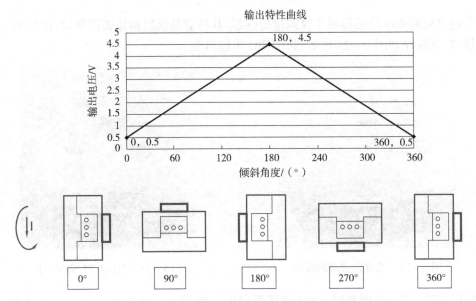

图 5-26 输出引脚(SIG 脚)的输出电压特性曲线

5.4.7 温度传感器

温度传感器属于模拟量传感器,其功能是获取温度信息,接口为三针杜邦线接口,其线序如图 5-27 所示,SIG 为输出端。

使用方法:0 ℃时,输出 0 V,温度每升高 1 ℃,输出电压增加 10 mV,最高工作温度 100 ℃。

5.4.8 红外接近传感器

红外接近传感器属于数字量传感器,它的功能是判断有无障碍物,接口有三针杜邦线(母头),线序:杜邦线

图 5-27 温度传感器的线序

母头带三角一侧为 GND(连接时对应控制器输出接口的三角标志),依次为 VCC(电源输入)、S(数字量信号输出脚)。

使用方法:无障碍物时,传感器自带灯不亮,输出引脚为高电平(5 V),检测到障碍物时,传感器自带灯点亮,输出低电平,传感器检测范围可以通过旋转传感器上的电位器调节。

5.4.9 RF 读卡器

RF 读卡器属于 RS232 传感器,其功能是读取 RFID 卡的信息,有五针杜邦线接口(仅需要其中 TXD 和 5 V 两个引脚用以发送数据)。三针接口的信号输出(SIG)端输出 5 V 表示有卡,0 V 表示无卡,有卡时绿色指示灯亮。其线序如图 5-28 所示。

图 5-28 RF 读卡器

使用方法:UART 接口一帧的数据格式为 1 个起始位、8 个数据位、无奇偶校验位、1 个停止位,波特率为 9 600 b/s。数据格式有 5 B 数据,高位在前,格式为 4 B 数据 + 1 B 校验和(异或和)。例如,卡号数据为 0xE0A00890,则输出为 0xe0 0xa0 0x08 0x90 0xd8(校验和计算:0xe0^0xa0^0x08^0x90 = 0xd8)。当有卡进入该射频区域内时,读卡器主动发出以上格式的卡号数据。

5.4.10 寻线传感器

卓越之星的寻线传感器属于舵机总线传感器,其功能是感知白线位置,舵机总线接口支持级联。

使用方法:在初次使用寻线板时需要对寻线板 7 个传感器的灵敏度进行调节。调节方法为将贴有黑色胶带的白纸放在寻线板的传感器下方(距离最好不要超过 6 mm),调节传感器对应的电位器阻值,要调节到当白纸放在传感器下方时,对应的 LED 灯灭,当黑色胶带处于传感器下方时,对应的 LED 灯亮。

寻线板的通信协议格式与 CDS 系列数字舵机相同,目前寻线板的 ID 地址固定为 0x00,波特率为 1 000 000,通过发送一条固定的协议即可请求 7 个传感器的状态。具体协议为 FF FF 00 04 02 32 01 C6(请求返回 7 个传感器状态指令)检验 0xC6 = ~(0x00 + 0x04 + 0x02 + 0x32 + 0x01)。

返回协议为 FF FF 00 03 00 1C D0。

校验 0xD0 = ~(0x00 + 0x03 + 0x00 + 0x1C)。

返回值中 0X30 即选线板 7 个传感器的状态(低 7 位为有效益),0x1C 转为二进制 1 110 000(最高位无效),即传感器 1、2、3、4 检测的白色(从寻线板上方看传感器从左到右为 1~7,分别对应返回值的 1~7 位)。

第 6 章

机器人的运动系统

机器人要完成各种各样的动作和功能,如移动、抓举、抓紧工具等工作,必须靠动力装置、机械机构来完成。机器人的运动系统包括原动机部分、传动部分、执行部分、控制系统和辅助系统。

原动机部分是驱动整部机器完成预定功能的动力源。任何机械要运动都需要动力装置,机器人完成功能同样需动力装置。一般地说,它们都是把其他形式的能量转换为可以利用的机械能。原动机部分可采用人力、畜力、风力、液力、电力、热力、磁力和压缩空气等作动力源。现代机器中使用的原动机大致是以各式各样的电动机和热力机为主的。

执行部分是用来完成机器预定功能的组成部分,不同的机器有不同的执行部分。有些机器可以只有一个执行部分,也可以把机器的功能分解成几个执行部分。

由于机器的功能是各式各样的,所以要求执行部分的运动形式也是各式各样的。同时,所要克服的阻力也会随着工作情况而异。但是原动机的运动形式、运动及动力参数却是有限的,而且是确定的。这就要求必须把原动机的运动形式、运动及动力参数转变为执行部分所需要的运动形式、运动及动力参数,这个任务就是靠传动部分来完成的。也就是说,机器中之所以必须有传动部分,就是为了解决运动形式、运动及动力参数的转变。

简单的机器就只由上述三个基本部分组成。随着机器的功能越来越复杂,对机器的精确度要求也越来越高,如机器只有以上三个基本部分,使用起来就会遇到很大的困难。所以机器除了以上三个部分外,还会不同程度地增加其他部分,如控制系统和辅助系统等。

6.1 机器人原动机的类型

原动机是带动执行机构到达指定位置的动力源,原动机的动力输出绝大多数呈旋转运动的状态,输出一定的转矩。目前使用的主要驱动方式有液压驱动、气压驱动、直流电动机驱动、直流减速电动机驱动、无刷直流电动机驱动、步进电动机驱动、伺服电动机驱动和舵机驱动。

6.1.1 液压驱动

液压系统的主要元件包括液压泵、液压油缸、液压阀、调压器等,通过油管连成系统。其中液压泵通过电动机旋转带动其旋转,从油箱吸油再高压泵出,如同心脏一样为液压系统提供动力,液压泵的外形如图 6-1 所示。液压油缸则是液压系统的运动执行元件,通过液压油推动油缸中的活塞运动带动机械运动,其作用如同手脚。液压阀接收电气控制信号切换油路,以实现控制油缸活塞启停、换向的作用,常用的电磁液压阀如图 6-2 所示。调压阀用以控制液压油路的压力大小。

图 6-1 液压泵的外形

图 6-2 常用的电磁液压阀

图 6-3 所示为典型的符号化的液压系统图,该液压系统由油箱、滤油器、马达、油泵、三位四通电磁液压阀、液压油缸、调压阀组成,用于控制液压油缸中的活塞向左或向右运动。其中马达带动油泵旋转,从油箱吸油上来并利用滤油器保持进油干净,抽上来的油从油泵出油口加压打到 a 点。图 6-3 中的电磁阀由中间的阀体、活动阀芯、两边的电磁铁和弹簧组成,用于控制活塞启停和换向:在左、右电磁铁均不通电的情况下,阀芯在左、右弹簧力平衡下保持在中位,油路被堵死,导致压力油无法通过电磁阀进入油缸;当左电磁铁通电时,推动阀芯右移,使 1、2、3、4 点替代了原来 a、b、c、d 点占据的位置,压力油经 1→3→e 进入油缸左侧推动活塞右移,回油从活塞右侧经 f→4→2→g;当右电磁铁通电时,推动阀芯左移,使 5、6、7、8 点替代了原来 a、b、c、d 点占据的位置,压力油经 5→8→f 进入油缸右侧推动活塞左移,

回油从活塞左侧经 $e→7→6→g$。调压阀由阀体、阀芯和可以用螺丝刀调整预紧力的弹簧组成,其作用是控制油路压力,g 点的回油经 h 点形成阀芯控制油路。当回油压力过高时,控制油路克服弹簧推力推动阀芯右移,最后接通 g、i 两点,使回油经 $g→i→$ 油箱,此时回油油压下降,阀芯在弹簧力作用下又左移封闭断开 gi 通路以保持油压,调压阀利用此动态的开通和关断过程,保持油路压力在一个稳定的水平上。

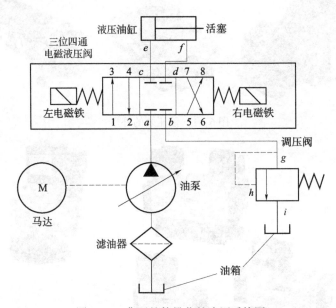

图 6-3 典型的符号化的液压系统图

液压驱动是由高精度的缸体和活塞一起完成的。活塞和缸体采用滑动配合,压力油从液压缸的一端进入,把活塞推向液压缸的另一端,调节液压缸内部活塞两端的液体压力和进入液压缸的油量即可控制活塞的运动。

机器人的驱动系统采用液压驱动,有以下几个优点:

(1) 液压容易达到较高的单位面积压力(常用油压为 2.5~6.3 MPa),体积较小,可以获得较大的推力或转矩。

(2) 液压系统介质的可压缩性小,工作平稳可靠,并可得到较高的位置精度。

(3) 液压传动中,力、速度和方向比较容易实现自动控制。

(4) 液压系统采用油液作介质,具有防锈性和自润滑性能,可以提高机械效率,使用寿命长。

液压传动系统的不足之处有以下几点:

(1) 油液的黏度随温度变化而变化,影响工作性能。高温容易引起燃烧爆炸等危险。

(2) 液体的泄漏难于克服,要求液压元件有较高的精度和质量,故造价较高。

(3) 需要相应的供油系统,尤其是电液伺服系统要求严格的滤油装置,否则会引起故障。

许多早期的机器人都是采用由伺服阀控制的液压缸产生直线运动。液压缸功率大,结构紧凑,价格便宜。虽然高性能的伺服阀价格较贵,但由于不需要把旋转运动转换成直线运动,可以节省转换装置的费用。美国 Unimation 公司生产的 Unimate 型机器人采用了直线液压缸作为径向驱动源。Versatran 机器人也使用直线液压缸作为圆柱坐标式机器人的垂直驱动源和径向驱动源。目前高效专用设备和自动线大多采用液压驱动,因此配合作业的机器人可直接使用主设备的动力源。对于单独的机器人机构,今后的发展将以电动驱动为主要方向。

液压驱动机构可以是闭环或开环的,也可以是直线的或旋转的。

1. 直线液压缸

用电磁阀控制的直线液压缸是最简单和最便宜的开环液压驱动装置。在直线液压缸的操作中,通过受控节流口调节流量,可以在达到运动终点时实现减速,使停止过程得到控制。

大直径液压缸不仅本身造价高昂,而且需配备昂贵的电液伺服阀,但能得到较大的出力,工作压力通常达 14 MPa。

无论是直线液压缸或旋转液压马达,它们的工作原理都是基于高压油对活塞或对叶片的作用。液压油是经控制阀被送到液压缸的一端的,如图 6-3 所示。在开环系统中,阀是由电磁铁打开和控制的;在闭环系统中,则是用电液伺服阀或手动阀来控制的。最初出现的 Unimate 机器人也是用液压驱动的。

2. 旋转执行元件

图 6-4 所示为旋转液压马达,它的壳体由铝合金制成,转子是钢制的。密封圈和防尘圈分别用来防止油的外泄和保护轴承。在电液阀的控制下,液压油经进油口进入,并作用于固定在转子上的叶片上,使转子转动。隔板用来防止液压油短路,通过一对由消隙齿轮带动的电位器和一个解算器给出转子的位置信息。电位器给出粗略值,而精确位置由解算器测定。这样,解算器的高精度和小量程就由低精度大量程的电位器予以补救。当然,整个的精度不会超过驱动电位器和解算器的齿轮系精度。

3. 电液伺服阀

电液伺服阀是相当复杂的。它主要有两种类型:喷嘴挡板伺服阀(图 6-5)和射流管伺服阀(图 6-6)。大多数工业机器人使用喷嘴挡板伺服阀,但比较便宜的射流管伺服阀也已得到应用,因为它比喷嘴挡板伺服阀具有较高的可靠性和效率。

在这两种阀中,改变液流方向只需几毫秒。每种阀都有一个力矩马达、一个前级液压放大器和一个作为第二级的四通滑阀。力矩马达有一个衔铁,它带动一个挡板阀或一个射流管组件,以控制流向第二级的液流,此液流控制滑阀运动,而滑阀则控制流向液压缸或液压马达的大流量液流。在力矩马达中用一个相当小的电流去控制油流,从而移动滑阀去控制大的流量。

1) 喷嘴挡板伺服阀

在喷嘴挡板伺服阀中,挡板刚好接在衔铁中部,从两个喷嘴中间穿过。在喷嘴与挡板间形成两个可变节流口。电流信号产生磁场,它带动衔铁和挡板张大一侧的节流口而关小另一侧的节流口。这样就在滑阀两端建立起不同的油压,从而使滑阀移动。由于滑阀移动,它压弯了抵抗它运动的反馈弹簧。当油压差产生的力等于弹簧力时,滑阀即停止运动。滑阀的移动打开了主活塞的油路,从而按所需的方向驱动主活塞运动。

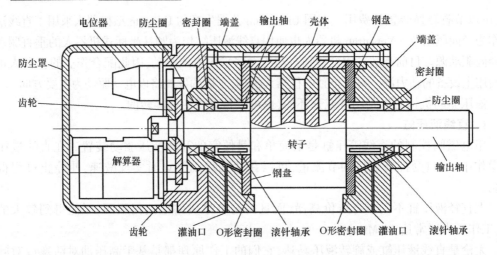

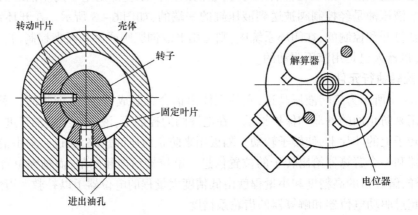

图 6-4 旋转液压马达

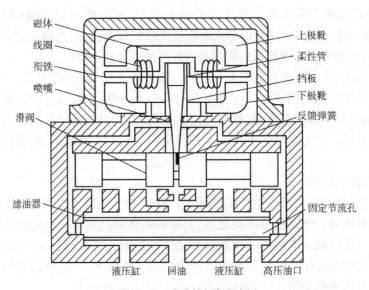

图 6-5 喷嘴挡板伺服阀

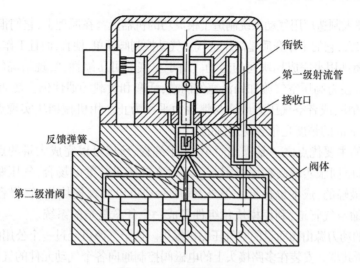

图 6-6 射流管伺服阀

2) 射流管伺服阀

射流管伺服阀与喷嘴挡板伺服阀的不同点在于流向滑阀的液流是受控的。当力矩马达加电时,它使衔铁和射流管组件偏转,流向滑阀一端的油流量多于流向另一端的油流量,从而使滑阀移动;否则流向两边的液流量基本相等。射流管伺服阀的优点在于油流量控制口的面积较大,不容易被油液中的脏物所堵塞。

为了清除油中的杂质,液压系统中需要装有滤油器。如果在制造过程中粗心,会从焊点或油缸、管道及活塞粗糙处掉下来直径为几微米的颗粒而使伺服阀堵塞。为了减少伺服阀堵塞的潜在危险,需要对油进行过滤和经常清洗滤油器。

6.1.2 气压驱动

在所有的驱动方式中,气压驱动是最简单的,在工业上应用很广。其中不少气动系统的应用可归为机器人。气动执行元件既有直线气缸,也有旋转气动马达。图 6-7 所示为几种典型气动元件。

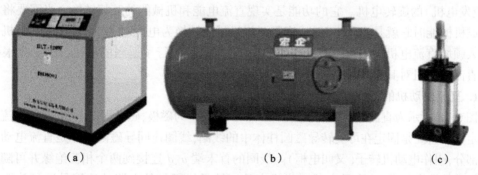

图 6-7 几种典型气动元件
(a)空压机;(b)储气罐;(c)气缸

有不少机器人制造厂用气动系统制造了很灵巧的机器人。在原理上,它们很像液压驱动,但某些细节差别很大,它的工作介质是高压空气。气动控制阀简单、便宜,而且工作压力也低得多。

多数气动驱动用来完成挡块间的运动。由于空气的可压缩性,实现精确的位置和速度控制是困难的。即使将高压空气施加到活塞的两端,活塞和负载的惯性仍会使活塞继续运动,直到它碰到机械挡块,或者空气压力最终与惯性力平衡为止。用机械挡块实现点位操作中的精确定位时,0.12 mm 的精度是很容易达到的。

气动系统的主要优点之一是操作简单、易于编程,所以可以完成大量的点位搬运操作的任务,但是用气压伺服实现高精度很困难。不过在能满足精度的场合,气压驱动在所有的机器人中是质量最轻的,成本也最低。另外,气压驱动可以实现模块化,它很容易在各个驱动装置上增加压缩空气管道,利用模块化组件形成一个任意复杂的系统。

气动系统的动力源由高质量的空气压缩机提供。这个气源可经过一个公用的多路接头为所有的气动模块所共享。安装在多路接头上的电磁阀控制通向各个气动元件的气流量。电磁阀的控制一般由可编程控制器完成,这类控制器通常是用微处理器来编程,以等效于继电器系统。

与液压驱动相比,气压驱动的优点有以下几个方面:

(1) 压缩空气黏度小,容易达到高速。
(2) 利用工厂集中的空气压缩机站供气,不必添加动力设备。
(3) 空气介质对环境无污染,使用安全,可直接应用于高温作业。
(4) 气动元件工作压力低,故制造要求也比液压元件低。
(5) 操作简单,易于编程。

气压驱动的缺点有以下几个方面:

(1) 压缩空气常用压力为 0.4~0.6 MPa,若要获得较大的出力,其结构就要相对增大。
(2) 空气压缩性大,工作平稳性差,速度控制困难,要达到准确的位置控制很困难。
(3) 压缩空气的除水问题是一个很重要的问题,处理不当会使钢类零件生锈,导致机器人失灵。此外,排气还会造成噪声污染。

6.1.3 直流电动机驱动

直流电机是指能将直流电能转换成机械能(直流电动机)或将机械能转换成直流电能(直流发电机)的旋转电机。它的功能是实现直流电能和机械能的互相转换。当需要将电能转化成机械能时它就是直流电动机;当需要将机械能转换为电能时,它就是直流发电机。在机器人领域直流电机一般是指直流电动机,并对电动机进行了适当的简化。以下先根据常用的直流电动机对其工作原理进行介绍。

1. 直流电动机的工作原理与结构

图 6-8 所示为直流电动机的模型。图 6-8 中 N、S 为磁极,磁极固定不动,叫作直流电动机的定子。$abcd$ 是固定在可旋转导磁圆柱体中的线圈,线圈连同导磁圆柱体是直流电动机可转动部分,叫作电动机转子(又叫电枢)。线圈的首末端 a、d 连接到两个相互绝缘并可随线圈一起转动的导电片上,这个导电片叫作换向片。转子线圈与外电路的连接是通过放置在换向片上固定不动的电刷进行的。在定子与转子之间有间隙存在,称为空气隙,简称气隙。

第 6 章 机器人的运动系统

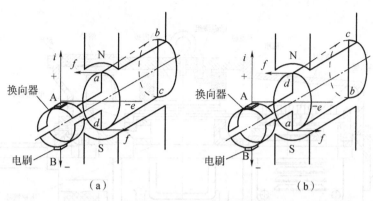

图 6-8 直流电动机的模型
(a)线圈的 ab 边位于 N 极下；(b)线圈的 cd 边位于 N 极下

把电刷 A、B 接到一个直流电源上，电刷 A 接电源的正极，电刷 B 接电源的负极，在电枢线圈中将有电流流过。如图 6-8(a)所示，设线圈的 ab 边位于 N 极下，线圈的 cd 边位于 S 极下，由电磁力定律可知每边所受的电磁力的大小为

$$f = B_x l I$$

式中：B_x——导体所在处的磁通密度，Wb/m^2；

l——导体 ab 或 cd 的有效长度，m；

I——导体中流过的电流，A；

f——电磁力，N。

导体受力方向由左手定则确定。在图 6-8(a)的情况下，位于 N 极下的导体 ab 受力方向为从右到左，而位于 S 极下的导体 cd 受力方向为从左到右。该电磁力与转子半径的乘积就是电磁转矩，方向为逆时针。当电磁转矩大于转子轴上的阻力矩时，线圈按逆时针方向旋转。当电枢旋转到图 6-8(b)所示位置时，原位于 S 极下的导体 cd 转到 N 极下，其受力方向为从右到左，而原位于 N 极下的导体 ab 转到 S 极下，导体 ab 受力方向为从左到右。该转矩的方向仍为逆时针方向，线圈在此转矩下继续按逆时针方向旋转。可以看出，导体中流通的电流为交变的，但 N 极、S 极下导体受力方向并未发生改变，电动机在此方向不变的转矩作用下转动。

需要注意的是，电枢绕组并不只是一个线圈，磁极也并非只有一对。

2. 直流电动机的主要结构

小型直流电动机的结构如图 6-9 所示，其剖面图如图 6-10 所示。

1) 定子部分

定子主要由主磁极、换向极、电刷装置、机座和端盖组成。

(1) 主磁极。主磁极的作用是产生恒定的、有一定空间分布形状的气隙磁通密度。主磁极由主磁极铁芯和放置在铁芯上的励磁绕组构成。主磁极铁芯分为极身和极靴两部分，极靴的作用是使气隙磁通密度的空间分布均匀并减小气隙磁阻，同时极靴对励磁绕组也起支撑作用。为减小涡流损耗，主磁极铁芯用 1.0~1.5 mm 厚的低碳钢板冲成一定形状，用铆钉把冲片铆紧，然后固定在机座上。主磁极上的线圈是用来产生主磁通的，叫励磁绕组。直流电动机主磁极的结构如图 6-11 所示。

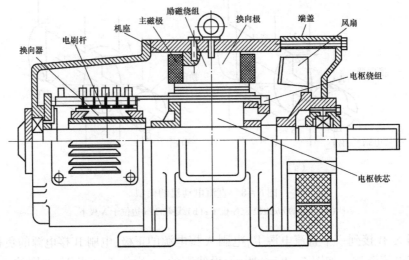

图 6-9 小型直流电动机的结构

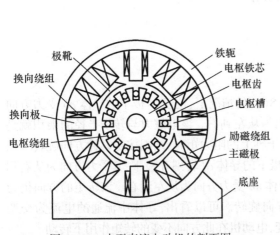

图 6-10 小型直流电动机的剖面图

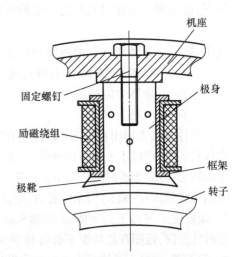

图 6-11 直流电动机主磁极的结构

当给励磁绕组通入直流电时,各主磁极均产生一定极性。相邻两主磁极的极性是 N、S 极交替出现的。

直流电动机的机座有两种形式,一种为整体机座,另一种为叠片机座。整体机座用导磁良好的铸钢材料制成,能同时起到导磁和支撑作用。由于机座起导磁作用,因此机座是主磁路的一部分,叫作定子铁轭。主磁极、换向磁极及端盖都固定在机座上,机座起机械支撑作用,一般直流电动机均采用整体机座。叠片机座是用薄钢板冲片叠压成定子铁轭,再把定子铁轭固定在一个专起支撑作用的机座里,这样定子铁轭和机座是分开的,机座只起支撑作用,可用普通钢板制成。叠片机座主要用于主磁通变化快、调速范围较高的场合。

(2)换向极。换向极也叫附加极,其结构如图 6-12 所示,其作用是改善直流电动机的换向,一般电动机容量超过 1 kW 时均应安装换向极。换向极的铁芯比主磁极的简单,一般用整块钢板制成,在上面放置换向极绕组,换向极安装在相邻的两个主磁极之间。为了改善换向,换向极绕组与主磁极绕组串联。

(3) 电刷装置。电刷装置是直流电动机的重要组成部分,电刷装置由电刷、刷握、刷杆和刷杆座等组成。它的作用是引入或引出直流电压和直流电流。电刷放在刷握内,用弹簧压紧,使电刷与换向器之间有良好的滑动接触。刷杆座装在端盖或轴承内盖上,圆周位置可以调整,调好以后加以固定。刷杆装在圆环形的刷杆座上,刷握固定在刷杆上,它们相互之间必须绝缘。

通过该装置把电动机电枢(这里,电枢可以简单地理解是转子上的线圈,即图 6-8 中的线圈 abcd)中的电流与外部静止电路相连,或把外部直流电源与电动机电枢相连。电刷装置与换向片一起完成机械整流,把电枢中的交变电流变成电刷上的直流或把外部电路中的直流变成电枢中的交流。电刷的结构如图 6-13 所示。

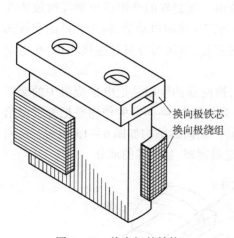

图 6-12 换向极的结构

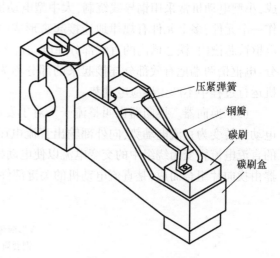

图 6-13 电刷的结构

(4) 机座。机座是指电动机定子的外壳。机座主要有两个作用:一是用来固定主磁极、换向极和端盖,并起支撑和固定整个电动机的作用;二是机座本身也是磁路的一部分,借以构成磁极之间磁的通路,磁通通过的部分称为磁轭。

(5) 端盖。端盖主要起支撑作用。端盖固定在机座上,中间放置支撑直流电动机的转轴,使直流电动机能够转动。

2) 转子部分

直流电动机的转子是电动机的转动部分,由电枢铁芯、电枢绕组、换向器、转轴、轴承和风扇等部分组成,下面主要介绍前四个部分。

(1) 电枢铁芯。电枢铁芯是主磁路的一部分,也对放置在其上的电枢绕组(也叫线圈)起支撑作用。为减少当电动机旋转时铁芯中的磁通方向发生变化引起的磁滞损耗和涡流损耗,电枢铁芯通常用 0.5 mm 厚的低硅钢片或冷轧硅钢片冲压成型。为减少损耗,在硅钢片的两侧涂绝缘漆。为放置绕组,在硅钢片上冲出转子槽。冲制好的硅钢片叠装成电枢铁芯。图 6-14 所示为小型直流电动机的电枢冲片和电枢铁芯装配图。

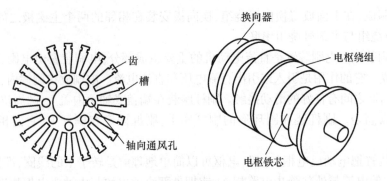

图 6-14　小型直流电动机的电枢冲片和电枢铁芯装配图

(2) 电枢绕组。电枢绕组是直流电动机的重要组成部分。绕组由带绝缘的导体绕制而成,小型电动机常采用铜导线绕制,大中型电动机常采用成型绕组。电动机中每一个线圈叫作一个元件,多个元件有规律地连接起来形成电枢绕组。绕制好的绕组或成型绕组放置在电枢铁芯槽内,铁芯槽内的直线部分在电动机运行时将产生感应电动势,称为元件的有效部分;电枢槽两端把有效部分连接起来的部分称为端接部分,端接部分只起连接作用,在电动机运行过程中不产生感应电动势。

(3) 换向器。换向器也叫整流子。对于发电机,换向器的作用是把电枢绕组中的交变电动势转变为直流电动势,向外部输出直流电压;对于电动机,换向器的作用是把外部供给的直流电流转变为绕组中的交变电流以使电动机旋转。换向器结构如图 6-15 所示。换向器由换向片组合而成,是直流电动机的关键部件,也是最薄弱、易损坏的部分。

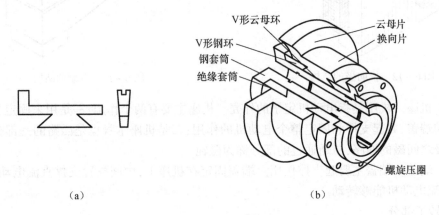

图 6-15　换向器结构
(a)换向片;(b)换向器

换向器采用导电性能好、硬度大、耐磨性能好的紫铜或铜合金制成。换向片的底部做成燕尾形状,各换向片拼成圆筒形套入钢套筒上,相邻换向片之间以 0.6~1.2 mm 厚的云母片作为绝缘,换向片下部的燕尾嵌在两端的 V 形钢环内,换向片与 V 形云母片绝缘,最后用螺旋压圈压紧。换向器固定在转轴的一端。

(4) 转轴。转轴一般用有一定的机械强度和刚度的圆钢加工而成。它起转子旋转的支撑作用。

3) 空气隙

在小容量电动机中,定子和转子之间的空气隙为 0.5~3 mm,大容量的可到 10~12 mm。空气隙的数值虽小,但磁阻很大,故为磁路系统的重要部分,对电动机的运行性能有很大的影响。显然,如果没有空气隙,转子也不能转动。

3. 直流电动机的铭牌数据及主要系列

1) 铭牌数据

铭牌钉在电动机机座的外表面上,上面标明电动机的主要额定数据及电动机产品数据,供使用者选择和使用电动机时参考。铭牌数据主要包括电动机型号、电动机额定功率、额定电压、额定电流、额定转速和励磁电流及励磁方式等。此外还有电动机的出厂数据,如出厂日期、出厂编号等,如图 6-16 所示。

```
            直 流 电 动 机
型    号   Z2-92      励磁方式   并励
额定功率   30kW       励磁电压   220V
额定电压   220V       工作方式   连续
额定电流   160.5A     绝缘等级   B级
额定转速   750r/min   效    率   85%
标准编号              质    量   685kg
产品编号              出厂日期   ××年××月
            ×××电机厂
```

图 6-16 直流电动机铭牌数据

根据国家标准,直流电动机的额定数据及其含义解释如下:

额定功率 P_N:指在额定条件下电动机所能供给的功率,对于电动机额定功率是指电动机轴上输出的额定机械功率。额定功率的单位为 kW。

额定电压 U_N:指额定工况条件下,电动机出线端的平均电压,对于电动机是指输入额定电压,电压的单位为 V。

额定电流 I_N:指在额定电压情况下,运行于额定功率时对应的电流值,电流的单位为 A。

额定转速 n_N:指对应于额定电压、额定电流,电动机运行于额定功率时所对应的转速,转速的单位为 r/min。

额定励磁电流 I_{fN}:指对应于额定电压、额定电流、额定转速及额定功率时的励磁电流。

励磁方式:指直流电动机的励磁线圈与其电枢线圈的连接方式。根据励磁线圈与其电枢线圈的连接方式不同,直流电动机励磁有并励、串励和复励等方式。

在电动机运行时,若实际的电压、电流等与其额定值相同,则称电动机运行于额定状态。若电动机的运行电流小于额定电流,称电动机为欠载运行;若电动机的运行电流大于额定电流,称电动机为过载运行。电动机长期欠载运行使电动机的额定功率不能全部发挥,造成浪费;长期过载运行会缩短电动机的使用寿命,所以长期欠载和过载都不好。因此,在选择电动机时,应尽可能使电动机运行于额定状态,电动机能可靠地运行,这样电动机的运行效率、工作性能等均比较好。

2) 型号及主要系列

电动机的产品型号表示电动机的结构和使用特点，国产电动机的型号一般采用大写的汉语拼音字母和阿拉伯数字表示，其格式为第一个字符用大写的汉语拼音表示产品代号；第二个字符用阿拉伯数字表示设计序号；第三个字符是机座代号，用阿拉伯数字表示；第四个字符表示电枢铁芯长度代号，用阿拉伯数字表示。以 Z2 – 92 为例说明如下：

直流电动机主要系列有：

Z 系列：一般用途直流电动机；
ZJ 系列：精密机床用直流电动机；
ZT 系列：广调速直流电动机；
ZQ 系列：直流牵引电动机；
ZH 系列：船用直流电动机；
ZA 系列：防爆安全型直流电动机；
ZKJ 系列：挖掘机用直流电动机；
ZZJ 系列：冶金起重直流电动机。

Z4 系列直流电动机是 20 世纪 80 年代研制的新一代一般用途的小型直流电动机，该机采用八角形全叠片机座，适用于整流电源供电，具有调速范围宽、转动惯量小及过载能力大等优点。

此外，还有许多直流电动机系列，可在使用时查电动机产品目录或有关电动机手册。

3) 直流电动机的分类

直流电动机按励磁方式可分为他励、并励、串励、积复励和差复励式。励磁方式不同的直流电动机在接线上有很大差异，图 6 – 17 所示为直流电动机各种方式的接线图。

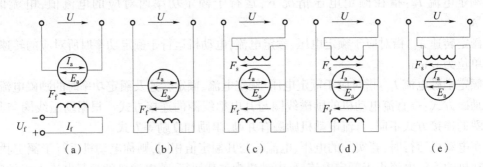

图 6 – 17　直流电动机各种方式的接线图
(a)他励；(b)并励；(c)积复励；(d)差复励；(e)串励

4. 直流电动机的机械特性

他励直流电动机的机械特性是指电动机的转速 n 与电磁转矩 T 之间的关系，为

$$n = \frac{E_a}{C_e \Phi} = \frac{U}{C_e \Phi} - \frac{R_a}{C_e \Phi} I_a$$

或

$$n = \frac{U}{C_e \Phi} - \frac{R_a}{C_e C_T \Phi^2} T$$

式中：C_e——电动势常数；

C_T——转矩常数；

Φ——气隙每极磁通；

I_a——电动机电枢电流；

R_a——电枢回路电阻，其中包括电刷和换向器之间的接触电阻；

n——电动机的转速。

当 $U = U_N$，$\Phi = \Phi_N$，并且电枢回路不串联别的电阻而只有 R_a 时，叫作他励直流电动机，其固有机械特性 $n = f(T)$，其特性曲线如图 6-18 所示。

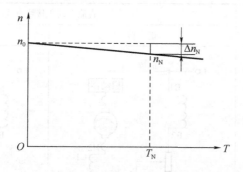

图 6-18　他励直流电动机的固有机械特性曲线

他励直流电动机固有机械特性具有以下几个特点：

（1）随电磁转矩 T 的增大，转速 n 降低，其特性是略下斜的直线。

（2）当 $T = 0$ 时，$n = n_0 = \dfrac{U}{C_e \Phi_N}$ 为理想空载转速。

（3）机械特性斜率很小，特性较平，习惯上叫作硬特性。

（4）当 $T = T_N$，$n = n_N$ 时，此点为电动机的额定工作点。此时，$\Delta n_N = n_0 - n_N = \beta T_N$ 为额定转速差，一般 $\Delta n \approx 0.05 n_N$。

（5）当 $n = 0$，即电动机启动时，$E_a = C_e \Phi_N = 0$，此时电枢电流 $I_S = \dfrac{U_N}{R_a} = I_s$，叫作启动电流；电磁转矩 $T = C_T \Phi I_s = T_a$，叫作启动转矩。由于电枢电阻 R_a 很小，I_s 和 T_s 都比额定值大很多（可达几十倍），会给电动机和传动机构等带来危害。

当电枢回路串入其他电阻 R，或改变电枢电压 U，或减少磁通 Φ 时，所得到的机械特性叫作人为机械特性。

5. 直流电动机绕组出线端标记和接线方式图

1）绕组出线端标记

绕组出线端标记如表 6-1 所示。

表 6-1 绕组出线端标记

绕组名称	曾经采用		目前采用		IEC 推荐	
	始端	末端	始端	末端	始端	末端
电枢绕组	S1	S2	S1	S2	A1	A2
换向绕组	H1	H2	H1	H2	B1	B2
串励绕组	C1	C2	C1	C2	D1	D2
并励绕组	F1	F2	B1	B2	E1	E2
他励绕组	W1	W2	T1	T2	F1	F2
补偿绕组	B1	B2	BC1	BC2	C1	C2

2）直流电动机接线方式图

直流电动机接线方式图如表 6-2 所示。

表 6-2 直流电动机接线方式图

电动机的励磁方式	直流电动机接线方式图	
	正 转	反 转
并励电动机（加串励稳定绕组、启动器及调速器）	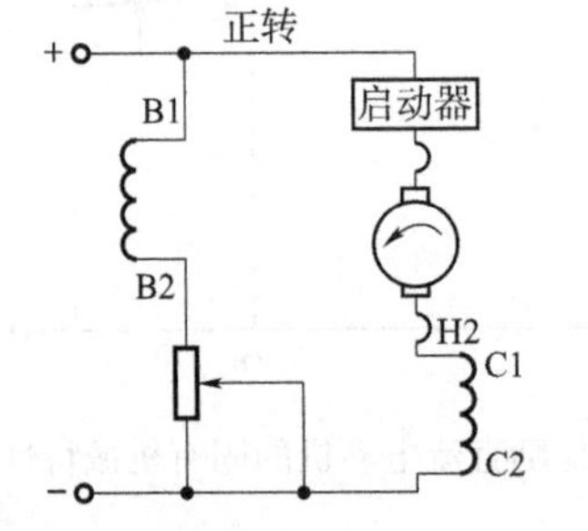 （接线图：正转，B1、B2、启动器、H2、C1、C2）	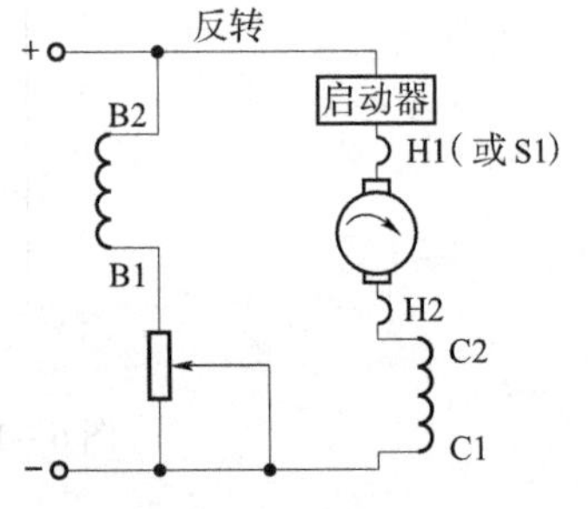 （接线图：反转，B2、B1、启动器、H1(或S1)、H2、C2、C1）
并励电动机（启动器及调速器）	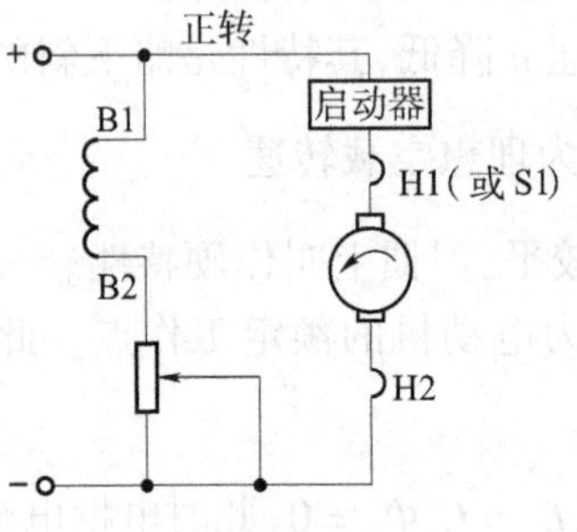 （接线图：正转，B1、B2、启动器、H1(或S1)、H2）	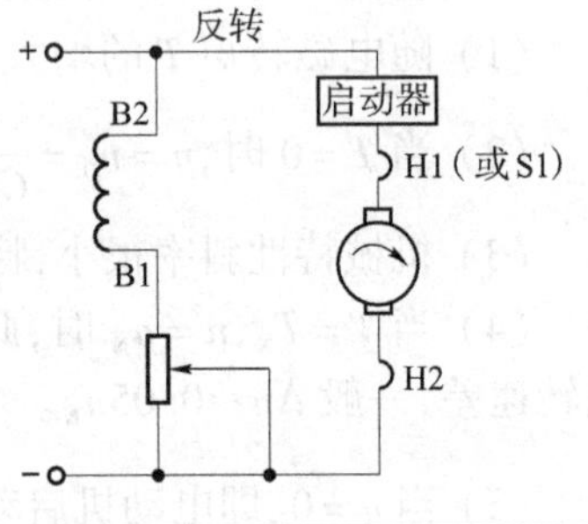 （接线图：反转，B2、B1、启动器、H1(或S1)、H2）
并励电动机（启动器）	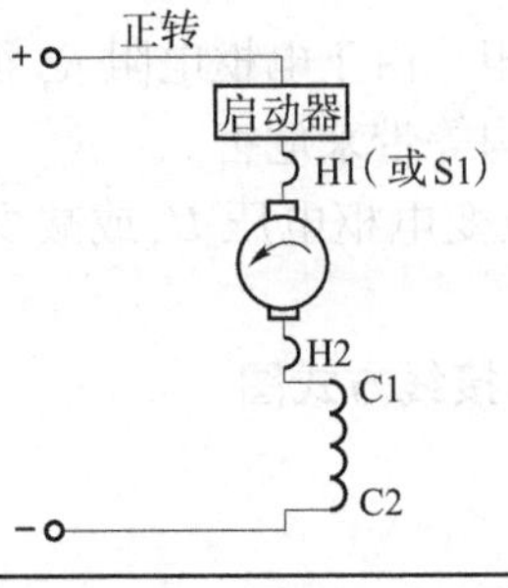 （接线图：正转，启动器、H1(或S1)、H2、C1、C2）	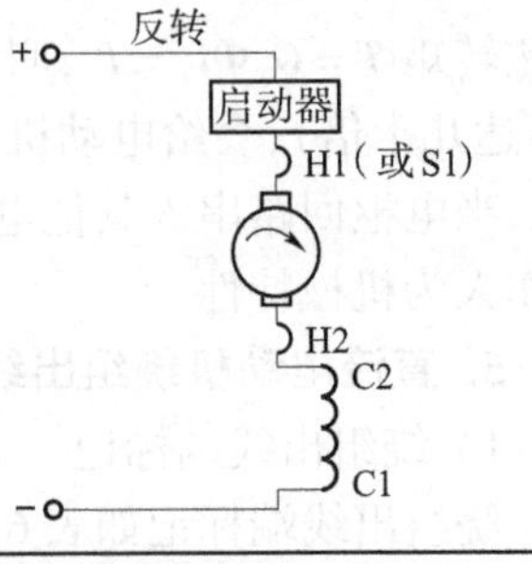 （接线图：反转，启动器、H1(或S1)、H2、C2、C1）

6. 直流电动机的运行

1）直流电动机的启动

要正确使用一台电动机，首先碰到的问题是怎样让它启动起来。要使电动机启动的过程达到较好，主要的要求是直流电动机应在不超过容许电流的情况下，获得尽可能大的启动转矩。直流电动机有以下三种启动方法：

（1）直接启动：直接启动不需要附加启动设备，操作简便，主要缺点是启动电流很大，使电网受到电流冲击，电动机换向恶化。因此，直接启动一般只适用于功率不大于 1 kW 的电动机。

（2）电枢回路串电阻启动：在电枢回路内串入启动电阻，以限制启动电流。启动电阻通常为分级可变电阻，在启动过程中逐级短接。这种方法广泛应用于各种规格的直流电动机，启动过程中能量消耗较大，因此经常频繁启动的大、中型电动机不宜采用。

（3）降压启动：用降低电源电压的方法来限制启动电流，这种方法适用于励磁方式采用他励的电动机。电动机启动平滑，消耗能量少，但需配有专用电源设备。

2）直流电动机的反转

电动机在工作过程中，常常需要改变转动方向，为此需要电动机反方向启动和运行，也就是需要改变电动机产生的电磁转矩方向。改变转向的方法有两种：一是电枢绕组两端极性不变，将励磁绕组反接；另一种是励磁绕组极性不变而将电枢绕组反接。注意：若这两个绕组同时反接，则不能改变转向。

3）他励直流电动机的制动

根据电磁转矩 T 和转速 n 方向之间的关系，可把电动机分为两种运行状态，当 T 与 n 方向相同时，称为电动运行状态，简称电动状态；当 T 与 n 方向相反时，称为制动运行状态，简称制动状态。电动状态时，电磁转矩为主动转矩，电动机将电能转换成机械能；制动状态时，电磁转矩为制动转矩，电动机将机械能转换成电能。

许多生产机械工作时，往往需要快速停车或者由高速运行迅速转为低速运行，这就要求对电动机进行制动；起重机下放重物时，为了获得稳定的下放速度，电动机也必须运行在制动状态，因此电动机的制动运行也是十分重要的。

制动的方法有机械方式（用抱闸）和电磁方式。电磁制动是通过使电动机产生与旋转方向相反的电磁转矩来获得的。电磁制动的优点是制动转矩大，制动强度比较容易控制。在电动机控制中多采用这种方法，一般与机械制动配合使用。电磁制动方法可分为下列三种：

（1）能耗制动：他励直流电动机能耗制动原理如图 6-19 所示。开关由"1"扳到"2"的位置时，流过电动机的电流与原来方向相反，它产生的电磁转矩也与原来方向相反，变为制动转矩，使电动机很快减速至停车。图 6-20 所示为能耗制动的机械特性。

（2）反接制动：反接制动分为倒拉反接制动和电源反接制动两种。倒拉反接制动是在电枢回路中串入大电阻来实现的。电源反接制动是将电源或电枢反接，同时在电枢回路中串入制动电阻来实现的，电源反接制动原理如图 6-21 所示。注意到电动机在快停车时，应切除电源（拉闸），并使用机械抱闸将电动机停住，否则电动机会反方向转动起来。

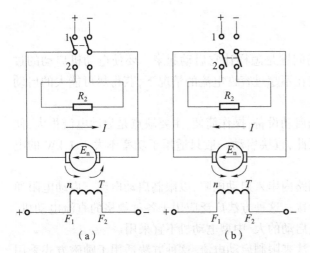
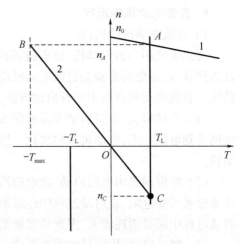

图6-19 他励直流电动机能耗制动原理
(a) 电动状态；(b) 能耗制动状态

图6-20 能耗制动的机械特性

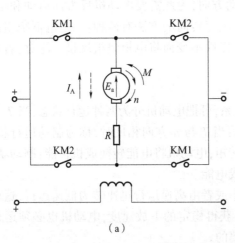
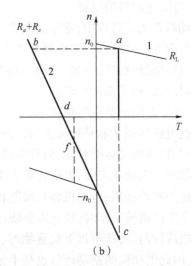

图6-21 电源反接制动原理
(a) 原理接线；(b) 机械特性

(3) 回馈制动(再生制动)：电动运行状态下的电动机，在某种条件下(如电动机拖动机车下坡时)会出现转速 n 高于理想空载转速 n_0 的情况，此时 $U_a > U$，电枢电流反向，电磁转矩也随着反向，由主动转矩变成制动转矩。从能量传递方向看，电动机处于发电状态，将机械能变换为电能反送回电源，因此称这种状态为回馈制动状态。

可见，电动机进入回馈制动的条件是 $n > n_0$（正向回馈，如电车下坡）或 $|n| > |n_0|$（反向回馈，如起重机下放重物）。

4) 他励电动机的调速

在现代工业生产中，有大量的生产机械要求能改变工作速度。电动机工作速度的人为改变叫作调速。调速可以通过机械的、电气的或机电配合的方法来实现。电动机的调速性

能可以用调速范围 D、调速的平滑性 ϕ、调速的稳定性和经济性等指标来衡量。不同的生产机械要求不同的调速范围。在一定的范围内,调速级越多,相邻级转速差越小,平滑性越好,$\phi=1$ 时叫无级调速。

(1) 电枢回路串电阻调速:这种方法所串电阻越大,稳定运行转速越低。所以,只能在低于额定转速的范围内调速,一般叫作由基速(额定转速)向下调速。电枢回路串电阻后,机械特性变软(直线段变陡),串入的电阻越大,损耗越大,电动机的效率越低。因此,电枢回路串电阻调速多用于对调速性能要求不高,并且是不经常调速的设备上,如起重机、运输牵引机械等。

(2) 降低电源电压调速:降压调速时,加在电枢上的电压一般不超过额定电压 U_N,所以降压调速也只能在低于额定转速的范围内进行调节,也就是只能由基速向下调速。降低电源电压调速时,电动机机械特性的硬度不变,只要系统的电压可以连续调节,系统的转速就可以连续变化,这种调速叫无级调速。与电枢回路串电阻调速相比,降压调速的性能要优越得多,而且电枢电路中没有附加的电阻损耗,电动机的效率高。因此,降压调速多用于对调速性能要求较高的设备上,如造纸机、轧钢机、龙门刨床等。

(3) 弱磁调速:弱磁调速时,在电动机正常工作范围内,主极磁通越弱,系统转速越高。所以,弱磁调速只能在高于额定转速的范围内进行调节,也就是只能由基速向上调速。这种方法是在电流较小的励磁回路中进行调节的,而励磁电流通常只有额定电流的 2%~5%,因此调速时能量损耗很小。由于励磁调节的电阻容量很小,控制很方便,可以连续调节电阻值,实现转速连续调节的无级调速。

在实际的他励直流电动机调速系统中,为了获得较大的调速范围,常常把降压和弱磁这两种基本方法配合起来使用。以额定转速为基速,采用降压向下调速和弱磁向上调速相结合的双向调速方法,从而在很大的范围内实现平滑的无级调速,而且调速时损耗小,运行效率高。

7. 直流电动机控制线路

直流电动机具有调速平滑方便、过载能力大、可实现频繁的无级启动、制动和反转等一系列优点,因此过去被广泛地应用于冶金、矿山、化工、纺织等工业企业中,但直流电动机具有结构复杂、使用维护不便等缺点。目前随着交流调速技术的发展,交流电动机在很大程度上已经代替了直流电动机。由于直流电动机仍有一定的应用,下面简单介绍并励和串励直流电动机的常见控制线路。

1) 直流电动机启动控制线路

(1) 并励直流电动机电枢串电阻启动。由于直流电动机的电枢绕组电阻很小,如全压直接启动,启动电流将远大于电动机额定电流,因此一般应采用各种降低启动电流的方法。图 6-22 所示为并励直流电动机电枢串电阻两级启动控制线路。

线路动作过程如下:

$SB1^+ \to KM1^+_{\text{自}} \to M^+$:电动机串 R_1 和 R_2 正向启动

　　　　　　└→$KT1^- \to$(短延时)$KM2^+ \to$ 短接电阻 $R_1 \to$ 电动机串 R_2 继续启动

　　　　　　└→$KT2^- \to$(长延时)$KM3^+ \to$ 短接电阻 $R_2 \to$ 电动机全压启动

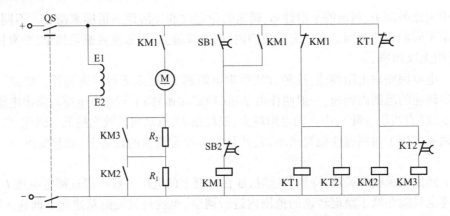

图 6-22　并励直流电动机电枢串电阻两级启动控制线路

由上分析可见,按下启动按钮 SB1,电动机首先串电阻 R_1 和 R_2 启动,从而降低了启动电流,在启动过程中,由于时间继电器 KT1 的作用,短接电阻 R_1,只串电阻 R_2 继续启动,而当启动完毕后由于时间继电器 KT2 的作用,电动机为全压运行。这样分两级启动,可以减少对电动机和电网的冲击。

(2) 并励直流电动机的可逆运行。直流电动机在工作过程中,常常需要改变转动方向,为此需要电动机反方向启动和运行,也就是需要改变电动机产生的电磁转矩方向。并励直流电动机改变转向的方法有两个:一是电枢绕组两端极性不变,将励磁绕组反接;二是励磁绕组极性不变,而将电枢绕组反接。注意:若这两个绕组同时反接,则不能改变转向。

并励直流电动机电枢反接可逆运行控制线路如图 6-23 所示。

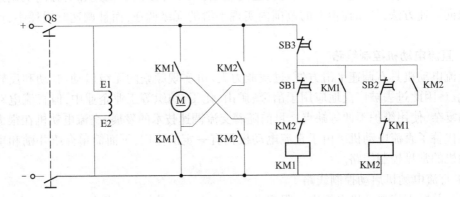

图 6-23　并励直流电动机电枢反接可逆运行控制线路

线路动作过程如下:

$$SB1^+ \to KM1^+_{自} \begin{array}{l} \to M^+:电动机正向启动 \\ \to KM2:互锁 \end{array}$$

$$SB2^+ \to KM2^+_{自} \begin{array}{l} \to M^-:电动机反向启动 \\ \to KM1:互锁 \end{array}$$

由上分析可见,图 6-23 所示电路是通过改变电枢绕组的极性来进行正反转控制的。并励直流电动机励磁反接可逆运行控制线路如图 6-24 所示。

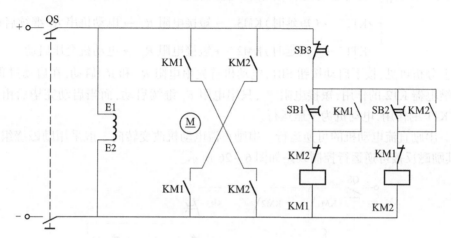

图 6-24 并励直流电动机励磁反接可逆运行控制线路

线路动作过程如下:

$$SB1^+ \rightarrow KM1^+_{自} \begin{array}{l} \rightarrow M^+:电动机正向启动 \\ \rightarrow KM2:互锁 \end{array}$$

$$SB2^+ \rightarrow KM2^+_{自} \begin{array}{l} \rightarrow M^-:电动机反向启动 \\ \rightarrow KM1:互锁 \end{array}$$

由上分析可见,图 6-24 所示电路是通过改变励磁绕组的极性来进行正反转控制的。

(3) 串励直流电动机电枢串电阻启动。图 6-25 所示为串励直流电动机电枢串电阻两级启动控制线路。

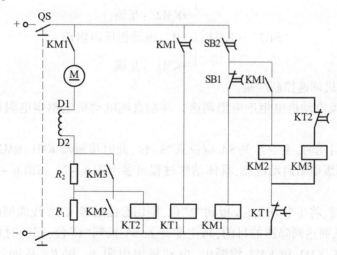

图 6-25 串励直流电动机电枢串电阻两级启动控制线路

线路动作过程如下：

SB1⁺→KM1⁺自 ┬→M⁺:电动机串 R_1 和 R_2 正向启动
　　　　　　├→KT2⁻→（短延时）KM3⁺→短接电阻 R_2→电动机串 R_1 继续启动
　　　　　　└→KT1⁻→（长延时）KM2⁺→短接电阻 R_1→电动机全压启动

由上分析可见，按下启动按钮 SB1，电动机首先串电阻 R_1 和 R_2 启动，在启动过程中，由于时间继电器 KT2 的作用，短接电阻 R_2，只串电阻 R_1 继续启动，而当启动完毕后由于时间继电器 KT1 的作用，电动机为全压运行。

（4）串励直流电动机的可逆运行。串励直流电动机改变转向一般采用励磁绕组反接的方法，其励磁反接可逆运行控制线路如图 6-26 所示。

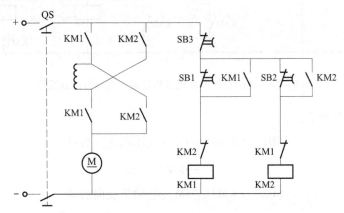

图 6-26　串励直流电动机励磁反接可逆运行控制线路

线路动作过程如下：

SB1⁺→KM1⁺自 ┬→M⁺:电动机正向启动
　　　　　　└→KM2⁻:互锁

SB2⁺→KM2⁺自 ┬→M⁺:电动机反向启动
　　　　　　└→KM1⁻:互锁

2）直流电动机调速控制线路

（1）并励直流电动机电枢串电阻调速。并励直流电动机电枢串电阻调速控制线路如图 6-27 所示。

当控制电路启动时，主令开关 SA 应扳到"3"位，此时接触器 KM1、KM2 和 KM3 线圈均连通，为电枢串两级电阻启动电路，具体动作过程可参考图 6-22 和图 6-25 的说明，由读者自行分析。

当需要调速时，将主令开关 SA 扳到"2"位，则切除接触器 KM3 线圈回路，KM3 断电，电动机串电阻 R_1，从而达到降速的目的；将主令开关 SA 扳到"1"位，则同时切除接触器 KM2 和 KM3 线圈回路，KM2 和 KM3 均断电，电动机串电阻 R_1 和 R_2，从而达到进一步降速的目的。

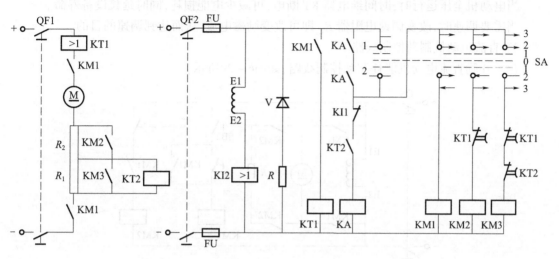

图 6-27 并励直流电动机电枢串电阻调速控制线路

（2）并励直流电动机改变磁通调速。并励直流电动机改变磁通调速控制线路如图 6-28 所示。

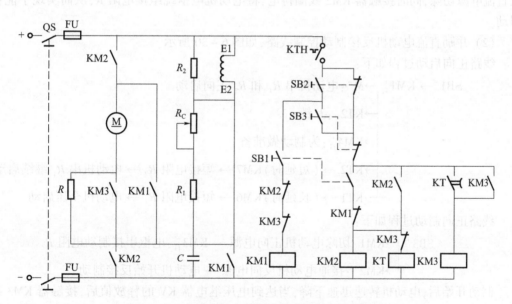

图 6-28 并励直流电动机改变磁通调速控制线路

控制电路启动时，按下启动按钮 SB1，为电枢串电阻启动，线路动作过程如下：

SB1$^+$ → KM2$^+_{自}$ ┬→ M$^+$：电动机串 R 启动
　　　　　　　　　├→ KM1：互锁
　　　　　　　　　└→ KT$^+$ →（延时）KM3$^+_{自}$ → 短接电阻 R → 电动机全压启动

当电动机全压运行时，时间继电器 KT 断电，可减少电能损耗，同时延长设备寿命。
当需要调速时，改变调速电阻器 R_C 即可改变励磁电流，从而达到调速的目的。

3）直流电动机制动控制线路

（1）并励直流电动机能耗制动控制线路，如图 6-29 所示。

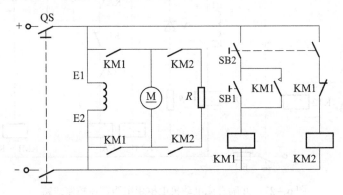

图 6-29　并励直流电动机能耗制动控制线路

线路动作原理如下：当按下停止按钮 SB2 后，接触器 KM1 线圈断电，将电动机电枢绕组从直流电源切除，同时接触器 KM2 线圈得电，将电动机电枢绕组接电阻 R，从而实现了能耗制动。

（2）并励直流电动机反接制动控制线路，如图 6-30 所示。

线路正向启动过程如下：

$$SB1^+ \to KM1^+_{自} \begin{cases} \to M^+ : 电动机串 R_1 和 R_2 正向启动 \\ \to KT2^- : 互锁 \\ \to KM4^+_{自} : 为制动做准备 \\ \to KT2 \to (短延时) KM7 \to 短接电阻 R_2 \to 电动机串 R_1 继续启动 \\ \to KT1 \to (长延时) KM6 \to 短接电阻 R_1 \to 电动机全压启动 \end{cases}$$

线路正向制动过程如下：

$$SB3^+ \begin{cases} \to KM1 : 切除电动机正向电源 \to KM3^-_{自} : 电枢串接制动电阻 R \\ \to KM2^+ : 接通电动机反向电源 \to 电动机开始反接制动 \end{cases}$$

制动开始后，电动机转速迅速下降，当达到电压继电器 KV 的释放值后，接触器 KM3 线圈断电，切除电动机电源以避免电动机自动反向启动。

对于线路反向启动、反向制动过程由读者自行分析。

（3）串励直流电动机能耗制动控制线路，如图 6-31 所示。

第6章 机器人的运动系统 183

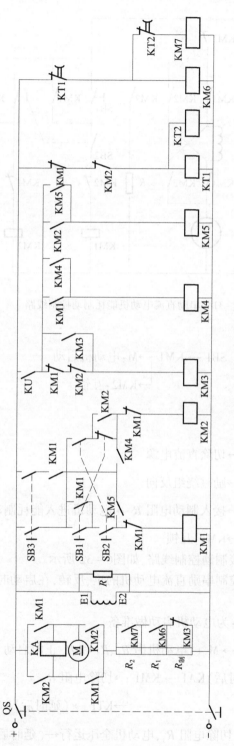

图 6-30 并励直流电动机反接制动控制线路

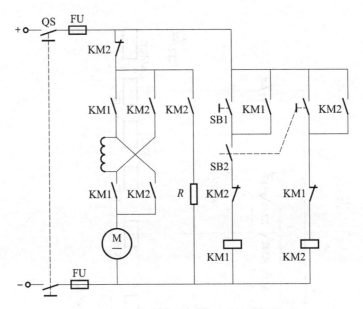

图 6-31 串励直流电动机能耗制动控制线路

线路启动过程如下:

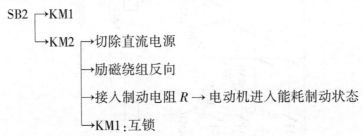

线路制动过程如下:

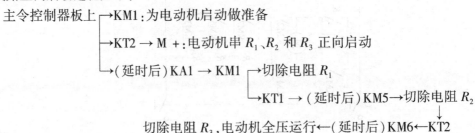

(4) 串励直流电动机反接制动控制线路,如图 6-32 所示。

电路中采用主令控制器控制串励直流电动机的正、反转,在启动时为串三级电阻启动电路,线路正向启动过程如下:

主令控制器板上 ├─ KM1:为电动机启动做准备
　　　　　　　├─ KT2 → M+:电动机串 R_1、R_2 和 R_3 正向启动
　　　　　　　└─ (延时后) KA1 → KM1 ┬─ 切除电阻 R_1
　　　　　　　　　　　　　　　　　　　└─ KT1 → (延时后) KM5 → 切除电阻 R_2
　　　　　　　　　　　　　　　　　　　　　　　　　　　　　　　　　↓
切除电阻 R_3,电动机全压运行 ← (延时后) KM6 ← KT2

第 6 章 机器人的运动系统   185

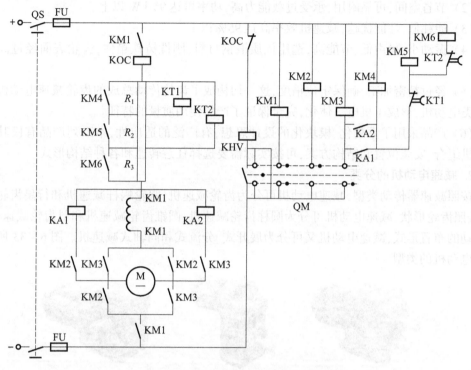

图 6-32 串励直流电动机反接制动控制线路

线路正向制动过程如下：

主令控制器板下 → KM2 → KA1 → KM4 → 串联电阻 R_1
　　　　　　　　　　　　　　　　→ KT1 → KM5 → 串联电阻 R_2
　　　　　　　　　　　　　　　　　　　　　→ KT1 → KM6
　　　　　　　　　　　　　　　　　　　　　　　　　↓
　　　　　　　　　　　　　　　　　　　　　　　串联电阻 R_3
　　　　　　　　→ KM2 → M：电动机串 R_1、R_2 和 R_3 反接制动

对于线路反向启动、制动过程由读者自行分析。

6.1.4 直流减速电动机驱动

直流减速电动机，即齿轮减速电动机，是在普通直流电动机的基础上，加上配套齿轮减速箱。齿轮减速箱的作用是，提供较低的转速，较大的力矩。同时，齿轮箱不同的减速比可以提供不同的转速和力矩，这大大提高了直流电动机在自动化行业中的使用率。减速电动机是指减速机和电动机（马达）的集成体，这种集成体通常也称齿轮马达或齿轮电动机。通常由专业的减速机生产厂进行集成组装好后成套供货。减速电动机广泛应用于钢铁行业、机械行业等，使用减速电动机的优点是简化设计、节省空间。

1. 减速电动机的特点

（1）减速电动机结合国际技术要求制造，具有很高的科技含量。

(2) 节省空间,可靠耐用,承受过载能力高,功率可达95 kW以上。

(3) 能耗低,性能优越,减速机效率高达95%以上。

(4) 振动小、噪声低、节能高,选用优质锻钢材料,刚性铸铁箱体,齿轮表面经过高频热处理。

(5) 经过精密加工,确保定位精度,这一切构成了齿轮传动总成的齿轮减速电动机配置的各类电动机,形成了机电一体化,完全保证了产品使用质量的特征。

(6) 产品采用了系列化、模块化的设计思想,有广泛的适应性,本系列产品有极其多的电动机组合、安装位置和结构方案,可按实际需要选择任意转速和各种结构形式。

2. 减速电动机的分类

按照减速器传动类型,减速电动机可分为齿轮减速机、蜗轮蜗杆减速机和行星齿轮减速机;按照齿轮形状,减速电动机可分为圆柱齿轮减速机、圆锥齿轮减速机和斜齿轮减速机;按照传动的布置形式,减速电动机又可分为展开式、分流式和同轴式减速机。图6-33所示为减速电动机的类型。

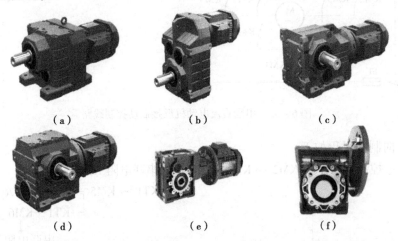

图6-33 减速电动机的类型
(a)斜齿轮减速器;(b)平行轴斜齿轮减速器;(c)、(d)斜齿轮-锥齿轮减速器;
(e)螺旋锥齿轮减速器;(f)蜗轮蜗杆减速器

3. 减速电动机的选用

机电行业中常常会用到直流减速电动机,要想选择到满足需要的产品,我们就要多方面了解产品参数,同时还要掌握一些选型的技巧。

(1) 首先确定所需要的减速器,如电动机输出大扭矩或低速等。

(2) 确定直流减速电动机的输出轴扭矩。

(3) 确定电动机的输入轴转速和减速比。

(4) 根据电动机的法兰大小选择减速器。

(5) 检查电动机的工作温度、背隙等是否满足要求。

直流减速电动机的规格型号较多,所以在选择时,需要充分了解这些产品的参数和用途,以便更好地选择适合的型号。

6.1.5 无刷直流电动机驱动

1. 无刷直流电动机简介

无刷直流电动机(BLDC)以电子换向器取代了机械换向器,所以无刷直流电动机既具有直流电动机良好的调速性能等特点,又具有交流电动机结构简单、无换向火花、运行可靠和易于维护等优点。

无刷直流电动机主要由用永磁材料制造的转子、带有线圈绕组的定子和位置传感器(可有可无)组成。可见,它和直流电动机有着很多共同点,定子和转子的结构差不多(原来的定子变为转子,转子变为定子),绕组的连线也基本相同。但是,结构上它们都有一个明显的区别:无刷直流电动机没有直流电动机中的换向器和电刷,取而代之的是位置传感器。这样,电动机结构就相对简单,降低了电动机的制造和维护成本,但无刷直流电动机不能自动换向(相),牺牲的代价是电动机控制器成本的提高(如同样是三相直流电动机,有刷直流电动机的驱动桥需要4支功率管,而无刷直流电动机的驱动桥则需要6支功率管)。

图6-34所示为其中一种小功率三相、星形连接、单副磁对极的无刷直流电动机,它的定子在内,转子在外。另一种无刷直流电动机的结构和这种刚刚相反,它的定子在外,转子在内,即定子是线圈绕组组成的机座,而转子用永磁材料制造。

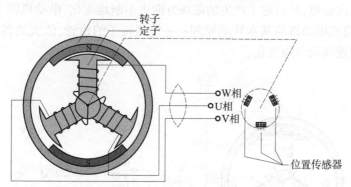

图6-34 无刷直流电机模型

无刷直流电动机有以下特点:

(1)无刷直流电动机的外特性好,能够在低速下输出大转矩,使得它可以提供大的启动转矩。

(2)无刷直流电动机的速度范围宽,任何速度下都可以全功率运行。

(3)无刷直流电动机的效率高、过载能力强,使得它在拖动系统中有出色的表现。

(4)无刷直流电动机的再生制动效果好,由于它的转子是永磁材料,制动时电动机可以进入发电机状态。

(5)无刷直流电动机的体积小,功率密度高。

(6)无刷直流电动机无机械换向器,采用全封闭式结构,可以防止尘土进入电动机内部,可靠性高。

(7)无刷直流电动机比异步电动机的驱动控制简单。

2. 无刷直流电动机的工作原理

无刷直流电动机的定子是线圈绕组电枢，转子是永磁体。如果只给电动机通以固定的直流电流，则电动机只能产生不变的磁场，电动机不能转动起来，只有实时检测电动机转子的位置，再根据转子的位置给电动机的不同相通以对应的电流，使定子产生方向均匀变化的旋转磁场，电动机才可以跟着磁场转动起来。常用的几种无刷直流电动机如图6-35所示。

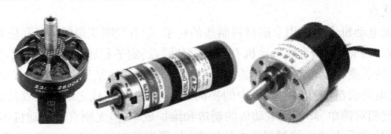

图6-35 常用的几种无刷直流电动机

图6-36所示为无刷直流电动机转动原理示意图，为了方便描述，电动机定子的线圈中心轴头接电动机电源，各相的端点接功率管，位置传感器导通时使功率管的G极接12 V，功率管导通，对应的相线圈被通电。由于三个位置传感器随着转子的转动会依次导通，使得对应的相线圈也依次通电，从而定子产生的磁场方向也不断地变化，电动机转子也跟着转动起来，这就是无刷直流电动机的基本转动原理——检测转子的位置，依次给各相通电，使定子产生磁场的方向连续均匀地变化。

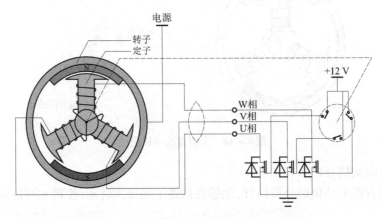

图6-36 无刷直流电动机转动原理示意图

3. 无刷直流电动机的分类

按照供电方式的不同，无刷直流电动机又可分为两类：方波无刷直流电动机，其反电势波形和供电电流波形都是矩形波，又称矩形波永磁同步电动机；正弦波无刷直流电动机，其反电势波形和供电电流波形均为正弦波。

4. 无刷直流电动机的选用

（1）无刷直流电动机，选择正确的电压，根据客户的需要选择额定的电压来选择驱动器电压参数，注意使用的电压在空载与满载过程中不要超过驱动器所规定的范围。

(2) 选择驱动器的峰值电流,选择峰值电流的方法是根据电动机的额定输入电流 I_r,则峰值电流 $I_p \geq 2I_r$,否则驱动器使用过程中输出电流没有一定的工程余量,如果已知电动机的额定输出功率(或最高输出功率) P_r 和驱动电压 V_r,则峰值电流 $I_p \geq 4P_r/V_r$。

(3) 根据参数来设定电动机,需要根据不同的电动机来设置它适合的参数,当然温度的使用范围我们也需要考虑进去,温度越宽价格越高。

而无刷直流电动机的驱动器刹车采用电动机端短路刹车,电动机的运转就有刹车力,不运转就没有刹车力,转速越高刹车力越大。由于刹车电流不通过电流传感电阻,刹车电流不能控制。因此刹车时转速不能超过安全刹车转速,否则可能烧坏功率管,此功能请谨慎使用。

(4) 无刷直流电动机电源绝缘的要求,为保证驱动器正常工作,电动机的霍尔线地线与电动机绕组线、霍尔地线绕组线与机壳之间绝缘电阻大于 100 MΩ(500 V DC),能承受 600 V AC/50 Hz/1 mA/1 s 耐压不击穿。

因此,在选择无刷直流电动机时,要注意以上四点,确保直流无刷电动机选型能够符合生产需要。

6.1.6 步进电动机驱动

步进电动机又称脉冲电动机或阶跃电动机。步进电动机的机理是基于最基本的电磁铁作用。步进电动机适用于轻型负载、连续旋转、位移精确控制,因其控制简单且精确和耐用性好的显著优点而得到了最广泛的应用,如 ATM 机、喷绘机、刻字机、传真机、喷涂设备、医疗仪器及设备、计算机外设及海量存储设备、精密仪器、工业控制系统、办公自动化、机器人等领域。与伺服电动机不同的是,步进电动机没有反馈传感器,每发一个步进脉冲,前进一个固定的步距,而速度是靠步距和脉冲频率控制的。

1. 步进电动机的工作原理

图 6-37 所示为步进电动机实物图,图 6-38 所示为最常见的两相四拍步进电动机原理示意图。

(1) 步进电动机外圈是固定在机壳上的定子,两相步进电动机定子上面有两个线圈绕组 AC 和 BD,用于产生电磁场。依据电磁感应原理,当线圈通电时线圈所在铁芯会产生磁场,至于磁场方向则由电流方向决定。例如,当电流由 A 相流向 C 相,则 A 相产生磁场 N 极,C 相产生磁场 S 级;当电流由 C 相流向 A 相,则 C 相产生磁场 N 极,而 A 相产生磁场 S 级;当线圈断电时磁场立即消失。BD 绕组产生电磁场的原理与 AC 绕组类似。简言之,定子是由两个空间上 90°交叉的电磁铁形成,每个电磁铁的 N 极和 S 极是由该磁铁的线周绕组中电流的流向决定的。

(2) 步进电动机的内圈是转子,这三个磁铁互成 60°交叉固定在一起,形成一个类似于齿轮外形的多极磁铁,转子的磁铁是永磁铁而不是电磁铁。无论定子中的电磁场如何

图 6-37 步进电动机实物图

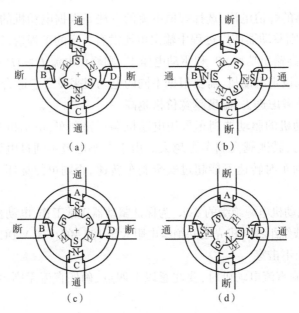

图 6-38　最常见的两相四拍步进电动机原理示意图
(a)电流由 A 到 C;(b)电流由 B 到 D;(c)电流由 C 到 A;(d)电流由 D 到 B

分布,只要定子线圈通电,则势必会有一个定子电磁铁的 N 极通过磁性吸引正对着转子上的一个 S 磁极,步进电动机正是依靠定子和转子的磁极对数差异经过循环地切换定子绕组的电流方向产生外因的旋转磁场,从而靠磁性吸引带动转子转动。

① 如果给 AC 相通电且电流由 A→C,则 A 相产生磁场 N 极,C 相产生磁场 S 极,如图 6-38(a)所示。

② 将 AC 相断电,BD 相通电且使电流由 B→D,则 B 相产生磁场 N 极,D 相产生磁场 S 极,使得转子顺时针方向转动半齿,如图 6-38(b)所示。

③ 将 BD 相断电,AC 相通电且使电流由 C→A,则 C 相产生磁场 N 极,A 相产生磁场 S 极,转子顺时针方向又转动半齿,如图 6-38(c)所示。

④ 再将 AC 断电。BD 相通电且使电流由 D→B,则 D 相产生磁场 N 极,B 相产生磁场 S 极,转子顺时针方向又转动半齿,如图 6-38(d)所示。

⑤ 按上述相序给予步进电动机一定的脉冲序列,则电动机将按所给定的脉冲数转过相应的齿数;相序反转可使电动机反转;通过改变脉冲频率,可以实现步进电动机的加减速。

2. 步进电动机的特点

步进电动机系统由不可分割的三大部分组成:步进电动机本体、步进电动机驱动器和控制器。其系统框图如图 6-39 所示。

步进电动机具有自身的特色,归纳起来有以下几点:

(1) 可以用数字信号直接进行开环控制,整个系统简单廉价。

(2) 位移与输入脉冲信号数相对应,步距误差不长期积累,可以组成结构较为简单而又具有一定精度的开环控制系统,也可在要求更高精度时组成闭环控制系统。

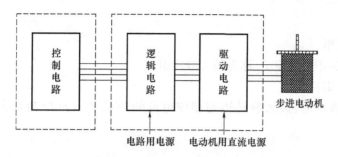

图 6-39 步进电动机系统框图

(3) 无刷,电动机本体部件少,可靠性高。
(4) 易于启动、停止、正反转及变速,响应性也好。
(5) 停止时,可有自锁能力。
(6) 步距角选择范围大,可在几十分至几度大范围内选择。在小步距情况下,通常可以在超低速下高转矩稳定运行,通常可以不经减速器直接驱动负载。
(7) 速度可在相当宽范围内平滑调节。同时用一台控制器控制几台步进电动机可使它们完全同步运行。
(8) 步进电动机带惯性负载的能力较差。
(9) 由于存在失步和共振,因此步进电动机的加减速方法根据利用状态的不同而复杂化。
(10) 不能直接使用普通的交直流电源驱动。

3. 步进电动机的参数

1) 步距角

步距角是指每给一个电脉冲信号电动机转子所应转过角度的理论值。步距角公式为

$$\theta_b = \frac{360°}{m_1 z_r}$$

式中 z_r——转子齿数;
m_1——运行拍数,通常等于相数或相数的整数倍,即 $m_1 = km$;
m——电动机相数。

2) 齿距角

齿距角是指相邻两齿中心线间的夹角,通常定子和转子具有相同的齿距角。齿距角公式为

$$\theta_f = \frac{360°}{z_r}$$

3) 矩角特性

矩角特性是指不改变各相绕组的通电状态,即一相或几相绕组同时通以直流电流时,电磁转矩与失调角的关系,即 $T = f(\theta)$,如图 6-40 所示。

4) 失调角

失调角是指转子偏离零位的角度。

5) 零位或初始稳定平衡位置

零位或初始稳定平衡位置是指不改变绕组通电状态,转子在理想空载状态下的平

衡位置。

6) 最大静转矩

矩角特性上转矩最大值 T_k 称为最大静转矩。

7) 最大静转矩特性

当绕组电流改变时,最大静转矩与相应电流的关系 $T_k = f(I)$ 为最大静转矩特性,如图 6-41 所示。

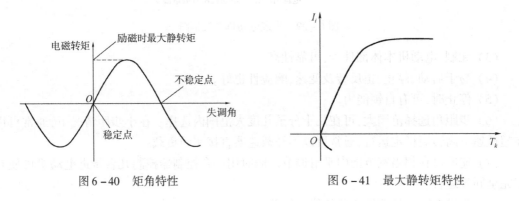

图 6-40　矩角特性　　　　　图 6-41　最大静转矩特性

8) 精度

步进电动机的精度有两种表示方法,一种用步距误差最大值来表示,另一种用步距累计误差最大值来表示。

最大步距误差是指电动机旋转一周内相邻两步之间最大步距角和理想步距角的差值,用理想步距的百分数表示。

最大累计误差是指任意位置开始经过任意步之间,角位移误差的最大值。角度误差如图 6-42 所示。

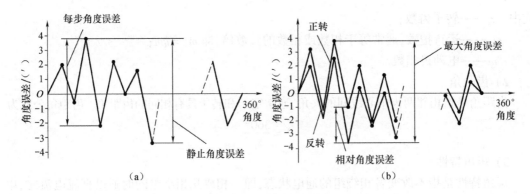

图 6-42　角度误差
(a)最大步距误差；(b)最大累计误差

9) 响应频率

在某一频率范围内步进电动机可以任意运行而不会丢失一步,则这一最大频率称为响应频率。通常用启动频率 f_s 来作为衡量的指标,它是指在一定负载下直接启动而不失步的极限频率,称为极限启动频率或突跳频率。

10) 运行频率

运行频率是指拖动一定负载使频率连续上升时,步进电动机能不失步运行的极限频率。

11) 启动矩频特性

在给定的驱动条件下,负载惯量一定时,启动频率与负载转矩之间的关系称为启动矩频特性,又称牵入特性。

12) 运行矩频特性

在负载惯量不变时,运行频率与负载转矩之间的关系称为运行矩频特性,又称牵出特性。矩频特性如图6-43所示。

13) 惯频特性

在负载力矩一定时,频率和负载惯量之间的关系,称为惯频特性。惯频特性分为启动惯频特性和运行惯频特性,如图6-44所示。

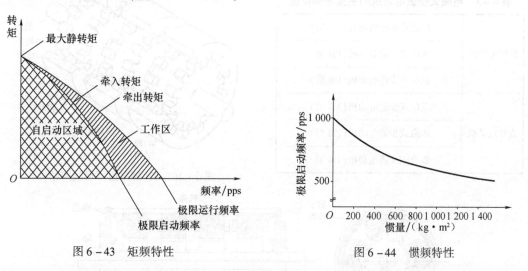

图6-43 矩频特性　　　　图6-44 惯频特性

14) 单步响应

单步响应是指步进电动机在带电不动的情况下,改变一次脉冲电压,转子由启动到停止的运动轨迹,如图6-45所示。

4. 步进电动机的类型

从广义上讲,步进电动机的类型分为机械式、电磁式和组合式三大类型。下面仅介绍电磁式步进电动机。

从结构特点进行分类,一般常使用的电磁式步进电动机的主要结构类型如表6-3所示。在小型电动机中,一般多段结构形式较少采用,绕组形式多为圆周分布式和轴向环形线圈式。图6-46所示为VR型多段环形线圈结构。图6-47所示为VR型多段圆周分布绕组结构。图6-48所示为PM型环形线圈结构。图6-49所示为VR型直线步进电动机。如前所述,步进电动机种类繁多,下面就其中典型的几种电动机结构进行介绍。

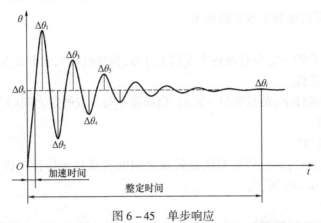

图 6-45 单步响应

表 6-3 电磁式步进电动机的主要结构类型

旋转电动机	反应式步进电动机(VR 型)
	永磁式步进电动机(PM 型)
	混合式步进电动机(HB 型)
直线电动机	反应式步进电动机(VR 型)
	永磁式步进电动机(PM 型)
	混合式步进电动机(HB 型)

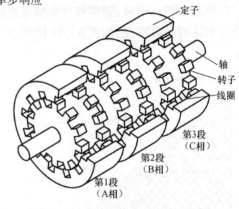

图 6-46 VR 型多段环形线圈结构

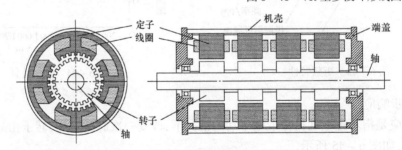

图 6-47 VR 型多段圆周分布绕组结构

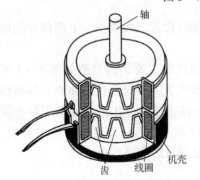

图 6-48 PM 型环形线圈结构

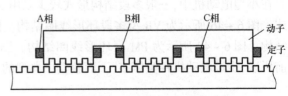

图 6-49 VR 型直线步进电动机

1) HB 型步进电动机的结构

HB 型步进电动机从构造来看由定子部件、转子部件、机壳和端盖四部分组成,如图 6-50 所示。

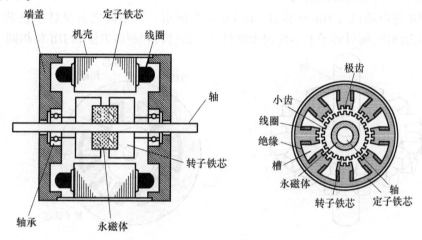

图 6-50　HB 型步进电动机的结构

(1) 定子部件。定子部件包括定子铁芯、绕组和绝缘材料。一般定子铁芯使用无方向性硅钢片叠压而成。硅钢片的厚度从损耗及冷加工性出发多采用 0.5 mm 和 0.35 mm 厚的材料。从减小冷加工时内径误差以求得较高尺寸精度以及从损耗和加工性来看,采用高性能硅钢片为好,但这也使价格增高。

定子铁芯上有若干大极齿,在每个大极齿上设计有若干小齿,如图 6-50 所示。在相邻大极齿的槽内放置绕组,大批量生产时,通常由自动绕线机直接绕制。在槽内放置槽绝缘,以保护线圈。

(2) 转子部件。转子部件由转子铁芯、永磁材料和轴组成。转子铁芯通常使用硅钢片,也有使用块状电工钢或粉末冶金材料的。使用硅钢片时其加工制造方法和定子铁芯相同,需采用冷冲压后叠压成型。转子铁芯必须选用磁损耗小的材料。块状电工钢的导磁性较好,但齿的加工量较大。使用粉末冶金材料时,由于可使用模具烧结成型,造价相对要低,但由于这种材料的饱和磁密一般在 1.2~1.3 T,所以磁密不能设置过高。

如图 6-51 所示,该种电动机的转子铁芯分为两个部分,两端的铁芯相差 1/2 个齿距装配而成。永磁材料一般使用铝镍钴、稀土钴或钕铁硼材质,性能上有余量时可使用廉价的铁氧体材料。

转子轴应根据转子铁芯自重、轴端受力以及磁拉力等因素来决定,通常使用不导磁的不锈钢材料。

(3) 机壳。机壳的作用有三个,即加强电动机的刚度、保护电动机和构成定子铁芯的部分磁路。一般由铁磁材料做成圆筒形,表面防锈处理。机壳两端和端盖配合部分应精加工到配合尺寸。

(4) 端盖。端盖起支撑转子保证气隙的作用。一般使用铝合金或粉末冶金材料,用模具一次成型。同样,为保证小气隙的要求,对机械加工的同心度、椭圆度等应予足够重视。

2) VR 型步进电动机的结构

VR 型步进电动机与 HB 型类似,如图 6-52 所示。其不同之处是转子铁芯为一个铁芯,不分割为两块,同时转子上不使用永磁材料。其材料和制造方法和 HB 型相同。

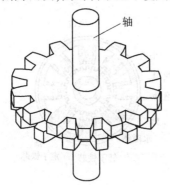 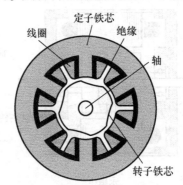

图 6-51　转子示意图　　　图 6-52　VR 型步进电动机结构示意图

3) PM 型步进电动机的结构

图 6-53 所示为 PM 型步进电动机结构示意图。其转子由永磁材料和轴组成,转子上没有 HB 型步进电动机那样的齿。永磁材料圆周方向充磁,材料一般使用铁氧体和铝镍钴居多。使用铁氧体时多为每步 7.5°和 15°,使用铝镍钴时常为每步 45°和 90°。

4) PM 型直线步进电动机的结构

PM 型直线步进电动机由定子和转子两部分组成,这种结构的电动机因永磁材料的形状和配置、线圈的位置等有不同种类。比较典型而且结构简单的 PM 型直线步进电动机结构示意图如图 6-54 所示。

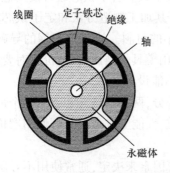 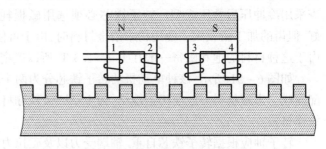

图 6-53　PM 型步进电动机结构示意图　　　图 6-54　PM 型直线步进电动机结构示意图

其定子铁芯形成主磁路,相当于把旋转型 VR 或 HB 电动机的定子铁芯在一维空间展开。其动子由励磁线圈以及形成永磁材料和主要磁路的铁芯组成,完成直线运行。

5) 单相步进电动机的结构

单相步进电动机在仪器仪表中被广泛使用,近年来,以单相永磁步进电动机的发展最为显著。其特点有以下几个：
(1) 结构简单,成本低。
(2) 易小型化、微型化。
(3) 驱动电路简单。
(4) 工作电压可以很低,平均耗电量小。

图 6-55 所示为双偏心一对极单相永磁步进电动机结构示意图,由高导磁材料制成的定子铁芯、沿径向磁化成一对极永磁转子以及励磁线圈所组成。图 6-56 所示为凹坑式单相永磁步进电动机结构示意图。

上述单相永磁步进电动机的步距角均为 180°,也可以将转子充磁为多对极,其步距角可以成倍地减小。图 6-57 所示为三对极双偏心可调的单相永磁步进电动机结构示意图。

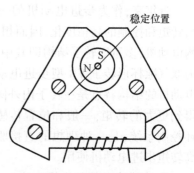

图 6-55 双偏心一对极单相永磁步进电动机结构示意图

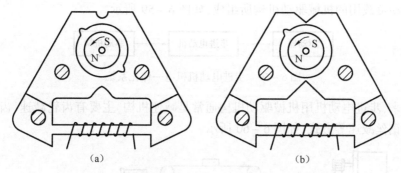

图 6-56 凹坑式单相永磁步进电动机结构示意图
(a)圆弧凹坑式;(b)尖角凹坑式

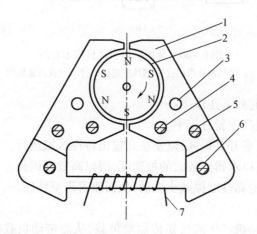

图 6-57 三对极双偏心可调的单相永磁步进电动机结构示意图
1—定子铁芯;2—转子永磁体;3—定子回转中心销钉;4—定子固定螺钉;
5—偏心调节销钉;6—线圈铁芯固定螺钉;7—线圈

6）其他结构的步进电动机

近年来，作为步进电动机的一种技术动向，是追求高转矩和控制的高精度化，因而相继出现了一些新型结构电动机，多重定转子结构即其中之一。图6-58所示为双气隙杯形转子VR型步进电动机结构示意图，这种电动机的结构特点是在转子内外圆两侧均设置定子，以得到更大的转矩，一般和位置传感器配合使用，构成闭环控制系统，是一种理想的直接驱动电动机，也可作为高转矩步进电动机使用。

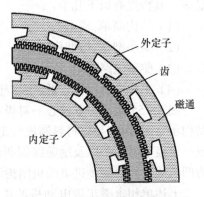

图6-58 双气隙杯形转子VR型步进电动机结构示意图

5. 步进电动机的选择方法

1）步进电动机的机械驱动机构

步进电动机系统的性能，除取决于电动机本体的特性外，还受所使用的驱动器的影响。在实际应用场合，步进电动机系统是由电动机本体、驱动器以及推动负载用的机械驱动机构所组成，如图6-59所示。

图6-59 步进电动机机电一体化系统

一般说来，步进电动机用机械驱动机构通常是减速机构，主要有齿轮减速、齿形带减速、丝杠减速及钢丝减速等方式，如图6-60所示。

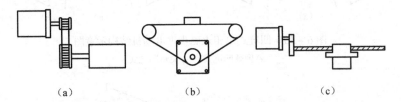

图6-60 常用机械驱动机构示意图
(a)链轮减速机构；(b)钢丝减速机构；(c)丝杠减速机构

利用减速机构可以起到下述作用：

（1）变更步距角，提高位置分辨率。

（2）通过改变转速，避开共振区，以便在高输出特性区域运行。

（3）使惯量相匹配，以求得到较大的加速度，得以高效率运行。

（4）利用减速机构的黏性摩擦减小振动，从而改善阻尼特性。

（5）得到直线运动。

驱动机构将步进电动机产生的转矩传输给负载，从而带动负载按要求的条件运行。因此步进电动机的选择必须满足整个运动系统的要求。

通常，在选定步进电动机时，从机械角度考虑的要点是：① 分辨率，由移动速度、每步所移动角度视距离来决定；② 负荷刚度、移动物理重量；③ 电动机体积和质量；④ 环境温度、湿度等。

从加减速动作要求出发考虑的要点是:① 在短时间内定位所需要的加速和减速速度的适当设定,以及最高速度的适当设定;② 根据加速转矩和负载转矩设定电动机的转矩;③ 使用减速机构时,则要考虑电动机速度和负荷速度的关系。

2) 负载转矩的估算

精确计算驱动系统的转矩是比较复杂的,习惯的做法是根据实际装置实测求取。在选择步进电动机时,常常使用近似公式,先估算出负载的转矩,从而为选定电动机提供依据。

(1) 直线运动。直线运动系统换算到电动机轴的负载转矩 T_1 一般由下式估算,即

$$T_1 = \frac{Fl_0}{2\pi\eta} + T_f$$

式中　T_f——电动机轴的摩擦转矩;
　　　l_0——每转机械移动量;
　　　η——驱动系统的效率;
　　　F——直线运动机械的轴向力。

(2) 旋转运动。旋转运动机械换算到电动机轴的负载转矩 T_1 通常用下式估算,即

$$T_1 = \frac{1}{i} \cdot \frac{1}{\eta} T_1' + T_f$$

式中　T_1'——负载轴的负载转矩。

3) 负载惯量的计算

根据惯量的定义,物体对某轴的惯量定义为该物体微小体积的质量 dm 与该微小体积到轴的距离 r 的平方的乘积之总和,即

$$J = \int r^2 dm$$

现将常用惯性体的惯量计算式归纳如下:

(1) 圆柱。圆柱模型如图 6-61 所示,则

$$J_x = \frac{1}{8}M(D_1^2 + D_2^2) = \frac{\pi}{32}\rho l(D_1^4 - D_2^4)$$

$$J_y = \frac{1}{4}M\left(\frac{D_1^2 + D_2^2}{4} + \frac{l^2}{3}\right)$$

式中　J_x——以 x 轴为中心的惯量;
　　　J_y——以 y 轴为中心的惯量;
　　　M——质量;
　　　D_1——外径;
　　　D_2——内径;
　　　ρ——材料密度;
　　　l——长度。

(2) 长方体。长方体模型如图 6-62 所示。其惯量计算式为

$$J_x = \frac{1}{12}M(a^2 + b^2) = \frac{1}{12}\rho abc(a^2 + b^2)$$

$$J_y = \frac{1}{12}M(b^2 + c^2) = \frac{1}{12}\rho abc(b^2 + c^2)$$

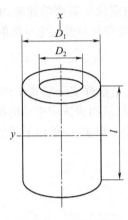

图 6-61 圆柱模型

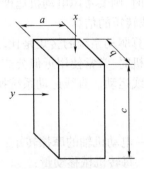

图 6-62 长方体模型

(3) 不通过重心的轴的惯量计算。不通过重心的轴的模型如图 6-63 所示。其计算式为

$$J_x = J_0 + Ml^2 = \frac{1}{12}M(a^2 + b^2 + 12l^2)$$

式中 J_0——关于通过重的轴 x_0 的惯量；
l——x 轴和 x_0 轴的距离。

(4) 直线运动物体的惯量。求直线运动物体的惯量，通常是求出其等价惯量。旋转运动和直线运动的动能分别为

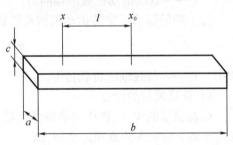

图 6-63 不通过重心的轴的模型

$$W_1 = \frac{1}{2} \cdot \frac{J}{g}\omega^2$$

$$W_2 = \frac{1}{2} \cdot \frac{M}{g}v^2$$

在等价变换条件下，$W_1 = W_2$，则惯量

$$J = M\left(\frac{v}{\omega}\right)^2$$

若令每转移动量为 l_0，则

$$J = M\left(\frac{l_0}{2\pi}\right)^2$$

6. 系统设计常用计算式

1) 分辨率和步距角

若设驱动机构最末级的移动量为 l_0，电动机的步距角为 θ_b，减速比为 i，则每个脉冲的最小输送量，即分辨率为

$$l = l_0 \times \frac{\theta_b}{i}$$

最末一级的单位移动量由驱动机构决定。例如，使用滑轮时，若最末一级轮径为 D，则为

$$l_0 = \frac{\pi D}{360}$$

而使用螺栓时,若螺距为 P,则

$$l_0 = \frac{P}{360}$$

根据以上三式可求得轮径为

$$D = \frac{360 li}{\pi \theta_b}$$

螺距为

$$P = \frac{360 li}{\theta_b}$$

2) 移动速度和输入脉冲频率

若已知最小输送量 l 和脉冲频率 f,则其移动速度

$$v = lf$$

考虑到轮径和螺距公式,则使用滑环或螺栓时的速度分别为

$$v_{\text{滑}} = \frac{\pi D}{360} \cdot \frac{\theta_b}{i} f$$

$$v_{\text{螺}} = \frac{P}{360} \cdot \frac{\theta_b}{i} f$$

也就是说,根据整个系统要求的速度,利用以上两式可求出驱动步进电动机所需要的输入脉冲频率

$$f_{\text{滑}} = \frac{360 iv}{\pi D \theta_b}$$

$$f_{\text{螺}} = \frac{360 iv}{p \theta_b}$$

在实际工作时,就可根据上式的计算值来判断可否在自启动区域驱动,或者需要进行加减速而在运行区域驱动运行。

最末一级的转速

$$n = \frac{\theta_b f}{6i}$$

3) 移动量和输入脉冲数

若设输入脉冲数为 N,则移动量 l_t 为

$$l_t = Nl$$

当步进电动机按一定频率驱动运行时,在某个时间段 t 内的脉冲数为

$$N = ft$$

而在包括加速、减速运行的场合,脉冲频率是变化的,则可用频率对时间的积分来计算,即

$$N = \int f(t) \, dt$$

由上式可以看出,三角波或梯形波驱动运行方式下脉冲数可用其面积表示。如图6-64所示,运动模型的脉冲数可用加速部分、定速运行部分及减速部分的总和来计算,即

$$N = \frac{1}{2}(f_H + f_L)(t_2 - t_1) + f_H(t_3 - t_2) + \frac{1}{2}(f_H + f_L)(t_4 - t_3)$$

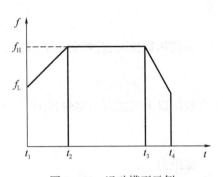

图6-64 运动模型示例

4) 加速度和转矩惯量比

驱动负载时往往需要计算加速度。一般来说,加速度

$$a = \frac{dv}{dt} = l\frac{df}{dt}$$

式中 l——每个脉冲的运动距离。

而用电动机的加速转矩 T_a 和惯量表示时为

$$a = l_0 \frac{180}{\pi} \cdot \frac{T_a}{iJ} g$$

式中 g——重力加速度。

而换算到轴的惯量为

$$J = J_M + \frac{J_L}{i^2}$$

式中 J_M——电动机本身的惯量。

于是,使加速度为最大的减速比应该为

$$i = \sqrt{\frac{J_L}{J_M}}$$

7. 步进电动机的选择程序

一般来说,选择步进电动机时遵循下述程序:

1) 选择要素

选择步进电动机时,首先要知道机械和时间两个方面的要素。

机械要素是指负载转矩 T_1 和负载惯量 J_L。时间要素是指加速时间 t_1 和 t_2(从 t_1 开始加速到 t_2),运行时间 t。

2) 确定目标

确认脉冲速率,其依据是将物体移动到目标位置的时间。

$$脉冲速度 = \frac{6 \times 转速}{步距角}$$

3) 计算需要的运行转矩

电动机带载运行所需要的转矩为

$$T = T_1 + T_a$$

式中　　T——需要的运行转矩；
　　　　T_1——负载转矩；
　　　　T_a——惯性体的加速转矩。

负载转矩由实测得到或用前述计算式估算。惯性体的加速转矩可按下式计算

$$T_d = \frac{\text{驱动物体的惯量}}{980.7} \times \frac{3.14 \times \text{步距角}}{18} \times \frac{\text{电动机希望的脉冲速率}}{\text{加速时间}}$$

4）决定电动机的型号

根据已得到的脉冲速率和运行需求的转矩，从电动机产品样本的矩频特性曲线上选取 2~3 种可用的电动机。

5）验证

根据选中的电动机，结合转子惯量再次用

$$\text{需要的运动转矩} = \frac{\text{驱动物体的惯量} + \text{转子惯量}}{980.7} \times \frac{3.14 \times \text{步距角}}{180} \times \frac{\text{脉冲速率}}{\text{加速时间}} + \text{负载转矩}$$

验算。将计算值再次与矩频特性曲线对照，确定是否在该曲线内侧，直到满足为止，最终确定一种电动机。

选择电动机的顺序框图如图 6-65 所示。

6.1.7　伺服电动机驱动

伺服系统是使物体的位置、方位、状态等输出被控量能够跟随输入目标（或给定值）的任意变化的自动控制系统。伺服主要靠脉冲来定位，基本上可以这样理解：伺服电动机接收到 1 个脉冲，就会旋转 1 个脉冲对应的角度，从而实现位移。因为，伺服电动机本身具备发出脉冲的功能，所以伺服电动机每旋转一个角度，都会发出对应数量的脉冲，这样，和伺服电动机接收的脉冲就形成了呼应，或者叫闭环。这样系统就会知道发出多少脉冲给伺服电动机，同时又接收了多少脉冲，于是能够十分精确地控制电动机的转动，从而实现准确的定位。

1. 伺服电动机的工作原理

伺服电动机是由电动机和电气控制元件组成的系统，又分为直流伺服电动机和交流伺服电动机。带有反馈传感器，适用于中、轻负载

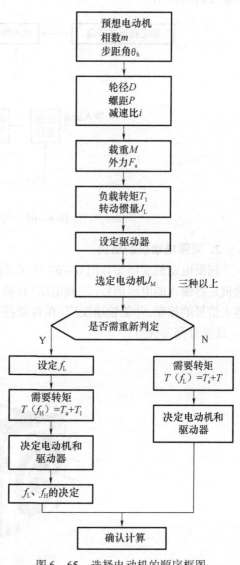

图 6-65　选择电动机的顺序框图

连续旋转的位移、速度等精密控制。从伺服电动机控制示意图(图6-66)来看,伺服电动机可以接受外部给定的转速和转角信号,转化为电压或电流,从而控制电动机的转速或转角;伺服电动机内部的传感器实时测量电动机实际输出的转速和转角,由比较器对给定值与实际值进行比较,差值信号放大后进行反馈控制。可以感知电动机转速和转角的传感器主要有电位器,光电编码器,电磁感应元件(如直流测速发电机、霍尔元件)等。以转速控制为例,测速发电机可以为传感器,测速发电机输出的电压正比于电动机的实际转速,比较器将测速发电机输出电压与速度给定量进行比较,若电动机的实测转速低于给定转速,则正的差值使放大器输出电压升高,使得电动机立即加速;反之若实测转速高于给定转速,则负的差值使放大器输出电压降低,使得电动机立即减速。伺服电动机都带有这种反馈控制的机制。

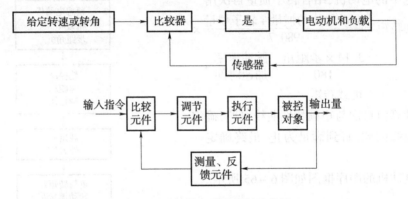

图6-66 伺服电动机控制示意图

2. 伺服电动机的结构

伺服电动机实物图如图6-67所示,伺服电动机结构示意图如图6-68所示。伺服电动机是将输入的电压信号(控制电压)转换为转矩和转速以驱动控制对象。其转子的转速受输入信号的控制,并能快速反应,在自动控制系统中通常用作执行元件,具有机电时间常数小、线性度高等优点。

图6-67 伺服电动机实物图

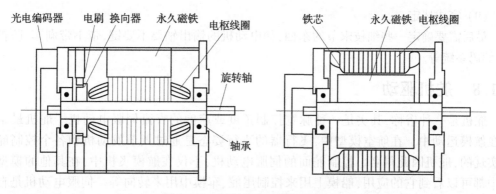

图 6-68 伺服电动机结构示意图

伺服电动机内部的转子采用永磁铁制成,驱动器控制的 U/V/W 三相电形成电磁场,转子在此磁场的作用下转动,同时电动机自带的编码器反馈信号给驱动器,驱动器根据反馈值与目标值进行比较,调整转子转动的角度。伺服电动机的精度取决于编码器的精度(线数)。

3. 伺服电动机的分类和特点

直流伺服电动机可分为有刷伺服电动机和无刷伺服电动机。有刷伺服电动机的结构简单、成本低廉、启动转矩大、调速范围宽、控制容易、维护方便(换碳刷),但工作时容易产生电磁干扰,对环境也有一定的要求。因此它比较适合用于对成本敏感的普通工业和民用场合。无刷伺服电动机体积小、质量小、出力大、响应快、速度高、惯量小、寿命长、转动平滑、力矩稳定,容易实现智能化,其电子换相方式十分灵活,可以实现方波换相或正弦波换相,电动机免维护、效率高、运行温度低、电磁辐射小,适用于各种环境。其不足之处是控制稍微复杂。交流伺服电动机也是无刷电动机,可分为同步和异步电动机。目前一般应用场合都采用同步电动机,它的功率范围大,可以做到很大的功率。由于该类型电动机运动惯量大、最高转速低,且随着功率增大而快速降低,因而适合在要求低速下稳运行的场合应用。

4. 伺服电动机的选型

(1) 明确负载机构的运动条件要求,即加/减速的快慢、运动速度、机构的质量、机构的运动方式等。

(2) 依据运行条件要求选用合适的负载惯量计算公式,计算出机构的负载惯量。

(3) 依据负载惯量与电动机惯量选出适当的假选定电动机规格。

(4) 结合初选的电动机惯量与负载惯量,计算出加速转矩及减速转矩。

(5) 依据负载质量、配置方式、摩擦系数、运行效率计算出负载转矩。

(6) 初选电动机的最大输出转矩必须大于加速转矩加负载转矩;如果不符合条件,必须选用其他型号计算验证直至符合要求。

(7) 依据负载转矩、加速转矩、减速转矩及保持转矩,计算出连续瞬时转矩。

(8) 初选电动机的额定转矩必须大于连续瞬时转矩,如果不符合条件,必须选用其他型号计算验证直至符合要求。

(9) 完成选定。

最后需要确定一些细枝末节的东西,如电动机的输出轴要不要键、带不带刹车、防护等级、编码系统等。

6.1.8 舵机驱动

舵机是一种俗称,其实是一种脉宽控制角度或速度的直流伺服电动机。舵机最早出现在航模运动中。在航空模型中,飞行器的飞行姿态是通过调节发动机和各个控制舵面来实现的,舵机因此得名。控制舵面的伺服电动机,不仅在航模飞机中,在其他的模型运动中都可以看到它的应用,船模上用来控制尾舵、车模中用来转向等。伺服电动机是自动装置中的执行元件,它的最大特点是可控。在有控制信号时,舵机就转动且转速大小正比于控制电压的大小,除去控制信号电压后,舵机就立即停止转动。小型舵机目前在各种航模(飞机模型、潜艇模型、汽车模型和机器人模型等)中已经使用得比较普遍,也有工业应用的大型舵机。

1. 舵机的工作原理

一般来说,舵机主要由以下几个部分组成:舵盘、减速齿轮组、位置反馈电位计、直流电动机、控制电路板等。舵机是一种位置伺服的驱动器,适用于那些需要角度不断变化并可以保持的控制系统。舵机是一个典型闭环反馈系统,其工作原理如图 6-69 所示。

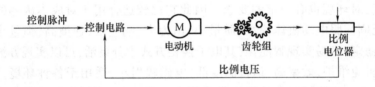

图 6-69 舵机工作原理

减速齿轮组由电动机驱动,其输出端带动一个线性的比例电位器做位置检测,该电位器把转角坐标转换为一比例电压反馈给控制线路板,控制线路板将其与输入的控制脉冲信号比较,产生纠正脉冲并驱动电动机正向或反向转动,使齿轮组的输出位置与期望值相符,令纠正脉冲最终趋于零,从而达到使舵机精确定位的目的。

标准的舵机有三条控制线,分别为电源线、地线及控制线。舵机电源引线三条线中橙色(白线)的线是控制线,连在控制芯片上。红色的线是电源正极线,工作电压是 5 V。黑色的是地线。电源线与地线用于提供内部的直流电动机及控制电路所需的能源,电压通常介于 4~6 V,该电源应尽可能与处理系统的电源隔离(因为伺服电动机会产生噪声)。小舵机在重负载时也会拉低放大器的电压,所以整个系统电源供应的比例必须合理。

舵机的控制端需输入周期性的正向脉冲信号,这个周期性脉冲信号的高电平时间通常在 1~2 ms,而低电平时间应在 5~20 ms,并不是很严格。表 6-4 所示为一个典型的 20 ms 周期性脉冲的正脉冲宽度与微型伺服电动机输出臂在 180°范围内转动时与输入脉冲的对应关系。

表6-4 特定周期下正脉冲宽度与输出角度关系

输入正脉冲宽度/ms（周期为20 ms）	输出角度/(°)
0.5	-90
1.0	-45
1.5	0
2.0	45
2.5	90

舵机的瞬时运动速度是由其内部的直流电动机和变速齿轮组的配合决定的,在恒定的电压驱动下,其数值唯一。但其平均运动速度可通过分段停顿的控制方式来改变,如我们可把动作幅度为90°的转动细分为128个停顿点,通过控制每个停顿点的时间长短来实现0°~90°变化的平均速度。对于多数舵机来说,速度的单位为"°/s"。

2. 舵机的结构

舵机实物如图6-70所示。实际的舵机又有许多区别,如直流电动机就有有刷和无刷之分,齿轮有塑料和金属之分,输出轴有滑动和滚动之分,速度有快速和慢速之分,等等,组合不同,价格也千差万别。例如,其中小型舵机一般称作微舵,同种材料的条件下价格是中型舵机的一倍多,金属齿轮价格是塑料齿轮的一倍多,需要根据需要选用不同类型。常见的舵机厂家有日本的 Futala、JR、SANWA 等公司,国产的有北京的新幻想、吉林的振华等公司。

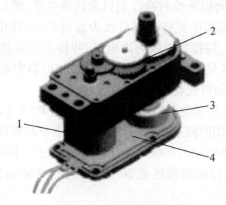

图6-70 舵机实物
1—直流电动机;2—变速齿轮组;3—反馈电位器;4—控制电路板

3. 使用舵机时的注意事项

普通的模拟舵机不是一个精确的定位器件,即使是使用同一品牌型号的舵机产品,它们之间的差别也是非常大的,在同一脉冲宽度驱动时,不同的舵机输出位置存在 ±10°的偏差也是正常的。

特别注意,绝不可加载让舵机输出位置超过 ±90°的脉冲信号,否则会损坏舵机的输出限位机构或齿轮组等机械部件。

由此可见,舵机具有以下一些特点:体积紧凑,便于安装;输出力矩大,稳定性好;控制简单,便于和数字系统接口。

正是因为舵机有很多优点,所以现在不仅仅应用在航模运动中,而且已经扩展到各种机电产品中来,在机器人控制中应用也越来越广泛。

4. 舵机的单片机控制

单片机系统实现对舵机输出转角的控制,首先必须完成两个任务:一是产生基本的PWM周期信号,二是脉宽的调整。用FPGA、模拟电路、单片机来产生舵机的控制信号,成本高且电路复杂。对于脉宽调制信号的脉宽变换,常用的一种方法是采用调制信号获取有源滤波后的直流电压,但是需要50 Hz(周期是20 ms)的信号,这对运放器件的选择有较高要求,从电路体积和功耗考虑也不易采用。5 mV以上的控制电压的变化就会引起舵机的抖动,对于机载的测控系统而言,电源盒其他器件的信号噪声都远大于5 mV,所以滤波电路的精度难以达到舵机的控制精度要求。

也可以用单片机作为舵机的控制单元,使PWM信号的脉冲宽度实现微秒级的变化,从而提高舵机的转角精度。单片机完成控制算法,再将计算结果转化为PWM信号输出到舵机,由于单片机系统是一个数字系统,其控制信号的变化完全依靠硬件计数,所以受外界干扰较小,整个系统工作可靠。当系统中只需要实现一个舵机的控制时,采用的控制方式是改变单片机的一个定时器中断的初值,将20 ms分为两次中断执行,一次短定时中断和一次长定时中断。这样既节省了硬件电路,也减少了软件开销,控制系统工作效率和控制精度都很高。

下面介绍具体的设计过程。例如,想让舵机转向左极限的角度,它的正脉冲为2 ms,则负脉冲为20 - 2 = 18(ms),所以开始时在控制口发送高电平,然后设置定时器在2 ms后发生中断,中断发生后,在中断程序里将控制口改为低电平,并将中断时间改为18 ms,再过18 ms进入下一次定时中断,将控制口改为高电平,并将定时器初值改为2 ms,等待下次中断到来,如此往复实现PWM信号输出到舵饥。用修改定时器中断初值的方法巧妙形成了脉冲信号,调整时间段的宽度便可使舵机灵活运动。

为保证软件在定时中断里采集其他信号,并且使发生PWM信号的程序不影响中断程序的运行(如果这些程序所占用时间过长,则有可能会发生中断程序还未结束,下次中断又到来的后果),所以需要将采集信号的函数放在长定时中断过程中执行,也就是说每经过两次中断执行一次这些程序,执行的周期还是20 ms。产生PWM信号的软件流程如图6 – 71所示。

如果系统中需要控制几个舵机的准确转动,可以用单片机和计数器进行脉冲计数产生PWM信号。脉冲计数可以利用51单片机的内部计数器来实现,但是从软件系统的稳定性和程序结构的合理性看,宜使用外部计数器,还可以提高CPU的工作效率。实验后从精度上考虑,对于FUTABA系列的接收机,当采用1 MHz的外部晶振时,其控制电压幅值的变化为0.6 mV,而且不会出现误差积累,可以满足控制舵机的要求。最后考虑数字系统的离散误差,经估算误差的范围在±0.3%内,所以采用单片机和8253、8254这样的计数器芯片的PWM信号产生电路是可靠的。基于8253产生PWM信号的程序主要包括三方面内容:一是定义8253寄存器的地址,二是控制字的写入,三是数据的写入。基于8253产生PWM信号的软件流程如图6 – 72所示。

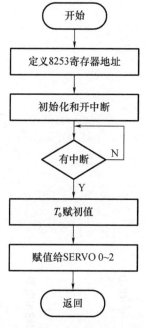 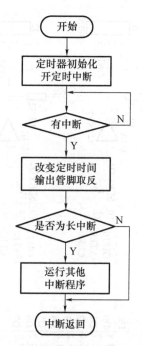

图 6-71 产生 PWM 信号的软件流程　　图 6-72 基于 8253 产生 PWM 信号的软件流程

当系统的主要工作任务就是控制多舵机的工作,并且使用的舵机工作周期均为 20 ms 时,要求硬件产生的多路 PWM 波的周期也相同。使用 51 单片机的内部定时器产生脉冲计数,一般工作正脉冲宽度小于周期的 1/8,这样可以在 1 个周期内分时启动各路 PWM 波的上升沿,再利用定时器中断 T_0 确定各路 PWM 波的输出宽度,定时器中断 T_1 控制 20 ms 的基准时间。

第 1 次定时器中断 T_0 按 20 ms 的 1/8 设置初值,并设置输出 I/O 接口,第 1 次 T_0 定时中断响应后,将当前输出 I/O 接口对应的引脚输出置高电平,设置该路输出正脉冲宽度,并启动第 2 次定时器中断,输出 I/O 接口指向下一个输出口。第 2 次定时器定时时间结束后,将当前输出引脚置低电平,设置此中断周期为 20 ms 的 1/8 减去正脉冲的时间,此路 PWM 信号在该周期中输出完毕,往复输出。在每次循环的第 16 次(2×8=16)中断实行关定时中断 T_0 的操作,最后就可以实现 8 路舵机控制信号的输出,也可以采用外部计数器进行多路舵机的控制,但是因为常见的 8253、8254 芯片都只有 3 个计数器,所以当系统需要产生多路 PWM 信号时,使用上述方法可以减少电路,降低成本,也可以达到较高的精度。调试时注意到由于程序中脉冲宽度的调整是靠调整定时器的初值来实现的,中断程序也被分成了 8 个状态周期,并且需要严格的周期循环,而且运行其他中断程序代码的时间需要严格把握。

在实际应用中,采用 51 单片机就能简单方便地实现舵机控制需要的 PWM 信号。对机器人舵机控制的测试表明,舵机控制系统工作稳定,PWM 占空比(0.5~2.5 ms 的正脉冲宽度)和舵机的转角(-90°~90°)线性度较好。图 6-73 所示为 PWM 信号的计数和输出电路。

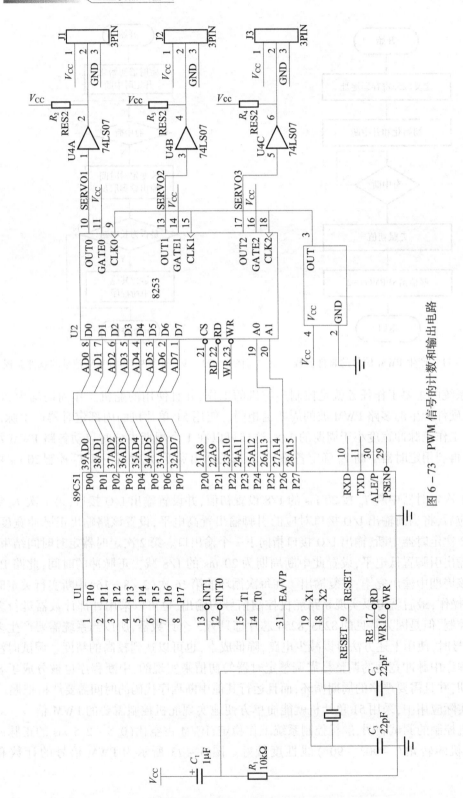

图 6-73 PWM 信号的计数和输出电路

6.2 机器人的传动机构

1. 传动的重要性

工作机一般都要靠原动机供给一定形式的能量(绝大多数是机械能)才能工作。但是,把原动机和工作机直接连接起来的情况很少,往往需在二者之间加入传递动力或改变运动情况的传动装置。其主要原因有以下几点:

(1) 工作机所要求的速度,一般与原动机的最优速度不相符合,故需增速或减速,通常多为减速。

(2) 很多工作机都需要根据生产要求而进行速度调整,但依靠调整原动机的速度来达到这一目的往往是不经济的,甚至是不可能的。

(3) 原动机的输出轴通常只做均匀回转运动,而工作机要求的运动形式则是多种多样的,如直线运动、螺旋运动等。

(4) 在有些情况下,需要用一台原动机带动若干组速度不同的机构。

(5) 为了工作安全及维护方便,或因机器的外廓尺寸受到限制等其他原因,有时不能把原动机和工作机直接连接在一起。

由此可见传动装置是大多数机器或机组的主要组成部分。实践证明,传动装置在整台机器的质量和成本中都占有很大的比例。机器的工作性能和运转费用也在很大的程度上决定于传动装置的优劣。因此,不断提高传动装置的设计和制造水平就具有极其重要的意义。

2. 传动的分类

根据工作原理的不同,可将传动分为两类:① 机械能不改变为另一种形式的能的传动——机械传动;② 机械能改变为电能或电能改变为机械能的传动——电力传动。机械传动又分为摩擦传动、啮合传动、液力传动和气力传动。

现代机器中,往往综合采用上述各类传动。它们的特性对比如表 6-5 所示,以供对各类传动做一般比较时参考。

表 6-5 各类传动特性的对比

各种特点	电力传动	机械传动			
		啮合的	摩擦的	液力的	气力的
便于集中供应能量	+				+
在远距离传动设备简单	+				
能量易于储存					+
易于在较大范围内实现无级变速	+		+		
易于在较大范围内实现有级变速	+	+	+	+	
保持准确的传动比		+			
可用于高转速	+				+
易于实现直线传动		+	+	+	+
周围环境温度变化影响很小	+	+			+
作用于工作部分的压力大				+	
易于自动控制和远程控制	+				

摩擦传动与啮合传动的形式很多,发展甚为迅速,新型的高速、大功率或大传动比的传动不断涌现。这里只就常用的一般形式及其基本性能和特点做简要的阐述与对比。它们的概括分类如图 6-74 所示。

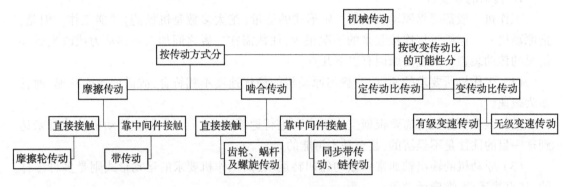

图 6-74 机械传动的概括分类

3. 传动类型选择概要

当设计传动时,如传递的功率 P、传动比 i 和工作条件为已定,则不同类型的传动各有其优缺点,因而就产生了怎样合理选择传动类型的问题。

概括地说,选择传动类型时所应根据的主要指标是:效率高,外廓尺寸小,质量小,运动性能良好及符合生产条件(生产的可能性、预期的生产率及生产成本)等。至于在具体情况下,究竟应选择哪种传动形式,只有综合对比若干方案的技术经济指标后才能做出结论。现简述下列数点,供选择一般机械传动类型时参考。

1) 功率与效率

各类传动所能传递的功率取决于其传动原理、承载能力、载荷分布、工作速度、制造精度、机械效率和发热情况等因素。

一般地说,啮合传动传递功率的能力高于摩擦传动;蜗杆传动工作时的发热情况较为严重,因而传递的功率不宜过大;摩擦轮传动由于必须具有足够的压紧力,故在传递同一圆周力时,其压轴力要比齿轮传动的大几倍,因而一般不宜用于较大功率的传动;链传动和带传动为了增大传递功率的能力,必须增大链条和带的剖面面积或列数(根数),这就要受到载荷分布不均的限制;齿轮传动在较多的方面优于上述各种传动,因而应用也就最广。

效率是评定传动性能的主要指标之一。不断提高传动的效率,就能节约动力,降低运转费用。效率的对立面是传动中的功率损失。在机械传动中,功率的损失主要由于轴承摩擦、传动零件间的相对滑动和搅动润滑油等原因,所损失的能量绝大部分将转化为热量。如果损失过大,将会使工作温度超过允许的限度,导致传动的失效。因此,效率低的传动装置一般不宜用于大功率的传递。

各种传动传递功率的范围及效率值如表 6-6 所示。

还应指出,不同的传动类型,在传递同样的功率时,通过传动零件作用在轴上的压力也不同。这个力在很大程度上决定着传动的摩擦损失和轴承寿命。摩擦轮传动作用在轴上的压力最大,带传动次之,斜齿轮及蜗杆传动再次之,链传动、直齿齿轮和人字齿齿轮传动则最小。

表6-6　各种传动传递功率的范围及效率值

传动类型	功率 P/kW		效率 η(未计入轴承中摩擦损失)	
	使用范围	常用范围	闭式传动	开式传动
圆柱及圆锥齿轮传动(单级)	极小至 50 000	—	0.95~0.99	0.92~0.94
蜗杆传动:	可达 8 000	20~50		
自锁的			0.40	0.30
非自锁的,蜗杆头数为				
$Z_1 = 1~2$			0.70~0.80	0.60~0.70
2~3			0.80~0.85	—
3~4			0.85~0.90	
链传动	可达 3 500	100 以下	0.97~0.98	0.90~0.93
同步带传动	可达 100	10 以下		0.95~0.98
摩擦轮传动	很小至 200	约 20	0.90~0.99	0.80~0.88
带传动:				
V 带	1~3 500	20~30	—	0.94~0.98
平带	可达 1 000	50~100		0.92~0.97

2) 速度

速度是传动的主要运动特性之一,提高传动速度是机器的重要发展方向。

表示传动速度的参数是最大圆周速度和最大转速。传动速度的提高,在不同传动形式中要受到不同因素的限制,如动力载荷、传动的热平衡条件及离心力等。

表6-7 所示为各类传动的最大允许速度与转速,以供参考。

表6-7　各类传动的最大允许速度与转速(参考值)

传动类型	最大允许速度/(m·s^{-1})	最大允许转速/(r·min^{-1})
普通平带传动	≤25(30)	
高质量皮革带传动	30~40	7 000~8 000
特殊高质量的织造带传动	到 100[①]	到 60 000[①]
钢带传动	80~100	—
标准 V 带传动	20~30	12 000
同步带传动	40~100	20 000
链传动	40	8 000~10 000
齿轮传动:		
6 级精度直齿圆柱齿轮传动	到 20	
6 级精度非直齿圆柱齿轮传动	到 50	30 000
5 级精度直齿圆柱齿轮传动	到 120	
蜗杆传动	15~35[②]	
摩擦轮传动	15~25	

注:① 在缩短寿命的条件下,可达到的数值。
　　② 指滑动速度。

3) 外廓尺寸、质量和成本

传动的外廓尺寸和质量与功率和速度的大小密切相关，也与传动零件材料的机械性能有关。但当这些条件一定时，传动装置的外廓尺寸和质量基本上取决于传动的形式。在大传动比的多级传动中，传动比的分配对外廓尺寸起着很大的影响。

传动比是传动的运动特性之一。各类单级传动的传动比（主动轮与从动轮的转速比）值如表 6-8 所示。

表 6-8 各类单级传动的传动比值

传动类型	减速传动比	增速传动比[①]
啮合传动：		
蜗杆传动	≤40~80(1 000)[②]	1:1.5~1:2
齿轮传动	4~20[③]	
齿形带传动	≤10~20	
链传动：		
滚子链	≤6~10	
齿形链	≤15	
摩擦传动：		
带传动		1:3~1:5
平带	≤5	
V 带	≤8~15	
有张紧轮的	≤10	
摩擦轮传动	≤5~15	

注：① 由于振动及噪声的原因，增速传动的工作情况较差，增速不宜过大。
② 括弧中的数值是指只传递运动时。
③ 对于齿轮传动来说，当传动比大于 8 时，一般不宜采用一级传动。

在同样功率和传动比的条件下，各类传动装置外廓尺寸的差异是很可观的。由表 6-9 可以看出，在传动比不大的情况下，从尺寸与质量来看，蜗杆传动质量最小。当传动比很大时，虽然蜗杆传动便于实现大传动比，但由于蜗轮的增大和轴承结构尺寸的增大，其外廓尺寸就不能保持最小。显然，这时采用齿轮传动较为适宜。

表 6-9 各类传动 $\left(功率 P=75\ kW, 传动比\ i=\dfrac{n_1}{n_2}=\dfrac{1\ 000}{250}=4\right)$ 的尺寸、质量和成本对比

传动类型 (圆周传动, m·s^{-1})	平带传动 (23.6)	有张紧轮的 平带传动(23.6)	V 带传动 (23.6)	链传动 (7)	齿轮传动 (5.85)	蜗杆传动 (5.85)
中心距/mm	5 000	2 300	1 800	830	280	280
轮宽/mm	350	250	130	360	160	60
质量/kg	500	550	500	500	600	450
相对成本/%	106	125	100	140	165	125

6.2.1 齿轮机构

1. 齿轮机构的应用及特点

齿轮机构是现代机械、精密机器、仪器仪表及自动控制装置中最重要的传动机构之一,广泛用于传递任意两轴之间的运动和动力。齿轮机构不但应用广泛,而且历史悠久。我国是世界上应用齿轮机构最早的国家,在公元前 152 年就有关于齿轮的记载,但齿形多为直线,极为简陋。我国西汉时所用的翻水车、三国时所造的指南车和晋朝时所发明的记载鼓车中都应用了齿轮机构。随着生产的发展和科学技术水平的提高,现代齿轮机构已有了很大的发展,传动类型多、精度高,在工程上得到了广泛的应用。

1) 齿轮传动的主要优点

齿轮传动具有传动平稳可靠,传动效率高(一般可以达到94%以上,精度较高的圆柱齿轮副可以达到99%),传递功率范围广(可以从仪表中齿轮微小功率的传动到大型动力机械几万千瓦功率的传动,低速重载齿轮的转矩可以达到 1.4 MN·m 以上),速度范围大(齿轮的圆周速度为 0.1~200 m/s 或更高;转速为 1~20 000 r/min 或更高),结构紧凑,维护简便和使用寿命长等优点。因此,它在各种机械设备和仪器仪表中被广泛使用。

2) 齿轮传动的主要缺点

齿轮传动中会产生冲击、振动和噪声;没有过载保护作用;对制造精度和安装精度要求较高,需要专门的切齿机床、刀具和测量仪器;不宜用于轴间距过大的两轴之间的传动;齿数是整数,速比系列是有限的,不是无限连续的。

2. 齿轮机构的分类

按照两齿轮轴线相对位置和齿向,齿轮机构的分类如表 6-10 所示。

表 6-10 齿轮机构的类型

	直齿齿轮机构			斜齿齿轮机构	
	外啮合	内啮合	齿轮齿条啮合	外啮合	人字齿齿轮机构
平面齿轮机构 (两轴平行)					
	斜齿齿轮机构(交错轴)		圆锥齿齿轮机构(相交轴)		
	螺旋齿轮机构	蜗轮蜗杆机构	直齿圆锥齿轮机构	斜齿圆锥齿轮机构	曲齿圆锥齿轮机构
空间齿轮机构 (两轴不平行)					

齿轮机构的应用既广,类型也多,根据一对齿轮在啮合过程中传动比$\left(i_{12}=\dfrac{\omega_1}{\omega_2}\right)$是否恒定,可将齿轮机构分为两大类,即

(1) 定传动比(i_{12} = 常数)传动的齿轮机构。因为在这种齿轮机构中的齿轮都是圆形的(如圆柱形和圆锥形等),所以又称圆形齿轮机构。

(2) 变传动比(i_{12}按一定的规律变化)传动的齿轮机构。因为在这种齿轮机构中的齿轮一般是非圆形的,所以又称非圆齿轮机构。椭圆齿轮机构即其一例,如图 6-75 所示。

在各种机械中应用最广泛的还是圆形齿轮机构,它可以保证传动比恒定不变,即当主动轮等速回转时,从动轮也做等速回转,这样就可以使机械运转平稳,避免发生冲击、振动和噪声。这种性能满足了现代机械日益向高速重载方向发展的需要。而非圆齿轮机构则用于一些具有特殊要求的机械中,如在某些计算机构中常用非圆齿轮来实现某种函数关系;在某些流量计中借用卵形齿轮来测量液体的流量;在有些机械中则利用非圆齿轮与连杆机构等组合应用,以改善机械的运动和动力性能;等等。

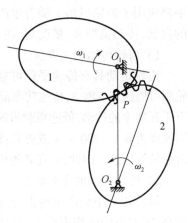

图 6-75 椭圆齿轮机构

圆形齿轮机构的类型也很多,根据两齿轮啮合传动时其相对运动是平面运动还是空间运动,又可将其分为平面齿轮机构和空间齿轮机构两类。

1) 平面齿轮机构

平面齿轮机构用于两平行轴之间的传动,常见的类型如下:

(1) 直齿圆柱齿轮传动。直齿圆柱齿轮传动又称正齿轮或简称直齿轮。直齿轮的轮齿与其轴线平行。直齿圆柱齿轮传动又可分为:① 外啮合齿轮传动,两齿轮的转动方向相反;② 内啮合齿轮传动,两齿轮的转动方向相同;③ 齿轮与齿条传动。

(2) 斜齿圆柱齿轮传动。斜齿圆柱齿轮又简称斜齿轮。斜齿轮的轮齿与其轴线倾斜了一个角度(称为螺旋角)。斜齿轮传动也可分为外啮合齿轮传动、内啮合齿轮传动和齿轮与齿条传动三种情况。

(3) 人字齿齿轮传动。人字齿齿轮可看作是由螺旋角方向相反的两个斜齿齿轮组成的,可制成整体式和拼合式。

2) 空间齿轮机构

空间齿轮机构用来传递空间两相交轴或相错轴(既不平行又不相交)之间的运动和动力。常见的类型如下:

(1) 圆锥齿轮传动。圆锥齿轮用于两相交轴之间的传动。圆锥齿轮的轮齿分布在截圆锥体的表面上,有直齿、斜齿及曲齿之分,因而分别组成直齿、斜齿及曲齿圆锥齿轮传动。其中以直齿圆锥齿轮的应用最广,而斜齿圆锥齿轮则很少应用,由于曲齿圆锥齿轮能够适应高速重载的要求,故目前也得到了广泛的应用。

(2) 螺旋齿轮传动。螺旋齿轮传动用于传递两相交错轴之间的运动。如图 6-68 所

示,就单个齿轮来说,构成螺旋齿轮传动的两个齿轮都是斜齿圆柱齿轮。螺旋齿轮传动与斜齿齿轮传动的区别在于:斜齿齿轮传动用于传递两平行轴之间的运动,而螺旋齿轮传动则用于传递两相错轴之间的运动。故斜齿齿轮传动属于平面齿轮机构;而螺旋齿轮传动则属于空间齿轮机构。

(3) 蜗轮蜗杆传动。蜗轮蜗杆传动也是用于传递两相错轴之间运动的,其两轴的交错角一般为 90°。

用于相错轴之间的齿轮传动,除螺旋齿轮传动和蜗轮蜗杆传动以外,还有双曲线回转体齿轮传动、锥蜗杆传动等多种形式的齿轮传动。

齿轮机构的类型虽然很多,但直齿圆柱齿轮传动是齿轮机构中最简单、最基本,同时也是应用最广泛的一种。

6.2.2 轮系

1. 轮系及其分类

在实际机械中,为了满足不同的工作需要,仅用一对齿轮组成的齿轮机构往往是不够的。例如,在机床中,为了使主轴获得多级转速;在钟表中为了使时针、分针和秒针的转速具有一定的比例关系;在汽车后轮的传动中,为了根据汽车转弯半径的不同,使两个后轮获得不同的转速,等等,就都需要由一系列齿轮所组成的齿轮机构来传动。这种由一系列的齿轮所组成的齿轮传动系统称为齿轮系,简称轮系。而仅由一对齿轮组成的齿轮机构则可认为是最简单的轮系。

通常根据轮系运转时,其各个齿轮的轴线相对于机架的位置是否都是固定的,而将轮系分为三大类。

1) 定轴轮系

如果在轮系运转时,其各个齿轮的轴线相对于机架的位置都是固定的,这种轮系就称为定轴轮系(或普通轮系),如图 6-76 所示。

2) 周转轮系

如果在轮系运转时,其中至少有一个齿轮轴线的位置并不固定,而是绕着其他齿轮的固定轴线回转,则这种轮系称为周转轮系,如图 6-77 所示。在此轮系中,齿轮 1 和内齿轮 3 都是绕着固定轴线 OO 回转的,称为太阳轮。齿轮 2 用回转副与构件 H 相连,而构件 H 是绕固定轴线 OO 回转的。所以当轮系运转时,齿轮 2 一方面绕着自己的轴线 O_1O_1 做自转,另一方面又随着构件 H 一起绕着固定轴线 OO 做公转,就像行星的运动一样,故称齿轮 2 为行星轮。而装有行星轮的构件 H 称为行星架(转臂或系杆)。在周转轮系中,一

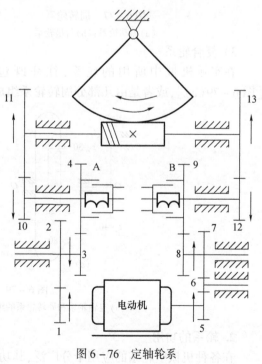

图 6-76 定轴轮系

般都以太阳轮和行星架作为运动的输入与输出构件,故又称它们为周转轮系的基本构件。基本构件都围绕着同一固定轴线回转。

由上所述可见,一个周转轮系必有一个行星架、铰接在行星架上的若干个行星轮和与行星轮相啮合的太阳轮。

周转轮系还可根据其自由度的数目,做进一步的划分。若自由度为2[图6-77(a)],则称其为差动轮系,为了确定差动轮系的运动,需要给定轮系两个独立的运动规律;若自由度为1[图6-77(b),其中太阳轮3为固定轮],则称其为行星轮系,为了确定行星轮系的运动,只需给定轮系一个独立的运动规律就可以了。

此外,周转轮系还常根据其基本构件的不同来加以划分。设轮系中的太阳轮以 K 表示,行星架以 H 表示,则图6-77所示轮系称为2K-H型周转轮系,图6-78所示轮系称为3K型周转轮系,因其基本构件是三个太阳轮1、3及4,而行星架H只起支持行星轮2和2′的作用。在实际机械中采用最多的是2K-H型周转轮系。

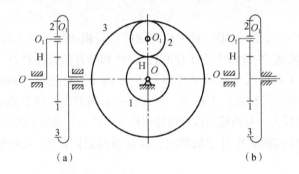
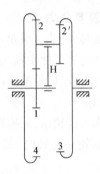

图6-77 周转轮系
(a)差动轮系;(b)行星轮系

图6-78 3K型周转轮系

3) 复合轮系

在实际机械中所用的轮系,往往既包含定轴轮系部分,又包含周转轮系部分[图6-79(a)],或者是由几部分周转轮系组成的[图6-79(b)],这种轮系称为复合轮系。

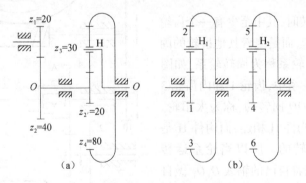

图6-79 复合轮系
(a)定轴轮系和周转轮系的组合;(b)两个周转轮系的组合

2. 轮系的功用

在各种机械中轮系的应用十分广泛,其功用大致可以归纳为以下几个方面:

1) 实现分路传动

利用轮系可以使一个主动轴带动若干个从动轴同时旋转。例如,图 6-80 所示为某航空发动机附件传动系统的运动示意图,它通过轮系把发动机主轴的运动分成六路传出,带动各附件同时工作。

2) 获得较大的传动比

当两轴之间需要较大的传动比时,若仅用一对齿轮传动,必将使两轮的尺寸相差悬殊,外廓尺寸庞大,如图 6-81 中虚线所示,所以一对齿轮的传动比一般不大于 8。当需要较大的传动比时,就应采用轮系来实现,如图 6-81 中实线所示。特别是采用周转轮系,可用很少的齿轮,紧凑的结构,得到很大的传动比。

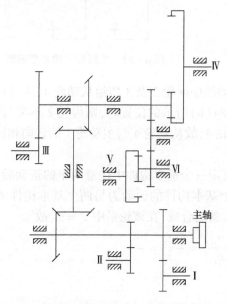

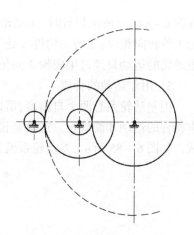

图 6-80 某航空发动机附件传动系统的运动示意图　　图 6-81 获得较大的传动比

3) 实现变速传动

在主动轴转速不变的条件下,利用轮系可使从动轴得到若干种转速,这种传动称为变速传动。如图 6-82 所示,齿轮 1′ 及 2′ 固定在主动轴 Ⅰ 上,而齿轮 1、2 为一整体(称为双联齿轮),与从动轴 Ⅱ 用导向键相连,可在轴 Ⅱ 上滑动,当分别使齿轮 1 与 1′ 或 2 与 2′ 啮合时,轴 Ⅱ 可得到两种不同的传动比。

变速传动也可以利用周转轮系来实现,图 6-83 所示为二级行星轮系变速器,其工作原理是分别固定不同的太阳轮 3 或 6 而得到不同的传动比。与定轴轮系变速器比较,此种变速器虽较复杂,但操纵方便,可在运动中变速,有过载保护作用,过载时摩擦制动器打滑。目前在小轿车、工程机械等中应用较普遍。

4) 实现换向传动

在主动轴转向不变的条件下,利用轮系可改变从动轴的转向。图 6-84 所示为车床上走刀丝杠的三星轮换向机构。齿轮 2、3 铰接在刚性构件 a 上,构件 a 可绕轮 4 的轴线回转。

图 6-82 变速传动

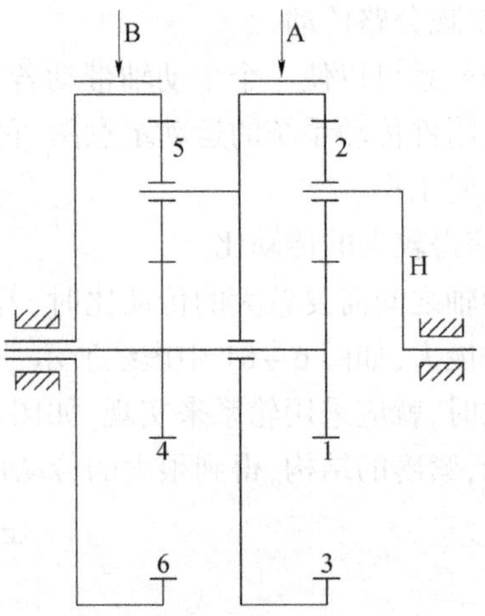

图 6-83 二级行星轮系变速器

在图 6-84(a)所示位置时,主动轮 1 的运动经中间轮 2 及 3 传给从动轮 4,从动轮 4 与主动轮 1 的转向相反;如转动构件 a 处于图 6-84(b)所示的位置时,则齿轮 2 不参与传动,这时主动轮的运动只经过中间轮 3 而传给从动轮 4,故从动轮 4 与主动轮 1 的转向相同。

5) 用作运动的合成

因差动轮系有两个自由度,所以必须给定三个基本构件中任意两个的运动后,第三个基本构件的运动才能确定。这就是说,第三个基本构件的运动为另两个基本构件的运动的合成。如图 6-85 所示,差动轮系就常用作运动的合成,在该轮系中 $z_1 = z_3$,故

$$i_{13}^H = \frac{n_1 - n_H}{n_3 - n_H} = -\frac{z_3}{z_1} = -1$$

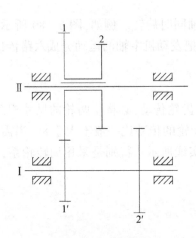
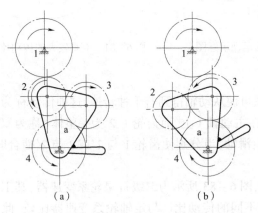

图 6-84 车床上走刀丝杠的三星轮换向机构
(a)从动轮 4 与主动轮 1 的转向相反;
(b)从动轮 4 与主动轮 1 的转向相同

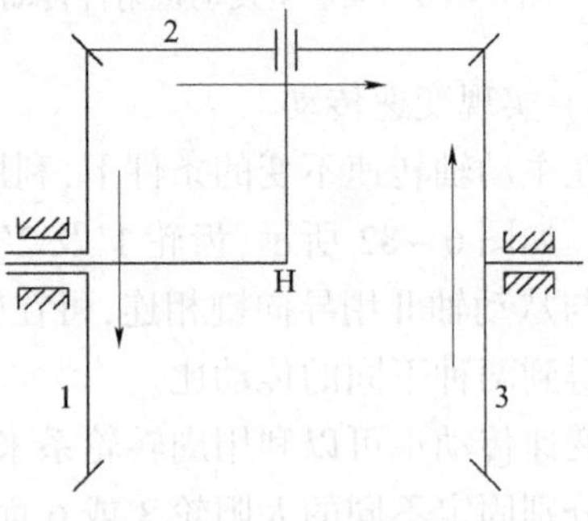

图 6-85 差动轮系

或

$$n_H = \frac{n_1 + n_3}{2}$$

上式说明,行星架的转速是轮 1、3 转速的合成,故此种轮系可用作和差运算。差动轮系

可作运动合成的这种性能,在机床、计算机、补偿调节装置等得到了广泛的应用。

6) 用作运动的分解

差动轮系不仅能做运动的合成,还可做运动的分解,即将一个主动转动按可变的比例分解为两个从动转动。现以汽车后桥上的差速器为例来说明。

如图 6-86 所示,发动机通过传动轴驱动齿轮 5,齿轮 4 上固连着行星架 H,其上装有行星轮 2。齿轮 1、2、3 及行星架 H 组成一差动轮系。

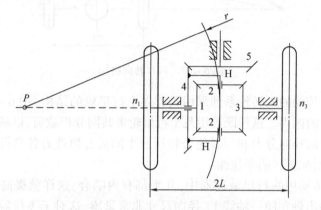

图 6-86 汽车后桥上的差动轮系

在该差动轮系中,$z_1 = z_3$,$n_H = n_4$,因此

$$i_{13}^H = \frac{(n_1 - n_4)}{(n_3 - n_4)} = -\frac{z_3}{z_1} = -1 \tag{a}$$

因该轮系有两个自由度,若仅由发动机输入一个运动时,将无确定解。

如设车轮和地面不打滑,当汽车沿直线行驶时,其两后轮的转速应相等($n_1 = n_3$);而当汽车转弯时,由于两后轮所走的路径不相等,则两后轮的转速应不相等($n_1 \neq n_3$)。在汽车后桥上采用差动轮系的目的,就是当汽车以不同状态行驶时,两后轮能自动改变转速,以减小轮胎和地面之间的滑动。

今设汽车在向左转弯行驶,汽车的两前轮在转向机构(图 6-87 所示的梯形机构 $ABCD$)的作用下,其轴线与汽车两后轮的轴线汇交于点 P,这时整个汽车可看作是绕着点 P 回转。在不打滑的条件下,两后轮的转速应与弯道半径成正比,即

$$\frac{n_1}{n_3} = \frac{r-L}{r+L} \tag{b}$$

式中　r——弯道平均半径;
　　　L——后轮距之半。

这是一个附加约束条件,使两后轮有确定运动,联解式(a)和式(b)就可求得两后轮的转速。

7) 在尺寸及质量较小的条件下实现大功率传动

在机械制造业中,特别是在飞行器中,日益期望在尺寸小、质量轻的条件下实现大功率传动,这种要求采用周转轮系可以较好地得到满足。

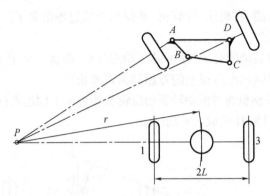

图 6-87 汽车转向机构

首先用作动力传动的周转轮系都采用具有多个行星轮的结构(图 6-88),各行星轮均匀地分布在太阳轮的四周。这样既可用几个行星轮来共同分担载荷,以减小齿轮尺寸;同时又可使各个啮合处的径向分力和行星轮公转所产生的离心惯性力各自得以平衡,以减小主轴承内的作用力,增加运转的平稳性。

此外,在动力传动用的行星减速器中,几乎都有内啮合,这样就提高了空间的利用率。兼之其输入轴和输出轴在同一轴线上,径向尺寸非常紧凑,这对于飞行器特别重要,故在航空发动机的主减速器中,获得了普遍的采用。图 6-89 所示为某涡轮螺旋桨发动机主减速器的传动简图,其右部是差动轮系,左部是定轴轮系,整个为一个自由度的封闭式行星轮系。它有 4 个行星轮 2,6 个中介轮 2′(图中均只画了一个)。动力自太阳轮 1 输入后,分两路从行星架 H 和内齿轮 3 输往左部,最后汇合到一起输往螺旋桨。由于采用多个行星轮,加上动力分路传递(所谓功率分流),所以在较小的外廓尺寸下(径向外廓尺寸约为 $\phi 430$ mm),传递功率达 2 850 kW。整个轮系的减速比 $i_{1H}=11.45$。

目前,我国已制定有行星减速器的标准系列。

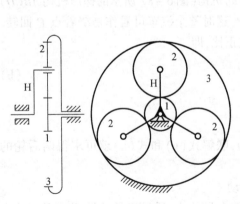

图 6-88 多个行星轮的结构

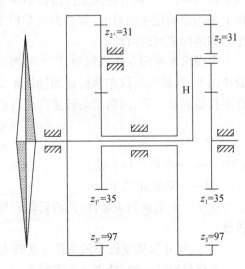

图 6-89 某涡轮螺旋桨发动机主减速器的传动简图

6.2.3 平面连杆机构

1. 连杆机构及其传动特点

连杆机构是一种应用十分广泛的机构,它不仅在众多工农业机械和工程机械中得到广泛应用,而且诸如人造卫星太阳能板的展开机构、机械手的传动机构、折叠伞的收放机构以及人体假肢等,也都用到连杆机构。图6-90(a)所示为铰链四杆机构,图6-90(b)所示为曲柄滑块机构和图6-90(c)所示为导杆机构,是最常见的连杆机构形式。它们的共同特点是,其原动件1的运动都要经过一个不直接与机架相连的中间构件2才能传动给从动件3,中间构件2称为连杆,这些机构统称为连杆机构。

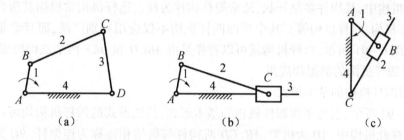

图6-90 连杆机构
(a)铰链四杆机构;(b)曲柄滑块机构;(c)导杆机构

1) 连杆机构的优点

(1) 连杆机构中的运动副一般均为低副,因此,连杆机构也称低副机构。低副两运动副元素为面接触,压强较小,故可承受较大的载荷;且有利于润滑,磨损较小;此外,运动副元素的几何形状较简单,便于加工制造。

(2) 在连杆机构中,当原动件的运动规律不变,可用改变各构件的相对长度来使从动件得到不同的运动规律。

(3) 在连杆机构中,连杆上各点的轨迹是各种不同形状的曲线(称为连杆曲线),其形状还随着各构件相对长度的改变而改变,从而可以得到形式众多的连杆曲线,我们可以利用这些曲线来满足不同轨迹的设计要求。

此外,连杆机构还可以很方便地用来达到增力、扩大行程和实现远距离传动等目的。

2) 连杆机构的缺点

(1) 由于连杆机构的运动必须经过中间构件进行传递,因而传递路线较长,易产生较大的误差积累,同时,也使机械效率降低。

(2) 在连杆机构运动过程中,连杆及滑块的质心都在做变速运动,所产生的惯性力难于用一般平衡方法加以消除,因而会增加机构的动载荷,所以连杆机构不宜用于高速运动。

此外,虽然可以利用连杆机构来满足一些运动规律和运动轨迹的设计要求,但其设计却是十分困难的,且一般只能近似地得以满足。正因如此,如何根据最优化方法来设计连杆机构,使其能最佳地满足设计要求,一直是连杆机构研究的一个重要课题。

近年来对平面连杆机构的研究,不论从研究范围上还是方法上都有很大进展。已不再局限于单自由度四杆机构的研究,也已开展对多杆多自由度平面连杆机构的研究,并已提出了一些有关这类机构的分析及综合的方法。在设计要求上已不再局限于运动学要求,而是同时兼顾机构的动力学特性,特别是对于高速机械,考虑构件弹性变形的运动弹性动力学(KED)也得到很快的发展。在研究方法上,优化方法和计算机辅助设计的应用已成为研究连杆机构的重要方法,并已相应地编制出大量的适用范围广、计算时少、使用方便的通用软件。随着计算技术的发展和现代数学工具的日益完善,以前不易解决的复杂平面连杆机构的设计问题,正在逐步获得解决。

根据各构件间的相对运动是平面运动还是空间运动,连杆机构可分为平面连杆机构和空间连杆机构两大类,在一般机械中应用最多的是平面连杆机构。

在连杆机构中,其构件多呈杆状,故常简称构件为杆。连杆机构常根据其所含的杆数而命名,如四杆机构、六杆机构等。其中平面四杆机构不仅应用特别广泛,而且常是多杆机构的基础。如图6-91所示,六杆机构就可以看作是由 ABCD 和 DEF 两个机构构成的。

2. 平面四杆机构的类型和应用

1) 平面四杆机构的基本形式

如图6-92所示,它是平面四杆机构的基本形式,其他形式的四杆机构均可认为是它的演化形式。在此机构中,AD 为机架,AB、CD 两构件与机架相连称为连架杆,BC 为连杆。而在连架杆中,能做整周回转者称为曲柄,只能在一定范围内摆动者称为摇杆。

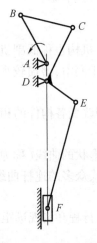

图6-91 六杆机构

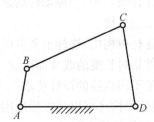

图6-92 铰链四杆机构

在铰链四杆机构中,各运动副都是转动副。如组成转动副的两构件能相对整周转动,则称为周转副,不能做相对整周转动者,则称为摆动副。

(1) 曲柄摇杆机构。铰链四杆机构的两个连架杆中,若其一为曲柄,另一为摇杆,则称其为曲柄摇杆机构。当以曲柄为原动件时,可将曲柄的连续转动转变为摇杆的往复摆动。其应用甚广,雷达天线俯仰机构即为一例,如图6-93(a)所示。若以摇杆为原动件时,可将摇杆的摆动转变为曲柄的整周转动,此种机构在农用、民用以人力为动力的机械中应用较多,缝纫机踏板机构即为一例,如图6-93(b)所示。

(2) 双曲柄机构。若铰链四杆机构中的两个连架杆均为曲柄,则称为双曲柄机构。在一般形式的双曲柄机构中(冲床机构中的双曲柄机构 ABCD),当主动曲柄 AB 做匀速转动时,从动曲柄 CD 做变速转动,从而可使滑块在冲压行程时慢速前进,而在空回行程中快速返回,以利于冲压工作的进行。

在双曲柄机构中,若相对两杆平行且长度相等则称其为平行四边形机构,如图 6-94 所示;它有两个显著特性:一是两曲柄以相同速度同向转动;另一是连杆做平动。此两特性在机械工程中均获得广泛应用。机车车轮的联动机构就利用了其第一个特性,如图 6-95 所示;摄影平台升降机构[图 6-96(a)]和播种机料斗机构[图 6-96(b)]则是利用了其第二个特性。

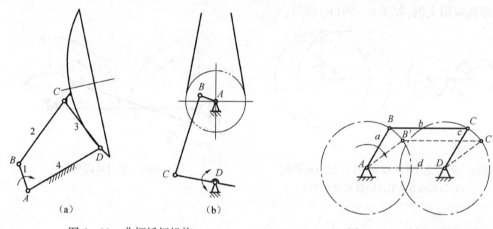

图 6-93 曲柄摇杆机构
(a)雷达天线俯仰机构;(b)缝纫机踏板机构

图 6-94 平行四边形机构

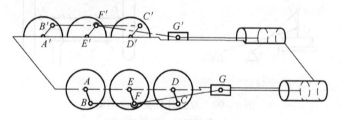

图 6-95 机车车轮的联动机构

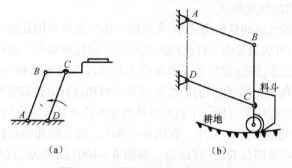

图 6-96 平行四边形机构的实例
(a)摄影平台升降机构;(b)播种机料斗机构

如双曲柄机构中两相对杆的长度分别相等,但不平行(图6-97),则称其为逆平行(或反平行)四边形机构。当以其长边为机架时[图6-97(a)],两曲柄沿相反的方向转动,图6-98所示的车门开闭机构就利用了这个特性,它可使两扇车门同时敞开或关闭,当以其短边为机架时[图6-97(b)],其性能和一般双曲柄机构相似。

(3) 双摇杆机构。若铰链四杆机构的两个连架杆都是摇杆,则称为双摇杆机构。铸造用大型造型机的翻箱机构,就应用了双摇杆机构 $ABCD$,如图6-99(a)所示。它可将固定在连杆 BC 上的沙箱在 BC 位置进行造型振实后,翻转 $180°$,转到 $B'C'$ 位置,以便进行拔模。

在双摇杆机构中,若两摇杆长度相等,则形成等腰梯形机构。汽车、拖拉机前轮的转向机构,即其应用实例,如图6-99(b)所示。

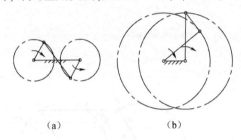
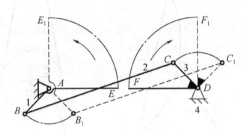

图6-97 逆平行(或反平行)四边形机构
(a)以长边为机架;(b)以短边为机架

图6-98 车门开闭机构

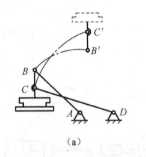
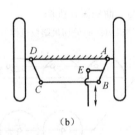

图6-99 双摇杆机构的应用实例
(a)翻箱机构;(b)转向机构

2) 平面四杆机构的演化形式

除上述三种形式的铰链四杆机构之外,在机械中还广泛地采用其他形式的四杆机构,不过这些形式的四杆机构,可认为是由四杆机构的基本形式演化而来的。四杆机构的演化,不仅是为了满足运动方面的要求,还往往是为了改善受力状况以及满足结构设计上的需要等。各种演化机构的外形虽然各不相同,但它们的性质以及分析和设计方法却常常是相同的或类似的,这就为连杆机构的研究提供了方便。下面对各种演化方法及其应用举例加以介绍。

(1) 改变构件的形状和运动尺寸。在图6-100(a)所示的曲柄摇杆机构中,当曲柄1绕轴 A 回转时,铰链 C 将沿圆弧 $\beta\beta$ 往复运动。如图6-100(b)所示,设将摇杆3做成滑块形式,使其沿圆弧导轨 $\beta\beta$ 往复滑动,显然其运动性质并未发生改变,但此时铰链四杆机构已演化为具有曲线导轨的曲柄滑块机构。

第 6 章 机器人的运动系统　　227

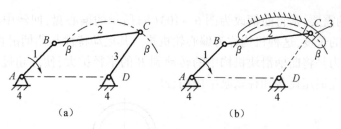

图 6-100　曲柄摇杆机构的演化
(a)曲柄摇杆机构；(b)曲柄滑块机构

又若将图 6-100(a)中摇杆 3 的长度增至无穷大，则图 6-100(b)中的曲线导轨将变成直线导轨，于是铰链四杆机构就演化成为常见的曲柄滑块机构，如图 6-101 所示。图 6-101(a)所示为具有偏距 e 的偏置曲柄滑块机构；图 6-101(b)所示为无偏距的对心曲柄滑块机构。曲柄滑块机构在冲床、内燃机、空压机等机械中得到广泛的应用。

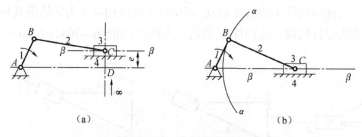

图 6-101　曲柄滑块机构
(a)具有偏距 e 的偏置曲柄滑块机构；(b)无偏距的对心曲柄滑块机构

图 6-101(b)所示的曲柄滑块机构还可进一步演化为图 6-102 所示的双滑块四杆机构。在图 6-102(b)所示的机构中，从动件 3 的位移与原动件 1 的转角的正弦成正比($s = l_{AB}\sin\varphi$)，故称为正弦机构，它多用在仪表和解算装置中。

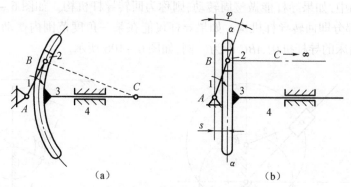

图 6-102　双滑块四杆机构
(a)普通双滑块四杆机构；(b)正弦机构

由上所述可知，移动副可认为是回转中心在无穷远处的转动副演化而来。

(2) 改变运动副的尺寸。在图 6-103(a)所示的曲柄滑块机构中，当曲柄 AB 的尺寸较小时，由于结构的需要，常将曲柄改为图6-103(b)所示的偏心盘，回转中心至几何中心的偏心距等于曲柄的长度，这种机构称为偏心轮机构。其运动特性与曲柄滑块机构完全相同、偏心轮机构可认为是将曲柄滑块机构中的转动副 B 的半径扩大，使之超过曲柄长度演化而成。偏心轮机构在锻压设备和柱塞泵中应用较广。

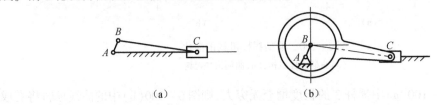

图6-103　曲柄滑块机构的演化
(a)曲柄滑块机构；(b)偏心轮机构

（3）选用不同的构件为机架。在图6-104(a)所示的曲柄滑块机构中，若改选构件1为机架[图6-104(b)]，此时构件4绕轴 A 转动，而构件3则以构件4为导轨沿其相对移动，构件4称为导杆，机构称为导杆机构。选构件2、滑块3为机架，如图6-104(c)、(d)所示。

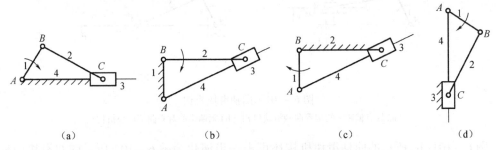

图6-104　选用不同的构件为机架
(a)构件4为机架；(b)构件1为机架；(c)构件2为机架；(d)滑块3为机架

在导杆机构中，如果导杆能做整周转动，则称为回转导杆机构。如图6-105所示，小型刨床中的 ABC 部分即回转导杆机构。如果导杆仅能在某一角度范围内摆动，则称为摆动导杆机构。牛头刨床的导杆机构 ABC 即为一例，如图6-106所示。

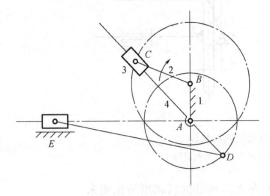

图6-105　回转导杆机构

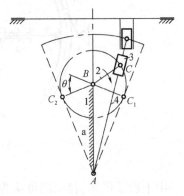

图6-106　摆动导杆机构

如果在图6-104(a)所示的曲柄滑块机构中,改选构件 BC 为机架[图6-104(c)],则演化为曲柄摇块机构。其中构件3仅能绕点 C 摇摆。自卸卡车车厢的举升机构 ABC 即为一例,其中摇块3为油缸,用压力油推动活塞使车厢翻转,如图6-107所示。

若在图6-104(a)所示的曲柄滑块机构中改选滑块3为机架[图6-104(d)],则演化成为直动滑杆机构。手摇系统即为一应用实例,如图6-108所示。

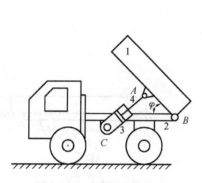

图6-107 曲柄摇块机构

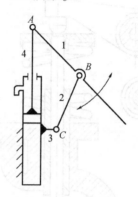

图6-108 手摇系统

选运动链中不同构件作为机架以获得不同机构的演化方法称为机构的倒置。铰链四杆机构、双滑块四杆机构等同样可以经过机构的倒置以获得不同形式的四杆机构。

(4) 运动副元素的逆换。对于移动副来说,将运动副两元素的包容关系进行逆换,并不影响两构件之间的相对运动,但却能演化成不同的机构。如图6-109(a)所示,摆动导杆机构当将构成移动副的构件2、3 的包容关系进行逆换后,即演化为图6-109(b)所示的曲柄摇块机构。由此可见,这两种机构的运动特性是相同的。

由上述可见,四杆机构的形式虽然多种多样,但根据演化的概念,可为我们归类研究这些四杆机构提供方便;反之,我们也可根据演化的概念,设计出形式各异的四杆机构。

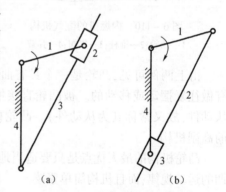

图6-109 运动副元素的逆换
(a)摆动导杆机构;(b)曲柄摇块机构

6.2.4 凸轮机构

1. 凸轮机构的应用

在各种机械,特别是自动机械和自动控制装置中,广泛地应用着各种形式的凸轮机构,现举两例加以说明。

图6-110所示为内燃机的配气机构,当凸轮1回转时,其轮廓将迫使推杆2做往复摆动,从而使气阀3开启或关闭(关闭是借弹簧4的作用),以控制可燃物质在适当的时间进入气缸或排出废气。至于气阀开启和关闭时间的长短及其速度与加速度的变化规律,则取决于凸轮轮廓曲线的形状。

如图 6-111 所示,自动机床的进刀机构。当具有凹槽的圆杆凸轮 1 回转时,其凹槽的侧面通过嵌于凹槽中的滚子 3 迫使推杆 2 绕轴 O 做往复摆动,从而控制刀架的进刀和退刀运动。至于进刀和退刀的运动规律如何,则决定于凹槽曲线的形状。

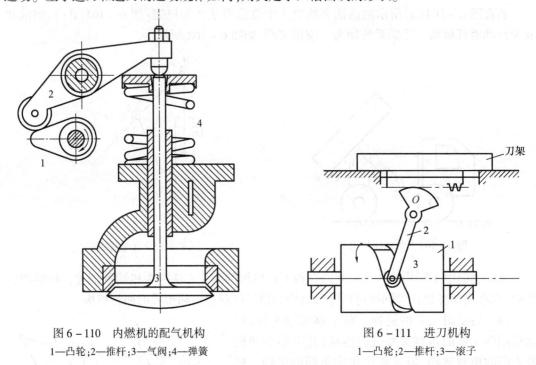

图 6-110　内燃机的配气机构
1—凸轮;2—推杆;3—气阀;4—弹簧

图 6-111　进刀机构
1—凸轮;2—推杆;3—滚子

由上两例可见,凸轮是一个具有曲线轮廓或凹槽的构件。凸轮通常做等速转动,但也有做往复摆动或移动的。被凸轮直接推动的构件称为推杆(因为在凸轮机构中推杆多是从动件,故又常称其为从动件)。凸轮机构就是由凸轮、推杆和机架三个主要构件所组成的高副机构。

凸轮机构的最大优点是只要适当地设计出凸轮的轮廓曲线,就可以使椎杆得到各种预期的运动规律,而且机构简单紧凑。

凸轮机构的缺点是凸轮廓线与推杆之间为点、线接触,易磨损,所以凸轮机构多用在传力不大的场合。

现代机械日益向高速发展,凸轮机构的运动速度也越来越快。因此,高速凸轮的设计及其动力学问题的研究已引起普遍重视,提出了许多适于在高速条件下采用的推杆运动规律,以及一些新型的凸轮机构。另外,随着计算机的发展,凸轮机构的计算机辅助设计和制造已获得普遍应用,从而提高了设计和加工的速度及质量,这也为凸轮机构的更广泛应用创造了条件。

2. 凸轮机构的分类

凸轮机构的类型很多,常就凸轮和推杆的形状及其运动形式的不同进行分类。

1) 按凸轮的形状划分

(1) 盘形凸轮。盘形凸轮是一个具有变化向径的盘形构件[图 6-112(a)],绕固定轴线回转。如图 6-112(b)所示,凸轮可看作是转轴在无穷远处的盘形凸轮的一部分,它做往复直线移动,故称其为移动凸轮。盘形凸轮机构的结构比较简单,应用也最广泛,但其推杆的行程不能太大,否则将使凸轮的尺寸过大。

(2) 圆柱凸轮。圆柱凸轮是一个在圆柱面上开有曲线凹槽,或是在圆柱端面上做出曲线轮廓[图6-112(c)]的构件。由于凸轮与推杆的运动不在同一平面内,所以是一种空间凸轮机构。圆柱凸轮可看作是将移动凸轮卷于圆柱体上形成的。

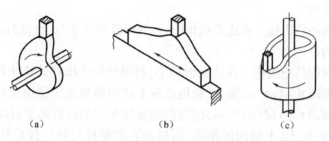

图6-112 凸轮的形状
(a)盘形凸轮;(b)移动凸轮;(c)圆柱凸轮

2) 按推杆的形状划分

(1) 尖顶推杆。如图6-113(a)、(b)所示,这种推杆的构造最简单,但易磨损,所以只适用于作用力不大和速度较低的场合,如用于仪表等机构中。

(2) 滚子推杆。如图6-113(c)、(d)所示,这种推杆由于滚子与凸轮轮廓之间为滚动摩擦,所以磨损较小,故可用来传递较大的动力,因而应用较广。

(3) 平底推杆。如图6-113(e)、(f)所示,这种推杆的优点是凸轮与平底的接触面间易形成油膜,润滑较好,所以常用于高速传动中。

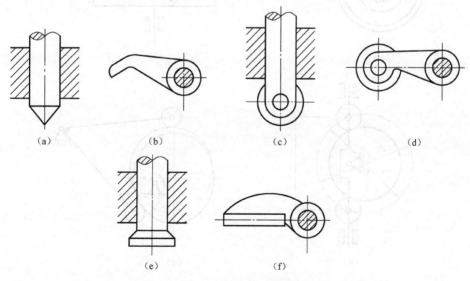

图6-113 推杆的形状
(a)、(b)尖顶推杆;(c)、(d)滚子推杆;(e)、(f)平底推杆

根据推杆的运动形式的不同,把做往复直线运动的推杆称为直动推杆,做往复摆动的推杆称为摆动推杆。在直动推杆中,若其轴线通过凸轮的回转轴心,则称其为对心直动推杆,否则称为偏置直动推杆。

综合上述分类方法,就可得到各种不同类型的凸轮机构。

根据在运动中凸轮与推杆保持接触的方法不同,凸轮机构又可分为力封闭的凸轮机构和几何封闭的凸轮构。

(1) 力封闭的凸轮机构。在这类机构中,是利用推杆的重力、弹簧力或其他外力使推杆与凸轮保持接触的。

(2) 几何封闭的凸轮机构。在这类机构中,利用凸轮或推杆的特殊几何结构使凸轮与推杆保持接触。如图6-114(a)所示,利用凸轮上的凹槽与置于槽中推杆的滚子使凸轮与推杆保持接触。如图6-114(b)所示,因与凸轮廓线相切的任意两平行线间的宽度 B 处处相等,且等于推杆内框上、下壁间的距离,所以凸轮和推杆可始终保持接触。如图6-114(c)所示,因凸轮理论廓线在径向线上两点之间的距离处处相等,故可使凸轮与推杆始终保持接触。如图6-114(d)所示,在此机构中,用两个固结在一起的凸轮控制同一推杆,从而形成几何封闭,使凸轮与推杆始终保持接触。

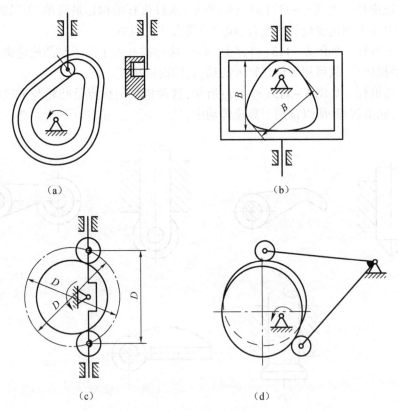

图6-114 几何封闭
(a)凸轮机构;(b)等宽凸轮机构;(c)等径凸轮机构;(d)共轭凸轮机构

6.2.5 带传动

1. 带传动的工作原理

在机械传动系统中，经常采用带传动来传递运动和动力。

带传动一般是由固联于主动轴上的带轮1（主动轮）、固联于从动轴上的带轮3（从动轮）和紧套在两轮上的传动带2组成的，如图6-115所示。当原动机驱动主动轮转动时，由于带和带轮间摩擦力的作用，便拖动从动轮一起转动，并传递一定的动力。

2. 带传动的类型

在带传动中，常用的有平带传动[图6-116(a)]和V带传动[图6-116(b)]。近些年来，为了适应工业上的需要，又出现了一些新型的带传动，如同步带传动（图6-117）等。

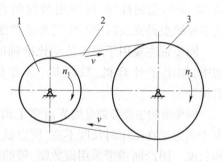

图6-115 带传动示意图
1,3—带轮；2—传动带

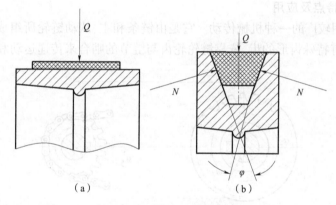

图6-116 带传动局部剖视图
(a)平带传动；(b)V带传动

平带传动结构最简单，带轮也容易制造，在传动中心距较大的情况下应用较多。

在一般机械传动中，应用最广的是V带传动。V带的横剖面呈等腰梯形，带轮上也做出相应的轮槽。传动时，V带只和轮槽的两个侧面接触，即以两侧面为工作面，如图6-116(b)所示。根据槽面摩擦的原理，在同样的张紧力下，V带传动较平带传动能产生更大的摩擦力，这是V带传动性能上的最主要优点。再加上V带传动允许的传动比较大，结构较紧凑，以及V带多已标准化并大量生产等优点，因而V带传动的应用比平带传动广泛得多。

同步带传动综合了带传动和链传动的优点。同步带通常是以钢丝绳或玻璃纤维绳等为强力层、聚氨酯或橡胶为基体，工作面上带齿的环状带。工作时，带的凸齿与带轮外缘上的齿槽进行啮合传动，如图6-117所示。由于强力层承载后变形小，能保持同步带的周节不变，故带与带轮间没有相对滑动，从而保证了同步传动。

同步带传动时的线速度可达40 m/s（有时允许达80 m/s），传动功率可达100 kW，传动比可达10(有时允许达20),传动效率可达0.98。

同步带传动的优点是:① 无滑动,能保证固定的传动比;② 初拉力较小,轴和轴承上所受的载荷小;③ 带的厚度小,单位长度的质量小,故允许的线速度较高;④ 带的柔韧性好,故所用带轮的直径可以较小。其主要缺点是安装时中心距的要求严格且价格较高。

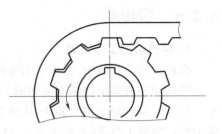

图6-117 同步带传动局部示意图

同步带主要用于要求传动比准确的中、小功率传动中,如电子计算机、放映机、录音机、磨床、纺织机械等。

同步带的主要参数是周节 p(带上相邻两齿中心轴线间沿节线度量的距离)、模数 $m = p/\pi$。由于强力层在工作时长度不变,所以就其中心线位置定为带的节线,并以节线周长 L 作为公称长度。国产同步带采用模数制,带的标记为模数(mm)×宽度(mm)×齿数,即 $m \times b \times z$。

6.2.6 链传动

1. 链传动的特点及应用

链传动是应用较广的一种机械传动。它是由链条和主、从动链轮所组成的,如图6-118所示。链轮上制有特殊齿形的齿,依靠链轮轮齿与链节的啮合来传递运动和动力。

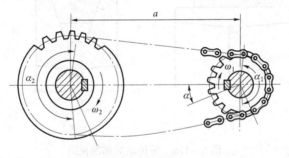

图6-118 链传动

链传动是属于带有中间挠性件的啮合传动。与带传动相比,链传动无弹性滑动和打滑现象,因而能保持准确的传动比(平均传动比),传动效率较高;又因链条不需要像带那样张得很紧,所以作用于轴上的径向压力较小;在同样使用条件下,链传动的结构较为紧凑。同时链传动能在高温及速度较低的情况下工作。与齿轮传动相比,链传动较易安装,成本低廉;在远距离传动(中心距最大可达十多米)时,其结构要比齿轮传动轻便得多。链传动的主要缺点是:在两根平行轴间只能用于同向回转的传动;运转时不能保持恒定的瞬时传动比;工作时有噪声,不宜在载荷变化很大和急速反向的传动中应用。

链传动主要用在要求工作可靠且两轴相距较远,以及其他不宜采用齿轮传动的场合。例如,在摩托车上应用链传动,结构上大为简化,而且使用方便可靠。链传动还可应用于重型及极为恶劣的工作条件下,如建筑机械中的链传动,常受到土块、泥浆及瞬时过载等影响,但仍能很好地工作。总的说来,在机械制造业中,如农业、矿山、起重运输、冶金、建筑、石油、化工等机械都广泛地应用着链传动。

目前,链传动所能传递的功率可达数千千瓦;链条速度可达 30~40 m/s;润滑良好的链传动,传动效率为 97%~98%。

按用途不同,链可分为传动链、起重链和曳引链。起重链和曳引链主要用在起重和运输机械中,而在一般机械传动中,常用的是传动链。

传动链传递的功率一般在 100 kW 以下,链速一般不超过 15 m/s,推荐使用的最大传动比 $i_{max}=8$。传动链有套筒滚子链(简称滚子链)、齿形链等类型。其中滚子链使用最广,齿形链使用较少。

2. 滚子链

滚子链的结构如图 6-119 所示,它是由滚子、套筒、销轴、内链板和外链板组成的。

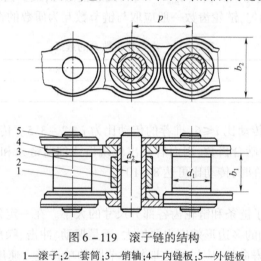

图 6-119 滚子链的结构
1—滚子;2—套筒;3—销轴;4—内链板;5—外链板

节距 p 是滚子链的主要参数,节距增大时,链条中各零件的尺寸也相应地增大,可传递的功率也随着增大。链的使用寿命在很大程度上取决于链的材料及热处理方法。因此,组成链的所有元件均需经过热处理,以提高其强度、耐磨性和耐冲击性。

我国链条标准 GB 1243.1—1983 中规定节距用英制折算米制的单位,标准中链号和相应的国际标准链号一致,链号数乘以 25.4/16 mm 即节距值。后缀 A 或 B 分别表示 A 或 B 系列。滚子链的标记为

例如,08A-1×87 GB 1243.1—1983 表示:A 系列、节距 12.7 mm、单排、87 节的滚子链。

3. 齿形链

齿形链又称无声链,它是由一组带有两个齿的链板左右交错并列铰接而成的。

与滚子链相比,齿形链传动平稳,无噪声,承受冲击性好,工作可靠。

齿形链既适宜于高速传动,又适宜于传动比较大和中心距较小的场合,其传动效率一般为 0.95~0.98,润滑良好的传动效率可达 0.98~0.99。齿形链比滚子链结构复杂,价格较

高且制造较难,故多用于高速或运动精度要求较高的传动装置中。

4. 链传动主要参数的选择

1)链轮齿数 z_1、z_2 和传动比

小链轮齿数 z_1 对链传动的平稳性和使用寿命有较大的影响。齿数少可减小外廓尺寸,但齿数过少,将会导致:① 传动的不均匀性和动载荷增大;② 链条进入和退出啮合时,链节间的相对转角增大,使铰链的磨损加剧;③ 链传递的圆周力增大,从而加速了链条和链轮的损坏。

由此可见,增加小链轮齿数对传动是有利的。但如 z_1 选得太大,则大链轮齿数 z_2 将更大,除增大了传动的尺寸和质量外,也易于因链条节距的伸长而发生跳齿和脱链现象,同样会缩短链条的使用寿命。为比,通常限定最大齿数 $z_2 \leqslant 120$。为使 z_2 不致过大,在选择 z_1 时请参考表 6-11。一般链轮最少齿数 $z_{min} = 17$,当链速很低时,最少齿数可到 9。由于链节数常是偶数,为考虑磨损均匀,链轮齿数一般应取与链节数互为质数的奇数。

表 6-11 小链轮齿数 z_1 的选择

链速 $v/(\mathrm{m \cdot s^{-1}})$	0.6~3	3~8	>8
齿数 z_1	≥17	≥21	≥25

通常限制链传动的传动比 $i \leqslant 6$,推荐的传动比为 $i = 2 \sim 3.5$。传动比过大,链条在小链轮上的包角过小,将减少啮合齿数,因而容易出现跳齿或加速链条和轮齿的磨损。在低速、载荷平稳及传动尺寸允许时,传动比可达 8~10。

2)链的节距

节距 p 的大小反映了链条和链轮齿各部分尺寸的大小。在一定条件下,链的节距越大,承载能力就越高,但传动的多边形效应也要增大,于是振动、冲击、噪声也越严重。所以设计时,为使传动结构紧凑,寿命长,应尽量选取较小节距的单排链。速度高、功率大时,则选用小节距的多排链。从经济上考虑,中心距小、传动比大时,选小节距多排链;中心距大、传动比小时,选大节距单排链。

3)链传动的中心距和链节数

中心距过小,链速不变时,单位时间内链条绕转次数增多,链条屈伸次数和应力循环次数增多,因而加剧了链的磨损和疲劳。同时,由于中心距小,链条在小链轮上的包角变小,在包角范围内,每个轮齿所受的载荷增大,且易出现跳齿和脱链现象;中心距太大,会引起从动边垂度过大,传动时造成松边颤动。因此在设计时,若中心距不受其他条件限制,一般可取 $a_0 = (30 \sim 50)p$,最大取 $a_{max} = 80p$。

6.3 机器人的执行机构

机器人的执行机构主要包括行走机构(相当于人的腿)和操作机构(相当于人的手)。

6.3.1 机器人的行走机构

机器人可分成固定式和行走式两种,一般工业机器人为固定式的。但是,随着海洋科

学、原子能科学及宇宙空间事业的发展,可以预见,具有智能的可移动机器人、能够自行的柔性机器人肯定是今后机器人的发展方向。例如,美国研制的"火星探索者"轮式机器人已成功用于火星探测。

行走部分是行走机器人的重要执行部件,它由驱动装置、传动机构、位置检测元件、传感器、电缆及管路等组成。它一方面支撑机器人的机身、臂部和手部;另一方面还根据工作任务的要求,带动机器人实现在更广阔的空间内运动。

1. 对行走机器人的一般要求

工厂对机器人行走性能的基本要求是:机器人能够从一台机器旁边移动到另一台机器旁边,或者在一个需要焊接、喷涂或加工的物体周围移动。这样,就能使机器人在被加工工件的面前进行加工,而不再把工件送到机器人面前。这种行走性能也使机器人能更加灵活地从事更多的工作。在一项任务不忙的时候,它还能够去干另一项为它安排的工作,就好像真正的工人一样。

要使机器人能够在被加工物体周围移动或者从一个工作地点移动到另一个工作地点,首先需要机器人能够面对一个物体自行重新定位。同时,行走机器人应能够绕过其运行轨道上的障碍物。计算机视觉系统是提供上述能力的方法之一。

运载机器人的行走车辆必须能够支持机器人的质量。当机器人四处行走对物体进行加工的时候,移动车辆还需具有保持稳定的能力。这就意味着机器人本身既要平衡可能出现的不稳定力或力矩,又要有足够的强度和刚度,以承受可能施加于其上的力和力矩。为了满足这些要求,可以采用以下两种方法:一是增加机器人移动车辆的质量和刚性,二是进行实时计算和施加所需要的平衡力。由于前一种方法容易实现,所以它是目前改善机器人行走性能的常用方法。

机器人的移动要求在各个方面都具有很大的灵活性。如果像汽车那样采用四个轮子,其中两个作为导向轮,必然限制它移动的灵活性。所以,人们正在致力于研究适合于机器人使用的高机动性的轮系和悬挂系统。

2. 常用的行走机构

机器人的行走方式主要有三种:足式行走、履带式行走和轮式行走。轮式行走机构由滚动摩擦代替滑动摩擦,主要特点是效率高,适合在平坦的路面上移动,定位准确,而且质量较轻、制作简单。在各类机器人竞赛中,场地通常比较固定,路面状况良好,而且又对参赛机器人质量上有限制,所以轮式机器人可以发挥出它高效率的特点,在机器人竞赛中使用得最多。

1) 由三组轮子组成的轮系

由三组轮子组成的轮系是由美国 Unimation – stanford 行走机器人课题研究小组设计研制的。它采用了三组轮子,呈等边三角形分布在机器人的下部,如图 6 – 120 所示。

在该轮系中,每组轮子由若干个滚轮组成。这些轮子能够在驱动电动机的带动下自由地转动,使机器人移动。驱动电动机控制系统既可以同时驱动所有三组轮子,也可

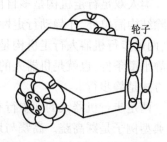

图 6 – 120 具有三组轮子的轮系

以分别驱动其中两组轮子,这样,机器人就能够在任何方向上移动。该机器人行走部分设计得非常灵活,它不但可以在工厂地面上运动,而且能够沿小路行驶。存在的问题是机器人的稳定性不够,容易倾倒,而且运动稳定性随着负载轮子的相对位置不同而变化。在轮子与地面的接触点从一个滚轮移到另一个滚轮上的时候,还会出现颠簸。

为了改进该机器人的稳定性,Unimation-stanford 研究小组重新设计了一种三轮机器人,改进设计的特点是使用长度不同的两种滚轮。长滚轮呈锥形,固定在短滚轮的凹槽里,这样可大大减小滚轮之间的间隙,减小轮子的厚度,提高机器人的稳定性。此外,滚轮上还附加了软胶皮,具有足够的变形能力,可使滚轮的接触点在相互替换时不发生颠簸。

2) 具有四组轮子的轮系

具有四组轮子的轮系由于采用了四组轮子,运动稳定性有很大提高。但是,要保证四组轮子同时和地面接触,必须使用特殊的轮系悬挂系统。它需要四个驱动电动机,控制系统也比较复杂,造价也较高。

3) 三角轮系统

三角轮系统是日本东京大学研制的一种机器人轮系,它所装备的机器人用于核电厂的自动检测和维修。该机器人除了采用三角轮系外,还具有一个传感器系统和一个计算机控制系统。该轮系使机器人不但能在地面上运动,而且还能爬楼梯,如图6-121所示。

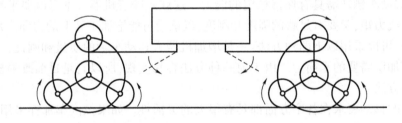

图 6-121 三角轮系的机构图

4) 两足步行式机器人

车轮式行走机构只有在平坦坚硬的地面上行驶才有理想的运动特性。如果地面凸凹程度和车轮直径相当或地面很软,则它的运动阻力将大增。足式步行机构有很大的适应性,尤其在有障碍物的通道(如管道、台阶或楼梯)上或很难接近的工作场地更有优越性。足式步行机构有两足、三足、四足、六足、八足等形式,其中两足步行机器人具有最好的适应性,也最接近人类,故也称为类人双足行走机器人。

类人双足行走机构是多自由度的控制系统,是现代控制理论很好的应用对象。这种机构除结构简单外,在静动行走性能、稳定性和高速运动方面,都是最困难的。如图6-122所示,两足步行机器人行走机构是一空间连杆机构。在行走过程中,行走机构始终满足静力学的静平衡条件,也就是机器人的重心始终落在支持地面的一脚上,如图6-123所示,这种行走方式是静步行。

两足步行机器人的动步行有效地利用了惯性力和重力。人的步行就是动步行,动步行的典型例子是踩高跷。高跷与地面只是单点接触,两根高跷在地面不动时站稳是非常困难的,要想原地停留,必须不断踏步,不能总是保持步行中的某种瞬间姿态。

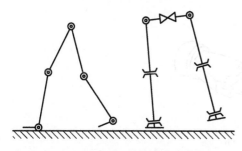 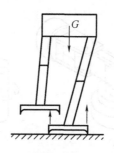 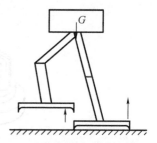

图 6-122　两足步行式行走机构原理图　　　　图 6-123　两足步行式行走机构的静步行

日本早稻田大学加藤研究室开发、日立公司制造的双足机器人的基本结构,它有效地采用了现代机械技术和计算机技术,人工配置了多种行走模式,这些模式储存在计算机的存储器内,以使机器人能像人一样以各种步态行走。

6.3.2　机器人的操作机构

机器人的手部(亦称抓取机构)是用来握持工件或工具的部件。由于被握持工件的形状、尺寸、质量、材质及表面状态的不同,手部机构是多种多样的。大部分的手部机构都是根据特定的工件要求而专门设计的。各种手部的工作原理不同,故其结构形态各异。

有些机器人在相当于手部的部位,直接安装了用于喷漆的喷枪以及用于焊接的点焊设备或弧焊设备等工具,当然也有用机械手握持这些工具进行作业的。采用直接安装的办法可简化结构,并且还可减轻质量,提高性能。因此,可将这些机器人看成是机械手与工具融为一体的机器人手。

人的手是由手指和手掌组成的,包括一个手掌和五个手指。虽然手指的活动范围有限,但它不仅能自由伸屈,而且还能左右开闭。从自由度的观点分析,一般认为,人手具有 22 个自由度,可是在机械手上不能控制 22 个自由度,而且在结构上也不能制造,目前只能设计成简单的结构。人的手指被视为关节的运动,但对其多项作业的功能及效果尚未弄清楚,况且,对人手掌的几何形状和大小以及结构功能等问题也还没有了解透彻。正因为如此,目前的机械手除特殊的结构外,大多数是由手指构成的。

1. 机械手的分类

机械手的最大特点是能够握持物体。常用的手部按其握持原理可以分为如下两类:

1) 夹持类

内撑式:如图 6-124(a)所示;

外夹式:如图 6-124(b)、(c)所示。

内撑式和外夹式的区别仅在于夹持工件的部位不同,手爪的动作方向相反。夹持类手部除常用的夹钳式外,还有勾托式[图 6-124(d)]和弹簧式[图 6-124(e)]。此类手部按其手指夹持工件时的运动方式不同,又可分为手指回转型和指面平移型。

2) 吸附类

气吸式:用负压吸盘吸附工件,如图 6-124(f)所示。按负压的产生方式不同,可以分为挤压式和真空式。

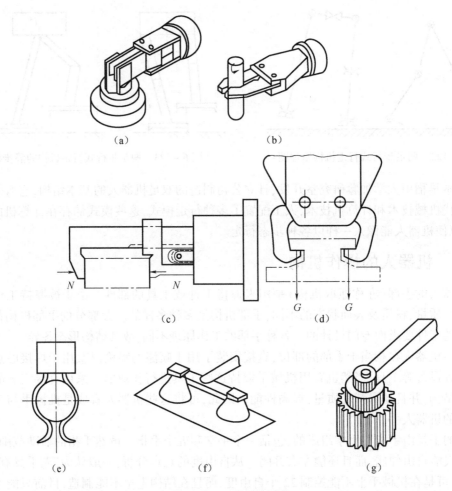

图 6-124 手部的种类
(a)内撑式;(b)外夹式;(c)平移外夹式;(d)勾托式;(e)弹簧式;(f)气吸式;(g)磁吸式

气吸式手部又称真空吸盘式手部,它是通过吸盘内产生真空或负压,利用压差而将工件吸附,是工业机器人常用的一种吸持工件的装置。它由吸盘(一个或几个)、吸盘架及进排气系统组成,具有结构简单、质量轻、不损伤工件、被吸持工件预定的位置精度要求不高、使用方便可靠等优点;但要求工件上与吸盘接触的部位光滑平整、清洁,被吸工件材质致密,没有透气空隙。其主要适用于板材、薄壁零件、陶瓷搪瓷制品、玻璃制品、纸张及塑料等表面光滑工件的抓取。

图 6-125 所示为常见的两种气吸式手部结构原理图。图 6-125(a)所示为真空式吸附头,它是利用真空泵抽出吸附头的空气而形成真空,故称为真空式。图 6-125(b)所示为喷吸式(或称负压式)吸附头。它的工作原理是当压缩空气高速进入喷嘴时,由于管路的开始段截面积是逐渐收缩的,所以气流速度逐渐增大,在管路最小截面处,气流速度达到临界速度,此时气体受压,密度加大。在排气管路中,因截面积逐渐增大,气流膨胀减压而使密度大大下降,致使气流速度继续增高,在吸气口处形成负压。吸附头与吸气口连通,故形成真空以吸住工件。

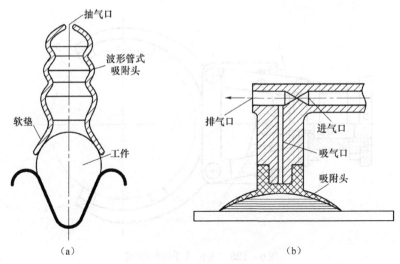

图 6-125 气吸式手部结构原理图
(a)真空式吸附头;(b)喷吸式吸附头

磁吸式:如图 6-124(g)所示。磁吸式手部是利用工件的导磁性,利用永久磁铁或电磁铁通电后产生的磁力来吸附材料工件的,该种手部应用较广。磁吸式手部也不会破坏被吸件表面质量,但是由于被吸工件存在剩磁,吸附头上常吸附磁性屑(如铁屑等),影响正常工作。

挠性手部又称软手爪,它是仿生学研究的成果之一,特点是柔软,它由多个活节组成,每个活节都有伺服机构,在自动控制下产生弯曲运动而抓取物体。

类人机器人手部也是近年来仿生学研究的成果之一,它的动作更像人手。与通常的工业机器人手部相比,它的手指多于两个,常见的是三指或五指,而且手指上一般有关节,它的运动更为灵巧,具有更大的柔性。它的各个手指上的关节通常通过钢丝绳、记忆合金或人造肌纤维驱动。

2. 夹钳式手部的组成

夹钳式手部的结构与人手类似,是工业机器人中广为应用的一种手部形式。如图 6-126 所示,一般夹钳式手部由以下几部分组成:

(1)手指:它是直接与工件接触的构件。手部松开和夹紧工件,就是通过手指地张开和闭合来实现的。一般情况下,机器人的手部只有两个手指,少数有三个或多个手指。它们的结构形式常取决于被夹持工件的形状和特性。

(2)传动机构:它是向手指传递运动和动力,以实现夹紧和松开动作的机构。

(3)驱动装置:它是向传动机构提供动力的装置。按驱动方式不同,驱动装置有液压、气动、电动和机械驱动之分。由于液压驱动成本过高,在选择驱动方式时应尽量避免采用。

3. 夹钳式手部设计的注意事项

(1)手指应具有一定的开闭范围。此范围就是从手指张开的极限位置到闭合夹紧时每个手指位置的变动量,如图 6-127 所示。回转型手部的开闭范围可用手指的开闭角(手指从张开到闭合绕支点转过的角度)$\Delta\gamma$ 来表示;平移型手部的开闭范围可用手指从张开到闭合的直线移动距离 Δs 来表示。开闭范围太小,将限制手部的通用性,甚至使手部不能完成正常的抓放工作。

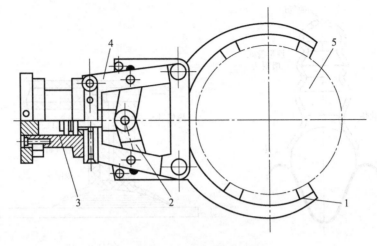

图 6-126　夹钳式手部的组成
1—手指；2—传动机构；3—驱动装置；4—支架；5—工件

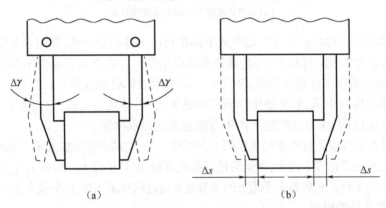

图 6-127　夹钳式手部的开闭范围
(a)回转型手部；(b)平移型手部

(2) 手指应具有适当的夹紧力。为使手指能夹紧工件，并保证在运动过程中不脱落，要求手指在夹紧工件时应有足够的夹紧力。但是，夹紧力也不宜过大，以免在夹持过程中损坏工件，特别是易碎工件和已精加工的工件。机器人手部对物体的抓紧力 N 一般取为

$$N = (2 \sim 3)G$$

式中　G——被抓取物体的重量。

当手部抓取易碎和薄壳物体时，不应将工件压碎和变形，因此在设计手部时，应根据被握对象不同，选择适宜的驱动装置，以产生合适的夹紧力。

(3) 要保证工件在手指内的定位精度。根据工件形状和位置要求及工件的加工精度与装配精度的要求，选择适当的手指形状和手部结构，以保证工件在手内的相对位置精度。工件在手指内的定位精度直接影响到工业机器人系统的精度，因此在设计时应当着重考虑。

(4) 结构紧凑，质量轻，效率高。手部处于腕和臂部的最前端，运动状态多变，其结构、质量及动力负荷将直接影响到腕和臂的结构。因此，在设计手部时，必须力求结构紧凑、质

量轻和效率高。鉴于此,在选用手部材料时,应尽量选用铝合金等高强度轻质材料。

(5) 通用性和可换性。一般情况下手部多是专用的。为了扩大它的使用范围,提高通用化程度,以适应夹持不同尺寸和形状的工件需要,通常采用可调整的办法,如更换手指,甚至更换整个手部,也可以为手部专门设计过渡接头,以迅速准确地更换工具。

4. 手指的设计

1) 指端的形状

指端是手指上直接与工件接触的部位,它的结构形状取决于工件的形状。通常有以下几种类型:

(1) V形指:如图6-128所示,它适用于夹持圆柱形工件,特点是夹紧平稳可靠,夹持误差小。如图6-128(a)所示,指端只能夹持相对静止的工件,但定位精度高。也可以用两个滚柱代替V形体的两个工作面,如图6-128(b)所示,它能快速夹持旋转中的圆柱体,但定位精度较差。图6-128(c)所示为可浮动的V形指,有自定位能力,与工件接触好,但浮动件是机构中的不稳定因素。在夹紧时和运动中所受到的外力,必须有固定支承来承受,或者设计成可自锁的浮动件。

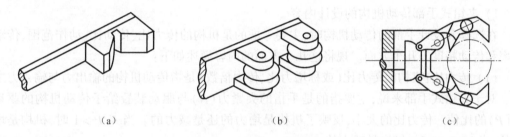

图6-128 V形指的指端形状
(a)固定V形;(b)滚动V形;(c)自定位V形

(2) 平面指:如图6-129(a)所示,它一般用于夹持方形工件(具有两个平行表面)、板形或细小棒料。该指端加工简单,成本最低。

(3) 尖指或薄、长指:尖指如图6-129(b)所示,一般用于夹持小型或柔性工件;薄指用于夹持位于狭窄工作场地的细小工件,以避免和周围障碍物相碰;长指可用于夹持炽热的工件,以避免热辐射对手部传动机构及其他电子元器件的影响。

(4) 特形指:如图6-129(c)所示。对于形状不规则的工件,必须设计出与工件形状相适应的专用特形指,才能夹持工件。

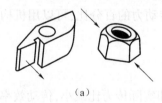 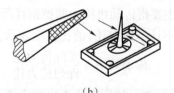 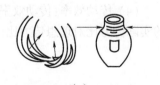

(a) (b) (c)

图6-129 夹钳式手的指端
(a)平面指;(b)尖指;(c)特形指

2) 指面形式

根据工件形状、大小及其被夹持部位材质软硬、表面性质等的不同,手指的指面有以下几种形式:

(1) 光滑指面:指面平整光滑,用来夹持已加工表面,避免已加工的光滑表面受损伤。

(2) 齿形指面:指面刻有齿纹,可增加与被夹持工件间的摩擦力,以确保夹紧可靠。它多用来夹持表面粗糙的毛坯或半成品。

(3) 柔性指面:指面镶衬橡胶、泡沫、石棉等物,有增加摩擦力、保护工件表面、隔热等作用。一般用来夹持已加工表面、炽热件,也适于夹持薄壁件和易碎工件。

3) 手指的材料

手指的材料选用恰当与否,对机器人的使用效果有很大影响。对于夹钳式手部,其手指材料可选用一般碳素钢和合金结构钢。

为使手指经久耐用,指面可镶嵌硬质合金。高温作业的手指,可选用耐热钢;在腐蚀性气体环境下工作的手指,可镀铬或进行搪瓷处理,也可选用耐腐蚀的玻璃钢或聚四氟乙烯。

5. 手部的传动机构

1) 夹钳式手部传动机构的设计内容

在选择和设计手部的传动机构时,主要考虑的是机构的传力比、传动比、动作范围、传动效率和传动精度等几个方面。现将这几个方面的内容简述如下:

(1) 传力比:机构的传力比(或称增力比、传力倍数)是指传动机构的输出力与输入力之比。对于夹钳式手部来说,主要指的是手指的夹紧力(N)与驱动装置给予传动机构的驱动力(P)的比值。传力比的大小,反映了机构是增力的还是减力的。当 $N/P > 1$ 时,机构是增力的;当 $N/P < 1$ 时,机构是减力的。

(2) 传动比(行程比):机构的传动比是指手指夹紧端的行程(Δs)与驱动杆的行程(ΔL)比值。对于回转手指,也可用手指夹紧端长度(l')与开闭角($\Delta \gamma$)的乘积对驱动杆行程(ΔL)的比值来表示。

传动比 $\Delta s/\Delta L$(或 $\Delta \gamma \cdot l'/\Delta L$)$> 1$ 时,机构是增速运动,有利于缩短驱动行程。反之,则是减速传动,驱动行程较长。

有些手部传动机构在传动过程中,传动比是变化的,即在不同的工作区间,瞬时传动比是不同的。因此,在设计时还有一个手指工作区间的选择问题。

(3) 动作范围:机构的动作范围是指手部传动机构能使夹钳式手指达到的最大开闭范围——即手指的最大开闭角 $\Delta \gamma_{max}$ 和最大夹紧行程 Δs_{max}。

(4) 传动效率:传动效率主要指传动机构中摩擦损耗所占传动力的百分比,可以用机构的实际传力比对理想传力比(不计摩擦损耗)的比值来表示,即

$$传动效率 = \frac{实际传力比}{理想传力比}$$

传动机构的传力比增大,其摩擦损耗所占比重也相应增大,即实际传力比减小,传动效率降低。因此在计算手部的驱动力和夹紧力时,对传力比大的机构,更应考虑传动效率的影响。

(5) 传动精度:传动精度主要同传动链的长短(传动件的多少)、各传动件间的配合间隙

及制造和装配精度有关。对于具有定心作用的手部,传动精度将影响工件定位(心)精度。为了保证精度,必须注意各活动环节配合间隙的影响,以及各手指和相应传动件的制造与装配是否精确,受力(或热)后变形是否一致。还应注意,增速传动机构将使误差放大。

下面主要结合一种回转型手部传动机构来具体介绍上述设计内容。对于其他形式的传动机构只介绍其工作原理。

2) 回转型传动机构

夹钳式手部中较多的是回转型手部,其手指就是一对(或几对)杠杆,一般再同斜楔、滑槽、连杆、齿轮、蜗轮蜗杆或螺杆等机构组成复合式杠杆传动机构,用以改变传力比、传动比及运动方向等。由于结构等因素的影响,回转型手部的传动杠杆最大传力比约为3。

现将回转型夹钳式手部中常用的几种复合式杠杆传动机构分述如下:

(1) 斜楔杠杆式。图6-130(a)所示为单作用斜楔式回转型手部的结构简图。斜楔向下运动,克服弹簧拉力,使杠杆手指装着滚子的一端向外撑开,从而夹紧工件,如图6-130(b)所示。斜楔向上移动,则在弹簧拉力作用下,使手指松开。手指与斜楔通过滚子接触可以减少摩擦力,提高机械效率。有时为了简化结构,也可让手指与斜楔直接相接触。

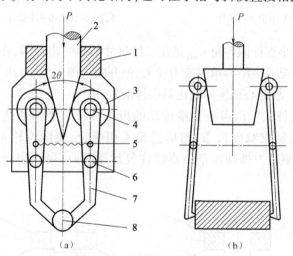

图6-130 斜楔杠杆式手部
(a)结构简图;(b)工作原理
1—壳体;2—斜楔驱动杆;3—滚子;4—圆柱销;5—拉簧;6—销轴;7—手指;8—工件

(2) 滑槽杠杆式。图6-131所示为滑槽杠杆式杠杆双支点回转型手部的简图。杠杆形手指4的一端装有V形指5,另一端则开有长滑槽。驱动杆1上的圆柱销2套在滑槽内,当驱动连杆同圆柱销一起做往复运动时,即可拨动两个手指各绕其支点(铰销)做相对回转运动,从而实现手指的夹紧与松开动作。

滑槽杠杆式传动机构的定心精度与滑槽的制造精度有关。因活动环节较多,配合间隙的影响不可忽视。此机构依靠驱动力锁紧,机构本身无自锁性能。

(3) 连杠杆式。图6-132所示为双支点回转型连杆杠杆式手部的简图。驱动杆2末端与连杆4由铰销3铰接,当驱动杆2做直线往复运动时,则通过连杆推动两杆手指绕各支点做回转运动,从而使手指松开或闭合。

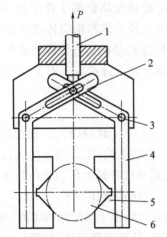
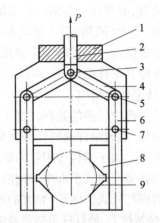

图 6-131　滑槽杠杆式杠杆双支点
回转型手部的简图
1—驱动杆；2—圆柱销；3—铰销；
4—手指；5—V 形指；6—工件

图 6-132　双支点回转型连杆
杠杆式手部的简图
1—壳体；2—驱动杆；3—铰销；4—连杆；
5,7—圆柱销；6—手指；8—V 形指；9—工件

外夹式手部的最小连杆倾斜角 α_{min} 是在工件尺寸最小时出现的，在设计和计算时，应注意工件尺寸的变化情况。该结构承载能力较大，但开闭范围不大，可用于夹持大型工件。因机构的活动环节较多，故定心精度一般比斜楔传动差。

（4）齿条齿轮杠杆式。由齿条直接传动的齿轮杠杆式手部的结构，如图 6-133（a）所示。驱动杆 2 末端制成双面齿条，与扇齿轮 4 相啮合，而扇齿轮 4 与手指 5 固连在一起，可绕支点回转。驱动力推动齿条做直线往复运动，即可带动扇齿轮回转，从而使手指闭合或松开。

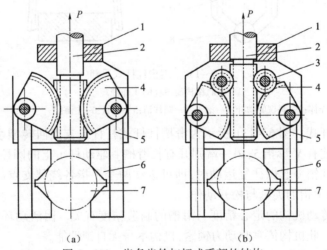

图 6-133　齿条齿轮杠杆式手部的结构
(a) 无中间轮；(b) 有中间轮
1—壳体；2—驱动杆；3—中间齿轮；4—扇齿轮；5—手指；6—V 形指；7—工件

图 6-133(b)所示为具有中间齿轮的齿条齿轮杠杆式手部的简图。中间齿轮的主要作用是改变驱动杆的运动方向,实现驱动杆向下推时夹紧。当用气缸驱动时,可使活塞的无杆端工作,以增大夹紧力。

3) 平移型传动机构

平移型夹钳式手部是通过手指的指面做直线往复运动或平面移动来实现张开或闭合动作的,常用于夹持具有平行平面的工件(如箱体等)。其结构较复杂,不如回转型手部应用广泛。

分析平移型传动机构结构,大致有如下两种类型:

(1) 平面平行移动机构:图 6-134 所示为几种平移型夹钳式手部。它们的共同点是都采用平行四边形的铰链机构——双曲柄铰链四连杆机构,以实现手指平移。其差别在于分别采用齿条齿轮、蜗杆蜗轮、连杆斜滑槽的传动方法。

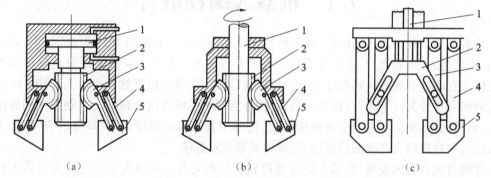

图 6-134 几种平移型夹钳式手部
(a)齿轮齿条;(b)蜗轮蜗杆;(c)连杆斜滑槽
1—驱动器;2—驱动元件;3—驱动摇杆;4—从动摇杆;5—手指

这种机构的构件较多,传动效率较低且结构内部受力情况不同,设计时应加以注意。

(2) 直线往复移动机构:实现直线往复移动的机构很多,常用的斜楔传动、齿条传动、螺旋传动等均可应用于手部结构。图 6-135(a)所示为斜楔平移结构,图 6-135(b)所示为连杆杠杆平移结构。它们既可是双指型的,也可是三指(或多指)型的;既可自动定心,也可非自动定心。

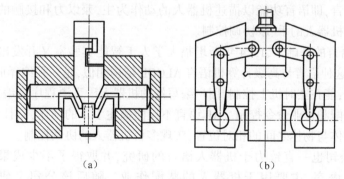

图 6-135 直线平移型手部结构
(a)斜楔平移结构;(b)连杆杠杆平移结构

第 7 章

编程——赋予机器人智慧

7.1 机器人编程语言

机器人是一种自动化的机器,该类机器应该具备与人或生物相类似的智能行为,如动作能力、决策能力、规划能力、感知能力和人机交互等能力。机器人要想实现自动化需要人为事先输入它能够处理的代码程序,即要想控制机器人,需要在控制软件中输入程序。控制机器人的语言可分为以下几种:机器人语言,指计算机中能够直接处理的二进制表示的数据或指令;自然语言,类似于人类交流使用的语言,常用其来表示程序流程;高级语言,是介于机器人语言和自然语言之间的编程语言,常用其来表示算法。

伴随着机器人的发展,机器人语言也得到发展和完善。机器人语言已成为机器人技术的一个重要部分。机器人的功能除了依靠机器人硬件的支持外,还有相当一部分依赖机器人语言来完成。早期的机器人由于功能单一、动作简单,可采用固定程序或示教方式来控制机器人的运动。随着机器人作业动作的多样化和作业环境的复杂化,依靠固定的程序或示教方式已满足不了要求,必须依靠能适应作业和环境随时变化的机器人语言编程来完成机器人的工作。

自机器人出现以来,美国、日本等机器人的原创国也同时开始进行机器人语言的研究。美国斯坦福大学于 1973 年研制出世界上第一种机器人语言——WAVE 语言。WAVE 是一种机器人动作语言,即语言功能以描述机器人的动作为主,兼以力和接触的控制,还能配合视觉传感器进行机器人的手、眼协调控制。

在 WAVE 语言的基础上,1974 年斯坦福大学人工智能实验室又开发出一种新的语言,称为 AL 语言。这种语言与高级计算机语言 ALGOL 结构相似,是一种编译形式的语言,带有一个指令编译器,能在实时机上控制,用户编写好的机器人语言源程序经编译器编译后对机器人进行任务分配和作业命令控制。AL 语言不仅能描述手爪的动作,而且可以记忆作业环境和该环境内物体与物体之间的相对位置,实现多台机器人的协调控制。

美国 IBM 公司也一直致力于机器人语言的研究,并取得了不少成果。1975 年,IBM 公司研制出 ML 语言,主要用于机器人的装配作业。随后该公司又研制出另一种语言——AUTOPASS 语言,这是一种用于装配的更高级语言,它可以对几何模型类任务进行半自动编程。

美国的 Unimation 公司于 1979 年推出了 VAL 语言。它是在 BASIC 语言基础上扩展的一种机器人语言，因此具有 BASIC 的内核与结构，编程简单，语句简练。VAL 语言成功地用于 PUMA 和 UNIMATE 型机器人。1984 年，Unimation 公司又推出了在 VAL 基础上改进的机器人语言——VAL Ⅱ语言。VAL Ⅱ语言除了含有 VAL 语言的全部功能外，还增加了对传感器信息的读取，使得可以利用传感器信息进行运动控制。

20 世纪 80 年代初，美国 Automatix 公司开发了 RAIL 语言，该语言可以利用传感器的信息进行零件作业的检测。同时，麦道公司研制了 MCL 语言，这是一种在数控自动编程语言——APT 语言的基础上发展起来的一种机器人语言。MCL 特别适用于由数控机床、机器人等组成的柔性加工单元的编程。

机器人语言品种繁多，而且新的语言层出不穷。这是因为机器人的功能不断拓展，需要新的语言来配合其工作。另外，机器人语言多是针对某种类型的具体机器人而开发的，所以机器人语言的通用性很差，几乎一种新的机器人问世，就有一种新的机器人语言与之配套。

机器人语言可以按照其作业描述水平的程度分为动作级编程语言、对象级编程语言和任务级编程语言三类。

1. 动作级编程语言

动作级编程语言是最低一级的机器人语言。它以机器人的运动描述为主，通常一条指令对应机器人的一个动作，表示从机器人的一个位姿运动到另一个位姿。动作级编程语言的优点是比较简单，编程容易。其缺点是功能有限，无法进行繁复的数学运算，不接收浮点数和字符串，子程序不含有自变量；不能接收复杂的传感器信息，只能接收传感器开关信息；与计算机的通信能力很差。典型的动作级编程语言为 VAL 语言，如 AVL 语言语句"MOVE TO(destination)"的含义为机器人从当前位姿运动到目的位姿。

动作级编程语言编程时可分为关节级编程和末端执行器级编程两种。

关节级编程是以机器人的关节为对象，编程时给出机器人一系列各关节位置的时间序列，在关节坐标系中进行的一种编程方法。对于直角坐标型机器人和圆柱坐标型机器人，由于直角关节和圆柱关节的表示比较简单，这种方法编程较为适用；而对具有回转关节的关节型机器人，由于关节位置的时间序列表示困难，即使一个简单的动作也要经过许多复杂的运算，故这一方法并不适用。关节级编程可以通过简单的编程指令来实现，也可以通过示教盒示教和键入示教实现。

末端执行器级编程在机器人作业空间的直角坐标系中进行。在此直角坐标系中给出机器人末端执行器一系列位姿组成位姿的时间序列，连同其他一些辅助功能如力觉、触觉、视觉等的时间序列，同时确定作业量、作业工具等，协调地进行机器人动作的控制。

动作级编程方法允许有简单的条件分支，有感知功能，可以选择和设定工具，有时还有并行功能，数据实时处理能力强。

2. 对象级编程语言

所谓对象，即作业及作业物体本身。对象级编程语言是比动作级编程语言高一级的编程语言，它不需要描述机器人手爪的运动，只要由编程人员用程序的形式给出作业本身顺序过程的描述和环境模型的描述，即描述操作物与操作物之间的关系。通过编译程序机器人即能知道如何动作。

对象级编程语言典型的例子有 AML 及 AUTOPASS 等语言,其特点有以下几点:

(1) 具有动作级编程语言的全部动作功能。

(2) 有较强的感知能力,能处理复杂的传感器信息,可以利用传感器信息来修改、更新环境的描述和模型,也可以利用传感器信息进行控制、测试和监督。

(3) 具有良好的开放性,语言系统提供了开发平台,用户可以根据需要增加指令,扩展语言功能。

(4) 数字计算和数据处理能力强,可以处理浮点数,能与计算机进行即时通信。

对象级编程语言用接近自然语言的方法描述对象的变化。对象级编程语言的运算功能、作业对象的位姿时序、作业量、作业对象承受的力和力矩等都可以以表达式的形式出现。系统中机器人尺寸参数、作业对象及工具等参数一般以知识库和数据库的形式存在,系统编译程序时获取这些信息后对机器人动作过程进行仿真,再进行实现作业对象合适的位姿,获取传感器信息并处理,回避障碍以及与其他设备通信等工作。

3. 任务级编程语言

任务级编程语言是比前两类更高级的一种语言,也是最理想的机器人高级语言。这类语言不需要用机器人的动作来描述作业任务,也不需要描述机器人对象物的中间状态过程,只需要按照某种规则描述机器人对象物的初始状态和最终目标状态,机器人语言系统即可利用已有的环境信息和知识库、数据库自动进行推理、计算,从而自动生成机器人详细的动作、顺序和数据。例如,一个装配机器人欲完成某一螺钉的装配,螺钉的初始位置和装配后的目标位置已知,当发出抓取螺钉的命令时,语言系统从初始位置到目标位置之间寻找路径,在复杂的作业环境中找出一条不会与周围障碍物产生碰撞的合适路径,在初始位置处选择恰当的姿态抓取螺钉,沿此路径运动到目标位置。在此过程中,作业中间状态作业方案的设计、工序的选择、动作的前后安排等一系列问题都由计算机自动完成。

任务级编程语言的结构十分复杂,需要人工智能的理论基础和大型知识库、数据库的支持,目前还不是十分完善,是一种理想状态下的语言,有待于进一步研究。但可以相信,随着人工智能技术及数据库技术的不断发展,任务级编程语言必将取代其他语言而成为机器人语言的主流,使得机器人的编程应用变得十分简单。

根据机器人控制方法的不同,所用的程序设计语言也有所不同,目前比较常用的程序设计语言是 C 语言。

7.2 C 语言编程基础

7.2.1 C 语言简介

C 语言是一种计算机程序设计语言,它既具有高级语言的特点,又具有汇编语言的特点。由美国贝尔研究所的 D. M. Ritchie 于 1972 年推出的,1978 年后,C 语言已先后被移植到大、中、小及微型机上,它可以作为工作系统设计语言,编写系统应用程序,也可以作为应用程序设计语言,编写不依赖计算机硬件的应用程序。它的应用范围广泛,具备很强的数据处理能力,不仅仅是在软件开发上,而且各类科研都需要用到 C 语言,适于编写系统软件、三维、二维图形和动画,具体应用如单片机以及嵌入式系统开发。

C 语言是世界上最流行、使用最广泛的高级程序设计语言之一,具有以下特点:

(1) C 是高级语言:它把高级语言的基本结构和语句与低级语言的实用性结合起来。C 语言可以像汇编语言一样对位、字节和地址进行操作,而这三者是计算机最基本的工作单元。

(2) C 是结构式语言:结构式语言的显著特点是代码及数据的分隔化,即程序的各个部分除了必要的信息交流外彼此独立。这种结构化方式可使程序层次清晰,便于使用、维护以及调试。C 语言是以函数形式提供给用户的,这些函数可方便地调用,并具有多种循环、条件语句控制程序流向,从而使程序完全结构化。

(3) C 语言功能齐全:具有各种各样的数据类型,并引入了指针概念,可使程序效率更高。而且计算功能、逻辑判断功能也比较强大,可以实现决策目的的游戏。

(4) C 语言适用范围广:适合于多种操作系统,如 Windows、DOS、UNIX 等;也适用于多种机型。C 语言对编写需要硬件进行操作的场合优于其他高级语言,有一些大型应用软件也是用 C 语言编写的。

(5) C 语言应用指针:可以直接进行靠近硬件的操作,但是 C 的指针操作不做保护,也给它带来了很多不安全的因素。

(6) C 语言文件由数据序列组成:可以构成二进制文件或文本文件常用的 C 语言 IDE(集成开发环境)有 Microsoft Visual C++,Dev-C++,Code::Blocks,Borland C++,Watcom C++,Borland C++ Builder,GNU DJGPP C++,Lccwin32 C Compiler 3.1,High C,Turbo C,C-Free,win-tc,xcode(mac os x)等。

7.2.2　C 语言基本语法

1. 数据类型

算法处理的对象是数据,而数据是以某种特定的形式存在的,C 语言的数据类型包括整型、字符型、实型或浮点型(单精度和双精度)、枚举类型、数组类型、结构体类型、共用体类型、指针类型和空类型等。

1) 常量与变量

常量其值不可改变,符号常量名通常用大写。

变量是以某标识符为名字,其值可以改变的量。标识符是以字母或下划线开头的一串由字母、数字或下划线构成的序列,且第一个字符必须为字母或下划线,否则为不合法的变量名。变量在编译时为其分配相应存储单元。

2) 数组

如果一个变量名后面跟着一个有数字的中括号,这个声明就是数组声明。字符串也是一种数组,它们以 ASCII 的 NULL 作为数组的结束。需要特别注意的是,方括内的索引值是从 0 算起的。

3）指针

如果一个变量声明时在前面使用 * 号，表明这是个指针型变量。换句话说，该变量存储一个地址，而 *（此处特指单目运算符 *，下同。C 语言中另有双目运算符 *）则是取内容操作符，意思是取这个内存地址里存储的内容。指针是 C 语言区别于其他同时代高级语言的主要特征之一。

指针不仅可以是变量的地址，还可以是数组、数组元素、函数的地址。通过指针作为形式参数可以在函数的调用过程得到一个以上的返回值。

指针是一柄双刃剑，许多操作可以通过指针自然地表达，但是不正确或者过分地使用指针又会给程序带来大量潜在的错误。

4）字符串

C 语言的字符串其实就是 char 型数组，所以使用字符串并不需要引用库。但是 C 标准库确实包含了一些用于对字符串进行操作的函数，使得它们看起来就像字符串而不是数组。使用这些函数需要引用头文件 < string.h >。

2. 数据类型关键字

基本数据类型关键字如下：

void：声明函数无返回值或无参数，声明无类型指针，显示丢弃运算结果。

char：字符类型数据，属于整型数据的一种。

int：整型数据，表示范围通常为编译器指定的内存字节长。

float：单精度浮点型数据，属于浮点数据的一种。

double：双精度浮点型数据，属于浮点数据的一种。

类型修饰关键字如下：

short：修饰 int，短整型数据，可省略被修饰的 int。

long：修饰 int，长整型数据，可省略被修饰的 int。

signed：修饰整型数据，有符号数据类型。

unsigned：修饰整型数据，无符号数据类型。

复杂类型关键字如下：

struct：结构体声明。

union：共用体声明。

enum：枚举声明。

typedef：声明类型别名。

sizeof：得到特定类型或特定类型变量的大小。

存储级别关键字如下：

auto：指定为自动变量，由编译器自动分配及释放，通常在栈上分配。

static：指定为静态变量，分配在静态变量区，修饰函数时，指定函数作用域为文件内部。

register：指定为寄存器变量，建议编译器将变量存储到寄存器中使用，也可以修饰函数形参数，建议编译器通过寄存器而不是堆栈传递参数。

extern：指定对应变量为外部变量，即标示变量或者函数的定义在别的文件中，提示编译器遇到此变量和函数时在其他模块中寻找其定义。

const：与 volatile 合称"cv 特性"，指定变量不可被当前线程/进程改变（但有可能被系统或其他线程/进程改变）。

volatile：与 const 合称"cv 特性"，指定变量的值有可能会被系统或其他进程/线程改变，强制编译器每次从内存中取得该变量的值。

3. 流程控制关键字

跳转结构如下：

return：用在函数体中，返回特定值（如果是 void 类型，则不返回函数值）。

continue：结束当前循环，开始下一轮循环。

break：跳出当前循环或 switch 结构。

goto：无条件跳转语句。

分支结构如下：

if：条件语句，后面不需要放分号。

else：条件语句否定分支（与 if 连用）。

switch：开关语句（多重分支语句）。

case：开关语句中的分支标记，与 switch 连用。

default：开关语句中的"其他"分支，可选。

for 循环如下：

for 循环结构是 C 语言中最具有特色的循环语句，使用最为灵活方便，它的一般形式为 for(表达式 1；表达式 2；表达式 3)循环体语句 ->

表达式 1 为初值表达式，用于在循环开始前为循环变量赋初值。

表达式 2 为循环控制逻辑表达式，它控制循环执行的条件，决定循环的次数。

表达式 3 为循环控制变量修改表达式，它使 for 循环趋向结束。

循环控制语句是在循环控制条件成立的情况下被反复执行的语句。但是在整个 for 循环过程中，表达式 1 只计算一次，表达式 2 和表达式 3 则可能计算多次，也可能一次也不计算。循环体可能多次执行，也可能一次都不执行。

for 循环语句是 C 语言中功能最为强大的语句，甚至在一定程度上可以代替其他的循环语句。

do 循环结构：

do 1 while(2)；的执行顺序是 1 ->2 ->1…循环，2 为循环条件。

while 循环结构，while(1) 2；的执行顺序是 1 ->2 ->1…循环，1 为循环条件。

以上循环语句，当循环条件表达式为真则继续循环，为假则跳出循环。

4. 语法结构

1）顺序结构

顺序结构的程序设计是最简单的，只要按照解决问题的顺序写出相应的语句即可，它的执行顺序是自上而下，依次执行。

例如，a = 3,b = 5，现交换 a,b 的值，这个问题就好像交换两个杯子中的水，这就要用到第三个杯子,假如第三个杯子是 c,那么正确的程序为:c = a;a = b;b = c;执行结果是 a = 5,b = c = 3。如果改变其顺序,写成:a = b;c = a;b = c;则执行结果就变成 a = b = c = 5,不能达到预期的目的。顺序结构可以独立使用构成一个简单的完整程序,常见的输入、计算、输出三步曲的程序就是顺序结构,如计算圆的面积,其程序的语句顺序就是输入圆的半径 r,计算 $s = 3.14159 \times r \times r$,输出圆的面积 s。不过大多数情况下顺序结构都是作为程序的一部分,与其他结构一起构成一个复杂的程序,如分支结构中的复合语句、循环结构中的循环体等。

2）选择结构

顺序结构的程序虽然能解决计算、输出等问题,但不能做判断再选择。对于要先做判断再选择的问题就要使用选择结构。选择结构的执行是依据一定的条件选择执行路径,而不是严格按照语句出现的物理顺序。选择结构的程序设计方法的关键在于构造合适的分支条件和分析程序流程,根据不同的程序流程选择适当的选择语句。选择结构适合于带有逻辑或关系比较等条件判断的计算,设计这类程序时往往都要先绘制其程序流程图,然后根据程序流程图写出源程序,这样做把程序设计分析与语言分开,使得问题简单化,易于理解。程序流程图是根据解题分析所绘制的程序执行流程图。

3）循环结构

循环结构可以减少源程序重复书写的工作量,用来描述重复执行某段算法的问题,这是程序设计中最能发挥计算机特长的程序结构,C 语言中提供四种循环,即 go to 循环、while 循环、do while 循环和 for 循环。四种循环可以用来处理同一问题,一般情况下它们可以互相代替换,但一般不提倡用 go to 循环,因为强制改变程序的顺序经常会给程序的运行带来不可预料的错误。

特别要注意在循环体内应包含趋于结束的语句（循环变量值的改变）,否则就可能成了一个死循环,这是初学者的一个常见错误。

顺序结构、选择结构和循环结构并不彼此孤立的,在循环中可以有选择、顺序结构,选择中也可以有循环、顺序结构,其实不管哪种结构,均可广义地把它们看成一个语句。在实际编程过程中常将这三种结构相互结合以实现各种算法,设计出相应程序,但是要编程的问题较大,编写出的程序就往往很长、结构重复多,造成可读性差,难以理解,解决这个问题的方法是将 C 程序设计成模块化结构。

5. 模块化程序结构

C 语言的模块化程序结构用函数来实现,即将复杂的 C 程序分为若干模块,每个模块都编写成一个 C 函数,然后通过主函数调用函数及函数调用函数来实现一大型问题的 C 程序编写,即 C 程序 = 主函数 + 子函数。

6. C 语言中的运算符号

C 语言中的运算符号及说明如表 7-1 所示。

表 7-1　C 语言中的运算符号及说明

( )、[ ]、->、.、!、++、--	圆括号、方括号、指针、成员、逻辑非、自加、自减
++、--、*、&、~、!、+、-、sizeof、(cast)	单目运算符
*、/、%、+、-	算术运算符

续表

<<、>>	位运算符
<、<=、>、>=、==、!=	关系运算符
&、^、|、	位与、位异或、位或
&&、||	逻辑与、逻辑或
?、：	条件运算符
=、+=、-=、*=、/=、%=、&=、|=、^=	赋值运算符
,	顺序运算符

比较特别的是,比特右移(>>)运算符可以是算术(左端补最高有效位)或是逻辑(左端补0)位移。例如,将 11100011 右移 3 比特,算术右移后成为 11111100,逻辑右移则为 00011100。因算术比特右移较适于处理带负号整数,所以几乎所有的编译器都是算术比特右移。

运算符的优先级从高到低大致是单目运算符、算术运算符、关系运算符、逻辑运算符、条件运算符、赋值运算符(=)和逗号运算符。

7. 程序结构

一个 C 语言源程序可以由一个或多个源文件组成;每个源文件可由一个或多个函数组成;一个程序不论由多少个文件组成,都有一个且只能有一个 main 函数,即主函数;源程序中可以有预处理命令(包括 include 命令、ifdef、ifndef 命令、define 命令),预处理命令通常应放在源文件或源程序的最前面;每一个说明,每一个语句都必须以分号结尾。但预处理命令、函数头和花括号"}"之后不能加分号;标识符、关键字之间必须至少加一个空格以示间隔,若已有明显的间隔符,也可不再加空格来间隔。

8. 书写规则

一个说明或一个语句占一行;用{}括起来的部分,通常表示了程序的某一层次结构,{}一般与该结构语句的第一个字母对齐,并单独占一行;低一层次的语句或说明可比高一层次的语句或说明缩进若干格后书写,以便看起来更加清晰,增加程序的可读性。在编程时应力求遵循这些规则,以养成良好的编程风格。

7.3　C 语言基础编程实例

不同的机器有不同的程序设计方法和语言,本节主要以 AS 机器人为硬件开发平台,对其编制程序进行控制,作为 C 语言编程练习实例。

7.3.1　第一个机器人 C 语言程序：Hello Robot！

新建一个程序窗口,把下面的程序输入窗口。
```
void main( )
{
    printf("Hello Robot! \n");
```

}

将上述程序通过串口通信线下载到机器人后,开机运行在机器人显示屏上,可以看到"Hello Robot!"字样。

7.3.2 控制机器人运动

AS 机器人有左右两个电动机,是其主要动力来源。它还有喇叭、液晶屏等辅助输出手段,能够了解它的运行状态。充分利用好电动机,能够让机器人在比赛中占据优势。

1. 校正机器人的电动机

直流电动机和减速器由于生产装配过程中的因素,不可能做到转速完全一样。两只电动机之间总是存在或多或少的差异,即使在程序中给左右电动机设置一样的功率级别,机器人走出的也不是一条直线且会向一边偏移,这在长距离运动时最明显。因此,在对运动精度要求较高的场合,首先要校正机器人的电动机偏差。

常用的校正方法是在软件中设置偏置量。下面的函数使用一个全局变量 drive_bias,只要调用该函数,就会自动利用该偏置量修正左右电动机的功率值,使电动机转动达到预期效果。

Driveb 是 drive 库函数的扩展版本。该函数在 C 库文件目录下的 common.c 文件中有定义,调用该函数前要加载该文件。

```
int drive_bias = 0;
void driveb(int trans, int rot)          /*修正电动机偏移量*/
{
    int rot_bias = (drive_bias * trans)/ 100;
    motor(0,trans - (rot + rot_bias));
    motor(1,trans + (rot + rot_bias));
}
```

偏置量的大小是通过试验得到的。在一个平坦开阔的地方,先把 drive_bias 设为 0,电动机功率设为 80,把机器人的中轴线对准前方,机器人前进一段较长距离后,量出它偏离初始前进方向的距离。修改 drive_bias 的值和正负,重复前面的试验,直到偏离值得到纠正或无法再变小为止,这时的 drive_bias 值就是最终的偏置量。这种软件方法对大多数电动机偏差都有校正作用。此外,如果有条件通过硬件调整,将会有更好的效果。

2. 走出规则轨迹

下面的程序是让机器人在地上走出一个规则的轨迹。

```
void round()
{
    driveb(60,30);          /*要先加载 common.c,否则用 drive 替代*/
    sleep(10.0);
    stop();
}
```

机器人逆时针走直径约 1 m 的圆形路径。
```
void rectangle( )
{
 int i;
 for(i=0;i<4;i++)
 {
  driveb(60,0);              /*要先加载 common.c,否则用 drive 替代 */
  sleep(2.0);
  driveb(50,50);
  sleep(0.8);
 }
 stop( );
}
```
机器人逆时针走约 1 m 的正方形路径。其中 sleep(0.8)是机器人转 90°所需要的时间。该值和转弯速度以及机器人的电动机有关,需要实际调整,此外地面的摩擦力也有影响。利用 sleep( )函数是控制电动机工作的常用方法。熟练掌握 sleep( )函数的应用将使你的程序简洁高效。

7.3.3 让机器人获得感知周围环境的能力

在前面的例子中,机器人只是简单地执行程序预先设定好的指令,没有自主能力。它不知道前进的道路上有没有障碍,也不知道有没有完成编程者给的指令。例如,前面你让它走一个正方形,而它在中途撞到门上,它只会卡死在那里,不知道避开。可以说没有感知周围环境能力的机器人就像没有生命力的人。而所以称之为机器"人",就是它拥有多种感知环境的手段,再配合它先进的"大脑",才可能在实际环境中完成一定的任务,才能产生丰富的行为。因此,用好机器人的传感器是非常重要的。

本文的机器人传感器主要有碰撞传感器、光敏传感器、主动式红外测障传感器、旋转角度编码器和麦克风。其中麦克风是没有方向性的,能感知声音的强弱;光敏传感器能感知所在环境的光强;主动式红外测障传感器能感知前方 80 cm 以内的障碍物;碰撞传感器能感受到四个方向上的碰撞;旋转角度编码器不是用于探测外部环境,而是用于测量轮子旋转的角度数。

1. 碰撞传感器的使用

下面结合"台球"程序来学习碰撞传感器的使用。
```
void billiards ( )
{
 int bill_trans = 0;
 int bill_rot = 0;
 int bmpr = 0;
```

```
    while(1)                              /*无限循环检测*/
    {
      bmpr = bumper();                    /*检测碰撞传感器*/
       if(bmpr! =0)
        {
         if(bmpr = =0b0011)               /*正前方发生碰撞*/
          {
           bill_trans =-80;               /*后退*/
           bill_rot =0;
          }
         else if(bmpr = =0b1100)          /*正后方发生碰撞*/
          {
           bill_trans =80;                /*前进*/
           bill_rot =0;
          }
         else if(bmpr & 0b1010)           /*左侧发生碰撞*/
          {
           bill_trans =0;
           bill_rot =-80;
           drive(bill_trans,bill_rot);
           sleep(0.5);                    /*顺时针转一个角度*/
           bill_trans =80;                /*前进*/
           bill_rot =0;
          }
         else if(bmpr & 0b0101)           /*右侧发生碰撞*/
          {
           bill_trans =0;
           bill_rot =80;
           drive(bill_trans,bill_rot);
           sleep(0.5);                    /*逆时针转一个角度*/
           bill_trans =80;                /*前进*/
           bill_rot =0;
          }
         drive(bill_trans,bill_rot);      /*驱动电动机*/
        }
    }
}
```

在该函数中有一个检测传感器的常用结构"while(1){检测传感器;做出响应;}"。该结构实现了对传感器的循环检测,使机器人能够对周围环境的变化及时做出响应。机器人做出的响应可以是改变运动方式,也可以是改变一个内部变量。在这个例子里,机器人响应来自外部四个方向上的碰撞,并相应地改变运动方向。程序刚开始运行时,机器人静止。这时你只要给它一个初始碰撞,它就开始不停地运动起来,在障碍物之间撞来撞去。你可以试着用脚去碰它,看一看它是不是像一个"足球"。如果你有不止一个机器人,那么试着改变程序对碰撞的响应方式,给每个机器人下载这样的程序,把它们摆在一起,让其中一个机器人从远处撞过来,那场面一定像打台球。

2. 红外和光敏的使用

AS 机器人的红外传感器可以探测到前方和左右两侧 10~80 cm 的障碍,就像它的一对"眼睛"。下面是一个利用红外传感器检测障碍物的一个程序。

```
void follow( )
{  int ir = 0;                                  /* 红外检测变量 */
   int bmp = 0;                                 /* 碰撞检测变量 */
   int old_bmp = 0;                             /* 前一次的碰撞检测结果 */
   int fol_trans_def = 80;                      /* 预设的前进速度 */
   int fol_rot_def = 40;                        /* 预设的转弯速度 */
   printf("Follow\n");                          /* 显示在 LCD 屏幕上 */
   while(1)
   {  ir = ir_detect( );                        /* 取红外系统检测结果 */
      bmp = bumper( ) & 0b0011;                 /* 检测前左、前右方向上的碰撞 */
      if (old_bmp && (! bmp))                   /* 连续两次碰撞 */
         sleep(0.5);                            /* 等一会儿 */
      else if (bmp)                             /* 如果前方有碰撞 */
         stop( );                               /* 停止运动 */
      else if (ir == 0)                         /* 前方没有物体 */
         stop( );                               /* 停止运动 */
      else if (ir == 0b11)                      /* 前方有物体 */
         drive(fol_trans_def,0);                /* 往前追 */
      else if (ir == 0b01)                      /* 物体在右侧 */
         drive(fol_trans_def,(-fol_rot_def));   /* 转向右 */
      else if (ir == 0b10)                      /* 物体在左侧 */
         drive(fol_trans_def,fol_rot_def);      /* 转向左 */
      sleep(0.1);                               /* 让运动持续一会儿 */
      old_bmp = bmp;
   }
}
```

这个例子实现了跟随前方物体。机器人可以跟随前方移动的人或物；如果撞上前方的物体，就停一停；如果前方红外系统探测范围内没有物体，就停下来。可以修改上面的程序，让机器人避开障碍物。给一个机器人下载避让程序，其他机器人下载跟踪程序，在适当的条件下能看到，机器人一个跟着一个排成长龙，鱼贯前进。

光敏的使用和红外系统类似，所不同的是光敏只能感知左右两侧的明暗，和距离没有直接关系。调用"analog(photo_left); analog(photo_right);"就能返回两侧光敏的测量值。它在周围环境比较暗的情况下作用最明显。

要用好机器人传感器，需要对测量、采样原理有所了解。通常在使用传感器测量之前都有一个标定过程，设置测量值的参考点。机器人在出厂前，已经对所有的传感器都进行了检测，但是器件偏差和环境干扰是不可避免的。例如，可能会出现左右光敏对同样光强的测量值不一样，或采样出现异常值。所以在编程中，使用一些偏移量校正、去除测量噪声和避免误触发的方法还是很有用的。

3. 编码器的使用

编码器测量的是轮子码盘转过的格数。通过编码器，可以知道轮子转过的圈数，从而大致知道机器人走过的距离，除以时间还可以知道实际转速。由于编码器是对自身采样，所以不可能依靠它判断机器人的精确位置。它可以用于短距离的定位和速度测量。

7.4　C语言高级编程实例

C语言支持多任务，多任务允许机器人同时做多件事情，如检测光源的同时避开障碍。在C语言中实现多任务是很简单的，只要调用start_process()，任何一个函数都能作为一个进程来运行。在C语言中进程的内存空间不是独立的，所有的进程共用一个内存空间，因此全局变量在任何进程里都可以访问。

7.4.1　第一个多进程程序

下面是将之前的"台球"程序改成多进程的一个程序。

```
intbill_trans = 0;
intbill_rot = 0;
void billiards()
{
    int bmpr = 0;
    while(1)                              /*无限循环检测*/
    {
        bmpr = bumper();                  /*检测碰撞传感器*/
        if(bmpr! = 0)
        {
            if(bmpr = = 0b0011)           /*正前方发生碰撞*/
```

```
            {
                bill_trans = -80;              /* 后退 */
                bill_rot = 0;
            }
            else if( bmpr == 0b1100 )          /* 正后方发生碰撞 */
            {
                bill_trans = 80;               /* 前进 */
                bill_rot = 0;
            }
            else if( bmpr & 0b1010 )           /* 左侧发生碰撞 */
            {
                bill_trans = 0;
                bill_rot = -80;
                sleep(0.5);                    /* 顺时针转一个角度 */
                bill_trans = 80;               /* 前进 */
                bill_rot = 0;
            }
            else if( bmpr & 0b0101 )           /* 右侧发生碰撞 */
            {
                bill_trans = 0;
                bill_rot = 80;
                sleep(0.5);                    /* 逆时针转一个角度 */
                bill_trans = 80;               /* 前进 */
                bill_rot = 0;
            }
        }
    }
}
void billiards_drive()
{
    while(1)
        drive(bill_trans, bill_rot);           /* 驱动电动机 */
}
void main()
{
    start_process(billiards_drive());          /* 创建电动机驱动进程 */
    start_process(billiards());                /* 创建碰撞处理进程 */
}
```

"台球"改成多进程程序后,运行的效果没有改变,但结构已经完全不一样了。电动机驱动进程 billiards_drive( ) 专门设置电动机速度,碰撞处理进程 billiards( ) 判断碰撞并改变电动机速度。两个进程之间通过全局变量 bill_trans 和 bill_rot 进行通信。机器人的操作系统自动调度两个进程,给它们分配时间片。从执行效果来讲,就相当于这两个进程并列运行。这样的结构非常方便增加新的进程,同时处理更多的外部信息。

7.4.2 添加一个新进程

给前面的程序增加一个红外避障进程,改变它的行为,而其他部分不需要做大的变动。改动后的程序如下:

```
int bill_trans = 0;
int bill_rot = 0;
int bmpr = 0;
int forward = 0;
int running = 0;                        /*机器人初始值处于静止状态*/
void billiards ( )
{
  while(1)                              /*无限循环检测*/
  {
    bmpr = bumper( );                   /*检测碰撞传感器*/
     if( bmpr! =0)
     {if( bmpr = =0b0011)                /*正前方发生碰撞*/
       {forward = 0;
        bill_trans = -80;               /*后退*/
        bill_rot = 0;
       }
       else if( bmpr = =0b1100)          /*正后方发生碰撞*/
       {forward = 1;
        bill_trans = 80;                /*前进*/
        bill_rot = 0;
       }
       else if( bmpr & 0b1010)           /*左侧发生碰撞*/
       {bill_trans = 0;
        bill_rot = -80;
        sleep(0.5);                     /*顺时针转一个角度*/
        forward = 1;
        bill_trans = 80;                /*前进*/
        bill_rot = 0;
```

```
            }
         else if( bmpr & 0b0101 )              /*右侧发生碰撞*/
         { bill_trans = 0;
           bill_rot = 80;
           sleep(0.5);                         /*逆时针转一个角度*/
           forward = 1;
           bill_trans = 80;                    /*前进*/
           bill_rot = 0;
         }}
      }
 }
 void billiards_ir( )
 {
    int ir;
    while(1)
    {
       if( running )                           /*机器人没有开始运动,不检测障碍*/
       { ir = ir_detect( );                    /*检测红外传感器*/
         if( bmpr == 0 && forward )            /*后退或发生碰撞时,不避障*/
         {
            if( ir == 0b01 )                   /*右侧有障碍,向左绕*/
            {   bill_trans = 20;
                bill_rot = 80;                 /*逆时针转*/
            }
            else if( ir == 0b10 )              /*左侧有障碍,向右绕*/
            {   bill_trans = 20;
                bill_rot = -80;                /*顺时针转*/
            }
            else if( ir == 0b00 )              /*前方没有障碍,恢复直行*/
            {   bill_trans = 80;
                bill_rot = 0;
            }}
       sleep(0.1);
    }}
 }
 void billiards_drive( )
 {
```

```
    while(1)
    {   running = bill_trans;              /*机器人正在运动*/
        drive(bill_trans,bill_rot);        /*驱动电动机*/
    }
}
void main()
{
    start_process(billiards_drive());      /*创建电动机驱动进程*/
    start_process(billiards_ir());         /*创建避障进程*/
    start_process(billiards());            /*创建碰撞处理进程*/
}
```

改动以后的程序增加了避开侧面障碍物的行为。比较一下，增加的代码除了红外避障进程外，就是用于进程之间的通信。进程间的通信和同步是多进程编程的难点，不解决好这个问题，多进程程序可能会产生一些奇怪的行为。在这个程序里，由于碰撞处理进程和红外避障进程都要修改设置电动机速度的两个全局变量(bill_trans, bill_rot)，这是进程间发生冲突的根源。如果不加以限制，两个进程同时修改电动机速度，必然会出现一片混乱，机器人下一步的运动方向将无法预知。

本程序中把 bmpr 改为全局变量，通过 bmpr 来划分两个进程生效的时间。即发生碰撞时，只有碰撞处理进程可以修改电动机速度；在其他时间里碰撞处理进程只是在不断检测碰撞传感器，只有红外避障进程才有可能修改电动机速度。在本程序里碰撞处理进程的优先级高于红外避障进程。增加的另两个全局变量是出于红外避障行为逻辑的需要。全局变量running是机器人开始运动的标志，红外避障进程要等待这一事件发生后才能起作用。Forward 反映机器人当前运动方向，用于避免红外避障进程在后退时处理前方障碍。

7.4.3　C 进程同步的基本方法

因为进程是并行的，而有些资源不允许同时使用，所以在访问这些资源的进程之间要求同步。机器人所有的输入输出设备从逻辑上讲都是要求独占的资源，包括电动机、LCD、喇叭、红外、模拟输入等，即不能有一个设备同时被两个或两个以上的进程访问。以电动机驱动为例，如果有两个进程都调用 motor 设置电动机转速，在某一时刻一个让它正转，一个让它反转，那么结果可能一团糟。

在编制多进程程序时如果遵循一定的原则，问题就会得到简化。第一，一种设备只在一个进程中访问，即可以一个进程访问多个设备，但不要多个进程访问同一设备。需要注意的是，碰撞传感器和光敏、麦克风一样使用了机器人的模拟输入口，这三种设备应该只在一个进程中访问。按照这一原则，程序中需要同步处理的资源就只剩下全局变量。第二，同时只能有一个进程写一个全局变量，但可以有多个进程同时读。如果多个进程都对一个全局变量有写(赋值)操作，那么必须有措施保证这些写操作不同时进行。以上一个程序为例，表 7-2 所示为其全局变量读写(r/w)情况表。

表7-2　全局变量读写(r/w)情况表

全局进程 \ 变量	bill_trans	bill_rot	bmpr	forward	Running
billiards	w	w	w	w	
billiards_ir	w	w	r	r	r
billiards_drive	r	r			w

其中 bill_trans 和 bill_rot 被两个进程所修改,需要同步处理。程序中是用 bmpr 划分它们在两个进程中被写的时间范围。

C 语言的同步处理比较很简单,系统没有提供专用的进程同步方法,前面的方法还不能做到严格意义上的同步。但是在机器人上,绝大部分可能出现资源冲突的地方是在控制输出上,而进程的执行周期一般在毫秒级,个别周期发生资源冲突一般不会在机器人的行为上造成可见的影响。只要按照基本同步方法编制多进程程序,完全能够保证机器人的运行可靠。

7.5　Arduino 软件编程

什么是 Arduino？要了解 Arduino 就先要了解什么是单片机,Arduino 平台的基础就是 AVR 指令集的单片机。那么什么是单片机呢？一台完整的计算机系统要有这样几个部分构成:中央处理单元 CPU(进行运算、控制)、随机存储器 RAM(数据存储)、存储器 ROM(程序存储)、输入/输出设备 I/O(串行接口、并行输出接口等)。在 PC 机上这些部件被分成若干块芯片,安装在一个被称之为主板的印刷线路板上。在单片机中,这些部件全部被集成到一块电路芯片中,所以被称为单片(单芯片)机,还有一些单片机除了上述部件外,还集成了其他部分如模拟量/数字量转换(A/D)和数字量/模拟量转换(D/A)等。那么,单片机到底有什么用呢？实际工作中并不是任何需要计算机的场合都要求计算机有很高的性能,一台控制电冰箱温度的计算机难道要用英特尔的 i7 处理器吗？应用的关键是看是否够用,是否有很好的性价比。如果一台冰箱都需要用 i7 处理器来进行温度控制,那么价格就是天价了。单片机通常用于工业生产的控制,生活与程序和控制有关(如电子琴、电冰箱、智能空调等)的场合。

Arduino 是源自意大利的一个开放源代码的硬件项目平台,该平台包括一块具备简单 I/O 功能的电路板以及一套程序开发环境软件。Arduino 可以用来开发交互产品,如它可以读取大量的开关和传感器信号,并且可以控制电灯、电动机和其他各式各样的物理设备;Arduino 也可以开发出与 PC 相连的周边装置,能在运行时与 PC 上的软件进行通信。Arduino 平台的基础就是 AVR 指令集的单片机,AVR 单片机开发有 ICCAVR、CVAVR 等,这些语言都比较专业,需要通过对寄存器进行读写操作。图 7-1 所示为 Arduino UNO R3 的开发板。

Arduino 简化了单片机工作的流程,对 AVR 库进行了二次编译封装,把端口都打包好,寄存器、地址指针之类的基本不用管,大大降低了软件开发难度,适宜非专业爱好者使用,特别适合学生和一些业余爱好者使用。本文后续内容均在 Arduino UNO 板上编程。

图 7-1 Arduino UNO R3 的开发板

7.5.1 Arduino 常用的函数

1. 数字 I/O 接口的操作函数

1）pinMode(pin,mode)

PinMode 函数用以配置引脚的输出或输入模式,它是一个无返回值函数。该函数有两个参数,pin 和 mode。pin 参数表示要配置的引脚,mode 参数表示设置的参数 INPUT(输入)和 OUTPUT(输出)。INPUT 参数用于读取信号,OUTPUT 用于输出控制信号。PIN 的范围是数字引脚 0~13,也可以把模拟引脚(A0~A5)作为数字引脚使用,此时编号为 14 脚对应模拟引脚 0,19 脚对应模拟引脚 5。PinMode 函数一般会放在 setup 里,先设置再使用。

2）digitalWrite(pin,value)

该函数的作用是设置引脚的输出电压为高电平或低电平。该函数也是一个无返回值的函数。Pin 参数表示所要设置的引脚,value 参数表示输出的电压 HIGH(高电平)或 LOW(低电平)。注意:使用前必须先用 pinMode 设置。

3）digitalRead(pin)

该函数在引脚设置为输入的情况下,可以获取引脚的电压情况 HIGH(高电平)或者 LOW 低电平。

例程:

```
int button = 9;                    //设置第 9 脚为按钮输入引脚
int LED = 13;                      //设置第 13 脚为 LED 输出引脚,事先连在板
                                   上的 LED 灯
void setup()
{   pinMode(button,INPUT);         //设置为输入
    pinMode(LED,OUTPUT);           //设置为输出
}
```

```
void loop( )
{ if( digitalRead( button) == LOW)      //如果读取高电平
        digitalWrite(LED,HIGH);          //13 脚输出高电平
    else
        digitalWrite(LED,LOW);           //否则输出低电平
}
```

2. 模拟 I/O 接口的操作函数

1) analogReference(type)

该函数用于配置模拟引脚的参考电压。有三种类型:DEFAULT 为默认值,参考电压是 5 V;INTERNAL 表示低电压模式,使用片内基准电压源 2.56 V;EXTERNAL 表示扩展模式,通过 AREF 引脚获取参考电压。注意:不使用本函数的话,默认是参考电压 5 V。使用 AREF 接参考电压,需接个 5 kΩ 的上拉电阻。

2) analogRead(pin)

用于读取引脚的模拟量电压值,每读取一次需要花 100 μs 的时间。参数 pin 表示所要获取模拟量电压值的引脚,返回为 int 型。精度 10 位,返回值从 0 ~ 1 023。注意:函数参数的 pin 范围是 0 ~ 5,对应板上的模拟口为 A0 ~ A5。

3) analogWrite(pin,value)

该函数是通过 PWM 的方式在引脚上输出一个模拟量。主要用于 LED 亮度控制、电动机转速控制等方面。Arduino 中的 PWM 的频率大约为 490 Hz。UNO 板上支持以下数字引脚(不是模拟输入引脚)作为 PWM 模拟输出:3、5、6、9、10、11。板上带 PWM 输出的都有 ~ 号。注意:PWM 输出位数为 8 位,从 0 ~ 255。

例程:

```
int sensor = A0;                         //A0 引脚读取电位器
int LED = 11;                            //第 11 引脚输出 LED
void setup( )
{ Serial. begin(9600);
}
void loop( )
{  int v;
    v = analogRead( sensor);
   Serial. println( v,DEC);              //可以观察读取的模拟量
  analogWrite( LED,v/4);                 //读回的值范围是 0 ~ 1 023,结果除以 4 才能
                                         //   得到 0 ~ 255 的区间值
}
```

3. 高级 I/O

1) PulseIn(pin,state,timeout)

该函数用于读取引脚脉冲的时间长度,脉冲可以是 HIGH 或者 LOW。如果是 HIGH,函

数将先等引脚变为高电平,然后开始计时,一直到变为低电平。返回脉冲持续的时间长度,单位为 ms,如果超时没有读到,则返回 0。

例程:做一个按钮脉冲计时器,测一下按钮的时间,测哪一个反应快,看哪一个能按出最短的时间。按钮接第 3 脚。

```
int  button = 3;
int count;
void setup( )
{ pinMode( button, INPUT);
}
void loop( )
{ count = pulseIn( button, HIGH);
  if( count! = 0)
   { Serial. println( count, DEC);
     count = 0;
   }
}
```

4. 时间函数

1) delay(ms)

延时函数,参数是延时的时长,单位是 ms(毫秒)。

例程——跑马灯:

```
void setup( )
{
 pinMode( 6, OUTPUT);              //定义为输出
 pinMode( 7, OUTPUT);
 pinMode( 8, OUTPUT);
 pinMode( 9, OUTPUT);
}
void loop( )
{ int i;
for( i = 6; i < = 9; i + +)          //依次循环 4 盏灯
   { digitalWrite( i, HIGH);         //点亮 LED
     delay( 1000);                   //持续 1 s
     digitalWrite( i, LOW);          //熄灭 LED
     delay( 1000);                   //持续 1 s
   }
}
```

2) delayMicroseconds(μs)

延时函数,参数是延时的时长,单位是 μs(微秒)(1 ms = 1 000 μs),该函数可以产生更短的延时。

3) millis()

应用该函数可以获取单片机通电到现在运行的时间长度,单位是 ms。系统最长的记录时间为 9 h 22 min,超出从 0 开始。返回值是 unsigned long 型。该函数适合作为定时器使用,不影响单片机的其他工作。使用 delay 函数期间无法做其他工作。

4) micros()

该函数返回开机到现在运行的微秒值。返回值是 unsigned long,70 min 溢出。

5. 中断函数

单片机中与中断相关的概念如下:

中断——由于某一随机事件的发生,计算机暂停原程序的运行,转去执行另一程序(随机事件),处理完毕后又自动返回原程序继续运行。

中断源——引起中断的原因,或能发生中断申请的来源。

主程序——计算机现行运行的程序。

中断服务子程序——处理突发事件的程序。

1) attachInterrupt(interrput,function,mode)

该函数用于设置外部中断,函数有 3 个参数,分别表示中断源、中断处理函数和触发模式。

中断源可选 0 或者 1,对应 2 或者 3 号数字引脚。中断处理函数是一段子程序,当中断发生时执行该子程序部分。触发模式有四种类型,LOW(低电平触发)、CHANGE(变化时触发)、RISING(低电平变为高电平触发)、FALLING(高电平变为低电平触发)。

例程:数字 D2 口接按钮开关,D4 口接 LED1(红色),D5 口接 LED2(绿色),LED3 每秒闪烁一次,使用中断 0 来控制 LED1,中断 1 来控制 LED2。按下按钮,马上响应中断,由于中断响应速度快,LED3 不受影响,继续闪烁,比查询的效率要高。

尝试 4 个参数,例程 1 试验 LOW、CHANGE 参数,例程 2 试验 RISING 和 FALLING 参数。

```
volatile int state1 = LOW, state2 = LOW;
int LED1 = 4;
int LED2 = 5;
int LED3 = 13;                              //使用板载的 LED 灯
void setup()
{ pinMode(LED1,OUTPUT);
  pinMode(LED2,OUTPUT);
  pinMode(LED3,OUTPUT);
  attachInterrupt(0,LED1_Change,LOW);       //低电平触发
  attachInterrupt(1,LED2_Change,CHANGE);    //任意电平变化触发
}
```

```
void loop()
{ digitalWrite(LED3,HIGH);
  delay(500);
  digitalWrite(LED3,LOW);
  delay(500);
}
void LED1_Change()
{ state1 = ! state1;
  digitalWrite(LED1,state1);
  delay(100);
}
void LED2_Change()
{ state2 = ! state2;
  digitalWrite(LED2,state2);
  delay(100);
}
volatile int state1 = LOW,state2 = LOW;
int LED1 = 4;
int LED2 = 5;
int LED3 = 13;
void setup()
{ pinMode(LED1,OUTPUT);
  pinMode(LED2,OUTPUT);
  pinMode(LED3,OUTPUT);
  attachInterrupt(0,LED1_Change,RISING);      //电平上升沿触发
  attachInterrupt(1,LED2_Change,FALLING);     //电平下降沿触发
}
void loop()
{ digitalWrite(LED3,HIGH);
  delay(500);
  digitalWrite(LED3,LOW);
  delay(500);
}
void LED1_Change()
{ state1 = ! state1;
  digitalWrite(LED1,state1);
  delay(100);
```

}
```
void LED2_Change()
{ state2 = ! state2;
    digitalWrite(LED,state2);
delay(100);
}
```

2) detachInterrupt(interrput);

该函数用于取消中断,参数 interrupt 表示所要取消的中断源。

6. 串口通信函数

串行接口 Serial Interface 是指数据一位位地顺序传送,其特点是通信线路简单,只要一对传输线就可以实现双向通信。串口的出现是在 1980 年前后,数据传输率是 115～230 KB/s。串口出现的初期是为了实现连接计算机外设的目的,初期串口一般用来连接鼠标和外置 Modem 以及老式摄像头和写字板等设备。由于串口(COM)不支持热插拔及传输速率较低,目前部分新主板和大部分便携电脑已开始取消该接口,目前串口多用于工控和测量设备以及部分通信设备中。如各种传感器采集装置、GPS 信号采集装置,多个单片机通信系统,门禁刷卡系统的数据传输,机械手控制、操纵面板控制电动机,等等。其广泛应用于低速数据传输的工程应用。

1) Serial.begin()

该函数用于设置串口的波特率。一般的波特率有 9 600、19 200、57 600、115 200 等。波特率是指每秒传输的比特数,除以 8 可以得到每秒传输的字节数。示范:Serial.begin(57600)。

2) Serial.available()

该函数用来判断串口是否收到数据,函数的返回值为 int 型,不带参数。

3) Serial.read()

将串口数据读入。该函数不带参数,返回值为串口数据,int 型。

4) Serial.print()

该函数往串口发数据,可以发变量,也可以发字符串。

例句 1:Serial.print("today is good");

例句 2:Serial.print(x,DEC);以 10 进制发送 x。

例句 3:Serial.print(x,HEX);以 16 进制发送变量 x。

5) Serial.println()

该函数与 Serial.print() 类似,只是多了换行功能。

7. 数学库

(1) min(x,y);求两者最小值。

(2) max(x,y);求两者最大值。

(3) abs(x);求绝对值。

(4) sin(rad);求正弦值。

(5) cos(rad);求余弦值。

(6) tan(rad);求正切值。

(7) random(small,big);求两者之间的随机数。

7.5.2 Auduino 软件编程实例

1. 按键开关的例程

按键开关模块和数字 13 接口自带 LED 搭建简单电路,制作按键提示灯。利用数字 13 接口自带的 LED,将按键开关接入数字 3 接口,当按键开关感应到有按键信号时,LED 亮,反之则灭。

```
int Led = 13;                          //定义 LED 接口
int buttonpin = 3;                     //定义按键开关接口
int val;                               //定义数字变量 val
void setup()
{
    pinMode(Led,OUTPUT);               //定义 LED 为输出接口
    pinMode(buttonpin,INPUT);          //定义按键开关为输入接口
}
void loop()
{
    val = digitalRead(buttonpin);      //将数字接口 3 的值读取赋给 val
    if(val == HIGH)                    //当按键开关传感器检测有信号时,LED 闪烁
    {
        digitalWrite(Led,HIGH)
    }
    else
    {
        digitalWrite(Led,LOW)
    }
}
```

2. 无源蜂鸣器的例程

实验原理:使用数字 I/O 接口,通过高低电平的变换来实现方波。第一个例子是持续 1 ms 的低电平和 1 ms 的高电平,实现一个 500 Hz 的方波信号,持续 80 个方波,然后切换为持续 2 ms 的低电平和 2 ms 的高电平,实现一个 250 Hz 的方波信号,持续 100 个方波。两种声音交替发出。

```
int buzzer = 8;                        //设置控制蜂鸣器的数字 I/O 脚
void setup()
{
    pinMode(buzzer,OUTPUT);            //设置数字 I/O 脚模式,OUTPUT 为输出
```

```
}
void loop( )
{   unsigned char i,j;                  //定义变量
    for( i = 0;i < 80;i ++ )            //输出一个频率的声音
     {
        digitalWrite( buzzer,HIGH);     //发声音
        delay(1);                       //延时 1 ms
        digitalWrite( buzzer,LOW);      //不发声音
        delay(1);                       //延时 1 ms
     }
    for( i = 0;i < 100;i ++ )           //输出另一个频率的声音
     {   digitalWrite( buzzer,HIGH);    //发声音
        delay(2);                       //延时 2 ms
        digitalWrite( buzzer,LOW);      //不发声音
        delay(2);                       //延时 2 ms
     }
}
int buzzer = 8;                         //设置控制蜂鸣器的数字 I/O 脚
void setup( )
{   pinMode( buzzer,OUTPUT);            //设置数字 I/O 脚模式,OUTPUT 为输出
}
void loop( )
{   unsigned char i,j;                  //定义变量
    for( i = 0;i < 100;i ++ )           //输出一个频率的声音
     {   digitalWrite( buzzer,HIGH);    //发声音
        delayMicroseconds(40);          //延时 40 μs
        digitalWrite( buzzer,LOW);      //不发声音
        delayMicroseconds(40);          //延时 40 μs
     }
    for( i = 0;i < 250;i ++ )           //输出另一个频率的声音
     {   digitalWrite( buzzer,HIGH);    //发声音
        delayMicroseconds(120);         //延时 120 μs
        digitalWrite( buzzer,LOW);      //不发声音
        delayMicroseconds(120);         //延时 120 μs
     }
}
```

3. 有源蜂鸣器的例程

有源蜂鸣器内部带振荡源,所以只要一通电就会叫,只能发出固定频率的声音。

```
int speakerPin = 8;                      //控制喇叭的引脚
int value = 10;                          //控制喇叭响的时间,可自行更改
void setup()
{
    pinMode(speakerPin, OUTPUT);
}
void loop()
{digitalWrite(speakerPin, HIGH);
delay(value);                            //调节喇叭响的时间
digitalWrite(speakerPin, LOW);
delay(value);                            //调节喇叭不响的时间
}
```

4. 激光传感器的例程

激光传感器通过 S 端来开启,可以发射持续的激光,也可以发射脉冲波。可用于玩具激光枪或者激光测距等各种用途。

实例程序:
```
void setup()
{
    pinMode(13, OUTPUT);                 //定义13脚为数字输出接口
}
void loop() {
    digitalWrite(13, HIGH);              //打开激光头
    delay(1000);                         //延时1 s
    digitalWrite(13, LOW);               //关闭激光头
    delay(1000);                         //延时1 s
}
```

5. 光敏传感器的例程

光敏传感器实质是一个光敏电阻,根据光的照射强度会改变其自身的阻值。

编程原理:将光敏电阻的 S 端接在一个模拟输入口,光强的变化会改变阻值,从而改变 S 端的输出电压。将 S 端的电压读出,使用串口输出到计算机显示结果。

因为 AVR 是 10 位的采样精度,输出值从 0~1 023。当光照强烈的时候,值减小,光照减弱的时候,值增加。完全遮挡光线,值最大。

```
int sensorPin = 2;
int value = 0;
void setup()
{
    Serial.begin(9600);                  //串口波特率为9 600
```

```
       }
       void loop( )
       {
       value = analogRead( sensorPin );        //读取模拟 2 端口
       Serial. println( value, DEC );          //十进制数显示结果并且换行
       delay(50);                              //延时 50 ms
       }
```

6. 倾斜开关的例程

用于检测较小的倾斜角度。

编程原理:倾斜开关模块和数字 13 接口自带 LED 搭建简单电路,制作倾斜提示灯。利用数字 13 接口自带的 LED,将倾斜开关传感器接入数字 3 接口,当倾斜开关传感器感测到有倾斜信号时,LED 亮,反之则灭。

```
       int Led = 13;                           //定义 LED 接口
           int buttonpin = 3;                  //定义倾斜开关传感器接口
       int val;                                //定义数字变量 val
       void setup( )
       {
           pinMode( Led, OUTPUT );             //定义 LED 为输出接口
           pinMode( buttonpin, INPUT );        //定义倾斜开关传感器为输出接口
       }
       void loop( )
       {
           val = digitalRead( buttonpin );     //将数字接口 3 的值读取赋给 val
           if( val == HIGH )                   //当倾斜开关传感器检测有信号时,LED 亮
           {
           digitalWrite( Led, HIGH );
           }
           else
           {
           digitalWrite( Led, LOW );
           }
       }
```

7. 水银开关传感器的例程

用于检测稍微大的角度,可以用于检测跌倒等。程序和倾斜开关的例程通用。

```
       int Led = 13;                           //定义 LED 接口
           int buttonpin = 3;                  //定义水银开关传感器接口
       int val;                                //定义数字变量 val
```

```
void setup()
{
    pinMode(Led,OUTPUT);              //定义LED为输出接口
    pinMode(buttonpin,INPUT);         //定义水银开关传感器为输出接口
}
void loop()
{
    val = digitalRead(buttonpin);     //将数字接口3的值读取赋给val
    if(val = = HIGH)                  //当水银开关传感器检测有信号时,LED闪烁
    {
        digitalWrite(Led,HIGH);
    }
    else
    {
        digitalWrite(Led,LOW);
    }
}
```

8. 魔术光杯(一对)的例程

水银开关多加了一个独立的LED,两个可以组成魔术光杯。

编程原理:将魔术光杯其中一个模块S脚接数字脚7,LED控制接数字脚5(PWM功能),另一个模块S脚接数字脚4,LED控制接数字脚6。

现象:当一个水银开关倾倒时,自己的灯会越来越暗,另一个灯会越来越亮,像心电感应一样。

```
int LedPinA = 5;
int LedPinB = 6;
int ButtonPinA = 7;
int ButtonPinB = 4;
int buttonStateA = 0;
int buttonStateB = 0;
int brightness   = 0;
void setup()
{
    pinMode(LedPinA, OUTPUT);
    pinMode(LedPinB, OUTPUT);
    pinMode(ButtonPinA, INPUT);
    pinMode(ButtonPinB, INPUT);
}
```

```
void loop( )
{
    buttonStateA = digitalRead(ButtonPinA);    //读取 A 模块
    if (buttonStateA == HIGH && brightness != 255)
    {                                          //当 A 模块检测到信号且亮度不是
                                               //最大时,亮度值增加
        brightness ++;
    }
    buttonStateB = digitalRead(ButtonPinB);
if (buttonStateB == HIGH && brightness != 0)
{                                              //当 B 模块检测到信号且亮度不是
                                               //最小时,亮度值减小
brightness --;
}
    analogWrite(LedPinA, brightness);          //A 慢渐暗
    analogWrite(LedPinB, 255 - brightness);    //B 慢渐亮
    delay(25);
}
                                               //两者相加的和为 255,亮度此消彼
                                               //涨的关系
```

9. 振动开关的例程

编程原理:振动模块和数字 13 接口自带 LED 搭建简单电路,制作振动闪光器。

利用数字 13 接口自带的 LED,将振动传感器接入数字 3 接口,当振动传感器感测到有振动信号时,LED 闪烁发光。

```
int Led = 13;                    //定义 LED 接口
int Shock = 3;                   //定义振动传感器接口
int val;                         //定义数字变量 val
void setup( )
{
    pinMode(Led,OUTPUT);         //定义 LED 为输出接口
    pinMode(Shock,INPUT);        //定义振动传感器为输出接口
}
void loop( )
{
    val = digitalRead(Shock);    //将数字接口 3 的值读取赋给 val
    if( val == HIGH )            //当振动传感器检测有信号时,LED 闪烁
    {
```

```
        digitalWrite(Led,LOW);
    }
    else
    {
        digitalWrite(Led,HIGH);
    }
}
```

10. 敲击传感器的例程

```
int Led = 13;                        //定义 LED 接口
int Shock = 3;                       //定义振动传感器接口
int val;                             //定义数字变量 val
void setup()
{
    pinMode(Led,OUTPUT);             //定义 LED 为输出接口
    pinMode(Shock,INPUT);            //定义振动传感器为输出接口
}
void loop()
{
    val = digitalRead(Shock);        //将数字接口 3 的值读取赋给 val
    if(val == HIGH)                  //当振动传感器检测有信号时,LED 闪烁
    {
        digitalWrite(Led,LOW);
    }
    else
    {
        digitalWrite(Led,HIGH);
    }
}
```

11. 双色共阴 LED 模块的例程

发光颜色:绿色+红色(左边头大一点儿的),黄+红(右边头小一点儿的)。

产品广泛应用于电子词典、PDA、MP3、耳机、数码相机、VCD、DVD、汽车音响、通信、计算机、充电器、功放、仪器仪表、礼品、电子玩具及移动电话等诸多领域。

编程原理:通过模拟端口控制 LED 的亮度,0~255 表示 0~5 V。两种颜色的灯混合,让其值总和为 255,可以看到,从红色过渡到绿色的现象,中间颜色是混合成的黄色。

```
int redpin = 11;                     //选择红灯引脚
int greenpin = 10;                   //选择绿灯引脚
int val;
```

```
void setup( )
{   pinMode(redpin, OUTPUT);
    pinMode(greenpin, OUTPUT);
}
void loop( )
{
for( val = 255; val > 0; val -- )
    {   analogWrite(redpin, val);
        analogWrite(greenpin, 255 - val);
        delay(15);
    }
for( val = 0; val < 255; val ++ )
    {   analogWrite(redpin, val);
        analogWrite(greenpin, 255 - val);
        delay(15);
    }
}
```

12. 三色 RGB 模块(DIP 封装)的例程

RGB LED 模块由一个插件全彩 LED 制成,通过 R、G、B 三个引脚的 PWM 电压输入可以调节三种基色(红/蓝/绿)的强度,从而实现全彩的混色效果。

```
int redpin  = 11;                    //为红色 LED 灯选择端口
int bluepin = 10;                    //为蓝色 LED 灯选择端口
int greenpin = 9;                    //为绿色 LED 灯选择端口
int val;
void setup( )
{   pinMode(redpin, OUTPUT);
    pinMode(bluepin, OUTPUT);
    pinMode(greenpin, OUTPUT);
}
void loop( )
{   for( val = 255; val > 0; val -- )
    {   analogWrite(redpin, val);
        analogWrite(bluepin, 255 - val);
        analogWrite(greenpin, 128 - val);
        delay(2);
    }
    for( val = 0; val < 255; val ++ )
```

```
    analogWrite(redpin, val);
    analogWrite(bluepin, 255 - val);
    analogWrite(bluepin, 128 - val);
    delay(2);
  }
}
```

13. 三色 RGB 模块(SMD 封装)的例程
这种 LED 只是封装形式不同,采用贴片封装,亮度较高,例程同上。

14. 七彩自动闪烁 LED 模块的例程
通电之后能自动闪烁其中颜色。使用数字引脚直接连接,可控制其亮灭。

```
void setup()
{
pinMode(13, OUTPUT);
}
void loop() {
    digitalWrite(13, HIGH);        //为 LED 灯设置高电平,将其点亮
    delay(8000);                   //亮度持续 8 秒
    digitalWrite(13, LOW);         //为 LED 灯设置低电平,将其熄灭
    delay(1000);                   //持续 1 秒
}
```

15. 金属触摸传感器的例程
金属触摸模块和数字 13 接口自带 LED 搭建简单电路,制作触摸提示灯。利用数字 13 接口自带的 LED,将金属触摸传感器接入数字 3 接口,当金属触摸传感器感测到有按键信号时,LED 亮,反之则灭。

```
    int Led = 13;                         //定义 LED 接口
    int buttonpin = 3;                    //定义金属触摸传感器接口
    int val;                              //定义数字变量 val
    void setup()
    {
        pinMode(Led, OUTPUT);             //定义 LED 为输出接口
        pinMode(buttonpin, INPUT);        //定义金属触摸传感器为输出接口
    }
    void loop()
    {   val = digitalRead(buttonpin);     //将数字接口 3 的值读取赋给 val
        if(val == HIGH)                   //当金属触摸传感器检测有信号时,LED 亮
        {
            digitalWrite(Led, HIGH);
```

       }
    else
    {
       digitalWrite(Led,LOW);
    }
}

16. 火焰传感器的例程

通过捕捉火焰中的红外线波长来检测。

编程原理:火焰模块和数字 13 接口自带 LED 搭建简单电路,制作火焰提示灯。

利用数字 13 接口自带的 LED,将火焰传感器接入数字 3 接口,当火焰传感器感测到有信号时,LED 亮,反之则灭。

```
int Led = 13;                       //定义 LED 接口
int buttonpin = 3;                  //定义火焰传感器接口
int val;                            //定义数字变量 val
void setup()
{
    pinMode(Led,OUTPUT);            //定义 LED 为输出接口
    pinMode(buttonpin,INPUT);       //定义火焰传感器为输出接口
}
void loop()
{
    val = digitalRead(buttonpin);   //将数字接口 3 的值读取赋给 val
    if(val == HIGH)                 //当火焰传感器检测有信号时,LED 亮,否则灭
    {
       digitalWrite(Led,HIGH);
    }
    else
    {
       digitalWrite(Led,LOW);
    }
}
```

17. 手指测心跳模块的例程

```
int ledPin = 13;                    //显示灯在 13 引脚
int sensorPin = 0;                  //传感器引脚在模拟输入第 0 脚
double alpha = 0.75;                //修正值,用于增加平滑度
int period = 20;
double change = 0.0;
```

```
void setup()
{
    pinMode(ledPin,OUTPUT);
}
void loop()
{
    static double oldValue = 0;
    static double oldChange = 0;
    int rawValue = analogRead(sensorPin);                    //读取传感器的值
    double value = alpha * oldValue + (1 - alpha) * rawValue;
    change = value - oldValue;
    digitalWrite(ledPin,(change<0.0&&oldChange>0.0));   //输出

    oldValue = value;
    oldChange = change;
    delay(period);
}
```

18. 红外避障传感器的例程

根据红外线反射的原理来检测前方是否有物体。当前方没有物体时,红外线接收不到信号。前方有物体会遮挡并反射红外光,此时能检测到信号。

编程原理:下面我们利用避障模块和数字 13 接口自带 LED 搭建简单电路,制作避障提示灯,将避障传感器接入数字 3 接口,当避障传感器感测到有障碍物时,输出是低电平(电路是负逻辑)信号时,LED 亮,反之没有障碍物时,输出高电平,提示灯则灭。

```
int Led = 13;                          //定义 LED 接口
int buttonpin = 3;                     //定义避障传感器接口
int val;                               //定义数字变量 val
void setup()
{
    pinMode(Led,OUTPUT);               //定义 LED 为输出接口
    pinMode(buttonpin,INPUT);          //定义避障传感器为输出接口
}
void loop()
{
    val = digitalRead(buttonpin);      //将数字接口 3 的值读取赋给 val
    if(val == LOW)                     //当避障传感器检测有障碍物时为低电平
    {
        digitalWrite(Led,HIGH);        //提示有障碍物
```

```
        }
        else
        {
            digitalWrite(Led,LOW);        //没有障碍物
        }
}
```

19. 寻线传感器的例程

原理同红外避障传感器,只是发射功率比较小,遇到白色反射红外线,遇到黑色被吸收红外线,以此来寻找地面的黑线。

编程原理:寻线模块和数字 13 接口自带 LED 搭建简单电路,制作寻线提示灯。

利用数字 13 接口自带的 LED,将寻线传感器接入数字 3 接口,当寻线传感器感测到有反射信号时(白色),LED 亮,反之(黑线)则灭。

```
int Led = 13;                            //定义 LED 接口
int buttonpin = 3;                       //定义寻线传感器接口
int val;                                 //定义数字变量 val
void setup()
{
        pinMode(Led,OUTPUT);             //定义 LED 为输出接口
        pinMode(buttonpin,INPUT);        //定义寻线传感器为输出接口
}
void loop()
{
        val = digitalRead(buttonpin);    //将数字接口 3 的值读取赋给 val
        if(val == HIGH)                  //当寻线传感器检测有反射信号时,LED 亮
        {
            digitalWrite(Led,HIGH);
        }
        else
        {
            digitalWrite(Led,LOW);
        }
}
```

20. 光遮断传感器的例程

```
int Led = 13;                            //定义 LED 接口
int buttonpin = 3;                       //定义光遮断传感器接口
int val;                                 //定义数字变量 val
void setup()
```

```
    {
        pinMode(Led,OUTPUT);           //定义 LED 为输出接口
        pinMode(buttonpin,INPUT);      //定义光遮断传感器为输出接口
    }
    void loop()
    {
        val = digitalRead(buttonpin);  //将数字接口 3 的值读取赋给 val
        if(val == HIGH)                //当光遮断传感器检测有信号时,LED 亮
        {
            digitalWrite(Led,HIGH);
        }
        else
        {
            digitalWrite(Led,LOW);
        }
    }
```

21. 线性霍尔磁力传感器的例程

霍尔磁力传感器能检测到磁场,从而输出检测信号。模拟口能通过输出线性电压的变化来揭示出磁场的强弱。数字输出口是达到某个阈值才会输出高低电平。可调电阻能改变检测的灵敏度。

编程原理:我们选择数字口作为输出,将 D 接开发板数字引脚 3,使用板上的 13 脚和 LED 连通,用于观察磁场的有无。当磁铁靠近时,13 脚的灯灭,反之则亮。

```
    int Led = 13;                      //定义 LED 接口
    int buttonpin = 3;                 //定义线性霍尔传感器接口
    int val;                           //定义数字变量 val
    void setup()
    {
        pinMode(Led,OUTPUT);           //定义 LED 为输出接口
        pinMode(buttonpin,INPUT);      //定义线性霍尔传感器为输出接口
    }
    void loop()
    {
        val = digitalRead(buttonpin);  //将数字接口 3 的值读取赋给 val
        if(val == HIGH)                //当霍尔传感器检测没有磁场信号时,LED 亮
        {
            digitalWrite(Led,HIGH);
        }
```

```
        else                          //当霍尔传感器检测到有磁场信号时,LED 灭
        {
            digitalWrite(Led,LOW);
        }
}
```

22. 模拟霍尔传感器的例程

和线性霍尔磁力传感器类似,有磁场则输出数值改变。

编程原理:传感器 A0 口接 Arduino 板模拟口的 A1 口,读取传感器的值。当磁铁离传感器近时,数值变大,反之数值变小。

```
int sensorPin = 1;
int value = 0;
void setup()
{
Serial.begin(9600);                  //串口波特率为 9 600
}
void loop()
{
value = analogRead(sensorPin);       //读取模拟 1 端口
Serial.println(value, DEC);          //十进制数显示结果并且换行
delay(50);                           //延时 50 ms
}
```

23. 大磁环传感器的例程

编程原理:磁环模块和数字 13 接口自带 LED 搭建简单电路,制作磁场提示灯。

利用数字 13 接口自带的 LED,将磁环传感器接入数字 3 接口,当磁环传感器感测到有磁铁靠近时,LED 亮,反之则灭。

```
int Led = 13;                        //定义 LED 接口
int buttonpin = 3;                   //定义磁环传感器接口
int val;                             //定义数字变量 val
void setup()
{
    pinMode(Led,OUTPUT);             //定义 LED 为输出接口
    pinMode(buttonpin,INPUT);        //定义磁环传感器为输出接口
}
void loop()
{
    val = digitalRead(buttonpin);    //将数字接口 3 的值读取赋给 val
    if(val == HIGH)                  //当磁环传感器检测有信号时,LED 亮
```

```
            digitalWrite(Led,HIGH);
        }
    else                            //没有信号则灭
        {
            digitalWrite(Led,LOW);
        }
}
```

24. 迷你磁环传感器的例程

和大磁环传感器是一类，差异很小，只是灵敏度更弱些。迷你磁环没有模拟输出，直接接数字接口。

```
int Led = 13;                       //定义 LED 接口
int buttonpin = 3;                  //定义磁环传感器接口
int val;                            //定义数字变量 val
void setup()
{
    pinMode(Led,OUTPUT);            //定义 LED 为输出接口
     pinMode(buttonpin,INPUT);      //定义磁环传感器为输入接口
}
void loop()
{
    val = digitalRead(buttonpin);   //将数字接口 3 的值读取赋给 val
    if(val == HIGH)                 //当磁环传感器检测有信号时,LED 亮
        {
            digitalWrite(Led,HIGH);
        }
    else
        {
            digitalWrite(Led,LOW);
        }
}
```

25. 旋转编码器的例程

编程原理：旋转编码器可通过旋转计数正方向和反方向转动过程中输出脉冲的次数。

```
const int interruptA = 0;           //中断 Interrupt 0 在 pin 2 上
int CLK = 2;                        //PIN2 脉冲信号
int DAT = 3;                        //PIN3
int SW = 4;                         //PIN4 往下按压的开关信号
```

```
int LED1 = 5;                                    //PIN5
int LED2 = 6;                                    //PIN6
int COUNT = 0;
void setup( )
{   attachInterrupt(interruptA, RoteStateChanged, FALLING);
                                                 //高电平变为低电平触发,调用中
                                                   断处理子函数 RoteStateChanged
                                                   ( )
    pinMode(CLK, INPUT);
    digitalWrite(2, HIGH);                       //上拉电阻
    pinMode(DAT, INPUT);
    digitalWrite(3, HIGH);                       //上拉电阻
    pinMode(SW, INPUT);
    digitalWrite(4, HIGH);                       //上拉电阻
    pinMode(LED1, OUTPUT);
    pinMode(LED2, OUTPUT);
    Serial.begin(9600);                          //设置波特率为9 600
}
void loop( )
{   if (!(digitalRead(SW)))                      //如果按下按钮
       {    COUNT = 0;                           //计数清零
            Serial.println("STOP COUNT = 0");    //串口输出清零
            digitalWrite(LED1, LOW);             //LED1 灯灭
            digitalWrite(LED2, LOW);             //LED2 灯灭
            delay (2000);                        //延时2 s
       }
    Serial.println(COUNT);                       //如果没有按钮,输出计数值
}
void RoteStateChanged( )                         //当 CLK 下降沿触发的时候,进入
                                                   中断
{   if (digitalRead(DAT))                        //当 DAT 为高电平时,是前进方向
       {    COUNT + +;                           //计数器累加
            digitalWrite(LED1, HIGH);            //LED1 亮
            digitalWrite(LED2, LOW);             //LED2 灭
            delay(20);
       }
    else                                         //当 DAT 为低电平时,是反方向滚动
```

```
        COUNT -- ;                              //计数器累减
        digitalWrite(LED2, HIGH);               //LED2 亮
        digitalWrite(LED1, LOW);                //LED1 灭
        delay(20);
    }
}
```

26. 麦克风声音传感器的例程

模块有两个输出：

（1）AO，模拟量输出，实时输出麦克风的电压信号。

（2）DO，当声音强度到达某个阈值时，输出高低电平信号，阀值 – 灵敏度可以通过电位器调数字输出。

```
nt Led = 13;                                    //定义 LED 接口
int buttonpin = 3                               //定义传感器 D0 接口
int val;                                        //定义数字变量 val
void setup()
{
    pinMode(Led,OUTPUT);                        //定义 LED 为输出接口
    pinMode(buttonpin,INPUT);                   //定义传感器 D0 为输出接口
}
void loop()
{
    val = digitalRead(buttonpin);               //将数字接口 3 的值读取赋给 val
    if(val == HIGH)                             //当声音检测模块检测有信号时，LED 闪烁
    {
        digitalWrite(Led,HIGH)
    }
      else
    {
        digitalWrite(Led,LOW)
    }
}
```

模拟输出

```
int sensorPin = A5;                             //选择模拟 5 输入端口
int ledPin = 13;                                //选择 LED 显示端口
int sensorValue = 0;                            //声音值变量
void setup()
{ pinMode(ledPin, OUTPUT);
    Serial.begin(9600);
}
void loop()
{ sensorValue = analogRead(sensorPin);          //读声音传感器的值
```

```
digitalWrite(ledPin, HIGH);          //灯闪烁
delay(50);
digitalWrite(ledPin, LOW);           //灯闪烁
delay(50);
Serial.println(sensorValue, DEC);    //以十进制的形式输出声音值
}
```

27. 高感度声音传感器的例程

灵敏度高于前面的麦克风声音传感器,例程与前面一致。

28. 模拟式温度传感器的例程

该模块是基于热敏电阻(阻值随外界环境温度变化而变化)的工作原理,能够实时感知周边环境温度的变化,我们把数据送到 Arduino 的模拟 I/O 接口,接来下我们只要经过简单的编程就能将传感器输出的数据转换为摄氏温度值并加以显示,使用起来方便、有效,因此广泛应用于园艺、家庭警报系统等装置中。

```
#include <math.h>
double Thermister(int RawADC)
{ double Temp; Temp = log(((10240000/RawADC) - 10000));
Temp = 1/(0.001129148 + (0.000234125 + (0.0000000876741 * Temp * Temp))* Temp);
 Temp = Temp - 273.15;
                                       //转换温度值
return temp;
}
void setup()
{ Serial.begin(9600);
}
void loop()
{ Serial.print(Thermister(analogRead(0)));   //输出转换好的温度值
Serial.println("c");
delay(500);
}
```

29. 数字温度传感器的例程

和前面的模拟式温度传感器一样,只是增加了数字输出,通过可调电阻调节阈值。达到某个值的时候,输出高电平,低于某个值的时候,输出低电平。

编程原理:数字温度模块和数字 13 接口自带 LED 搭建简单电路,制作温度提示灯。

利用数字 13 接口自带的 LED,将数字温度传感器接入数字 3 接口,当数字温度传感器感测到高于某个值时,LED 亮,反之则灭。

可以通过调节可调电阻来设定阈值。

30. 温湿度传感器的例程

DHT11 数字温湿度传感器是一款含有已校准数字信号输出的温湿度复合传感器,它应

用专用的数字模块采集技术和温湿度传感技术。

编程原理:DHT11 是一款数字式的温湿度传感器,使用一根信号线传输数据。其读取步骤如下:

(1) 将该引脚改为输出模式,先将数据线的电平拉低(将该引脚置 LOW),持续时间超过 18 ms 以上。

(2) 再将该引脚置为高电平,持续时间 40 μs。

(3) 再把该引脚设置为读取模式,此时读到低电平后延时 80 μs,再读到高电平后 80 μs,开始能接收到有效数据。

(4) 数据总共有 5B,忽略校验位,有四位是有效数据。第 0 字节是湿度的整数位,第 1 字节是湿度的小数位,第 2 字节是温度的整数位,第 3 字节是温度的小数位。

```
int DHpin = 8;                              //数字第 8 引脚读取
byte dat[5];                                //设置 5B 的数组
byte read_data( )
  { byte data;
      for( int i = 0; i < 8; i + + )
      { if( digitalRead( DHpin) = = LOW)
          { while( digitalRead( DHpin) = = LOW);  //等待 50 μs
            delayMicroseconds(30);
                                            //判断高电平的持续时间,以判定
                                                数据是"0"还是"1"
            if( digitalRead( DHpin) = = HIGH) data | = (1 << (7 - i));
                                            //高位在前,低位在后
            while( digitalRead( DHpin) = = HIGH);
                                            //数据"1",等待下一位的接收
          }
      }
    return data;
  }
void start_test( )
  { digitalWrite( DHpin, LOW);              //拉低总线,发开始信号
      delay(30);                            //延时要大于 18 ms,以便 DHT11
                                                能检测到开始信号
      digitalWrite( DHpin, HIGH);
      delayMicroseconds(40);                //等待 DHT11 响应
      pinMode( DHpin, INPUT);                //改为输入读取模式
      while( digitalRead( DHpin) = = HIGH);
      delayMicroseconds(80);                //DHT11 发出响应,拉低总线 80 μs
      if( digitalRead( DHpin) = = LOW);
```

```
        delayMicroseconds(80);              //DHT11 拉高总线 80 μs 后开始发
                                               送数据
        for(int i = 0;i < 4;i ++)            //接收温湿度数据,校验位不考虑
            dat[i] = read_data();
        pinMode(DHpin,OUTPUT);               //改为输出模式
        digitalWrite(DHpin,HIGH);            //发送完一次数据后释放总线,等
                                               待主机的下一次开始信号
}
void setup()
{ Serial.begin(9600);
pinMode(DHpin,OUTPUT);
}
void loop()
{ start_test();
  Serial.print("Current humdity = ");
  Serial.print(dat[0],DEC);                  //显示湿度的整数位
  Serial.print('.');
  Serial.print(dat[1],DEC);                  //显示湿度的小数位
  Serial.println('%');
  Serial.print("Current temperature = ");
  Serial.print(dat[2],DEC);                  //显示温度的整数位
  Serial.print('.');
  Serial.print(dat[3],DEC);                  //显示温度的小数位
  Serial.println('C');
  delay(700);
}
```

31. DS18b20 数字温度传感器模块的例程

芯片介绍:DS18x20 系列数字温度传感器主要有 DS18S20 和 DS18B20(DS18S20 只有 9 位一种工作模式,分辨率只到 0.5 ℃,DS18B20 有 9、10、11、12 位四种工作可编程控制的模式,分辨率最高为 0.062 5 ℃),都是由美国 Dallas 半导体公司(现在改名叫 Maxim)生产的。

DS18x20 系列最大的特点就是采用了 Maxim 的专利技术 1 – Wire。顾名思义,1 – Wire 就是采用单一信号线,但可像 I2C、SPI 一样,同时传输时钟(clock)又传输数据(data),而且数据传输是双向的。1 – Wire 使用较低的数据传输速率,通常是用来沟通小型 device,如数位温度计。通过 1 – Wire 技术可以在单一信号线的基础上构成传感器网络,Maxim 起名"MicroLan"。

编程原理:厂家已经提供可供调用的库函数,只需要把库函数复制下来,放到 arduino\

libraries 下面。这两个库函数分别是 DallasTemperature 和 onewire 两个文件夹。

本库函数有两个版本,一个支持 arduino0023 或以下版本编译通过,另一个支持 1.01 或更高版本。

```
#include <OneWire.h>
#include <DallasTemperature.h>
#define ONE_WIRE_BUS 2                              //数据线接数据口 2
OneWire oneWire(ONE_WIRE_BUS);                      //实例化一个对象
DallasTemperature sensors(&oneWire);                //实例化一个对象
void setup(void)
{
    Serial.begin(9600);                             //串口波特率 9 600
    Serial.println("Dallas Temperature IC Control Library Demo");
    sensors.begin();                                //调用该对象的方法,启动传感器初
                                                      始化
}
void loop(void)
{
    Serial.print("Requesting temperatures...");
    sensors.requestTemperatures();                  //发送命令去读取温度
    Serial.println("DONE");
    Serial.print("Temperature for the device 1 (index 0) is: ");
    Serial.println(sensors.getTempCByIndex(0));     //显示索引号为 0 的传感器温度(可
                                                      在总线上接多个传感器,根据索引
                                                      号地址来区分)
}
```

32. 红外发射的例程

使用单片机产生 38K 的调制信号来发射。业界通用的标准,只是码的含义不同。同一个码,SONY 和 JVC 厂家的定义就不一样。

编程原理:经提供可供调用的库函数,只需要把库函数复制下来,放到 arduino\libraries 下面。该函数的文件夹名是 Arduino_IRremote,然后调用 IRremote.h,实例化一个对象 IRsend 即可使用其方法。使用 Arduino1.04 以上版本。

```
                                                    //将红外 S 端接数字第 3 脚(PWM)
#include <IRremote.h>
IRsend irsend;                                      //实例化一个对象
void setup()
{
    Serial.begin(9600);
}
```

```
void loop( )
{   if (Serial. read( ) ! = -1)
    {   for (int i = 0; i < 3; i + +)
        {   irsend. sendSony(0xa90, 12);        //索尼 TV 源代码
            delay(40);
        }
    }
}
```

33. 红外接收的例程

红外接收头和家用遥控器使用的红外接收头一致,接收 38KB 的调制信号,通过单片机解码。

编程原理:经提供可供调用的库函数,只需要把库函数复制下来,放到 arduino\libraries 下面。该函数的文件夹名是 Arduino_IRremote。然后调用 IRremote. h,实例化一个对象 IRrecv 即可使用其方法。使用 Arduino1. 04 以上版本。

```
#include < IRremote. h >
int RECV_PIN = 11;                         //定义红外接收器的引脚为 11
IRrecv irrecv(RECV_PIN);                   //实例化一个对象,并使用第 11 脚进行接收
decode_results results;
void setup( )
{
    Serial. begin(9600);
    irrecv. enableIRIn( );                 //初始化红外接收器
}
void loop( )
{
    if (irrecv. decode(&results))
    {     Serial. println(results. value, HEX); //以十六进制换行输出接收代码
        Serial. println( );                    //为了便于观看输出结果增加一个空行
    irrecv. resume( );                         //接收下一个值
    }
}
```

34. Joystick PS2 摇杆的例程

具有(X,Y)两轴模拟输出,(Z)1 路按钮数字输出。配合 Arduino 传感器扩展板可以制作遥控器等互动作品。

编程原理:该操纵杆本身是由两个电位器(可调电阻)加一个按钮开关组成的。拨动电位器,使得阻值发生变化,从而输出电压改变。输出的是模拟量接模拟口。按钮输出的值由于电压低于 2.5 V,无法输出高电平,按下后,输出 0 V,因此也用模拟口来读取。

```
    int Xaxis = A0;                  //定义 X 轴由模拟 0 端口读取
    int Yaxis = A1;                  //定义 Y 轴由模拟 1 端口读取
    int Zsw = A2;                    //定义 Z 按钮由模拟 2 端口读取(因为开关最大值
                                       低于 2.5 V)
    int value = 0;                   //该变量读取模拟口的值
    void setup( )
    {
        Serial. begin(9600);
    }
    void loop( )
    {   value = analogRead(Xaxis);   //读取模拟端口 0
        Serial. print("X:");
        Serial. print(value, DEC);
        value = analogRead(Yaxis);   //读取模拟端口 1
        Serial. print("|Y:");
        Serial. print(value, DEC);
        value = analogRead(Zsw);     //读取模拟端口 2
        Serial. print("|Z:");
        Serial. println(value, DEC);
        delay(100);
    }
```

35. 继电器的例程

继电器适合驱动大功率的电器,如电风扇甚至空调。单片机接继电器可以实现弱电控制强电。

编程原理接一个灯泡并点亮,需要将火线接在公共和常开端(没有控制信号时是断开的),然后 S 接单片机数字接口 3,将按钮接数字接口 4。按下按钮则继电器工作,电灯亮起。

```
    int relayPin = 3;
    int buttonPin = 4;
    void setup( )
    {   pinMode(relayPin, OUTPUT);   //定义端口属性为输出
        pinMode(buttonPin, INPUT);   //定义端口属性为输入
    }
    void loop( )
    {   if(digitalRead(buttonPin) == HIGH)
            digitalWrite(relay, HIGH);   //继电器导通
        else
```

```
        digitalWrite(relay,LOW);           //继电器开关断开
        delay(1000);
    }
```

7.5.3 智能车相关传感器的 Auduino 软件编程实例

1. 超声波

该超声波测距模块能提供 2~450 cm 非接触式感测距离,测距的精度可达 3 mm,能很好地满足我们正常的要求。该模块包括超声波发送器、接收器和相应的控制电路。

模块工作原理如下:

(1) 我们先拉低 TRIG,然后至少给 10 μs 的高电平信号去触发。

(2) 触发后,模块会自动发射 8 个 40 kHz 的方波,并自动检测是否有信号返回。

(3) 如果有信号返回,通过 ECHO 输出一个高电平,高电平持续的时间便是超声波从发射到接收的时间。那么测试距离 = 高电平持续时间 × 340 m/s × 0.5。

```
        int inputPin = 4;                  //接超声波 ECHO 到数字 D4 脚
        int outputPin = 5;                 //接超声波 TRIG 到数字 D5 脚
        void setup()
        { Serial.begin(9600);
          pinMode(inputPin, INPUT);
          pinMode(outputPin, OUTPUT);
        }
        void loop()
        { digitalWrite(outputPin, LOW);
          delayMicroseconds(2);
          digitalWrite(outputPin, HIGH);   //发出持续时间为 10 μs 到 trigger 脚驱动
                                           // 超声波检测
          delayMicroseconds(10);
          digitalWrite(outputPin, LOW);
          int distance = pulseIn(inputPin, HIGH);  //接收脉冲的时间
          distance = distance/58;          //将脉冲时间转化为距离值
          Serial.println(distance);        //输出距离值(单位:cm)
          delay(50);
        }
```

2. 红外寻线传感器组件

红外寻线传感器组件由三个寻线传感器组成。背面 L、C、R 分别为左、中、右的信号输出。

```
        int L = 7;                         //左边传感器接第 7 脚
        int C = 8;                         //中间传感器接第 8 脚
```

```
int R = 9;                          //右边传感器接第9脚
void setup()
{ pinMode(L,INPUT);                 //均设置为输入
  pinMode(C,INPUT);
  pinMode(R,INPUT);
  Serial.begin(9600);               //串口波特率为9 600
}
void loop()
{ if(digitalRead(L) == HIGH)
      Serial.print("Left is White |");    //若测到高电平则输出白色
  else
      Serial.print("Left is Black |");    //否则输出黑色
  if(digitalRead(C) == HIGH)
      Serial.print("Center is White |");
  else
      Serial.print("Center is Black |");
  if(digitalRead(R) == HIGH)
      Serial.println("Right is White");
  else
      Serial.println("Right is Black");
  delay(200);                       //延时200 ms方便观察效果
}
```

3. 测速传感器

测速传感器由两路光折断传感器组成,码盘镂空的地方接收到高电平,码盘遮断的地方接收到低电平。该测速传感器可以用来控制电动机的恒速运行。

编程原理:使用中断引脚读取计数。外部中断引脚分别是数字引脚2和3。

传感器上的OUT1和OUT2分别接上述引脚。

将中断函数设置为下降沿FALLING触发(如果设置为CHANGE变化触发,则脉冲计数值除以2,才得到真实的脉冲值)。

```
int OUT1 = 2;
int OUT2 = 3;
long c1 = 0, c2 = 0;
void setup()
{ attachInterrupt(0,COUNT1,FALLING);
  attachInterrupt(0,COUNT2,FALLING);
  Serial.begin(9600);
}
```

```
void loop()
{
    Serial.print("LeftMotor is ");
    Serial.println(c1,DEC);
    Serial.print("RightMotor is ");
    Serial.println(c2,DEC);
    delay(200);
}
void COUNT1()
{
    c1++;
}
void COUNT2()
{
    c2++;
}
```

7.5.4 智能车相关动力组件的 Auduino 软件编程实例

1. 电池

智能车相关动力组件采用磷酸铁锂电池。每个电池满电电压为 3.2 V,3 个电池可以组成 9.6 V,另一个电池用占位桶填充即可。

2. 电源稳压芯片 7805

电池电压为 9.6 V,需要对电源进行转换方可使用。Arduino 板上自带了 5 V 和 3.3 V 转换芯片,以供给单片机和外设使用。由于舵机的功耗比较大,一般建议多焊一个芯片 7805 专门给舵机供电,以保障不会干扰单片机的正常工作。

3. 舵机

舵机,顾名思义像船尾的舵那样,只能转动固定的角度,一般的舵机最大转角约为 180°,也有一些舵机能达到 300°。舵机工作原理:将 PPM 信号经信号线传输。PPM 信号的频率是 50 Hz,宽度为 0.5~2.5 ms。舵机库函数需要调用 Servo 库,创建一个舵机的对象来控制舵机,该库有以下几个函数:

(1) attach(pin); attach(pin,min,max)。
(2) write(value)。
(3) writeMicroseconds(μs)。
(4) detach(pin)。
(5) read(pin)。
(6) readMicroseconds(pin)。

attach(pin) 函数用于为舵机指定一个引脚。

例句:

Servo myservo1,myservo2;
myservo1.attch(1);

myservo2. attch(2);

attach(pin,min,max);

该函数在指定引脚的同时,还可以指定最小角度的脉宽值,单位 μs,默认最小值为 544,对应最小角度为 0°;默认最大值为 2 400,对应最大角度为 180°。

例如,myservo1. attch(1,1000,2000);该语句限制在较小的转动范围。

write(value)函数可以直接填写需要的角度。

例如,myservo1. write(90):该函数精度较低,只能达到 1°。

writeMicroseconds(μs):该函数精度较高,直接填写脉冲值,单位是 μs。例如,myservo1. writeMicroseconds(1500);舵机指向 90°,该函数的角度精度为 0.097°。

detch(pin):该函数用于释放舵机引脚,可以作为其他用途。

read(pin):该函数用于返回当前舵机的角度,范围 0°~180°。

readMicrosends(pin):该函数用于返回当前舵机的脉冲值,单位 μs,范围在最大脉冲宽度和最小脉冲宽度之间。

例程原理:舵机信号线接数字脚 3。

例程 1:用 write()函数,控制从 0°~180°来回地扫描,每次延时 20 ms,7.2 s 完成来回扫描一次。

例程 2:用 writeMicroseconds()函数,控制从 544 脉冲扫描到 2 400 脉冲,每次延时 20 ms,2 min 内完成扫描一次。

```
#include <Servo. h>              //调用舵机函数库
Servo myservo;
int i;
void setup( )
{ myservo. attach(5);            //定义数字第 5 脚为舵机控制引脚
}
void loop( )
{
    for(i = 0;i < = 180;i + + )
      { myservo. write(i);        //写入舵机角度
        delay(20);
      }
    for(i = 180;i > = 0;i - - )
      { myservo. write(i);        //写入舵机角度
        delay(20);
      }
}
#include <Servo. h>              //调用舵机函数库
Servo myservo;
```

```
int i;
void setup( )
{ myservo. attach(5);            //定义数字第 5 脚为舵机控制引脚
}
void loop( )
{
   for(i = 544;i < = 2400;i ++ )
      { myservo. write(i);       //写入舵机脉冲值
        delay(20);
      }
   for(i = 2400;i > = 544;i -- )
      { myservo. write(i);       //写入舵机脉冲值
        delay(20);
      }
}
```

4. 电动机

电动机带减速装置,工作电压 3~12 V,建议工作电压 6~9 V,减速比 1∶48。

5. L298 电动机驱动芯片

例程:双路电动机实现 10 s 加速,然后反转减速 10 s,依次并交替转动。将数字 7、8 脚接 L298 模块的 IN1 和 IN2 脚,12、13 脚接 L298 模块的 IN3 和 IN4 脚。9、10 脚分别接模块的 ENA 和 ENB 脚。ENA 控制 MOTORA 的转速,ENB 控制 MOTORB 的转速。7、8 脚控制 MOTORA 的正反转,12、13 脚控制 MOTORB 的正反转。

```
#define IN1 3
#define IN2 4
#define IN3 6
#define IN4 7
#define    PWMA 10
#define    PWMB 11
void setup( )
{pinMode(IN1,OUTPUT);
 pinMode(IN2,OUTPUT);
 pinMode(IN3,OUTPUT);
 pinMode(IN4,OUTPUT);
}
void loop( )
{ int i;
    for(i = 0;i < = 255;i ++ )
```

```
        { digitalWrite(IN1,HIGH);
          digitalWrite(IN2,LOW);
          analogWrite(PWMA,i);               //写入左电动机速度值
          digitalWrite(IN3,HIGH);
          digitalWrite(IN4,LOW);
          analogWrite(PWMB,i);               //写入左电动机速度值
          delay(40);
        }
   analogWrite(PWMA,0);                      //停转
   analogWrite(PWMB,0);                      //停转
   delay(2000); //停转2 s
     for(i=0;i<=255;i++)
        { digitalWrite(IN1,LOW);             //改变电动机转的方向
          digitalWrite(IN2,HIGH);            //改变电动机转的方向
          analogWrite(PWMA,i);               //写入左电动机速度值
          digitalWrite(IN3,LOW);
          digitalWrite(IN4,HIGH);
          analogWrite(PWMB,i);               //写入左电动机速度值
          delay(40);
        }
     }
```

7.5.5 智能车 Auduino 软件综合编程实例

1. 超声波避障小车

由舵机带动超声波传感器转动,分别检测前方、左边和右边三个方向是否有障碍物。若前方障碍物大于 25 cm 则前进,若前方有障碍物则转动,检测左右的障碍物,哪边的空间大,则往哪边转动。

示范例程:

```
#include <Servo.h>                          //包含舵机的库函数
int IN4 = 8;                                //定义数字第8脚 接右边的 MOTOR 方向
                                              控制位 IN4
int IN3 = 9;                                //定义数字第9脚 接右边的 MOTOR 方向
                                              控制位 IN3
int IN2 = 10;                               //定义数字第8脚 接左边的 MOTOR 方向
                                              控制位 IN2
int IN1 = 11;                               //定义数字第8脚 接左边的 MOTOR 方向
                                              控制位 IN1
```

```
int MotorA = 5;                              //PWMA 引脚定义为数字 5 脚
int MotorB = 6;                              //PWMB 引脚定义为数字 6 脚
int Lspeed = 100;                            //此处可以改速度,尽量让车子走成直线
int Rspeed = 100;                            //此处可以改速度,尽量让车子走成直线
int inputPin = 13;                           //定义超声波信号 ECHO 接收脚
int outputPin = 12;                          //定义超声波信号发射 TRIG 脚
float Fdistance = 0;                         //前方的障碍物距离
float Rdistance = 0;                         //右边障碍物的距离
float Ldistance = 0;                         //左边障碍物的距离
int directionn = 0;                          //前=8;后=2;左=4;右=6
Servo myservo;                               //创建 Servo 的对象
int delay_time = 250;                        //舵机转向后稳定的时间
int Fgo = 8;                                 //定义前进的数值
int Rgo = 6;                                 //定义右转的数值
int Lgo = 4;                                 //定义左转的数值
int Bgo = 2;                                 //定义倒车的数值
void setup()
{
    Serial.begin(9600);                      //定义串口输出的波特率
    pinMode(IN4,OUTPUT);                     //定义为输出,下面相同
    pinMode(IN3,OUTPUT);
    pinMode(IN2,OUTPUT);
    pinMode(IN1,OUTPUT);
    pinMode(MotorA,OUTPUT);
    pinMode(MotorB,OUTPUT);
    pinMode(inputPin, INPUT);                //定义超声波输入引脚
    pinMode(outputPin, OUTPUT);              //定义超声波输出引脚
    myservo.attach(4);                       //定义舵机输出为第 4 脚(PPM 信号)
}
前进的代码
void advance(int a)                          //前进
    {
        digitalWrite(IN2,LOW);
        digitalWrite(IN1,HIGH);
        analogWrite(MotorB,Rspeed+30);
        digitalWrite(IN4,LOW);
        digitalWrite(IN3,HIGH);
```

```
        analogWrite(MotorA,Lspeed + 30);
        delay(a * 100);                    //前进的时间可以通过和参数相乘得出
    }
右转(单轮模式)
    void right(int b)                      //右转(单轮模式)
    {
        digitalWrite(IN2,HIGH);            //右轮向后面转
        digitalWrite(IN1,LOW);
        analogWrite(MotorB,Rspeed);
        digitalWrite(IN4,HIGH);            //左轮不动
        digitalWrite(IN3,HIGH);
        analogWrite(MotorA,Lspeed);
        delay(b * 100);                    //前进的时间可以通过和参数相乘得出
    }
左转(单轮模式)
    void left(int c)                       //左转单轮模式
    {
        digitalWrite(IN2,HIGH);            //右边的电动机停转
        digitalWrite(IN1,HIGH);
        analogWrite(MotorB,Rspeed);
        digitalWrite(IN4,HIGH);            //左边的电动机后退
        digitalWrite(IN3,LOW);
        analogWrite(MotorA,Lspeed);
        delay(c * 100);
    }
右转(双轮模式)
    void turnR(int d)                      //右转(双轮模式)
    {
        digitalWrite(IN2,HIGH);            //右轮后退
        digitalWrite(IN1,LOW);
        analogWrite(MotorB,Rspeed);
        digitalWrite(IN4,LOW);
        digitalWrite(IN3,HIGH);            //左轮前进
        analogWrite(MotorA,Lspeed);
        delay(d * 100);
    }
左转(双轮模式)
```

```
void turnL(int e)                              //左转(双轮模式)
    {
      digitalWrite(IN2,LOW);
      digitalWrite(IN1,HIGH);                  //使右电动机前进
      analogWrite(MotorB,Rspeed);
      digitalWrite(IN4,HIGH);                  //使左轮后退
      digitalWrite(IN3,LOW);
       analogWrite(MotorA,Lspeed);
      delay(e * 100);
    }
```
停止
```
void stopp(int f)                              //停止
    {
      digitalWrite(IN2,HIGH);
      digitalWrite(IN1,HIGH);
      analogWrite(MotorB,Rspeed);
      digitalWrite(IN4,HIGH);
      digitalWrite(IN3,HIGH);
       analogWrite(MotorA,Lspeed);
      delay(f * 100);
    }
```
后退
```
void back(int g)                               //后退
    {
      digitalWrite(IN2,HIGH);                  //右电动机后退
      digitalWrite(IN1,LOW);
      analogWrite(MotorB,Rspeed + 30);
      digitalWrite(IN4,HIGH);                  //左电动机后退
      digitalWrite(IN3,LOW);
       analogWrite(MotorA,Lspeed + 30);
      delay(g * 100);
    }
void detection()                               //测量3个角度(5°、90°、177°)
    {   delay_time = 250;                      //舵机转向后的稳定时间
      ask_pin_F();                             //读取前方的距离

      if(Fdistance < 10)                       //假如前方距离小于10 cm
```

```
        {   stopp(1);                    //停止 0.1 s
            back(2);                     //后退 0.2 s
        }
        if(Fdistance < 25)               //假如前方距离小于 25 cm
        {   stopp(1);                    //停止 0.1 s
            ask_pin_L();                 //读取左边的距离
            delay(delay_time);           //等待舵机稳定
            ask_pin_R();                 //读取右边的距离
            delay(delay_time);           //等待舵机稳定

            if(Ldistance > Rdistance)    //假如左边的距离大于右边的距离
                {   directionn = Lgo;    //向左边走
                }

            if(Ldistance <= Rdistance)   //假如右边距离大于等于左边的距离
                {   directionn = Rgo;    //向右边走
                }

            if (Ldistance < 10 && Rdistance <10)
                                         //假如左边距离和右边距离都小于 10 cm
                {   directionn = Bgo;    //向后退
                }
        }
        else                             //假如前方大于 25 cm
            {   directionn = Fgo;        //向前走
            }

    }
超声波向前方探测
void ask_pin_F()                         //量出前方距离
    {
        myservo.write(90);               //舵机指向中间
        delay(delay_time);               //舵机稳定时间
        Fdistance = Sonar();             //读取距离值
        Serial.print("F distance:");     //用串口输出距离值
        Serial.println(Fdistance);       //显示距离
    }
```

超声波向左探测
```
void ask_pin_L( )                          //量出左边的距离
    {
        myservo. write(177);               //舵机转向177°,左边
        delay(delay_time);
        Ldistance = Sonar( );              //读出距离值
        Serial. print("L distance:");      //输出距离
        Serial. println(Ldistance);
    }
```
超声波向右探测
```
void ask_pin_R( )                          //量出右边距离
    {
        myservo. write(5);                 //舵机转向右边,5°
        delay(delay_time);
        Rdistance = Sonar( );              //读差相差时间
        Serial. print("R distance:");      //输出距离
        Serial. println(Rdistance);
    }
```
超声波探测函数
```
float Sonar( )
{ float m;
        digitalWrite(outputPin, LOW);      //让超声波TRIG引脚维持低电平2 μs
        delayMicroseconds(2);
        digitalWrite(outputPin, HIGH);     //让超声波TRIG引脚维持高电平10 μs
        delayMicroseconds(10);
        digitalWrite(outputPin, LOW);      //保持超声波低电平
        m = pulseIn(inputPin, HIGH);       //读取时间差
        m = m/58;                          //将时间转为距离值(单位:cm)
        return m;                          //返回距离值
}
void loop( )
{
        myservo. write(90);                //每次主函数循环,先让舵机回中
        detection( );                      //测量3个角度的距离值,判断往哪个方
                                           //  向走
```

```
if( directionn  ==  Bgo )                //假如方向为2,倒车
{
  back(8);                                //倒车
  turnL(1);                               //微向左转,防止卡死
  Serial. print(" Reverse ");             //显示后退
}
if( directionn  ==  Rgo )                //假如方向为6(右转)
{
  back(2);
  turnR(4);                               //右转,调整该时间可以获得不同的转弯
                                          //效果
  Serial. print(" Right ");               //显示左转
}
if( directionn  ==  Lgo )                //假如方向为4,左转
{
  back(2);
  turnL(4);                               //左转,调整该时间可以得到不同的转弯
                                          //效果
  Serial. print(" Left ");                //显示右转
}
if( directionn  ==  Fgo )                //假如方向为9,前进
{
  advance(1);                             //正常前进
  Serial. print(" Advance ");             //显示方向前进
  Serial. print("     ");
}
}
```

2. 红外寻线小车

寻找并沿着地面黑线自动前进的小车。利用三组避障传感器,读取地面颜色,如果是白色则输出高电平,黑色输出低电平。将三组传感器的值合并,用于判断黑线在左边、右边,还是在中间。在中间直行,检测在左边则向左转,右边则向右转,以保持黑线在中间。注意:检测到黑线是低电平,白色是高电平。

例程:

```
int IN4 = 8;                              //定义数字第8 脚 接右边的 MOTOR 方向
                                          //控制位 IN4
int IN3 = 9;                              //定义数字第9 脚 接右边的 MOTOR 方向
                                          //控制位 IN3
```

```
int IN2 = 10;                    //定义数字第 8 脚 接左边的 MOTOR 方向
                                   控制位 IN2
int IN1 = 11;                    //定义数字第 8 脚 接左边的 MOTOR 方向
                                   控制位 IN1
int MotorA = 5;                  //PWMA 引脚定义为数字 5 脚
int MotorB = 6;                  //PWMB 引脚定义为数字 6 脚
int Lspeed = 100;                //此处可以改速度,尽量让车子走成直线
int Rspeed = 100;                //此处可以改速度,尽量让车子走成直线
int IR1 = 14;                    //左寻线传感接 A0 当数字端口 D14 使用
int IR2 = 15;                    //中间寻线传感接 A1 当数字端口 D15 使用
int IR3 = 16;                    //右边寻线传感接 A2 当数字端口 D16 使用
int temp = 0;                    //临时变量,用于存储上一次的状态
```
设置部分
```
void setup( )
  {
    Serial. begin(9600);         //定义串口输出的波特率
    pinMode(IN4,OUTPUT);         //定义为输出,下面相同
    pinMode(IN3,OUTPUT);
    pinMode(IN2,OUTPUT);
    pinMode(IN1,OUTPUT);
    pinMode(MotorA,OUTPUT);
    pinMode(MotorB,OUTPUT);
    pinMode(IR1, INPUT);         //定义为寻线感输出,下面相同
    pinMode(IR2, INPUT);
    pinMode(IR3, INPUT);

  }
```
前进模块
```
void advance(int a)              //前进
    {
      digitalWrite(IN2,LOW);
      digitalWrite(IN1,HIGH);
      analogWrite(MotorB,Rspeed);
      digitalWrite(IN4,LOW);
      digitalWrite(IN3,HIGH);
      analogWrite(MotorA,Lspeed);
      delay(a * 20);             //前进的时间可以通过和参数相乘得出
```

右转模块
```
void right(int b)                        //右转(单轮模式)
    {
        digitalWrite(IN2,HIGH);          //右轮不动
        digitalWrite(IN1,HIGH);
         analogWrite(MotorB,Rspeed);
        digitalWrite(IN4,LOW);           //左轮前进,和超声波车不同
        digitalWrite(IN3,HIGH);
        analogWrite(MotorA,Lspeed);
        delay(b * 20);                   //前进的时间可以通过和参数相乘得出
    }
```
左转模块
```
void left(int c)                         //左转单轮模式
    {
        digitalWrite(IN2,LOW);           //右边轮子前进
        digitalWrite(IN1,HIGH);
        analogWrite(MotorB,Rspeed);
        digitalWrite(IN4,HIGH);          //左边的电动机停转
        digitalWrite(IN3,HIGH);
        analogWrite(MotorA,Lspeed);
        delay(c * 20);
    }
```
停止模块
```
void stopp(int f)                        //停止
    {
        digitalWrite(IN2,HIGH);
        digitalWrite(IN1,HIGH);
        analogWrite(MotorB,Rspeed);
        digitalWrite(IN4,HIGH);
        digitalWrite(IN3,HIGH);
         analogWrite(MotorA,Lspeed);
        delay(f * 20);
    }
void loop()
{   int l,c,r,t;
    l = digitalRead(IR1);                //读取左边的传感器
```

```
        c = digitalRead(IR2);              //读取中间的传感器
        r = digitalRead(IR3);              //读取右边的传感器
        t = l*100 + c*10 + r;              //计算出总状态的值
         if((t==111)||(t==0)||(t=10))      //如果冲出跑道或者全部是黑线,则保持
                                            上一次的状态
          { stopp(1);
             t = temp;
          }
    switch(t)
       {
         case 110:                          //黑线在右边
          right(1);
         Serial.print("state = ");
         Serial.print(t);
         Serial.println("  |Right");
         temp = t;
         break;
         case 100:                          //黑线在右边两个传感器
          right(1);
         Serial.print("state = ");
         Serial.print(t);
         Serial.println("  |Right");
         temp = t;
         break;
         case 101:                          //黑线在中间
          advance(1);
         Serial.print("state = ");
         Serial.print(t);
         Serial.println("  |Center");
         temp = t;
         break;
      case 11:                              //黑线在左边和中间
         left(1);
         Serial.print("state = ");
         Serial.print(t);
         Serial.println("  |Left");
         temp = t;
```

```
            break;

        case 1:                          //黑线在最右边
            left(1);
            Serial.print("state = ");
            Serial.print(t);
            Serial.println("    |Left");
            break;
            temp = t;
        default:                         //其他情况
            Serial.print("state = ");
            Serial.print(t);
            Serial.println("    |Others");
            break;
    }
}
```

第 8 章

工业机器人技术基础

8.1 坐标系及其变换

8.1.1 机器人坐标系

机器人是一个非常复杂的系统,为了准确、清楚地描述机器人位姿,通常采用参考坐标系和关节坐标系。

1. 参考坐标系

参考坐标系的位置和方向不随机器人各关节的运动而变化,对机器人其他坐标系起参考定位的作用,通常采用三维空间中的固定坐标系 $OXYZ$ 来表述,如图 8-1 所示。在这种坐标系中,无论手臂在哪里,x 轴的正向运动总是在 x 轴的正方向;y 轴的正向运动总是在 y 轴的正方向;z 轴的正向运动总是在 z 轴的正方向。参考坐标用来定义机器人相对于其他物体的运动以及机器人运动路径等。

2. 关节坐标系

关节坐标系用来描述机器人每一个独立关节的运动。如图 8-2 所示,假设希望将机器人的末端运动到某一个特定的位置,可以每次只运动一个关节,从而把末端引导到期望的位置上。在这种情况下,每一个关节都单独控制,从而每次只有一个关节运动。由于所用关节的类型(滑动型、旋转型、球型)不同,机器人末端的动作也各不相同。例如,如果是旋转关节运动,则机器人末端将绕着关节的轴旋转。

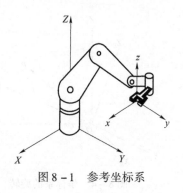

图 8-1 参考坐标系

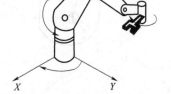

图 8-2 关节坐标系

8.1.2 机器人位姿表述

机器人的机构可以看成一个由一系列关节连接起来的连杆所组成的多刚体系统。在研究机器人的运动过程中,将涉及组成这一系统的各连杆之间,以及系统与对象之间的相互关系。

1. 直角坐标表示

1) 刚体位姿表示

对于一个刚体,若给定了其上某一点的位置和该刚体在空间的姿态,则这个刚体在空间完全定位。

如图 8-3 所示,设 O' 为刚体上任意一点,$OXYZ$ 为参考坐标系,O' 点在 O 系中的坐标可用一个列向量表示为

$$\boldsymbol{R}_0 = \begin{bmatrix} x_0 & y_0 & z_0 \end{bmatrix}^\mathrm{T}$$

上式表示的即刚体上点 O' 在 O 系中的位置。若在刚体上建立一个坐标系 $O'X'Y'Z'$,则刚体的方向可以由 O' 系坐标轴的方向表示,令 $\boldsymbol{n}, \boldsymbol{o}, \boldsymbol{a}$ 分别代表 X', Y', Z' 坐标轴方向的单位矢量,每个单位矢量在 O 系上的分量为 O' 系各坐标轴投影在 O 系上的方向余弦,于是刚体在参考坐标系内的方向可用由 $\boldsymbol{n}, \boldsymbol{o}, \boldsymbol{a}$ 三个矢量组合起来的三阶矩阵 $\boldsymbol{R}$ 来表示,即

$$\boldsymbol{R} = \begin{bmatrix} \boldsymbol{n} & \boldsymbol{o} & \boldsymbol{a} \end{bmatrix}$$

此矩阵为一旋转矩阵。

2) 旋转矩阵的一般形式

刚体的运动可分解为旋转和平移,而运动的描述可以用上述 O 系和 O' 系的关系来表达,因此首先研究反映刚体定点旋转的坐标系变换矩阵——旋转矩阵,这是研究机器人运动姿态的基础。

设有两个共原点的坐标系 $OX_AY_AZ_A$ 和 $OX_BY_BZ_B$,如图 8-4 所示,$\{B\}$ 系可认为是 $\{A\}$ 系绕定点 O 旋转而成的。若空间有一点 P,该点在 $\{A\}$ 系内的坐标为 $\begin{bmatrix} x_A & y_A & z_A \end{bmatrix}^\mathrm{T}$,在 $\{B\}$ 系内的坐标为 $\begin{bmatrix} x_B & y_B & z_B \end{bmatrix}^\mathrm{T}$,若以 $\{A\}$ 系为参考坐标系,根据投影关系,P 点从 $\{B\}$ 系变换到 $\{A\}$ 系的坐标变换关系为

$$\begin{cases} x_A = x_B\cos(x_A, x_B) + y_B\cos(x_A, y_B) + z_B\cos(x_A, z_B) \\ y_A = x_B\cos(y_A, x_B) + y_B\cos(y_A, y_B) + z_B\cos(y_A, z_B) \\ z_A = x_B\cos(z_A, x_B) + y_B\cos(z_A, y_B) + z_B\cos(z_A, z_B) \end{cases}$$

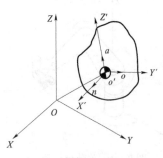

图 8-3 刚体位置和方向

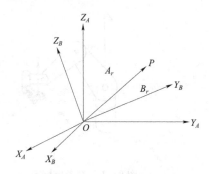

图 8-4 坐标系的旋转

这一关系可以用矩阵表达为

$$^A r = {^A R_B} {^B r}$$

式中

$$^A R_B = \begin{bmatrix} \cos(x_A, x_B) & \cos(x_A, y_B) & \cos(x_A, z_B) \\ \cos(y_A, x_B) & \cos(y_A, y_B) & \cos(y_A, z_B) \\ \cos(z_A, x_B) & \cos(z_A, y_B) & \cos(z_A, z_B) \end{bmatrix} \quad (8-1)$$

2. 欧拉角表示

所谓欧拉角是对绕不同坐标轴旋转的转角规定的一个序列,由于欧拉角的不同取法,旋转矩阵有不同的表达式。它们均可描述刚体相对于固定参考系的姿态。

如图8-5所示,$\{B\}$系对$\{A\}$系的姿态可以认为是通过绕Z_A轴旋转φ角,然后绕新的Y_1轴旋转θ角,最后绕新的$Z_2(Z_B)$轴旋转ψ角而得,因此用三个欧拉角φ,θ,ψ表示的旋转矩阵为

$$[{^A \text{Euler}_B}(\varphi,\theta,\psi)] = R(Z_A,\varphi) R(Y_1,\theta) R(Z_2,\psi)$$

此式右边表示三次连续旋转的旋转矩阵。反之,若右边三个矩阵从右向左连乘,表示各次旋转均绕参考系$\{A\}$的有关轴进行,即首先绕X_A轴旋转ψ角,再绕Y_A轴旋转θ角,最后再绕Z_A轴旋转φ角,如此可同样得到$\{B\}$系对$\{A\}$系的姿态。

可见多个旋转矩阵连乘时,次序不同则含义不同,右乘的次序说明连续绕新的坐标轴旋转,而左乘的次序则表明绕固定参考系坐标轴依次旋转。展开上述旋转矩阵就得到欧拉角所表示的旋转矩阵。

另一种表示旋转的欧拉角称为侧滚(roll)、俯仰(pitch)、偏航(yaw),主要用于航空工程中分析飞行器的运动,如图8-6所示。这三个角是导航专业中常用的,$\{B\}$系开始时与$\{A\}$系重合,侧滚是绕Z_A轴旋转φ角,俯仰是绕Y_A轴旋转θ角,偏航是绕X_A轴旋转ψ角,规定旋转次序为先绕X_A轴,再绕Y_A轴,最后绕Z_A轴,则三次旋转矩阵为

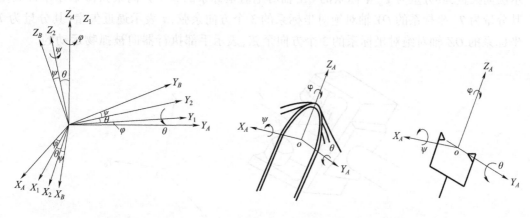

图8-5 欧拉角旋转变换　　　　　图8-6 RPY旋转变换

$$[^{A}RPY_{B}(\varphi,\theta,\psi)] = R(Z_A,\varphi)R(Y_A,\theta)R(X_A,\psi) =$$

$$\begin{bmatrix} \cos\varphi\cos\theta & \cos\varphi\sin\theta\sin\psi - \sin\varphi\cos\psi & \cos\varphi\sin\theta\cos\psi + \sin\varphi\sin\psi \\ \sin\varphi\cos\theta & \sin\varphi\sin\theta\sin\psi + \cos\varphi\cos\psi & \sin\varphi\sin\theta\cos\psi - \cos\varphi\sin\psi \\ -\sin\varphi\cos\theta & \cos\theta\sin\psi & \cos\theta\cos\psi \end{bmatrix} \quad (8-2)$$

8.2 机器人运动学

机器人机构由一系列关节连接起来的连杆所组成。把关节坐标系固连在机器人的每一个连杆上，可以用齐次变换来描述这些坐标系之间的相对位置和方向。

描述一个连杆相对于相邻连杆之间关系的齐次变换矩阵记为 A 矩阵。一个 A 矩阵是描述连杆机构坐标系之间相对平移和旋转的齐次变换。A_1 描述第 1 个连杆相对于参考坐标系的位姿，A_2 描述第 2 个连杆相对于第 1 个连杆坐标系的位姿。从而得到第 2 个连杆相对于参考坐标系的位姿可用下述矩阵表示：

$$T_2 = A_1 A_2 \quad (8-3)$$

类似地，A_3 描述第 3 个连杆相对于第 2 个连杆的位姿，则第 3 个连杆相对参考坐标系的位姿为

$$T_3 = A_1 A_2 A_3 \quad (8-4)$$

A_1,A_2,A_3 矩阵之积称为 T_3 矩阵。以此类推，若有一个六连杆机器人，则有

$$T_6 = A_1 A_2 A_3 A_4 A_5 A_6 \quad (8-5)$$

一个六连杆机器人有 6 个自由度（每一连杆有一个自由度）。机器人最后一个构件（手部）有 3 个自由度用来确定其位置，3 个自由度确定其方向。用式（8-5）的 T_6 可以表示手部的位置和方向，这样，六连杆机器人在它的活动范围内可以任意定位和定向。图8-7所示为机器人手部，$O_0 X_0 Y_0 Z_0$ 为绝对坐标系，用 3 个单位向量 n,o 和 a 描述机器人的姿态。n 表示法向矢量，其分量为 T_6 坐标系的 OX 轴对绝对坐标系的 3 个方向余弦；o 表示端面矢量，其分量为 T_6 坐标系的 OY 轴对绝对坐标系的 3 个方向余弦；a 表示逼近矢量，其分量为 T_6 坐标系的 OZ 轴对绝对坐标系的 3 个方向余弦，表示手部执行器向被抓物运动的

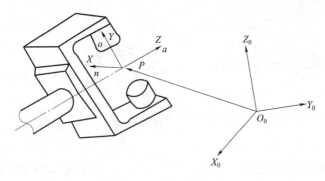

图 8-7 机器人手部

方向；p 表示 T_6 坐标系的原点在绝对坐标系中的位置矢量。这样，变换 T_6 可用下列矩阵表示：

$$T_6 = \begin{bmatrix} n_x & o_x & a_x & p_x \\ n_y & o_y & a_y & p_y \\ n_z & o_z & a_z & p_z \\ 0 & 0 & 0 & 1 \end{bmatrix}$$

机器人机构运动方程建立之后，如何根据已知（给定）的 T_6 来求各关节坐标系的解，是机器人控制中更为重要的问题。因此，这里要介绍机器人机构运动学方程的各种方法（Euler 变换解、RPY 变换解和 SPH 变换解等）。

8.3　机器人动力学

动力学是研究物体的运动与受力之间的关系。机器人动力学方程是机器人机械系统的运动方程，它表示机器人各关节的关节位置、关节速度、关节加速度与各关节执行器驱动力矩之间的关系。

机器人的动力学有两个相反的问题：一是已知机器人各关节的驱动力或力矩，求解机器人各关节的位置、速度和加速度，这是动力学正问题；二是已知各关节的位置、速度和加速度，求各关节所需的驱动力或力矩，这是动力学逆问题。

机器人的动力学正问题主要用于机器人的运动仿真。假如在机器人设计时，需要根据连杆质量、运动学和动力学参数、传动机构特征及负载大小进行动态仿真，从而决定机器人的结构参数和传动方案，验算设计方案的合理性和可行性，以及结构优化的程度；在机器人离线编程时，为了估计机器人高速运动引起的动载荷和路径偏差，要进行路径控制仿真和动态模型仿真。

研究机器人动力学逆问题的目的是对机器人的运动进行有效的实时控制，以实现预期的轨迹运动，并达到良好的动态性能和最优指标。由于机器人是个复杂的动力学系统，由多个连杆和关节组成，具有多个输入和多个输出，存在着错综复杂的耦合关系和严重的非线性，所以动力学的实时计算很复杂，在实际控制时需要做一些简化假设。

目前研究机器人动力学的方法很多，有牛顿－欧拉方法、拉格朗日方法、阿贝尔方法和凯恩方法等。

8.4　机器人控制

机器人系统通常分为机构本体和控制系统两大部分。控制系统的作用是根据用户的指令对机构本体进行操作和控制，完成作业的各种动作。控制系统的性能在很大程度上决定了机器人的性能。一个良好的控制系统要有灵活、方便的操作方式，各种形式的运动控制方式和安全可靠性。

工业机器人的控制系统一般分为上下两个控制层次:上级为组织级,其任务是将期望的任务转化成运动轨迹或适当的操作,并随时检测机器人各部分的运动及工作情况,处理意外事件;下级为实时控制级,它根据机器人动力学特性及机器人当前的运动情况,综合出适当的控制命令,驱动机器人机构完成指定的运动和操作。

工业机器人的控制一般均由计算机实现,常用的控制结构有集中控制、分散控制、递阶控制等形式。

图 8-8 所示为 PUMA 机器人的控制器,该系统采用了两级递阶控制结构。上位机连接有显示器、键盘、示教盒、软盘驱动器等设备,还可以通过接口接入视觉传感器、高层监控计算机等。下位计算机系统由 6 块以 6503CPU 为核心的单片机组成,每个单片机负责一个关节的运动控制,构成 6 个独立的数字伺服控制回路。在控制机器人运动时,上位计算机做运动规划,将机器人手端的运动转化成各关节的运动,被控制周期传给下位机。下位机进行运动插补运算及对关节进行伺服控制。

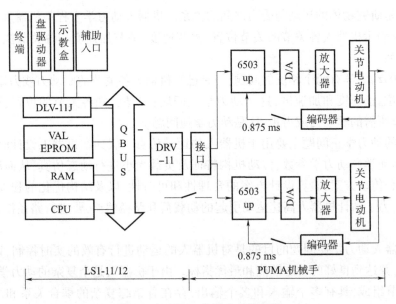

图 8-8　PUMA 机器人的控制器

与一般的伺服控制系统相比较,机器人控制系统有如下特点:

(1) 机器人的控制与机构运动学及动力学密切相关。机器人的状态可以在各种坐标下描述,应当根据实际需要,选择不同的基准坐标系,并做适当的坐标变换,因此经常要求解运动学中的正问题和逆问题。

(2) 一个简单的机器人有 3~5 个自由度,比较复杂的机器人有十几个,甚至几十个自由度,一般每个自由度包含一个伺服机构。为了完成一个共同的任务,它们必须协调运动,组成一个多变量控制系统。

(3) 把多个独立的伺服系统有机地协调起来,使其按照人的意志行动,甚至赋予机器人一定的"智能",这个任务只能由计算机来完成。因此机器人控制系统必然是一个计算机控制系统,计算机软件担负着艰巨的任务。

(4) 机器人动力学模型是一个非线性模型,随着状态的不同和外力的变化,其参数也在变化,而且各变量之间还存在耦合。因此在控制时经常使用重力补偿、前馈、解耦或现代控制方法。

(5) 机器人的动作往往可以通过不同的方式和路径来完成,因此存在一个"最优"的问题。较高级的机器人可以用人工智能的方法,用计算机建立起庞大的信息库,借助信息库进行控制、决策、管理和操作;还可以通过传感器和模式识别的方法获得对象及环境的信息,按照给定的指标要求,自动地选择最佳的控制规律。

总之,机器人的控制涉及知识面广、内容多,限于本书的任务和篇幅,本节主要讨论机器人的伺服控制系统。

为了实现机器人期望运动的伺服控制,需要规定一种算法,计算出每个关节的驱动力矩。根据机器人轨迹规划的结果(关节位置、速度、加速度),可以用机器人动力学模型计算出这个驱动力矩,实现各关节的伺服控制。但由于机器人是个非线性、强耦合的动力学系统,用一般的伺服技术有时根本无法满足要求,经典控制理论和现代控制理论都不能照搬使用。因此,关于机器人的控制问题引起了技术界的广泛研究,但到目前为止,机器人控制理论还不完整、不系统。

目前用于机器人控制的方法多种多样,不仅传统的控制技术(如开环控制、PID 反馈控制)和现代控制技术(如柔顺控制、最优控制、解耦控制、变结构控制、自适应控制、神经元控制等)均在机器人系统中得到不同程度的应用,而且智能控制(如递阶控制、模糊控制、神经元控制)也在机器人控制中最先得到应用。

8.5 机器人路径规划

路径规划是根据机器人作业要求,在具有障碍的环境内,按照一定的评价标准,对末端执行器在工作过程中的状态(包含位置、姿态、速度、加速度等)进行设计,寻找一条从起始状态到达目标状态的无碰撞路径。

路径规划得好坏,直接影响机器人的作业质量,如当关节变量的加速度在规划中发生突变时,将会产生冲击,若机器人固有频率较低将产生低频振动,机器人启动和停止时手部抖动就是这种现象的表现。

8.6 机器人系统及典型应用

目前,机器人的应用范围涵盖制造业、农业、林业、交通运输业、核工业、医疗、福利事业、娱乐业、海洋及太空开发等领域,而且,随着机器人技术的不断提高,可以预见机器人的应用领域将进一步扩大。本节重点叙述机器人在制造业中的应用。

8.6.1 机器人外围设备

机器人外围设备是指可以附加到机器人系统中用来加强机器人功能的设备。这些设备是除了机器人本身的执行机构、控制器、作业对象和环境之外的其他设备与装置,如用于定位、装卡工件的工装,用于保证机器人和周围设备通信的装置,等等。

在一般情况下,灵活性高的工业机器人,其外围设备较简单,可适应产品型号的变化;反之,灵活性低的工业机器人,其外围设备较复杂,当产品型号改变时,就需要付出高额的投资更换外围设备。

外围设备的功能必须与机器人的功能相协调,包括定位方法、夹紧方式、动作速度等,应根据作业要求确定机器人的外围设备,如表8-1所示。单一机器人是不可能有效工作的,它必须与外围设备共同组成一个完整的机器人系统才能发挥作用。

表8-1 机器人外围设备

作业内容	工业机器人的种类	主要外围设备
压力机上的装卸作业	固定程序式	传送带、送料器、升降机、定位装置、取出工件装置、真空装置、切边压力机等
切削加工的装卸作业	可编程序式 示教再现式	传送带、上下料装盆、定位装置、翻送装置、专用托板夹持与传输装置等
压铸时的装卸作业	固定程序式 示教再现式	浇注装置、冷却装置、切边压力机、脱膜剂涂敷装置、工件检测等
喷涂作业	示教再现式 连续轨迹控制(CP)	传送带、工件检测、喷涂装置、喷枪等
点焊作业	示教再现式 点位控制(PTP)	焊接电源、计时器、次级电缆、焊枪、异常电流检测装置、工具修整装置、焊透性检测、车型检测与辨别、焊接夹具、传送带、夹紧装置等
弧焊作业	示教再现式 连续轨迹控制(CP)	弧焊装置、焊丝进给装置、焊枪、气体检测、焊丝余量检测、焊接夹具、位置控制器、夹紧装置等

8.6.2 焊接机器人

焊接机器人突破了焊接刚性自动化的传统生产方式,开拓了一种柔性自动化生产方式,使小批量产品自动化焊接生产成为可能。由于机器人具有示教再现功能,完成一项焊接任务只需要示教一次,随后即可以准确地再现示教动作。如果机器人去做另一项焊接工作,只需置新示教即可。

焊接机器人可以稳定和提高焊接质量,保证其均匀性;提高劳动生产率,一天可保证24 h连续生产,改善工人劳动条件,可在有害环境下工作,降低对工人操作技术的要求;缩短产品改型换代的准备周期,减少相应的设备投资;可实现小批量产品的焊接自动化,能在空间站建设、核设备维修、深水焊接等极限条件下完成人工难以进行的焊接作业;为焊接柔性生产线提供技术基础。

在实际焊接过程中,作业条件是经常变化的,如加工和装配上的误差会造成焊缝位置与尺寸的变化,焊接过程中工件受热及散热条件改变会造成焊道变形和熔透不均。为了克服机器人焊接工作中各种不确定性因素对焊接质量的影响,提高机器人作业的智能化水平和工作的可靠性,要求焊接机器人系统不仅能实现空间焊缝的自动实时跟踪,而且还能实现焊接参数的在线调整和焊缝质量的实时控制。

1. 焊接机器人的系统组成

焊接机器人系统一般由机械手,变位机,控制器,焊接系统(专用焊接电源、焊枪或焊钳等),焊接传感器,中央控制计算机和相应的安全设备等组成。典型的焊接机器人组成如图8-9所示。

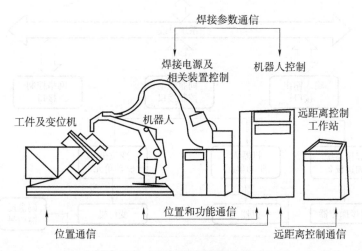

图8-9 典型的焊接机器人组成

机械手是焊接机器人的执行机构,它由驱动器、传动机构、连杆、关节及内部传感器(编码盘)等组成。由于具有6个旋转关节的关节式机器人已被证明能在机构尺寸相同情况下其工作空间最大,并且能以较高的位置精度和最优的路径到达指定位置,因而在焊接领域中得到广泛应用。

变位机作为机器人焊接生产线及焊接柔性加工单元的重要组成部分,其作用是将被焊工件旋转(平移)到最佳的焊接位置。在焊接作业前和焊接过程中,变位机通过夹具来装卡和定位被焊工件,对工件的不同要求决定了变位机的负载能力及其运动方式。为了使机械手充分发挥效能,焊接机器人系统通常采用两台变位机,当其中一台进行焊接作业时,另一台则完成工件的装卸,从而提高整个系统效率。

机器人控制器是整个机器人系统的神经中枢,其组成如图8-10所示,它由计算机硬件、软件和一些专用电路组成,其软件包括控制器系统软件、机器人专用语言、机器人运动学及动力学软件、机器人控制软件、机器人自诊断及自保护软件等。控制器负责处理焊接机器人工作过程中的全部信息和控制其全部动作。

焊接系统是焊接机器人完成作业的核心装备,由焊钳(点焊机器人)、焊枪(弧焊机器人)、焊接控制器及水、电、气等辅助部分组成。焊接控制器可根据预定的焊接监控程序,完成焊接参数输入、焊接程序控制及焊接系统故障自诊断,并实现与本地计算机及手控盒的通信联系。用于弧焊机器人的焊接电源及送丝设备由于参数选择的需要,必须由机器人控制器直接控制。

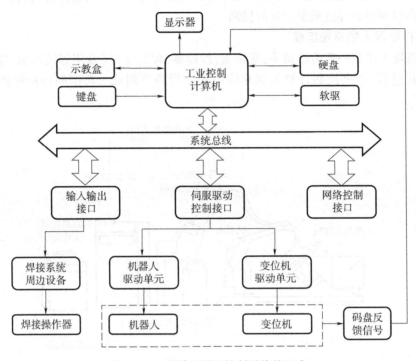

图 8-10 焊接机器人控制系统的组成

在焊接过程中,尽管机械手、变位机等能达到很高的精度,但由于存在被焊工件几何尺寸和位置误差,以及焊接过程中产生的热引起工件的变形,传感器仍是焊接过程中(尤其是焊接大厚工件时)不可缺少的设备。传感器的任务是实现工件坡口的定位、跟踪以及焊缝熔透信息的获取。

安全设备是焊接机器人系统安全运行的重要保障,主要包括驱动系统过热自断电保护、动作超限位自断电保护、超速自断电保护、机器人系统工作空间干涉自断电保护及人工急停等。

2. 点焊机器人

在我国,点焊机器人约占焊接机器人总数的 46%,主要应用在汽车、农机、摩托车等行业,就其发展而言,尚处于第一代机器人阶段,对环境的变化没有应变能力。

点焊机器人有直角坐标式、极坐标式、圆柱坐标式和关节式等,最常用的是直角坐标式简易型(2~4 个自由度)和关节式(5~6 个自由度)点焊机器人。关节式机器人既有落地式安装,也有悬挂式安装,占用空间比较小,驱动系统多采用直流或交流伺服电动机。

引入点焊机器人可以取代笨重、单调、重复的体力劳动,能更好地保证点焊质量,可长时间重复工作,提高工作效率 30% 以上;可以组成柔性自动生产系统,特别适合新产品开发和多品种生产,增强企业应变能力。

目前,正在开发一种新的点焊机器人系统,该系统可把焊接技术与 CAD/CAM 技术完美地结合起来,以提高生产准备工作的效率,缩短产品设计投产的周期,使整个机器人系统取得更高的效益。这种系统拥有关于汽车车身结构信息、焊接条件计算信息和机器人机构信息等数据库,CAD系统利用该效据库可方便地进行焊钳选择和机器人配置方案设计,采用离线编程的方式规划路径;控制器具有很强的数据转换功能,能针对机器人本身不同的精度和工件之间的相对集合误差及时进行补偿,以保证足够的工作精度。

3. 弧焊机器人

弧焊机器人的应用范围很广,除了汽车行业之外,在通用机械、金属结构、航空、航天、机车车辆及造船等行业都有应用。目前应用的弧焊机器人适应多品种中小批量生产,配有焊缝自动跟踪(如电弧传感器、激光视觉传感器等)和熔池形状控制系统等,可对环境的变化进行一定范围的适应性调整。

弧焊机器人机械本体常用的是关节式(5~6个自由度)机械手。对于特大型工件(如机车车辆、船体、锅炉、大电动机等)的焊接作业,为加大工作空间往往将机器人悬挂起来,或安装在运载小车上使用;驱动方式多采用直流或交流伺服电动机驱动。按焊接工艺又常将弧焊机器人分为熔化极(CO_2,MAG/MIG,药芯焊丝电弧焊)弧焊机器人和非熔化极(TIG)弧焊机器人。此外,还有激光焊接机器人。弧焊机器人的组成如图8-11所示,影响弧焊机器人发挥作用的因素如图8-12所示。

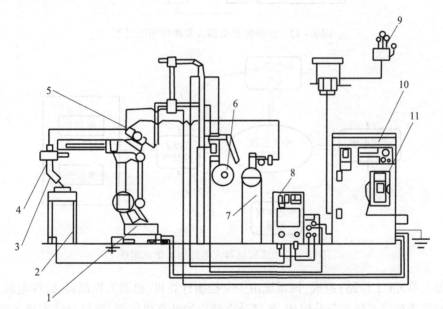

图8-11 弧焊机器人的组成
1—机械手;2—工作台;3—焊枪;4—防撞传感器;5—送丝机;6—焊丝盘;7—气瓶;
8—焊接电源;9—电源;10—机器人控制柜;11—示教盒

当前,作为焊接生产自动化的主要标志之一是焊接生产系统柔性化,其发展方向是以弧焊机器人为主体,配合多自由度变位机及相关的焊接传感控制设备、先进的弧焊电源,在计算机的综合控制下实现对空间焊缝的精确跟踪及焊接参数的在线调整,实现对熔池形状动态过程的智能控制,这使机器人制造厂家也面临着严峻的挑战。图8-13所示为弧焊机器

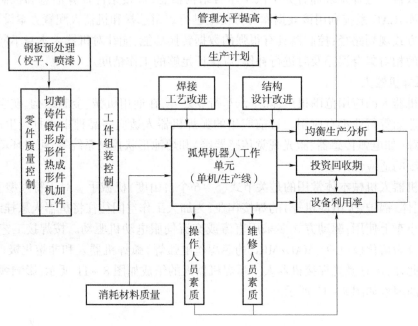

图 8-12　影响弧焊机器人发挥作用的因素

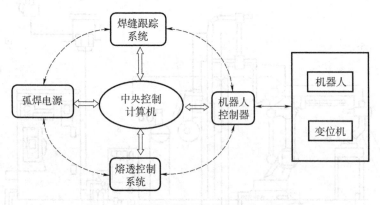

图 8-13　弧焊机器人柔性加工单元组成

人柔性加工单元(工作站)组成,该系统由中央控制计算机、机器人控制器、弧焊电源、焊缝跟踪系统和熔透控制系统五部分组成,各部分由独立的计算机控制,通过总线实现各部分与中央控制计算机之间的双向通信。机器人具有 6 个自由度,采用交流伺服驱动,基于工业 PC 构成机器人控制系统。弧焊电源采用专用的 IGBT 逆变电源,利用单片机实现焊接电流波形的实时控制,可满足 TIG 和 MIG(MAG)焊接工艺的要求。焊缝跟踪系统采用基于三角测量原理的激光扫描式视觉传感器,除完成焊缝自动跟踪外,尚可同时具备焊缝接头起始点的寻找、焊枪高度的控制及焊缝接头剖面信息的获取等功能,熔透控制系统是利用焊接熔池谐振频率与熔池体积之间存在的函数关系,采用外加激振脉冲的方法实现 TIC 焊缝熔透情况的实时检测与控制。

8.6.3 喷涂机器人

喷涂机器人广泛用于汽车车体、家电产品和各种塑料制品的喷涂作业,一般分为液压喷涂机器人和电动喷涂机器人两类。图8-14所示为液压喷涂机器人作业系统组成。

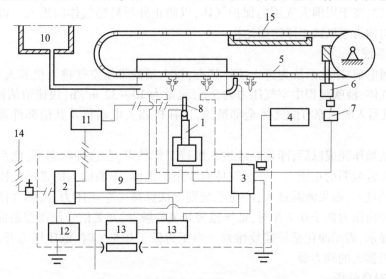

图8-14 液压喷涂机器人作业系统组成
1—操作手;2—液压站;3—机器人控制柜;4,12—防暴器;5—传送带;6—电动机;7—测速电动机;
8—喷枪;9—高压静电发生器;10—塑粉回收装置;11—粉桶;13—电源;14—气源;15—烘道

(1) 液压喷涂机器人。液压喷涂机器人的结构为六轴多关节式,工作空间大,腰部的回转采用液压马达驱动,手臂采用油缸驱动。手部采用柔性手腕结构,可绕臂的中心轴沿任意方向做±110°转动,而且在转动状态下可绕腕中心轴扭转420°。由于腕部不存在奇异位形,所以能喷涂形态复杂的工件并具有很高的生产率。

(2) 电动喷涂机器人。近年来,由于交流伺服电动机的应用和高速伺服技术的发展,在喷涂机器人中采用电动机驱动已经成为可能。电动喷涂机器人的电动机多采用耐压或内压防爆结构,限定在1级危险环境(在通常条件下有生成危险气体介质的可能)和2级危险环境(在异常条件下有生成危险气体介质的可能)下使用。电动喷涂机器人一般有6个轴,工作空间大,手臂质量轻,结构简单,惯性小,轨迹精度高。电动喷涂机器人具有与液压喷涂机器人完全一样的控制功能,只是驱动改用交流伺服电动机,维修保养十分方便。

喷涂机器人的成功应用,给企业带来了非常明显的经济效益,产品质量得到了大幅度的提高,产品合格率达到99%以上,大大提高了劳动生产率,降低了成本,提高了企业的竞争力和产品的市场占有率。

1. 防爆功能的实现

当喷涂机器人采用交流或直流伺服电动机驱动时,电动机运转可能会产生火花,电缆线与电器接线盒的接口等处,也可能会产生火花,而喷涂机器人用于在封闭的空间内喷涂工件内外表面,涂料的微粒在此空间中形成的雾是易燃易爆的,如果机器人的某个部件产生火花或温度过高,就会引燃喷涂间内的易燃物质,引起大火,甚至爆炸,造成不必要的人员伤亡和巨大的经济损失。所以,防爆系统的设计是电动喷涂机器人的重要组成部分,绝不可掉以轻心。

喷涂机器人的电动机、电器接线盒、电缆线等都应封闭在密封的壳体内,使它们与危险的易燃气体隔离,同时配备一套空气净化系统,用供气管向这些密封的壳体内不断地运送清洁的、不可燃的、高于周围大气压的保护气体,以防止外界易燃气体的进入。机器人按此方法设计的结构称为通风式正压防爆结构。

2. 净化系统

机器人通电前,净化系统先进入工作状态,将大量的带压空气输入机器人密封腔内,以排除原有的气体,清吹过程中空气压力为 5 N,流量为 10~32 m^3/h,快速清洁操作过程为 3~5 min,将机器人腔内原有的气体全部换掉,这样机器人电动机及其他部件通电时就能安全工作了。

快速清洁操作完成以后,净化系统进入维持工作状态,在这种状态下,此系统在机器人内维持一个非常微弱的正压力。一旦腔体有少量的泄漏,不断输入的带压气体进入腔内防止易燃气体的进入,如果泄漏过大,净化系统则无法保持一个正压力,易燃气体会进入机器人腔内。当腔内压力低于 0.7 N 时,低压报警开关被触发,开关信号使得控制面板上的警报发光二极管显示,表示净化系统需要维修。当压力低于 0.5 N 时,低压压力开关合上,使得控制器切断机器人的动力源。

3. 喷涂对象分析

被喷涂零件的形状、几何尺寸是自动喷涂线上的主要设计依据。

(1) 分析被喷涂零件的几何特征尺寸。一般几何特征尺寸是指最大喷涂面上的轮廓尺寸,根据这些参数选择喷涂设备的最大喷涂行程。

(2) 进行喷涂区域划分,计算喷涂面积。一般按近似六面体划分区域,并计算出每个区域的面积。根据喷涂面积大小和喷涂形面特征确定喷涂设备的类型。对较平整的喷涂面,可选择喷涂机喷涂,而对形面较复杂或喷涂面法线方向尺寸变化较大的作业面,则可选择机器人喷涂。

4. 喷涂工艺及参数分析

生产厂家根据被喷零件性能、作用及外观要求确定涂层质量要求。同时,根据这些要求又确定了满足质量保证的喷涂材料和工艺过程。自动喷涂线则必须按照这些要求和工艺过程来进行喷涂作业。

(1) 根据涂层厚度和质量要求决定喷涂遍数。

(2) 依据涂料材料的流动性和输送链的速度确定流平时间与区间距离。

(3) 按照涂层光泽度要求和涂料物理性能(如黏度、电导率等)确定喷枪类型。

(4) 根据节拍时间和喷涂设备的速度(空气喷枪为 0.5~0.8 m/s,静电旋杯为 0.3~0.5 m/s),喷涂形状重叠(1/4~1/3),计算每台设备在一个节拍内的喷涂面积,比较这个计算结果与喷涂区域分配面积大小,如果计算结果小于喷涂区域分配面积,说明喷涂设备的喷涂能力不足,需要增加设备。扩大喷涂能力的方法之一是在一台设备上安装多支喷枪。

5. 喷涂线设备选型

(1) 输送链。涂装线的输送链,对于前处理和电泳工位一般选用悬挂链,对于涂层光泽度要求较高的喷涂、流平、烘干段,选用地面链;对于需仰喷的喷涂零件和光泽度要求不高的喷涂,选用悬挂链,这种链消耗动力少、维修方便。选用输送链时,还应满足承载能力和几何尺寸的要求。

(2) 喷具。喷具的选择主要取决于涂层的质量要求和涂料性能参数。表8-2所示为几种喷具的主要参数比较。

表8-2 几种喷具的主要参数比较

喷枪类型	雾化形式	雾化效果	传递效率/%	喷雾到工件距离/mm
空气喷枪	空气	一般	15~30	200~300
静电空气喷枪	空气	一般	45~75	250~300
无气喷枪	液压	差	20~40	300~370
旋杯静电喷枪	离心力	好	70~90	250~300
盘式静电喷枪	离心力	好	65~90	

选择喷具,除了采用常规方法之外,对于一般仿形自动喷涂机和自动喷涂机,尽可能采用静电喷枪,对于机器人,通常采用空气喷枪。自动喷枪的自动换色系统一般都要配置自动清洗功能。在喷涂过程中定时清洗,以保证喷嘴的喷涂状态一致、喷涂质量一致。

(3) 喷涂设备。

① 被喷形面凸凹变化较大、形状复杂,则选用六轴通用机器人,否则选用自动喷涂机或仿形机。

② 设备的工作范围和运动参数必须满足喷涂工艺要求。

③ 设备的功能参数和控制器必须实现自动控制。

④ 根据工艺参数分析,确定设备数量。

6. 对喷涂室的要求

(1) 自动喷涂线配置的喷涂室,除了满足一般涂装工艺要求外,喷涂室里的动力设备应能受总控制台控制,并实现联锁控制。

(2) 喷涂室风速应按表8-3设计。

表8-3 喷涂室风速设计

喷枪雾化形式	风速/(m·s^{-1})
离心雾化	0.1~0.3
液压雾化	0.2~0.3
空气雾化	0.3~0.4

(3) 对于静电喷涂作业,喷涂室所有导电体必须接地,喷涂设备及其运动件必须有良好的接地。

(4) 喷涂室内自动喷涂设备周围应有标志和栅栏,以防止人在设备工作时误入工作区,发生人身伤亡事故。

8.6.4 装配机器人

统计资料表明,在现代工业化生产过程中装配作业所占的比例日益增大,其作业量达到40%左右,作业成本占到产品总成本的50%~70%,因此装配作业成了产品生产自动化的焦点。以装配机器人为主构成的装配作业自动化系统近年来获得迅猛发展。在国外一些企业的装配作业中已大量采用机器人来从事装配工作,如美国、日本等国家的汽车装配生产线上采用机器人来装配汽车的零部件,在电子电器行业中用机器人来装配电子元件和器件等。

一般来说,要实现装配工作,可以用人工、专用装配机械和机器人三种方式。如果以装配速度来比较,人工和机器人都不及专用装配机械。如果装配作业内容改变频繁,那么采用机器人的投资要比专用装配机械经济。此外,对于大量、高速生产,采用专用装配机械最为有利。但对于大件、多品种、小批量,人又不能胜任的装配工作,则采用机器人合适。例如30 kg以上重物的安装,单调、重复及有污染的作业,在狭窄空间的装配等,这些需要改善工人作业条件,提高产品质量的作业,都可采用装配机器人来实现。

自动装配作业的内容,主要是实现将一些对应的零件装配成一个部件或产品,有零件的装入、压入、铆接、嵌合、黏结、涂封和拧螺丝等作业,此外还有一些为装配工作服务的作业,如输送、搬运、码垛、监测、安置等工作。一个具有柔性的自动装配作业系统基本上是由以下几部分构成:

(1) 工件的搬运:识别工件,将工件搬运到指定的安装位置,工件的高速分流输送等。
(2) 定位系统:决定工件、作业工具的位置。
(3) 零件或装配所使用的材料的供给。
(4) 零部件的装配。
(5) 监测和控制。

据此,要求装配机器人应具有如下的条件:高性能,可靠性,通用性,操作和维修容易,人工容易介入,成本及售价低,经济合理。

目前,国外已有各种专用和通用的装配机械人在生产中得到应用,主要类型有直角坐标型、圆柱坐标型和关节型三大类,关节型装配机器人又有垂直关节型(空间关节型)和平面关节型(SCARA 型)两种。

参 考 文 献

[1] 吴瑞祥. 机器人技术及应用[M]. 北京:北京航空航天大学出版社,1994.
[2] 刘极峰,易际明. 机器人技术基础[M]. 北京:冶金工业出版社,2006.
[3] 王文峰. 第四次飞跃——机器人革命改变世界[M]. 北京:华文出版社,2012.
[4] 蔡崧. 传感器与PLC编程技术基础[M]. 北京:电子工业出版社,2005.
[5] 李晓莹. 传感器与测试技术[M]. 北京:高等教育出版社,2004.
[6] 沙占友. 集成化智能传感器原理与应用[M]. 北京:电子工业出版社,2004.
[7] 王庆有. 图像传感器应用技术[M]. 北京:电子工业出版社,2003.
[8] 张学志. 传感器与微型机的应用及展望[M]. 北京:北京市科学技术协会,2003.
[9] 黄迪明. C语言程序设计. 北京:北京市科学技术协会,2005.
[10] 王成端. C语言程序设计实训[M]. 北京:中国水利水电出版社,2005.
[11] 赵克林. C语言程序设计教程[M]. 北京:电子工业出版社,2004.
[12] 刘莹. 创新设计思维与技法[M]. 北京:机械工业出版社,2004.
[13] 吕仲文. 机械创新设计[M]. 北京:机械工业出版社,2004.
[14] 罗绍新. 机械创新设计[M]. 北京:机械工业出版社,2003.
[15] 赵松年. 现代机械创新产品分析与设计[M]. 北京:机械工业出版社,2000.
[16] 霍伟. 机器人动力与控制[M]. 北京:高等教育出版社,2005.
[17] 费仁元. 机器人机械设计和分析[M]. 北京:北京工业大学出版社,1998.
[18] 刘文剑. 工业机器人设计与应用[M]. 北京:机械工业出版社,1990.